3ds Max&VRay 效果图方案设计与渲染从新手到高手

潘洁 / 编著

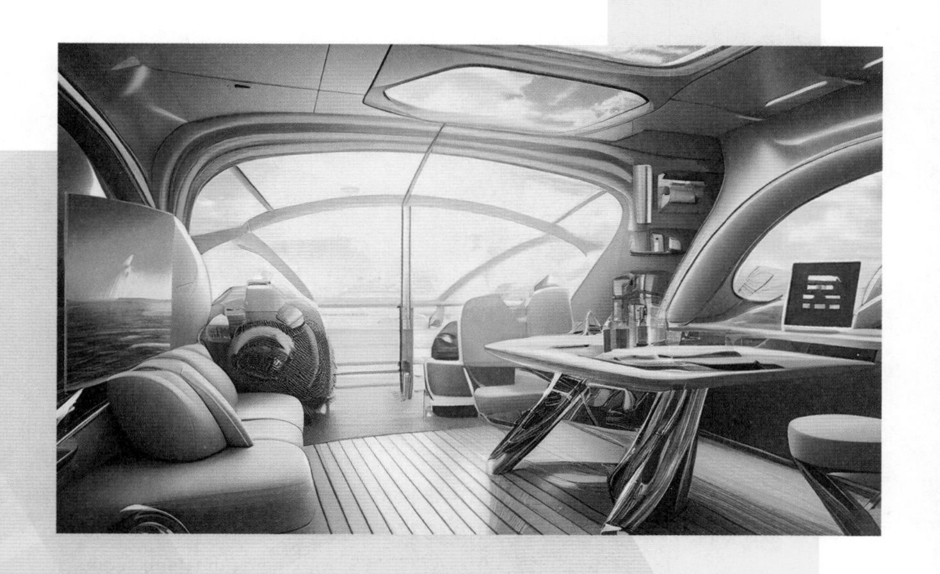

清華大學出版社
北京

内 容 简 介

本书通过 3ds Max 和 VRay5 渲染器制作多个经典范例，介绍了作者多年来在效果图制作领域质感表现与渲染技术的独家秘笈。本书提供了多个经典的商业场景实例，目的是让读者真正体验学有所成、学有所用的成果。如何表现这些经典范例是本书所要描述的，如何控制质量和时间的平衡更是本书的精华所在，另外，本书赠送模型库和贴图库。

本书的读者对象为效果图设计师和三维场景美工，以及广大渲染爱好者、大中专院校相关艺术专业的学生。

图书在版编目（CIP）数据

3ds Max&VRay效果图方案设计与渲染从新手到高手 / 潘洁编著. —北京：清华大学出版社，2023.9
（从新手到高手）
ISBN 978-7-302-63882-7

Ⅰ. ①3… Ⅱ. ①潘… Ⅲ. ①三维动画软件 Ⅳ. ①TP391.414

中国国家版本馆CIP数据核字（2023）第113413号

责任编辑：张 敏
封面设计：郭二鹏
责任校对：胡伟民
责任印制：曹婉颖

出版发行：清华大学出版社
网 址：http://www.tup.com.cn, http://www.wqbook.com
地 址：北京清华大学学研大厦A座 邮 编：100084
社 总 机：010-83470000 邮 购：010-62786544
投稿与读者服务：010-62776969, c-service@tup.tsinghua.edu.cn
质 量 反 馈：010-62772015, zhiliang@tup.tsinghua.edu.cn
课 件 下 载：http://www.tup.com.cn, 010-83470236
印 装 者：小森印刷（北京）有限公司
经 销：全国新华书店
开 本：185mm×260mm 印 张：13.5 字 数：366千字
版 次：2023年10月第1版 印 次：2023年10月第1次印刷
定 价：99.00元

产品编号：099701-01

PREFACE 前言

本书实例题材广泛，涵盖了室内效果图设计制作的方方面面，在展示经典作品的同时，向读者展示前沿技术与解决方案，真正做到技巧、秘技毫无保留。本书旨在帮助读者掌握 VRay 渲染的操作技能，提高渲染水平，丰富渲染手段，使工作更加得心应手。

3ds Max 软件是广大效果图设计从业人员经常运用的一种三维建模及渲染软件。多年来，它一直占据着效果图设计软件的首要位置，其强大的建模、材质、渲染功能是其他软件所不可替代的。3ds Max 软件发展至今已经过多次更新，VRay5.0 与 3ds Max 也非常完美地结合在了一起。随着软件版本的更新，其功能的强大和制作效率的提高让人惊叹。3ds Max 的面世使效果图设计行业发生了翻天覆地的变化，不论是从速度还是从效果上都有惊人的表现。

通过本书的学习，读者不但能够掌握书中所讲解的功能，还可以通过自己对功能的理解而自由发挥想象力，创造出个性鲜明的三维场景及精美的效果图作品。

相对于建筑而言，室内家具、装饰品具有更加复杂的形体。本书将从效果图局部的灯光材质入手，全面发挥 3ds Max 的强大功能，从简单到复杂，循序渐进，将室内渲染中常用的功能和制作技巧逐一介绍给读者。

本书实例中的渲染输出除了用到 3ds Max 软件内置的扫描线渲染器外，还对 VRay 渲染器的应用进行了重点介绍。在效果图渲染中，VRay 渲染器占有重要的地位，它能够以快速和逼真的效果完成工作。3ds Max 与 VRay 的结合，无论从质感还是易用性来讲，都超过了任何同类软件。

全书共分为 10 章。第 1 章和第 2 章为基础部分，主要分析并介绍 3ds Max 和 VRay 渲染器的基础应用，并通过一些典型实例将软件的主要功能介绍给读者。第 3~10 章为渲染部分，通过一些典型的场景实例，细致并有针对性地对 3ds Max 的渲染技术进行讲解；通过这些具有代表性的案例制作，带领读者学习 3ds Max 和 VRay 强大的渲染功能；通过不同场景的建模和渲染，介绍作者多年来在渲染表现及效果图行业中积累的宝贵经验。

本书内容丰富，结构清晰，参考性强，知识讲解由浅入深且循序渐进，知识涵盖面广而又不失细节，适合广大效果图设计人员学习使用。

在 VRay 软件中，V-Ray 是 VRay 汉化翻译后的结果，与本书正文中的 VRay 同为一个意思，所以本书统一用 VRay 更为贴切。

本书由桂林学院潘洁老师编著。

由于编者水平有限，书中不足及疏漏之处在所难免。感谢您选择使用本书，同时希望您能够把对本书的意见和建议反馈给编者。

编　者

2023 年 5 月

CONTENTS 目录

第 1 章　效果图方案设计基础

第 2 章　VRay 渲染器基础

第 3 章　起居室渲染

第4章 天空采光阁楼

第5章 居家客厅一体化渲染

第6章 洗手间渲染

第7章 通透餐厅渲染

第8章 复式空间全套渲染

第9章 卧室渲染

第10章 Loft整体渲染

第1章 效果图方案设计基础

在一个家居空间中，客厅、餐厅、厨房、书房、卧室、卫生间等，这些标准的空间划分要按照个人的生活需求来规划设计，它们或大或小，或疏朗或紧密，甚至空间重叠，一屋多用。我们发现，当跳脱了固有的思路，打破条条框框，空间格局凭借想象可以创造出无数的可能性，家不再是高密度房子中固定的一个小单元，而是充满了灵性。总之，我们要对自己的生活方式有深入的思考，这样才能让房子在现阶段满足自己的居住需要。效果图是一种展示空间设计的方式，我们要善于利用效果图来延伸设计师和客户的沟通。

1.1 空间方案设计概念

如何合理地利用人居空间是方案设计师的永恒话题。其实无论房间多少、空间大小，每种户型都有一定的设计规律可以遵循。比如，时下五六十平方米甚至三四十平方米的小户型房子，大多为年轻人的购房首选，作为过渡房使用，而大户型则多为改善型空间。我们在设计时就要针对不同人群进行不同的分类。设计师在空间方案设计时既要顾及人们的生活需要，又不能让室内看起来很杂乱，这就需要对室内空间进行充分合理地分配和布局。

1.1.1 隔断在空间设计中的运用

专业设计师指出，在空间设计时，卧室与客厅的隔断可以运用透明或半透明的工艺玻璃、银质边框和银色装饰条装点门幅，并配上特制硅胶玻璃密封防撞条，替代以往冰冷的水泥隔墙，在节省空间的同时，还为简洁的居室增添了时尚感和活力；而滑动门可开放可封闭的特性正适合做厨房与餐厅的隔断。烹饪时将门关上，就餐时将门打开，厨房与餐厅合为一体，亲切感十足。由于厨房滑动门面积较开阔，造型上可以根据餐厅风格设计得大胆、活泼些。此外在装修时，为在极其有限的空间里挤出一些必用空间，还可以利用滑动门的分隔功能。例如，可以利用滑动门在大空间内隔出一个读书的区域。图1.1和图1.2所示为隔断在空间设计中运用的实例展示。

图1.1 客厅隔断

图1.2 客厅玄关隔断

1.1.2 隔断减少油烟的扩散

时下，不少空间设计项目将厨房做成开放式，当然也有不少业主为了使空间大一些把厨房改成开放式。但在以“爆火、大火、大油做饭”为主要烹饪手法的中国，选择开放式厨房，就得提前考虑如何减少油烟在室内的扩散。

开放式厨房，由于空间共享，设计不好就会把家变成一个“大烟灶”，让人无处躲藏。因此，在配备大功率抽油烟机的同时，设计上还可以把厨房和餐厅的功能细分，做一个复合式厨房，也就是先将厨房和餐厅连通，然后把烹饪区和其他区域分隔开，以玻璃伸缩滑轨门、折叠门或滑动门作为隔断，以便随时取用备餐区的烹饪用品。如家里的厨房外带有阳台，可以将中式厨房中的灶台移到阳台靠窗位置，充分利用阳台的采光，并将原有阳台门改为两扇可以伸缩到墙体内的滑轨门，这样可以解决油烟和串味问题；在橱柜上做一个小型吧台当用餐桌，兼具用餐功能，一举两得，如图 1.3 和图 1.4 所示。

图 1.3　推拉门隔断效果

图 1.4　镂空隔断效果

1.2 空间改造设计方案

如何巧妙地在有限的空间中创造最大的使用功能一直是人们追求的设计理念。因此在设计理念中，善于巧妙利用空间可以给原有的空间增加不少的空间。

1.2.1 不规则房型的设计

有些房型的设计不像以前那么方正，屋子中会出现不规则的转角。这部分不规则的空间十分令人头痛：摆放家具总是不适合，放任不管又浪费空间。很多人在装修时处理这种不规则空间往往都打一个衣柜了事。

如图 1.5 所示，这款不规则户型的卧室以白色、米色和黑色为主色调，床头的三盏暖色调灯光营造出温馨的氛围。整个卧室在极不协调的造型下被设计师设计得简单、整洁、温馨。

图 1.5　不规则卧室设计效果

再如图 1.6 所示，尖角位置安放一张三角形的卧榻，有效地化解了尖角处的犄零角落，让室内线条过渡变得平缓。跟墙面做在一起的卧榻延用墙面风格，原木的外观清爽自然，提升了舒适度。必备的照明设置，再加上满墙的书本，安静惬意的读书角落为用户打造了富有情韵的空间布局。

图 1.6　不规则房型设计效果

1.2.2　书房的设计

书房是体现主人文化品位的地方，书房如果和卧室结合在一起，空间会比较有限，很难体现文化设计的理念。但是，书房也有造型和节省空间兼顾的一箭双雕之法。在书房用木板装饰的同时依势打出一个书桌，墙面装饰与书桌连成一体，在美化设计的基础上更加节省了空间。

在以木质感觉为装修主线的风格中，木板可以营造出一种温馨的氛围，书桌也应该体现这种风韵。书桌之上墙面的两层隔板可以摆放各种装饰物品，还可以放书和其他物品，美观之余，也可以巧妙地利用了空间，如图 1.7 所示。

图 1.7　书房设计效果

1.2.3　背景墙的设计

对于一般人来说，客厅的背景墙起到的仅仅是一个装饰作用。所以许多人在装修的过程中都会为背景墙的设计煞费苦心。但是如何让过多强调装饰作用的背景墙具有一定的实用性呢？不妨试试在背景墙上打几个柜子和隔板，这些墙上的额外装饰不但更加美化了客厅，提升主人的品位，而且还可以在柜子和隔板中放置各种物品，起到实用的储藏收纳作用，巧妙地利用现有空间。

图 1.8 为客厅背景墙设计效果，该设计不仅可以使背景墙看起来不是很空，而且也可以很好地利用背景墙，使之成为收纳型背景墙，这样可以有效地规划和整理空间。

图 1.8　客厅背景墙设计效果

1.3　空间布置

对于性质类似的活动空间可进行统一布置，对性质不同或相反的活动空间进行分离。如会客区、用餐区等，都是人比较多、热闹的活动区，可以布置在同一空间，如客厅内；而睡眠、学习则需相对安静，可以纳入同一空间。因此，会客、进餐与睡眠、学习就应该在空间上有硬性或软性的分隔。

居室中因为实际空间的面积无法改变，要营造出优雅的空间气氛，巧妙地在房间中应用曲线不失为一个妙招，使空间陡然有延伸之感。在入门对面的墙壁上挂上一面大镜子，可以映射出全屋的景象，似乎使客厅扩大了一倍，或在狭长的房间两侧装上玻璃，亦有同种功效。

1.3.1 色调设计

如果室内空间设计不合理，会让房间显得更昏暗狭小，因此色彩设计在结合业主个人爱好的同时，一般可选择浅色调、中间色作为家具及床罩、沙发、窗帘的基调。这些色彩因有扩散和后退性，能延伸空间，让空间看起来更大，使室内给人以清新开朗、明亮宽敞的感受。

当整个空间有很多相对不同的色调安排时，房间的视觉效果将大大提高。但要注意，在同一空间内最好不要过多地采用不同的材质及色彩，最好以柔和亮丽的色彩为主调。厨房、卧室、客厅宜用同样色泽的墙体涂料或壁纸，可使空间显得整洁洗练。还可以用采光来扩大室内的视野，如加大窗户的尺寸或采用具有通透性或玻璃材质的家具和桌椅等，使空间变得明亮又宽敞，如图 1.9 所示。

图 1.9　空间色调设计展示

1.3.2 家具设计

家具是室内布置的基本要素，如何在有限的空间内使居室各功能既有分隔，又有内在联系、不产生拥挤感，这在很大程度上取决于家具的形式和尺寸。在原本狭小的空间里放置高大的家具物品会使房间显得更小，在大空间内摆放尺寸太小的家具又显得房间内过于空旷。

利用空间的死角，摆放造型简单、质感轻的家具，尤其是那些可随意组合、拆装、收纳的家具，比较适合异型空间。选用占地面积小、比较高的家具，既可以容纳大量物品，又不浪费空间。

这也体现了居室放置家具的一大特色，就是向纵向发展。如选择高脚的床具，这样一来可将床面抬高，不知不觉中增加了床面以下的可利用空间。电脑，对于年轻人来说，是必不可少的学习和办公用具。但是在小居室中既要放下电脑桌，还要再添一个大书架或书柜就显得有些拥挤了，因此在选择时当然要选择具有集纳作用的整体书房。

如果房间小，又希望拥有独立空间，那么在居室中采用隔屏、滑轨拉门或采用可移动家具来取代原有的密闭隔断墙，使墙变成活的，同时使整体空间具有通透感，如图 1.10 所示。

图 1.10　小户型家具设计展示

1.3.3 收纳设计

家庭收纳总是有待于更好地解决方案，而对于小空间来说，更要以收纳配置为设计的重点。将空间充分利用，反而让不好的空间格局变得有特色。下面介绍几种常用的收纳设计方法。

1. 向上发展

如果房屋的高度够高，可利用其多余的高

度隔出天花板夹层，加上折叠梯作为储藏室之用。高的房子更可做出夹层楼板，多出1~2间房间。衣柜在卧室里成为最主要的收纳用具，推拉门的使用也节省了空间。

2. 往下争取

利用复式、高架地板之阶梯处设计为抽屉、鞋柜等。将床的高度提高，床下的空间就可设计抽屉、矮柜。利用小孩双层高架床的床下设置书桌、书架、玩具柜、衣柜等。沙发椅座底下亦可加以利用。对于小户型来说，区域的划分可能并不清晰，公共收纳区要进行合理规划。

3. 重叠使用

使用抽屉床、可拉式桌板、可拉式餐台、双层柜、抽屉柜等家具，充分利用空间的净高，增加房间的使用空间。靠墙摆放的餐柜不仅是餐厅的收纳场所，而且也能成为厨房的延伸。

4. 死角活用

活用不起眼的死角，往往会有令人出乎意料的巧妙用途，楼梯踏板可做成活动板，利用台阶做成抽屉，作为储藏柜用。此外，楼梯间亦可充分发挥空间利用的功效，靠墙的一侧可作为展示柜，楼梯下方则可设计成架子及抽屉，具有收纳的功能。

5. 透明玻璃储物柜的使用

对于小户型（小户型装修效果图）来说，纯净而简约（简约装修效果图）的餐厅（餐厅装修效果图）风格是个不错的选择，可以让餐厅显得更加明亮宽阔。透明的玻璃储物柜则增加纯净简约的效果。

6. 挖出一个大型收纳壁龛

壁龛是一个硬装饰和软装饰相结合的设计理念，它是室内设计的点睛之笔，运用于小户型客厅可用作收纳之用。不过，壁龛设计要考虑到室内墙身结构的安全问题。

7. 多层搁架设计

搁架是拓展小户型空间的一种简单的方法，多层搁架的设计可以成为家居收纳的好帮手。

8. 多功能房间

不少家庭都会把次卧打造成客房和家庭工作室两重功能。建议选择如彩色蜡笔画般柔和的色调，以及复合地板和多功用的家具来实现。小户型收纳设计如图1.11所示。

图1.11 小户型收纳设计展示

1.4 空间设计欣赏

合理的户型布局是设计师满足特定客户的必备技能，很多空间都是由客户的特殊需求改造出来的，最初的不合理开发在遭受了市场的考验之后才催生出空间设计改造的概念。所谓“空间改造”其实是一个模糊的概念，可以理解为设计师的“灵光一现”或“经验之谈”，所以在空间设计时就要有更加大胆的设计理念。

1.4.1 客厅设计欣赏

客厅是居家活动最频繁的区域，如何扮靓

这个空间尤为关键。一般来说，客厅的设计会按照业主的不同喜好有所改变，在风格和格局上也有所差异。但唯一不变的是，客厅无一不遵守其一定的规则装修设计，这样才能体现出客厅的功能性和实用性，如图1.12~图1.14所示。

图 1.12　20 平方米的客厅设计

图 1.13　30 平方米的客厅设计

图 1.14　15 平方米的客厅设计

1.4.2　厨房设计欣赏

随着生活水平的逐步提高，烟熏火燎昏暗油渍的厨房正在被家电一体化的现代观念所替代，有些人抱怨厨房的空间面积狭小，难以实现白色、无污染的洁净标准。其实，再小的厨房也能有温馨的感觉。只要精心安排、用心营造，锅碗瓢勺也能奏出精彩乐章，如图 1.15 和图 1.16 所示。

图 1.15　15 平方米的厨房设计

图 1.16　10 平方米的厨房设计

1.4.3　卧室设计欣赏

卧室是人们休息的主要处所，卧室布置得好坏，直接影响人们的生活、工作和学习，所以卧室也是家庭装修的设计重点之一。卧室设计时首先要注重实用，其次才是装饰，如图 1.17 所示。

图 1.17　舒适卧室设计

1.4.4 餐厅设计欣赏

餐厅在居室设计中虽然不是重点，但却是不可缺少的。餐厅的装饰具有很大的灵活性，可以根据不同家庭的爱好以及特定的居住环境设计成不同的风格，创造出各种情调和气氛，如欧陆风情、乡村风味、传统风格、简洁风格、现代风格等。餐厅在陈设和设备上是具有共性的，它要求简单、便捷、卫生、舒适，如图 1.18 所示。

图 1.18 中式餐厅设计

1.4.5 书房设计欣赏

随着生活品位的提高，书房已经是许多家庭居室中的一个重要组成部分，越来越多的人开始重视对书房的装饰装修。书房设计一般需保持相对的独立性，并配以相应的工作室家具设备，诸如电脑、绘图桌等，以满足使用要求。其设计应以舒适宁静为原则，特别是对于一些从事如美术、音乐、写作等的人来说，应以最大程度地方便其进行工作为出发点。这样，才能营造一个学习工作的良好环境，如图 1.19 所示。

图 1.19 时尚书房设计

1.4.6 卫浴设计欣赏

时代在变，家居观念也在变，卫浴空间作为生活中不可或缺的一部分，早已突破其单纯的洗浴功能，更升华为人们远离喧嚣、释放压力、放松身心的场所，如图 1.20 所示。

图 1.20 卫浴设计

第 2 章 VRay 渲染器基础

VRay 渲染器是著名的 Chaos Group 公司新开发的产品（该公司开发了 Phoenix 和 SimCloth 等插件），VRay 主要用于渲染一些特殊的效果，如次表面散射、光迹追踪、散焦、全局照明等。VRay 的特点在于快速设置而不是快速渲染，所以要合理地调节其参数。VRay 渲染器控制参数不复杂，完全内嵌在材质编辑器和渲染设置中，这与 finalRender、Brazil 等渲染器很相似。

2.1 VRay渲染器的特色

VRay 渲染器有 VRay 5，update 和 VRay GPU 5，update 两种版本。VRay 5，update 适合硬件配置一般的计算机使用，VRay GPU 5，update 可在 CPU 和 NVIDIA GPU 上渲染，充分利用所有可用硬件，适合显卡较好的计算机使用。VRay 渲染器包含几种特效（全局照明、软阴影、毛发、卡通、快速的金属和玻璃材质等），非常适合专业作图人员使用。

本书范例将使用 VRay 5，update 版本。

1．真实的光迹追踪效果（反射折射效果）

VRay 的光迹追踪效果来自优秀的渲染计算引擎，包括：准蒙特卡罗、发光贴图、灯光贴图和光子贴图。图 2.1 所示是一些反映优秀光迹追踪特效的作品。

2．快速的半透明材质（次表面散射SSS）效果

VRay 的半透明效果非常真实，只需设置烟雾颜色即可，非常简单。图 2.2 所示是一些反映次表面散射 SSS 的作品。

3．真实的阴影效果

VRay 的专用灯光阴影会自动产生真实且自然的阴影，VRay 还支持 3ds Max 默认的灯光，并提供了 VRay Shadow 专用阴影。图 2.3 所示是一些反映真实的阴影效果的作品。

图 2.1　光迹追踪特效展示

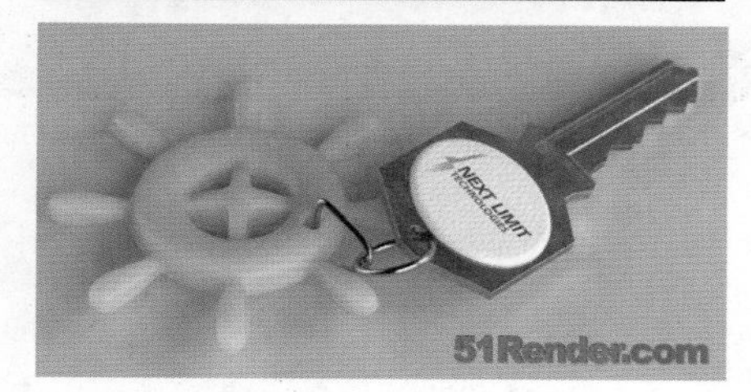

图 2.2 次表面散射 SSS

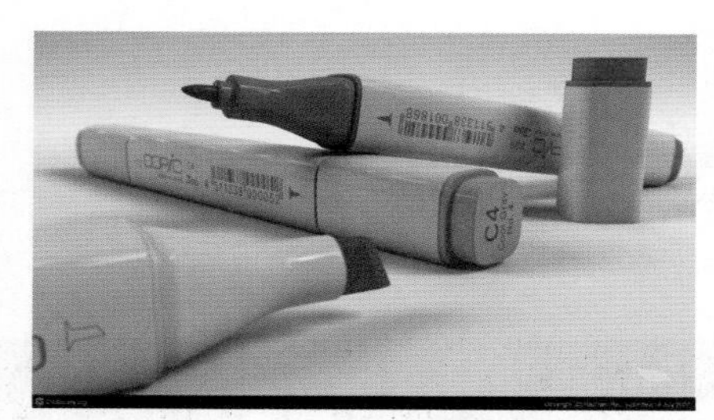

图 2.3 真实的阴影效果

4．真实的光影效果（环境光和HDRI功能）

VRay 的环境光支持 HDRI 图像和纯色调，比如给出淡蓝色，就会产生蓝色的天光。HDRI 图像则会产生更加真实的光线色泽。VRay 还提供了类似 VRay 太阳和 VRay 环境光等用于控制真实效果的天光模拟工具。图 2.4 所示是一些反映真实光影效果的作品。

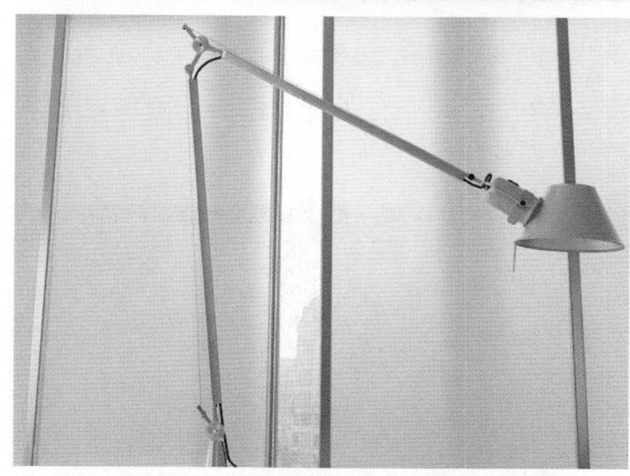

图 2.4 真实的光影效果

5．焦散特效

VRay 的焦散特效非常简单，只需激活焦散功能选项，再给出相应的光子数量即可开始渲染焦散，前提是物体必须有反射和折射。

图 2.5 所示是一些反映焦散特效的作品。

图 2.5　焦散特效

6．快速真实的全局照明效果

VRay 的全局照明是它的核心部分，可以控制一次光照和二次间接照明，得到的将是无与伦比的光影漫射真实效果，而且渲染速度可控性很强。图 2.6 所示是一些反映真实的全局照明效果的作品。

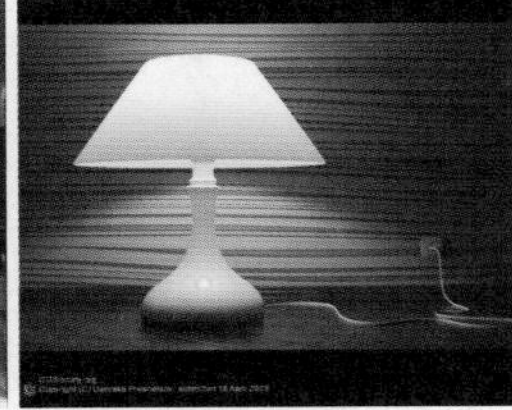

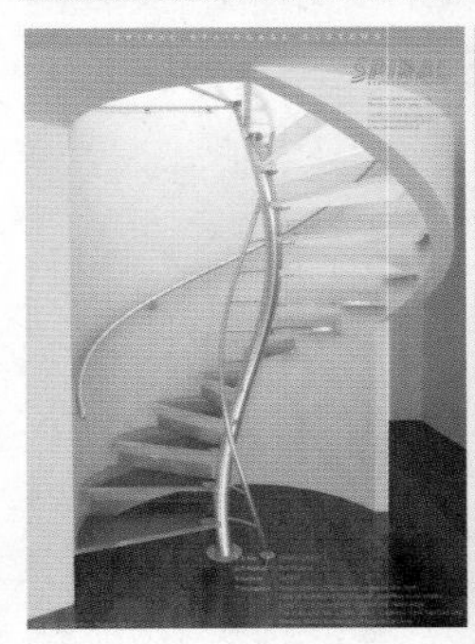

图 2.6　全局照明效果

7．运动模糊效果

VRay 的运动模糊效果可以让运动的物体和摄像机镜头达到影视级的真实度。图 2.7 所示是一些反映运动模糊效果的作品。

8．景深效果

VRay 的景深效果虽然渲染起来比较慢，

图 2.7　运动模糊效果

但精度是非常高的，它还提供了类似镜头颗粒的各种景深特效，比如让模糊部分产生六棱形的镜头光斑等。图 2.8 所示是一些反映景深效果的作品。

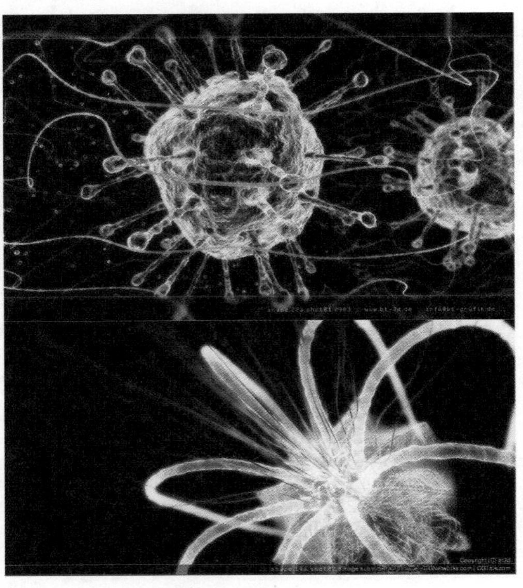

图 2.8　景深效果

图 2.8 景深效果（续）

9．置换特效

VRay 的置换特效是一个亮点，它可以与贴图共同来完成建模达不到的物体表面细节。图 2.9 所示是一些反映置换特效的作品。

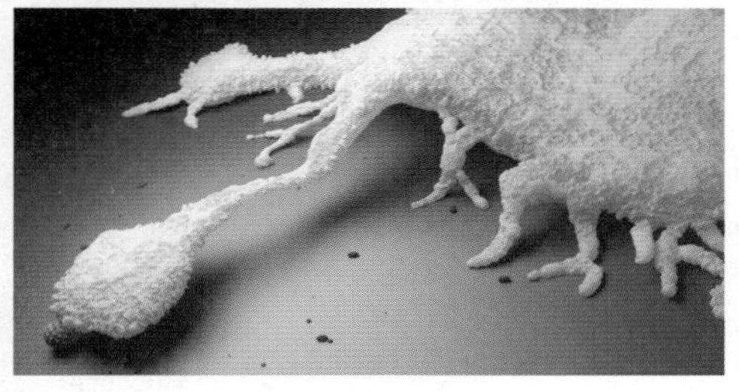

图 2.9 置换特效

10．真实的毛发特效

VRay 的毛发工具是新增的特效，它可以制作任何漂亮的毛发特效，比如一个羊毛地毯、一片草地等。图 2.10 所示是一些反映毛发特效的作品。

图 2.10 毛发特效

了解了 VRay 渲染器的诸多优点之后，我们就来深入学习它的实际用法。

2.2 设置VRay渲染器

每种渲染器安装后都有各自的模块，比如 final Render 渲染器，完全安装后设计师可以在 3ds Max 很多地方找到它的身影：灯光建立面板、材质编辑器、渲染设置对话框和摄像机建立面板等。如果安装后不指定渲染器，则无法工作。VRay 渲染器的设置方法也一样。

下面介绍如何设置 VRay 渲染器。

正确安装了 VRay 渲染器后，因为 3ds Max 在渲染时使用的是自身默认的扫描线渲染器，所以我们要手工设置 VRay 渲染器为当前渲染器。

（1）打开 3ds Max 软件。

（2）按F10键，或在工具栏中单击按钮，打开“渲染设置：扫描线渲染器”窗口，如图2.11所示。

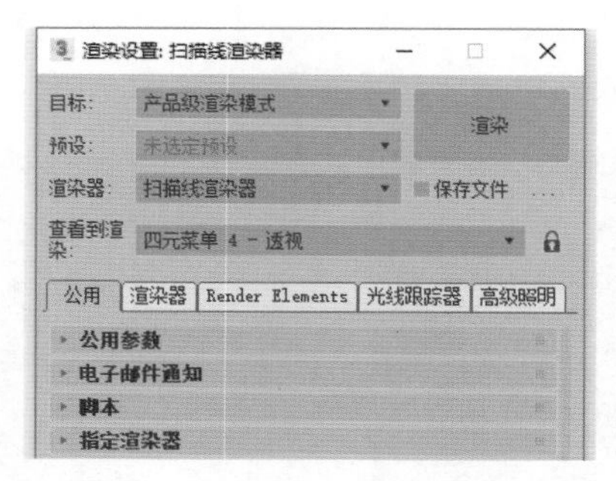

图2.11　“渲染设置：扫描线渲染器”窗口

（3）在渲染器下拉列表中选择VRay 5, update 1.2渲染器，如图2.12所示。

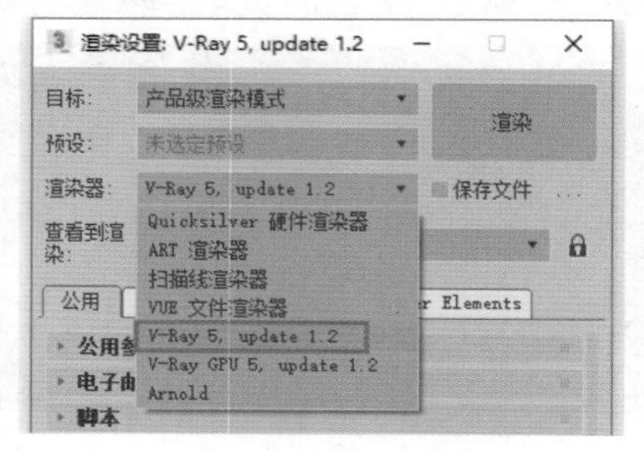

图2.12　选择渲染器

注意

VRay 5，update 1.2为渲染器的版本号，本书后面统一称为“VRay”。

（4）此时可以看到渲染器名称变成了VRay渲染器。对话框上方的标题栏也变成了VRay渲染器的名称。这说明3ds Max目前的工作渲染器为VRay渲染器，如图2.13所示。

VRay渲染器安装完成后重新启动3ds Max软件，此时VRay渲染器可以正常工作了。打开一个场景中带有VRay材质的文件，如果没有将VRay设置为当前渲染器，此时材质编辑器中的VRay专用材质是黑色的。

只有设置当前渲染器为VRay，材质编辑器的VRay专用材质才能正常显示，而且才能够使用新的VRay专用材质。

如果想让3ds Max默认状态下使用VRay渲染器，可以在设置好VRay渲染器后，单击“保存为默认设置”按钮，存储默认设置。这样，下次打开3ds Max后，系统默认的渲染器就是VRay。

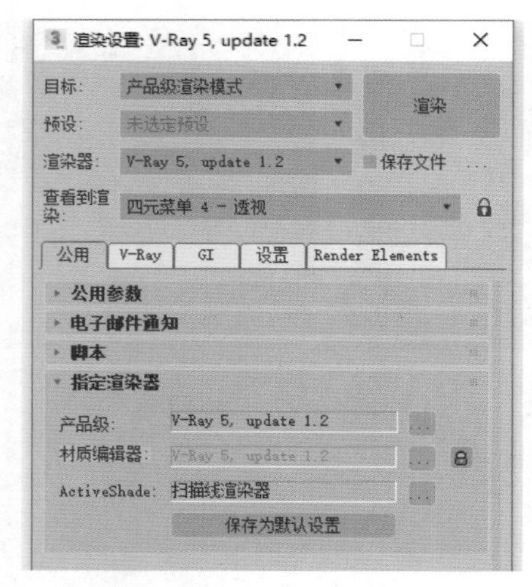

图2.13　指定渲染器

这就是设置当前工作的渲染器，如何进一步设置它们，我们将放在后面的章节中详细介绍。

2.3　全局光照概念

3ds Max没有全局光照渲染引擎的时候是一种线性扫描渲染，当你为场景设置一个灯光时你就会发现这与现实相差较远。在这种渲染方式下，光线不被物体反射或折射，因此不像真实世界里通常一盏灯能照亮一间卧室，很多人制作一个场景要打几十盏灯，而制作动画时灯光数量更多。

过去3ds Max提供的算法也是不太准确的，它们估算落在表面上的光，而非准确地计算它。要想完全精确，就需要光线跟踪和全局光照。

光线跟踪渲染在表面之间追踪射线，射线不断被某些对象表面反射到其他对象表面，直到从场景中消失。光线跟踪追踪从观察点到各个表面的射线矢量，若反射面是镜面，就会有辅助射线被反射以捕捉反射光的可见部分，若射线遇到另一个镜面，便又被反射直至射线被弹出场景或被非镜面吸收。这是典型的光线跟踪映像重反射的生成过程，因此虽然渲染出来的图像可能很漂亮，但这也是光线跟踪渲染慢的原因。

全局光照渲染方法的效果绝佳，但计算量相当大，要比光线跟踪所用时间长。光线跟踪反射只取一个观察点，被反射的射线最终找到一个结束点，而辐射模型中的反射能量在场景中不断反弹，能量逐级减弱。

3ds Max 内置渲染器极其普通，光线跟踪和全局光照的渲染速度也相对比较慢。这就决定了它不适合对图像质量上追求完美的人使用。3ds Max 5 以前，内置渲染器的全局光照、自然光和真实阴影等是一片空白，而这些都是成为一幅完美三维作品的重要组成部分。外挂渲染器正是弥补了内置渲染器的这些不足。在 3ds Max 上使用了这些渲染器以后，渲染效果有了很大提高。

VRay 是一种结合了光线跟踪和全局光照的渲染器，其真实的光线计算创建专业的照明效果，可用于建筑设计、灯光设计、展示设计等多个领域。

图 2.14 所示为 3ds Max 的扫描线光照和 VRay 全局光照的光源反弹示意图。

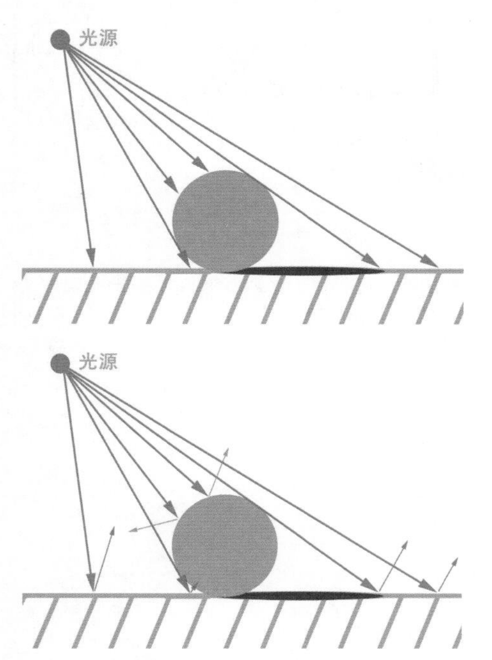

图 2.14　扫描线光照和全局光照的光源反弹示意图

图 2.15 所示为 3ds Max 的扫描线光照和 VRay 全局光照的渲染效果图。

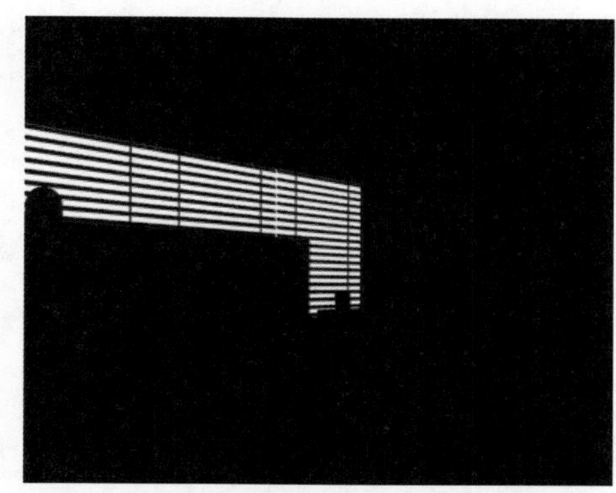

图 2.15　扫描线光照和全局光照的渲染效果图

2.4　光线的反射、穿透和折射

本节将讨论光线的反射、穿透和折射原理，目的是提高人们对光线的认识以及打灯光的技巧。

2.4.1　光线反射

光线反射是指光碰到物体表面的回弹。现实生活中的物体多多少少都会有反射的属性，反射有镜面反射和漫射两种方式。人们所看见的任何物体都受这两种反射方式的影响。不考虑物体对光线的吸收，光线照射在物体上时，如果物体像镜面一样反射了 60% 的光线，那么另外 40% 的光线则是漫射。

图 2.16 所示为光线反射示意图。

反射是体现三维物体质感的一个关键因素，合理地使用反光板、墙壁、环境贴图等可

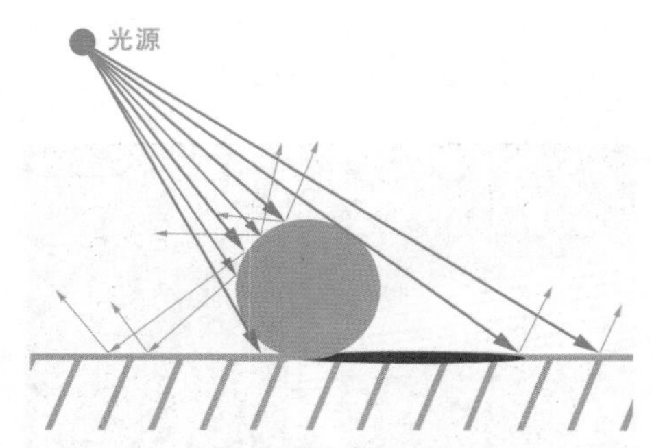

图 2.16　光线反射示意图

以增强渲染效果的可信度。在 3ds Max 中，物体的反射贴图设置在“贴图”卷展栏的反射项上，反射强度为 0~100，像玻璃这样的物体。通常情况下我们将反射的贴图设置为“光线跟踪”类型，反射强度设置为 30。

全局照明通过物体和物体之间的光线漫射原理，不但可以扩散光线，还可以使物体的颜色互相影响，如黄色和红色的球体在一起，它们周围的地面上将相应地产生黄色和红色，而它们之间也会互相传染，这种现象在 VRay 中称之为颜色混合，效果如图 2.17 所示。

图 2.17　颜色混合效果

图 2.18 为物体颜色互相影响的效果。

使用Photoshop的色阶编辑工具进行调解，我们就可以发现红色墙面和白墙之间的颜色相互影响，如图 2.19 所示。

图 2.18　物体颜色互相影响的效果

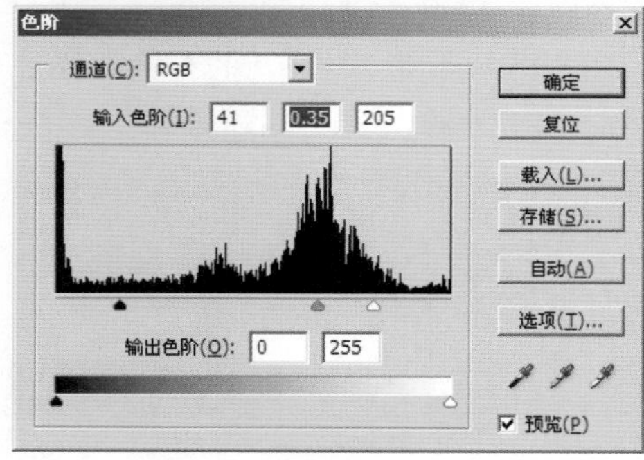

图 2.19　调节色阶的效果和参数

反射光线可以在物体附近产生焦散效果，示意图如图 2.20 所示。

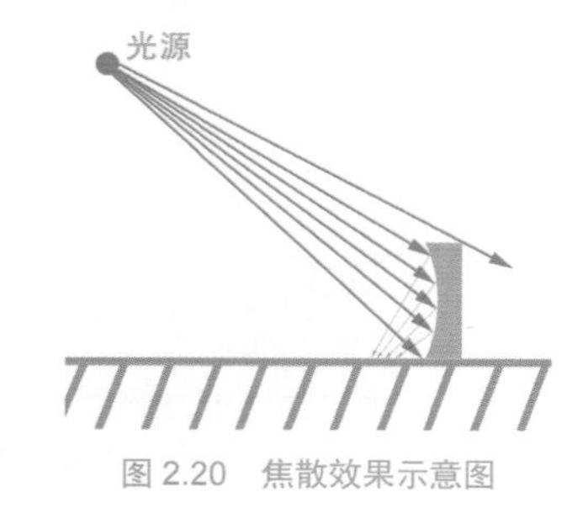

图 2.20　焦散效果示意图

焦散反射效果如图 2.21 所示。

图 2.21　焦散反射效果图

2.4.2　光线穿透

当光线遇到透明物体的时候，一部分光线会产生反弹，而另一部分光线会产生穿透的现象。图 2.22 所示为光线穿透示意图。

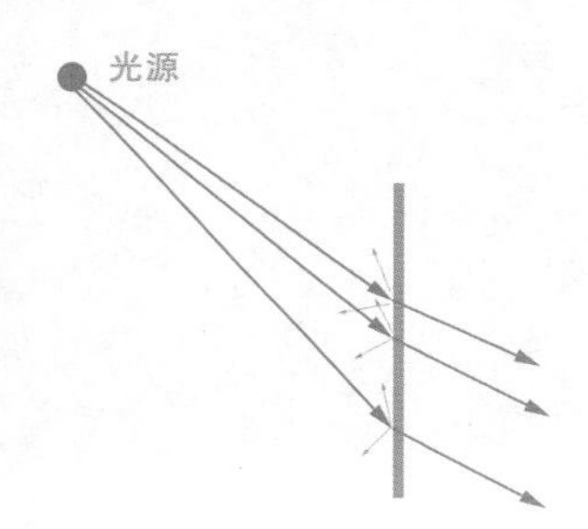

图 2.22　光线穿透示意图

如果光线比较强，光线穿透透明物体后会产生焦散效果，如图 2.23 所示。

图 2.23　光线穿透焦散效果

如果物体是半透明的蜡质材料，光线会在物体内部产生散射，叫作“次表面散射”。这种折射是指光线照射到物体后，进入物体内部，经过在物体内的散射从物体表面的其他顶点 / 像素离开物体的现象。比如皮肤、玉等都有这种效果，如图 2.24 所示。

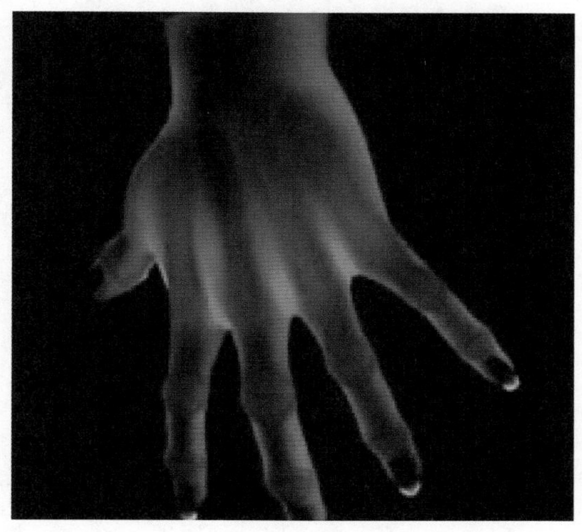

图 2.24　皮肤的次表面散射

2.4.3　光线折射

折射是指光从一个载体到另一个载体时光线发生弯曲和改变方向，如从空气到玻璃或水中，光线会发生弯曲。VRay 渲染器专用材质的光迹追踪特性是该软件最具吸引力的功能之一，光迹追踪使画面的真实感达到一个新的高度。

图 2.25 所示为光线折射示意图。

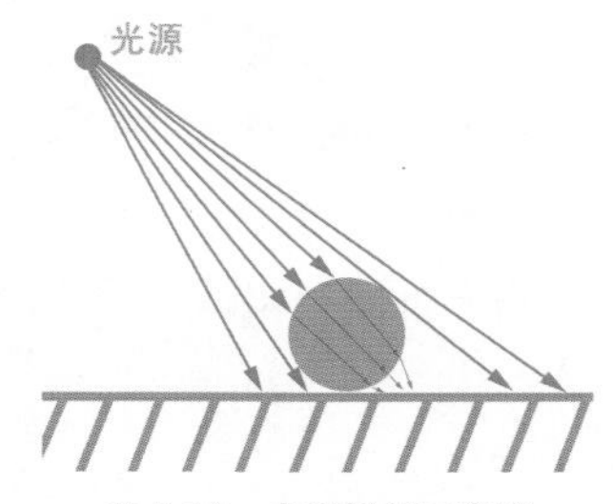

图 2.25　光线射折示意图

图 2.26 所示为玻璃的折射效果。

图 2.26　玻璃的折射效果

在 3ds Max 的材质编辑器中有一个 IOR 参数，这就是折射率设置参数。折射率是当光线进入表面时，介质改变光线线路的能力。该参数实际上是一个系数，通常折射率对于真空来说是 1，空气是 1.0003。关于折射率的问题将在后面的章节详细探讨。

2.5　VRay渲染器的真实光效

VRay 渲染器的光效之所以非常真实，是因为它使用了光子的多次反弹原理，光子通过多次反弹产生真实世界中的光线漫射效果，使原本阴影处的黑色变得通透可见。下面简单介绍 VRay 提供的几种真实光效控制参数。

2.5.1　全局光照

VRay 渲染器的真实光效来自优秀的全局光照引擎。在 VRay 渲染器有一个 GI 页面（按 F10 键即可打开该对话框），可设置全局光照参数，光子的一级二级反弹就是在这里控制。如图 2.27 所示，当勾选了“启用 GI”复选框后，VRay 的全局光照引擎开始产生作用，之前它相当于 3ds Max 的默认扫描线渲染器。

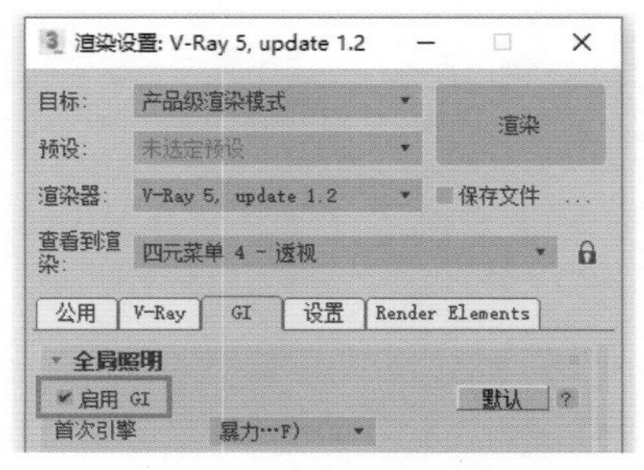

图 2.27　勾选“启用 GI”复选框

图 2.28 所示为勾选“启用 GI”复选框前后的效果对比。勾选“启用 GI”复选框后，系统将自动打开光子反弹运算功能。当然，VRay 给我们很多可控参数来调节这些光子反弹次数和强度。

图 2.28　全局光照效果对比

2.5.2　一次光线反弹

VRay 的一次光线反弹，表示光线射入物体表面时第一次反弹到其他物体上产生的光照亮度，这种反弹不会产生光线漫射效果。首次反弹的选项是“首次引擎”，二次反弹的选项是“二次引擎”，如图 2.29 所示，在其下拉列表中可以选择 GI 引擎。

图 2.29　首次反弹与二次反弹的设置

图 2.30 和图 2.31 所示为一次光线反弹效果和示意图。

图 2.30　一次光线反弹效果

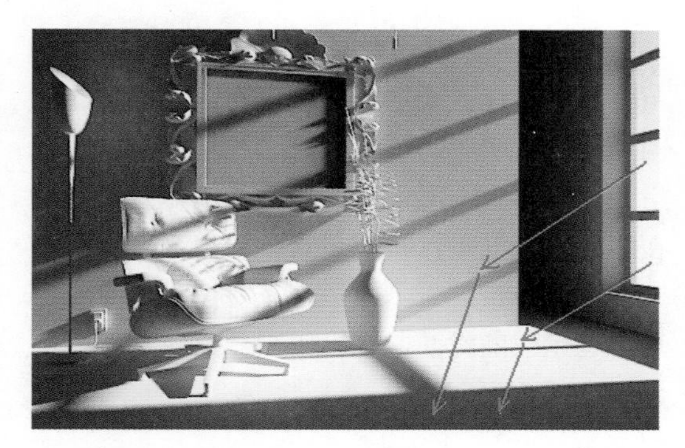

图 2.31　一次光线反弹示意图

2.5.3　二次光线反弹

VRay 的二次光线反弹其实是一种漫射效果。现实世界中，光线进行一次光线反弹后在物体上的另一次反弹，不会像一次反弹那样强烈，呈渐弱的方式衰减。在 VRay 的二次引擎参数中，这种强度是可以调节的，如图 2.32 所示。

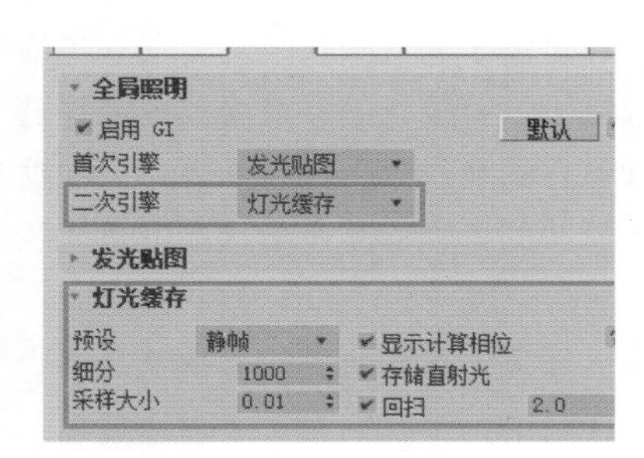

图 2.32　二次反弹参数设置

图 2.33 和图 2.34 所示为一次反弹和二次反弹效果对比和示意图对比。

图 2.33　一次反弹和二次反弹效果对比

图 2.34　一次反弹和二次反弹示意图对比

2.5.4　光线反弹次数

光线的反弹次数越多，光子的效果越细腻，如图 2.35 所示。

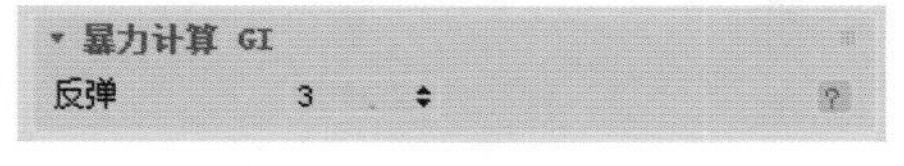

图 2.35　设置反弹次数

图 2.36 所示为不同反弹次数的效果对比。

图 2.36 不同反弹次数的效果对比

2.5.5 VRay 环境

VRay 自带一个能够产生大气环境的参数，如图 2.37 所示。它可以利用指定的颜色来给场景打一层天光。

图 2.37 VRay 环境参数

在真实世界里，大部分时间天光呈淡蓝色，黄昏时呈暖色。天空无云时，阴影总是蓝的，因为，此时照明阴影部分的光线，是蓝色的天空光，制作出的图像颜色也必然偏蓝。同样，在多云的天气里，特别是当太阳被浓云遮住，天空大部分是蓝光，或是当天空被高空的薄雾均匀地遮住的时候，作出的图片也应该偏蓝，如图 2.38 所示。

图 2.38 真实的天空颜色

日出不久和夕阳西下时，太阳呈现黄色或红色。这是由于大气中很厚的雾气和尘埃层将光线散射，只有较长的红黄光波才能穿透，使清晨和黄昏的光线具有独特的色彩。在这种光线下所反映的景物，其色彩比在白色光线下所反映的显得更暖一些，如图 2.39 所示。

在“环境”卷展栏里的参数就是用于模拟这些天光色的。当我们指定了天光色后，天光漫射的发散方向来自四面八方。图 2.40 所示为环境天光示意图。

要想使用天光功能，必须先在 GI 卷展栏中勾选“开启 GI”复选框，然后就可以在

“环境”卷展栏中进行天光颜色指定了，如图 2.41 所示。

图 2.39　日出和黄昏时分的天空颜色

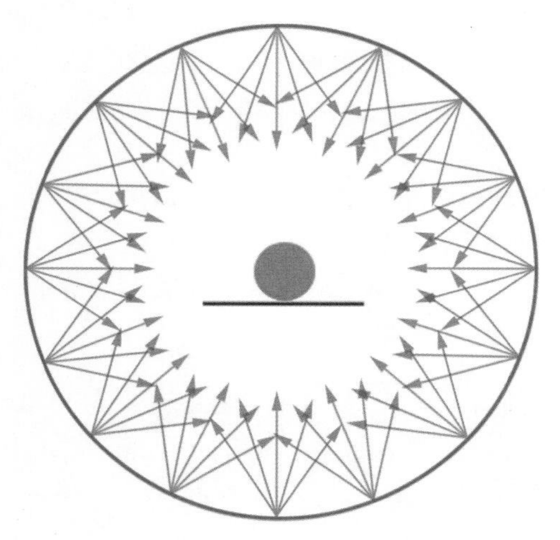

图 2.40　环境天光示意图

公用　V-Ray　GI　设置　Render Elements

全局照明

启用 GI　默认

首次引擎　暴力…F)

二次引擎　灯光缓存

暴力计算 GI

反弹　3

环境

GI 环境

颜色　1.0　贴图　无贴图

反射/折射环境

颜色　1.0　贴图　无贴图

图 2.41　天光颜色指定

图 2.42 所示为场景打开天光前后效果图对比。

图 2.42　场景打开天光前后效果图对比

VRay 渲染器自带了一系列材质样式和贴图样式，用它们制作材质效果非常好。VRay 渲染器虽然支持大部分 3ds Max 默认材质，但 VRay 专用材质更容易调试出较好的效果，而且重要的是，它们的渲染速度更快。下面就用一些实例来学习这些材质的用法。

很多人的场景设置完成以后，无法渲染出符合要求的大图（如 3000×3000 像素尺寸的图）。在这里，笔者将介绍几种日常工作中积累的经验，配合书中的实例来帮助读者完成这些技术难题。

在制作图像时，制约 VRay 渲染速度的因素主要有以下几个方面：

（1）全局光照；

（2）抗锯齿采样；

（3）大量的模糊反射材质；

（4）阴影采样。

2.6 使用VRay作图的经验

作图的过程讲究的是方法，一旦方法不正确，那会很费时间。很多人使用VRay时，会在场景中胡乱设置，到最后不但渲染速度慢，效果也没出来。针对这个制作流程问题，以笔者作室内一幅图时的流程为例归纳为两部分：快速准确地作出预想的效果和快速渲染出图。

2.6.1 场景制作阶段

（1）将场景以实际尺寸制作完成，先给所有物体一个无反射和折射参数的浅灰色VRay材质，用于测试灯光。

（2）设置VRay渲染器，将渲染设置开到最小精度，方法如下：

Step01 勾选GI页面的“启用GI”复选框。

Step02 一般情况下抗锯齿过滤器选择Catmull-Rom。

Step03 在“发光贴图”卷展栏中，预设值选择低。或者选择更高一些的预设值，然后再打开预设值自定义，将“最小比率”和“最大比率”都设置为“-3”。

Step04 勾选“显示计算相位”复选框，在测试渲染时能够及时看到光子运算的效果。

Step05 将测试渲染的图像大小设置为较小的尺寸，每次用“区域”方式渲染局部（省时间）。

（3）打主要的灯光，方法如下：

在窗口设置VRay光源，勾选天光入口复选框，用它来代替天光，这样做的目的是避免天光和环境光影响光子运算，产生不正确的效果。补光回头再设置，先设置主要材质，因为材质的效果直接影响到室内。

（4）隐藏窗口玻璃物体，简单测试一下渲染效果，然后再考虑材质。

（5）设置主要材质，方法如下：

先从大块物体开始（墙面和地面），所有材质均使用无模糊反射和折射（模糊折射是渲染速度的“终极杀手”，千万不要用）的材质（这样做的目的是试渲时速度快）。注意贴图的比例，这是反映物体真实度的标杆。小的细节物体先不要给材质（反正它有默认的VRay材质，照样可以产生和接收光子计算，不影响整体）。

（6）继续调整灯光，增加其他的补光，将灯光调整到最佳。

（7）完成其他物体的材质贴图设置，适当给重点表现的物体加模糊反射属性。

2.6.2 渲染阶段

（1）使用光照贴图可以节约重复计算光子的时间。一般情况下，使用“灯光缓存”“发光贴图”或“暴力计算”方式的搭配来渲染，至于哪种方式组合各有优劣，看个人的熟练程度和习惯了。重要的是先渲染成320×240像素的小图并保存计算结果，这样省时间。

（2）渲染光照贴图时，在“全局开关”卷展栏中勾选反射/折射复选框，将其关闭，快速渲染出高质量的光照贴图。渲染之前别忘了将以上测试渲染时使用的所有能提高渲染质量的参数调高，因为是渲染320×240像素的小图，所以高一些也无妨，如图2.43所示。

（3）最终用这幅320×240像素的光照贴图渲染个人所需要的超大图。

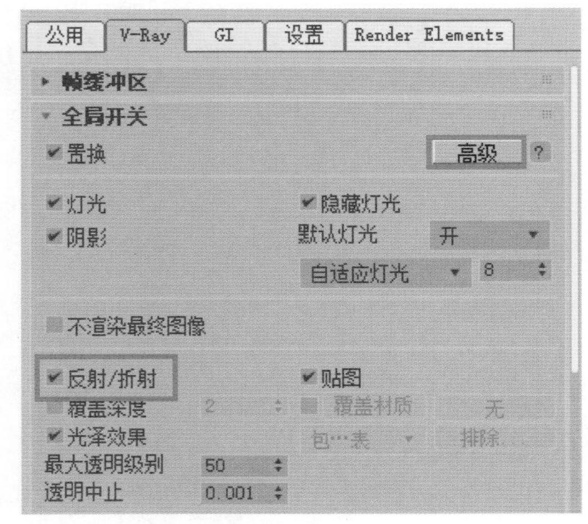

图2.43 设置当前渲染器为VRay

2.7 灯光

在VRay中，只要打开间接照明开关，

就会产生真实的全局照明效果，VRay 渲染器对 3ds Max 的大部分内置灯光支持得非常好（skylight 和 IESsky 不支持）。VRay 渲染器自带 4 种专用灯光，分别是 VRay 灯光、VRayIES、VRay 环境光和 VRay 太阳光，如图 2.44 所示。本书仅介绍 VRay 灯光和 VRay 太阳光。

图 2.44　灯光类型

2.7.1 VRay 灯光

VRay 的灯光系统和 3ds Max 的区别就在于是否具有面光。现实世界所有光源都是有体积的，体积灯光主要表现在范围照明和柔和投影。而 3ds Max 的标准灯光都是没有体积的，光度灯有几种是有体积的，其实阴影并不是按体积计算的，需要使用面积投影，面积投影只是对面光的一种模拟（其本质还是点光，VRay 也基本支持这类情况的灯光，但是在模糊反射的高光上仍是一个圆点采样）。

VRay 灯光是 VRay 渲染器的专用灯光，它可以设置为纯粹的不被渲染的照明虚拟体，也可以被渲染出来，甚至可以作为环境天光的入口。VRay 灯光的最大特点是可以自动产生极其真实的自然光影效果。VRay 灯光可以创建平面光、球体光和穹顶光（VRay5 版本可以对穹顶光使用贴图文件控制，比如贴图呈 360°变成天光）。VRay 灯光可以双面发射，可以在渲染图像上不可见，可以更加均匀地向四周发散“忽略灯光法线”方向，如果不忽略会在法线方向发射更多的光线，平面光模式才看得出，可以没有灯光衰减（默认强度为 30，不衰减为 1，这个衰减是以平方数递减的，虽然现实近乎这样，但一般情况还是不用衰减）。

VRay 灯光的参数控制面板如图 2.45 所示。

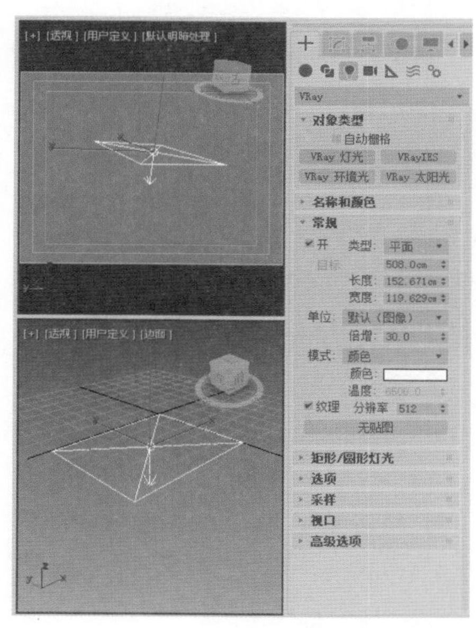

图 2.45　控制面板

- 开：控制 VRay 灯光照明的开关与否。
- 双面：在灯光被设置为平面类型的时候，这个选项决定是否在平面的两边都产生灯光效果。这个选项对球形灯光没有作用。图 2.46 所示是关闭和勾选“双面”选项对场景影响的对比。

图 2.46　关闭和勾选“双面”选项对场景影响的对比

- 不可见：设置在最后的渲染效果中光源形状是否可见。图 2.47 所示是勾选“不可见”选项的测试。

图 2.47　勾选“不可见”选项的测试

- 不衰减：在真实的世界中远离光源的表面会比靠近光源的表面显得更暗。这个选项勾选后，灯光的亮度将不会因为距离而衰减。图 2.48 所示为“不衰减”选项关闭和打开时的测试。

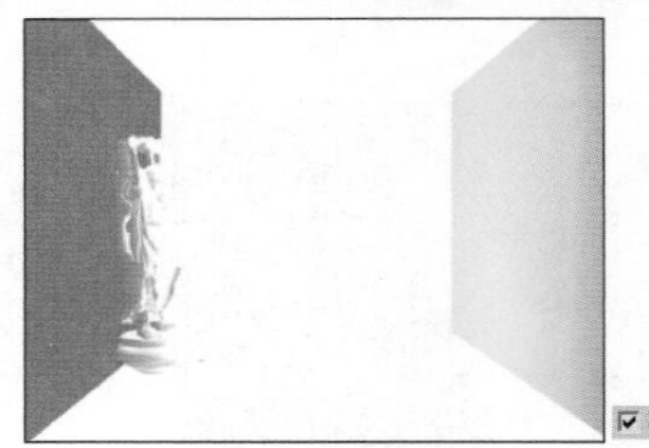

图 2.48　“不衰减”选项关闭和打开时的测试

- 颜色：设置灯光的颜色。图 2.49 所示是灯光颜色测试。
- 倍增：设置灯光颜色的倍增值。图 2.50 所示为倍增值参数测试效果。
- 天光入口：这个选项勾选后，前面设置的颜色和倍增值都将被 VRay 忽略，代之以环境的相关参数设置。图 2.51 所示为选择“天光入口”选项，VRay 灯光的光照被环境光所取代，VRay 灯光仅扮演了一个光线方位的角色。

图 2.49　灯光颜色测试

图 2.50　倍增值参数测试

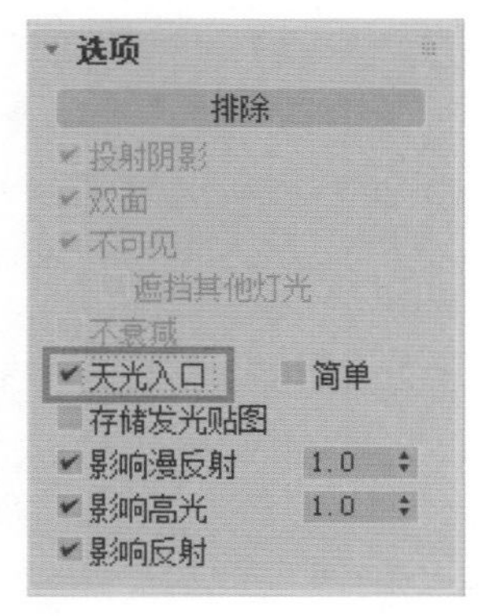

图 2.51　“天光入口”选项

- 储存发光贴图：当这个选项被勾选时，如果计算 GI 的方式使用的是发光贴图方式，系统将计算 VRay 灯光的光照效果，并将计算结果保存在发光贴图中。把间接光的计算结果存到“发光贴图”里面备用，这是个不错的选择，可以提速不少，但是也明显受到“发光贴图”精度的制约，如果“发光贴图”计算参数比较高，那么还是可以使用的。另外一个问题就是这样会导致物体间接触的地方可能有漏光现象，这个情况可以勾选渲染面板“VRay 发光贴图”卷展栏中检查采样的可见性得到解决。
- 平面：将 VRay 灯光设置成长方形形状。效果如图 2.52 所示。

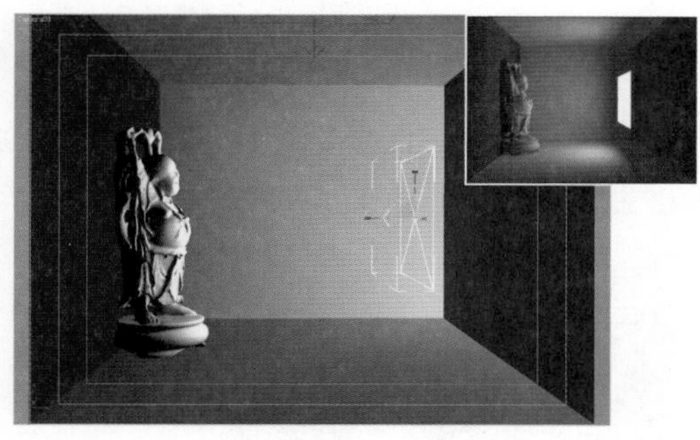

图 2.52　长方形测试

- 穹顶：将 VRay 灯光设置成圆盖形状。效果如图 2.53 所示。

图 2.53　圆盖形测试

- 球体：将 VRay 灯光设置成球状。效果如图 2.54 所示。
- 长度：设置光源的长度尺寸（如果光源为球状，这个参数相应地设置球的半径）。

图 2.54　球状测试

- 宽度：设置光源的宽度尺寸（如果光源为球状，这个参数没有效果）。

2.7.2　VRay 太阳光

VRay 太阳光是 VRay 渲染器新增的灯光种类，功能比较简单，主要用于模拟场景的太阳光照射。图 2.55 所示为 VRay 太阳光的面板。

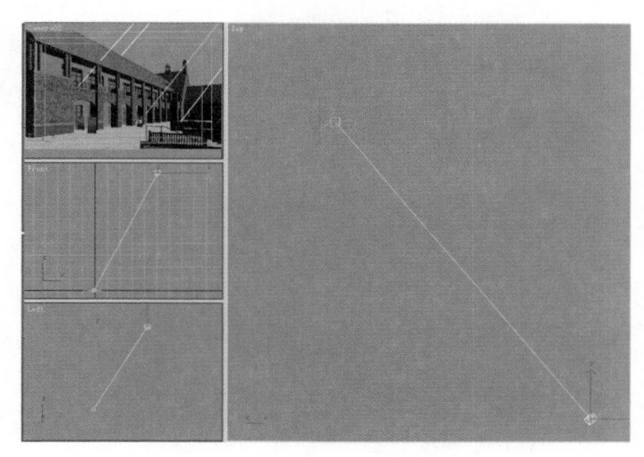

图 2.55　VRay 太阳光的面板

- 启用：灯光的开关。
- 浊度：设置空气的浑浊度，这个参数越大，空气越不透明（光线越暗），并且会呈现出不同的阳光色，早晨和黄昏浑浊度较大，正午浑浊度较低。图 2.56 所示为大气浑浊度测试。
- 臭氧：设置臭氧层的稀薄指数。该值对场景影响较小，值越小，臭氧层越薄，到达地面的光能辐射越多（光子漫射效果越强）。图 2.57 所示为臭氧层参数测试，从图中可以看到阴影区域的亮度变化。

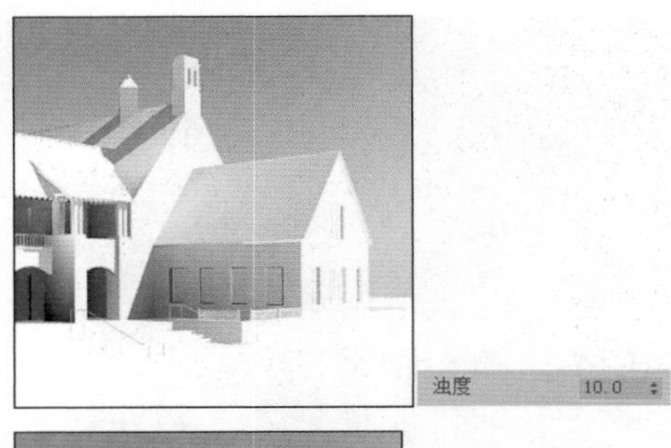

图 2.56　大气浑浊度测试

图 2.57　臭氧层参数测试

- 强度倍增：设置阳光的亮度，一般情况下设置较小的值就可以满足使用。图 2.58 所示为强度倍增值参数测试。
- 大小倍增：设置太阳的尺寸。
- 阴影偏移：设置物体阴影的偏移距离，值为 1.0 时阴影正常，大于 1.0 时阴影远离投影对象，小于 1.0 时阴影靠近投影对象。图 2.59 所示为阴影偏移参数测试。

图 2.58　强度倍增值参数测试

图 2.59　阴影偏移参数测试

2.8　VRay天空贴图

VRay 太阳光经常配合 VRay 天空专用环

境贴图同时使用，改变 VRay 太阳光位置的同时，VRay 天空也会随之自动模拟出天空变化。VRay 天空是一种天空球贴图，属于贴图类型。

下面结合 VRay 太阳光来介绍 VRay 天空贴图的参数使用方法。

Step01 用 VRay 太阳光类型给场景中设置灯光，如图 2.60 所示。

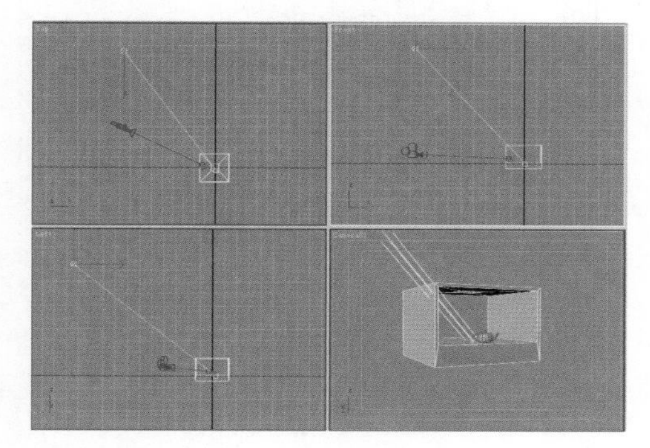

图 2.60　建立 VRay 太阳光

Step02 按 8 键，打开“环境和效果”窗口，加载 VRay 天空贴图，如图 2.61 所示。

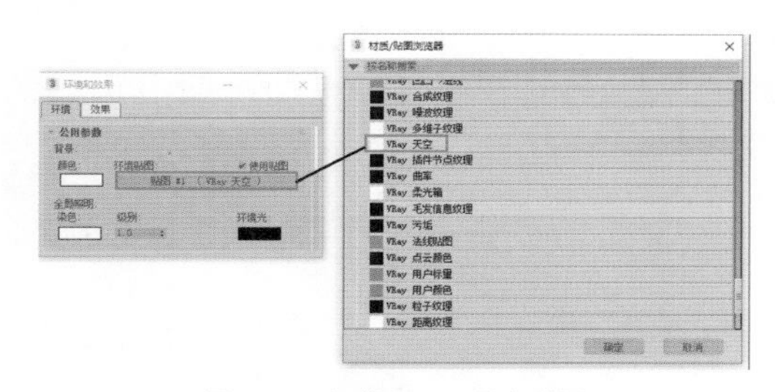

图 2.61　加载 VRay 天空贴图

Step03 将“环境和效果”窗口的贴图关联复制到“材质编辑器”中就可以进行参数调整了，如图 2.62 所示。

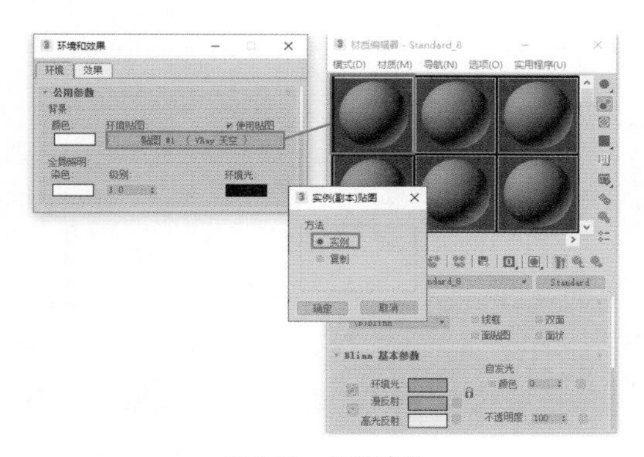

图 2.62　关联贴图

Step04 单击材质编辑器的 None 按钮，选择场景中的 VRay 太阳光。这样就将太阳和天空连接在一起了，当我们移动 VRay 太阳光的位置时，天空球也会随之转动和变换天空色。图 2.63 所示为不同灯光位置的天空球贴图效果对比。

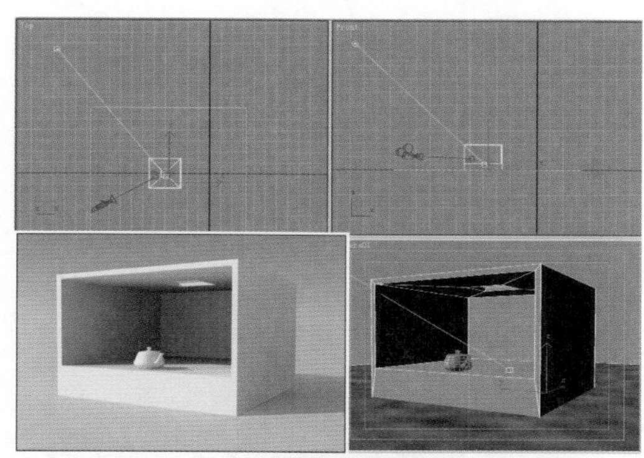

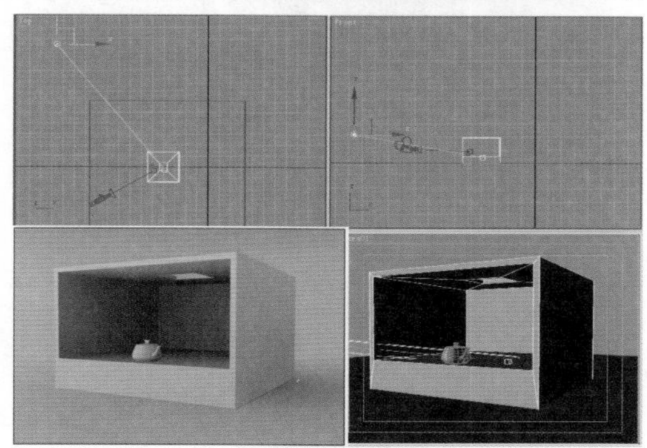

图 2.63　不同灯光位置的天空球贴图效果对比

- 指定太阳中心点：勾选右边的复选框后即可指定场景中的灯光。
- 太阳光：指定场景中的灯光为太阳中心点的位置。图 2.64 所示为指定场景中的 VRay 太阳光为中心点。

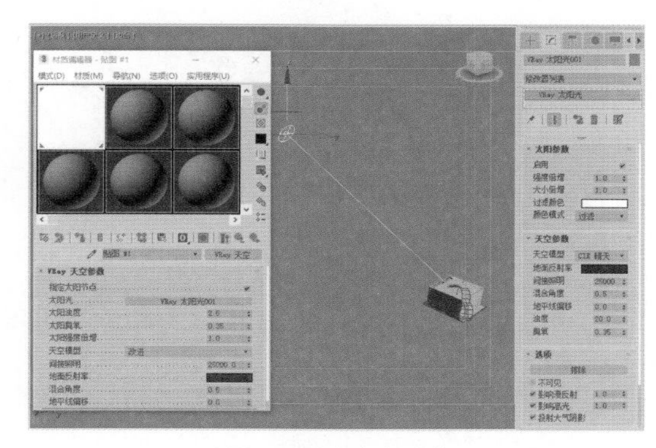

图 2.64　中心点测试

- 太阳浑浊度：设置空气中的浑浊度，2.0 为最晴朗的天空。图 2.65 所示为太阳浑浊度参数测试。

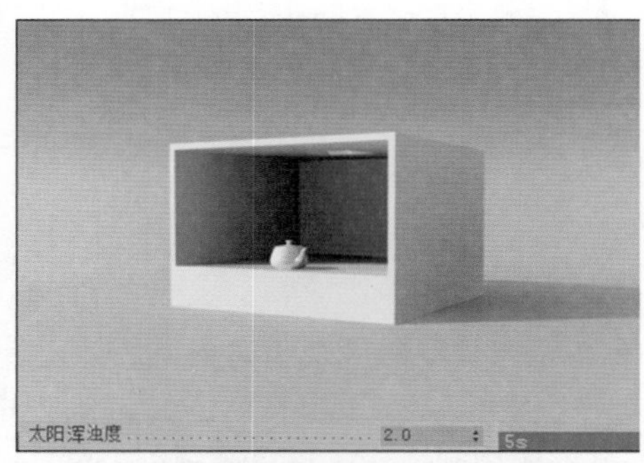

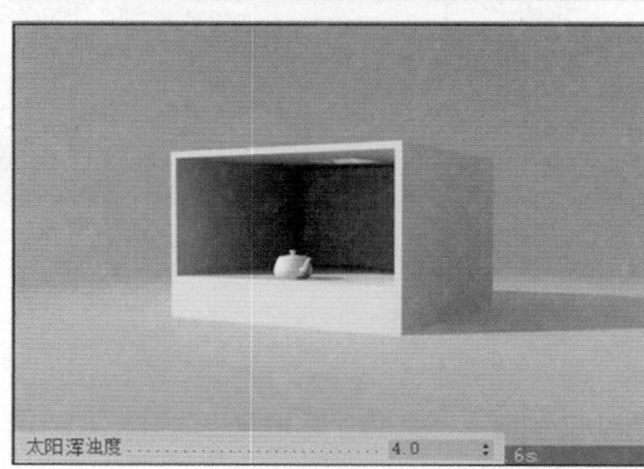

图 2.65　太阳浑浊度参数测试

- 太阳臭氧：设置臭氧层的稀薄指数，该设置对场景影响不大。图 2.66 所示为太阳臭氧层参数测试，大家可以观察房间内部的光线反弹效果，该参数为 0 时室内最亮。

图 6.66　太阳臭氧层参数测试

- 太阳强度倍增：设置太阳的亮度。图 2.67 所示为太阳强度倍增值参数测试。

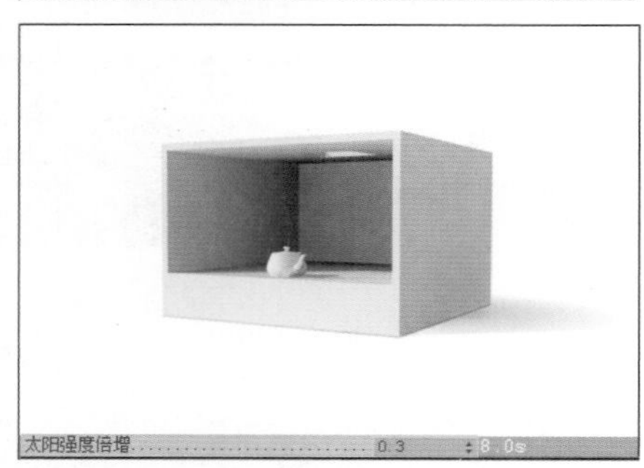

图 2.67　太阳强度倍增值参数测试

2.9　VRay阴影设置

如果设置了 3ds Max 内置的灯光，为了产生较好的阴影效果，可以选择 VRayShadow 阴影模式，如图 2.68 所示，此时修改命令面板中会出现一个 VRay 阴影参数卷展栏。在这个卷展栏中可以设置与 VRay 渲染器匹配的阴影参数。

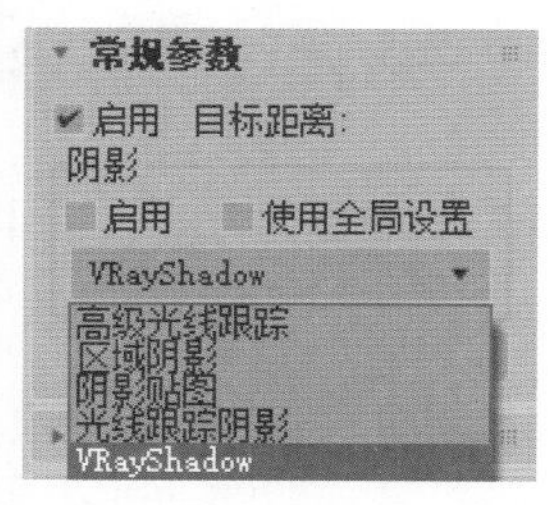

图 2.68　阴影设置

- VRay 阴影参数卷展栏：VRay 阴影通常被 3ds Max 标准灯光或 VRay 灯光用于产生光影追踪阴影。标准的 3ds Max 光迹追踪阴影无法在 VRay 中正常工作，此时必须使用 VRay 的阴影，除了支持模糊（或面积）阴影外，也可以正确表现来自 VRay 置换物体或者透明物体的阴影。其参数如图 2.69 所示。

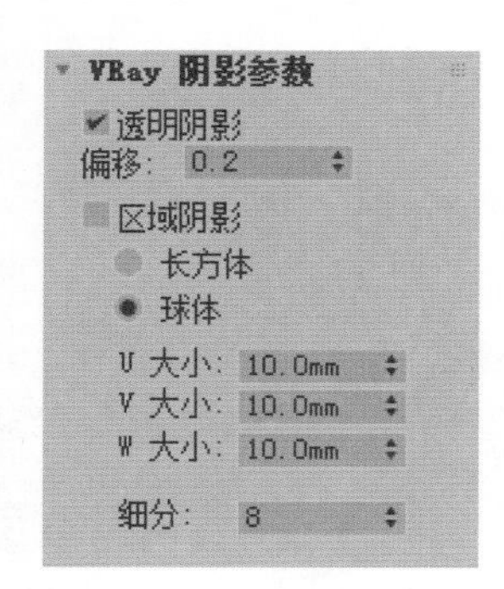

图 2.69　VRay 阴影参数卷展栏

- 透明阴影：确定场景中透明物体投射阴影的行为，勾选时，VRay 将不受灯光物体中的阴影设置（颜色、密度、贴图等）的影响来计算阴影，此时来自透明物体的阴影颜色将是正确的。不勾选的时候，将考虑灯光中物体阴影参数的设置，但是来自透明物体的阴影颜色将变成单色（仅为灰度梯度）。

2.10　VRayMtl材质类型

尽管 VRay 渲染器对 3ds Max 的材质支持得非常好，但所有和光线跟踪相关的 VRay 都不支持，比如，投影、反射，代之以 VRayshadow、VRay 贴图等。VRay 自带了几种材质类型和贴图类型，使用起来要比 3ds Max 的材质更为快捷方便，尤其是在反射、折射的控制方面尤为突出。

图 2.70 所示为 VRay 材质类型。

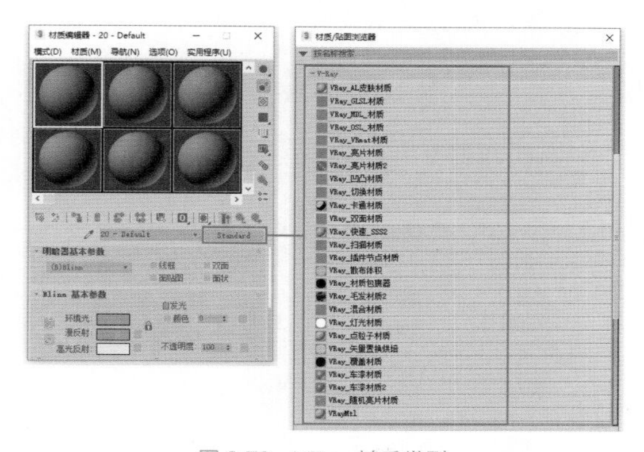

图 2.70　VRay 材质类型

图 2.71 所示为 VRay 贴图类型。

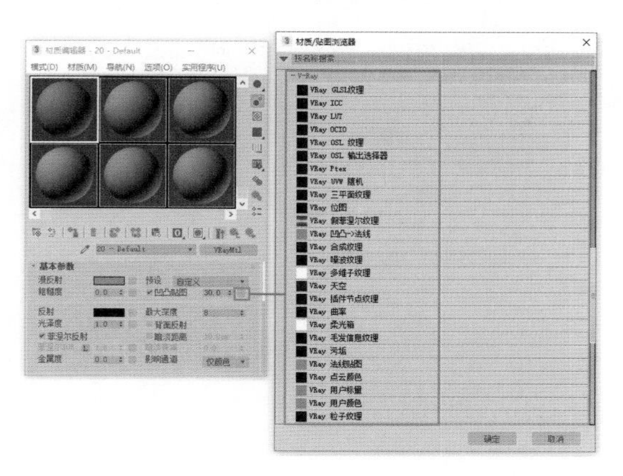

图 2.71　VRay 贴图类型

下面来重点学习几种材质。

VRayMtl 材质类型是最常用的，其参数卷展栏如图 2.72 所示。

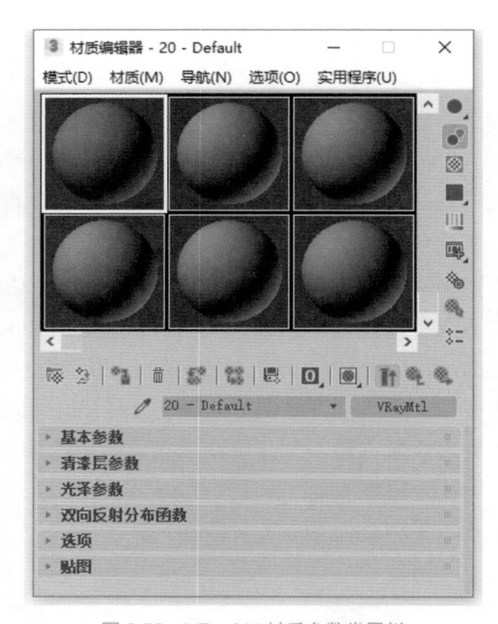

图 2.72　VRayMtl 材质参数卷展栏

基本参数卷展栏如图 2.73 所示。

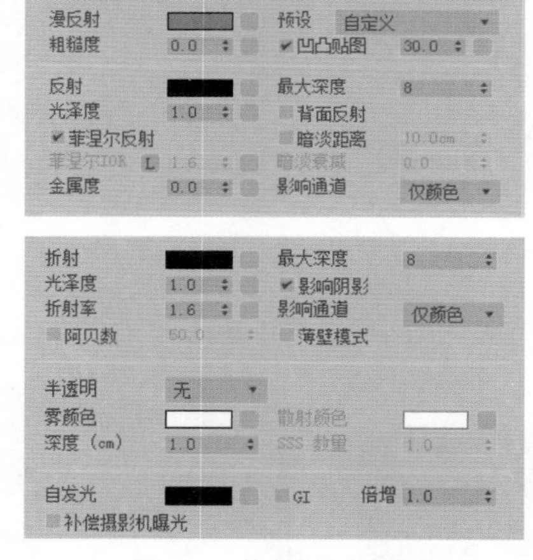

图 2.73　基本参数卷展栏

• 漫反射：设置材质的漫反射颜色。

• 反射：设置反射的颜色。

图 2.74 所示为反射参数测试。

• 菲涅尔反射：勾选这个选项后，反射的强度将取决于物体表面的入射角，自然界中有一些材质（如玻璃）的反射就是这种方式。不过要注意的是这个效果还取决于材质的折射率。

图 2.75 所示为菲涅尔反射参数测试。

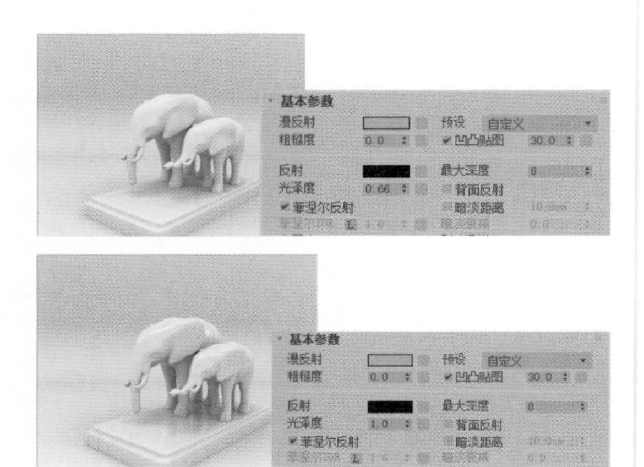

图 2.74　反射参数测试

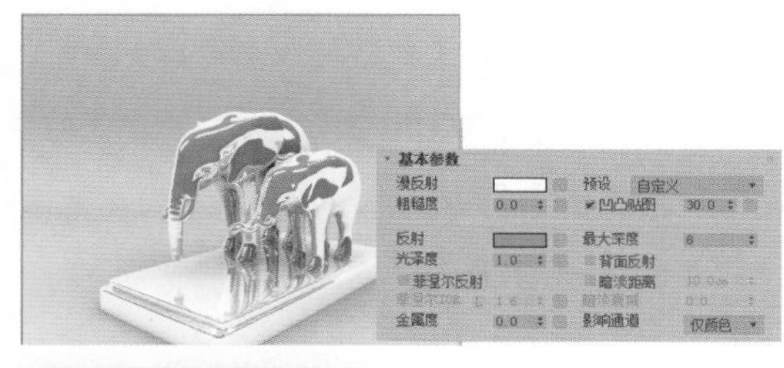

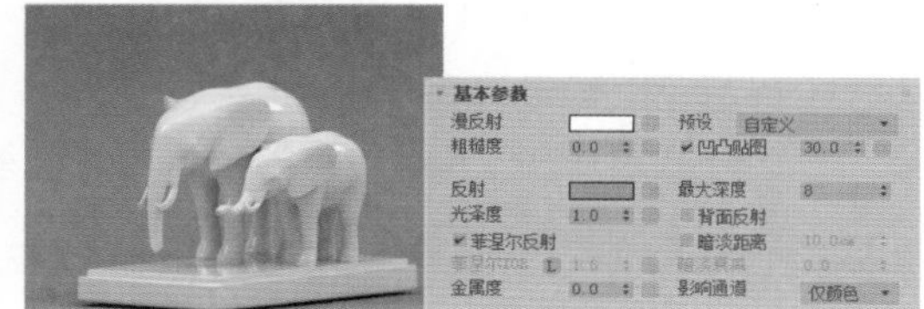

图 2.75　菲涅尔反射参数测试

图 2.76 所示为物体颜色的菲涅尔反射参数测试。

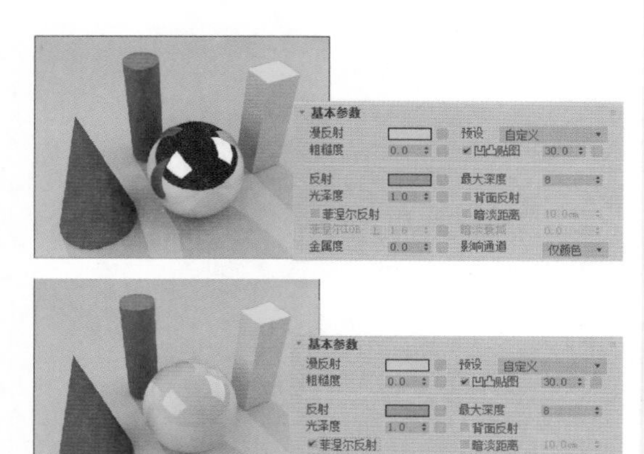

图 2.76　物体颜色的菲涅尔反射参数测试

• 菲涅尔折射率：这个参数在 **菲涅耳反射** 选

项后面的 L 按钮弹起的时候被激活，可以单独设置菲涅尔反射的反射率。

图 2.77 所示为菲涅尔折射率测试，大家可以观察圆球中心的反射效果。

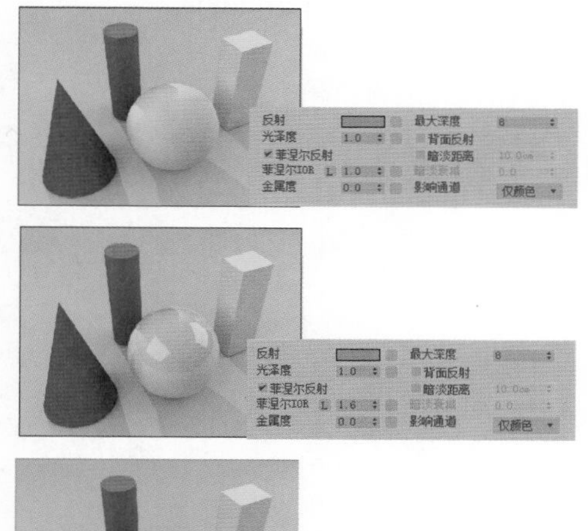

图 2.77　菲涅尔折射率测试

- 预设：该功能可选择不同的材质预设，控制 VRay 材质的高光状态。

图 2.78 所示为不同的材质预设选项。

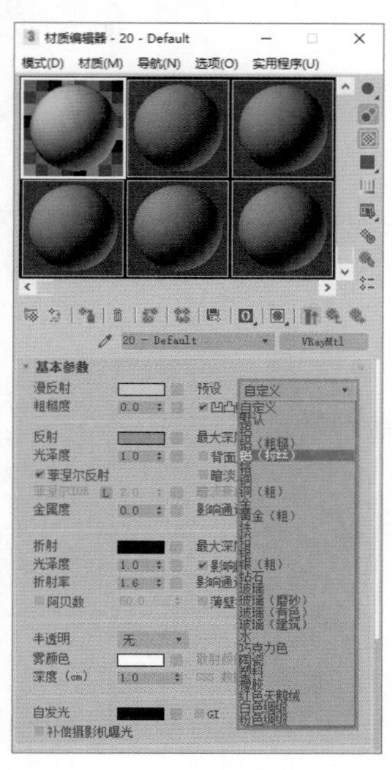

图 2.78　不同的材质预设选项

- 光泽度：用于设置反射的锐利效果。值为 1 意味着是一种完美的镜面反射效果，随着取值的减小，反射效果会越来越模糊。平滑反射的品质由下面的细分参数来控制。

图 2.79 所示为反射光泽度测试。

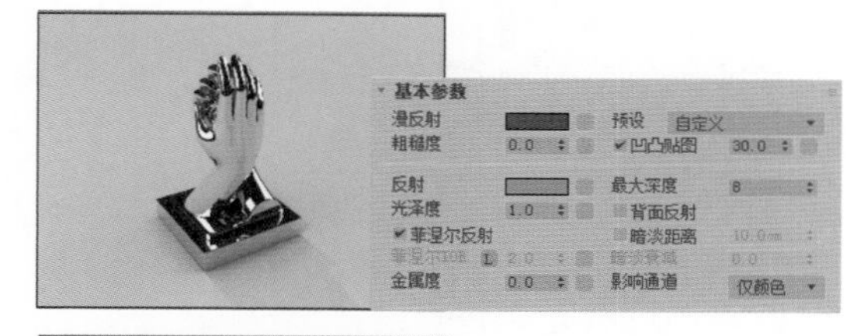

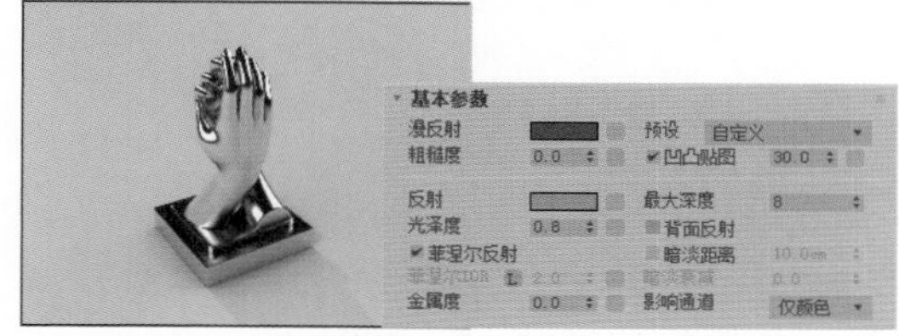

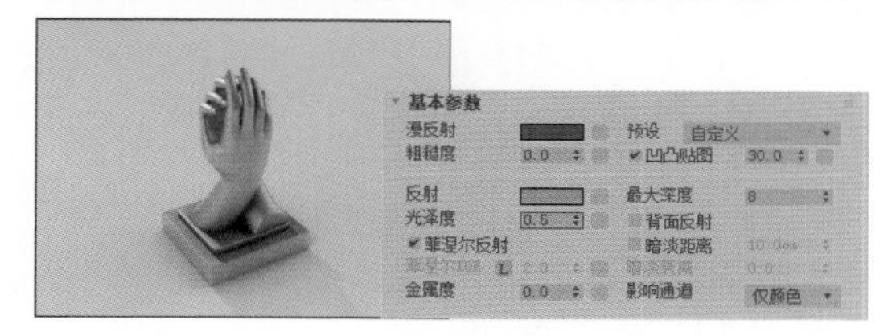

图 2.79　反射光泽度测试

- 粗糙度：控制平滑反射的品质。较小的取值将加快渲染速度，但是会导致更多的噪波。

图 2.80 所示为粗糙度测试，注意观察图下方的渲染时间和物体表面的反射精度。

- 凹凸贴图：VRay 能够使用一种类似于凹凸贴图的缓存方案来加快模糊反射的计算速度。勾选这个选项表示使用缓存方案，也可以在上面进行凹凸贴图设置。

图 2.81 所示为使用凹凸贴图测试。

- 最大深度：定义反射能完成的最大次数。注意当场景中具有大量的反射折射表面的时候，这个参数要设置得足够大才会产生真实的效果。

图 2.82 所示为最大深度测试。

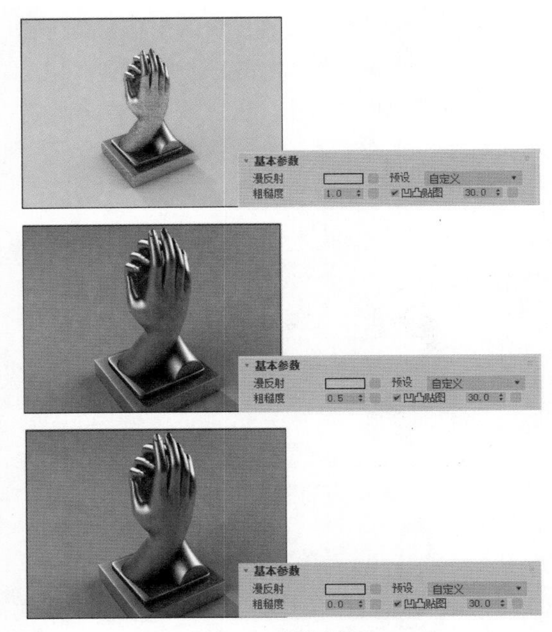

图 2.80　粗糙度测试

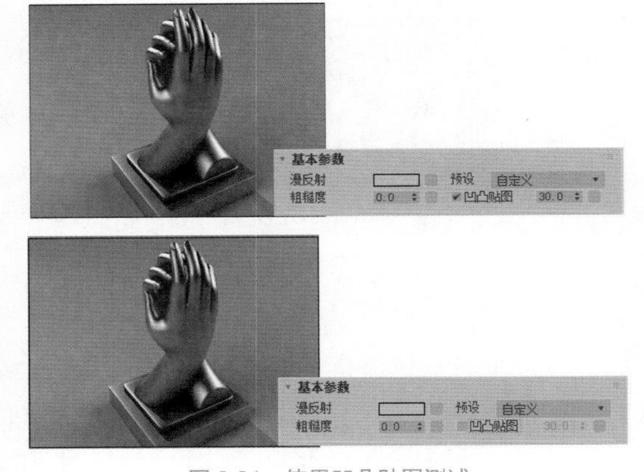

图 2.81　使用凹凸贴图测试

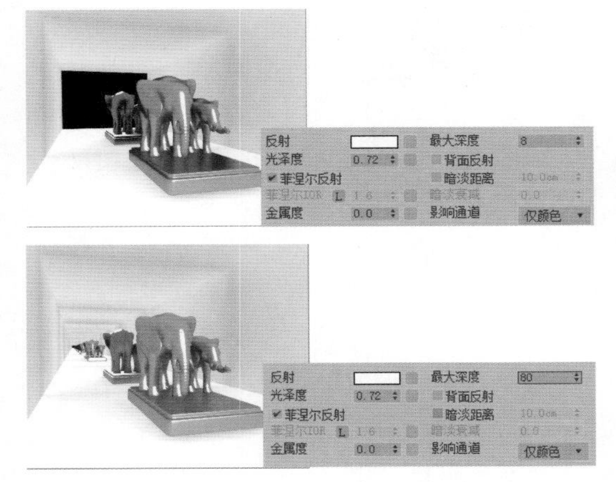

图 2.82　最大深度测试

- 暗淡距离：当光线在场景中反射达到最大深度定义的反射次数后就停止反射，此时这个颜色将被返回，并且不再追踪远处的光线。

图 2.83 所示为暗淡距离测试。

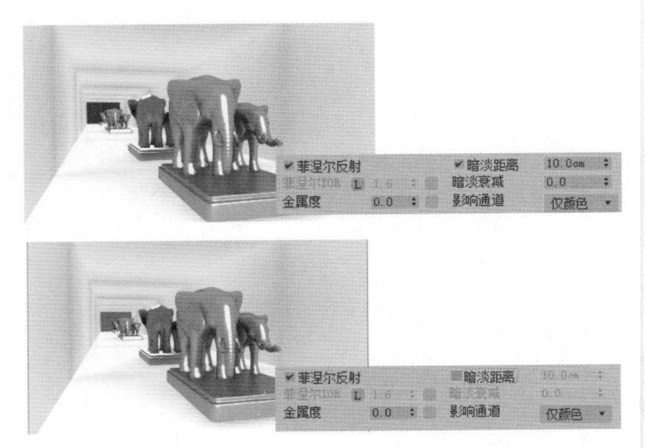

图 2.83　暗淡距离测试

- 背面反射：该选项强制 VRay 始终追踪光线，甚至包括光照面的背面。

图 2.84 所示为背面反射测试，其中右图为勾选背面反射选项的渲染效果。

图 2.84　背面反射测试

双向反射分布函数卷展栏。这是控制物体表面的反射特性的常用方法，用于定义物体表面的光谱和空间反射特性的功能，如图 2.85 所示。

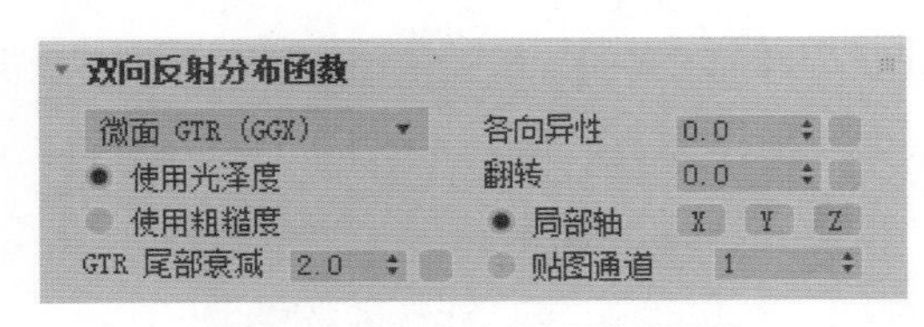

图 2.85　双向反射分布函数卷展栏

VRay 渲染器支持 3 种 BRDF 高光模式：它们是 Phong、Blinn 和 Ward，图 2.86 显示了它们之间的不同之处。

图 2.86　3 种 BRDF 高光模式测试

- 各向异性：设置高光的各向异性特性。图 2.87 所示是不同各向异性的设置。

图 2.87　不同各向异性的设置

- 翻转：设置高光的旋转角度。图 2.88 所示是高光的不同旋转值的设置。

图 2.88　高光的不同旋转值的设置

- 局部轴：可以设置为物体自身的 X/Y/Z 轴，也可以通过贴图通道来设置。

选项卷展栏。这个卷展栏设置 VRay 材质的一般选项，参数如图 2.89 所示。

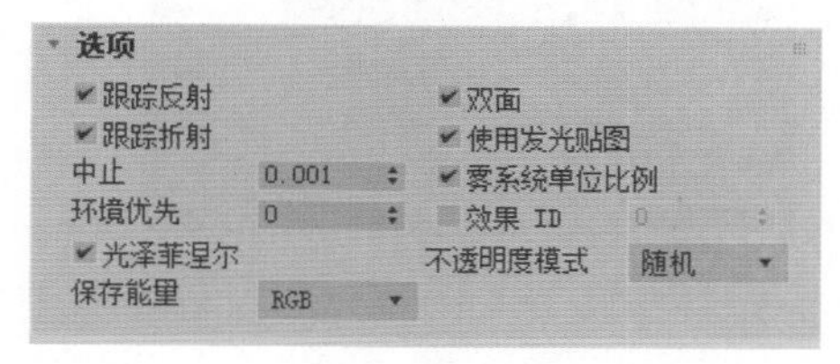

图 2.89　选项卷展栏

- 跟踪反射：控制光线是否追踪反射。
- 跟踪折射：控制光线是否追踪折射。
- 双面：控制 VRay 是否设定几何体的面都是双面。

图 2.90 所示为双面反射测试，其中右图为勾选双面反射选项的渲染效果。

图 2.90　双面反射测试

- 中止：用于定义反射 / 折射追踪的最小极限值。当反射 / 折射对一幅图像的最终效果的影响很小时，将不会进行光线的追踪。
- 使用发光贴图：使用发光贴图计算。

除了使用数值控制相关参数外，还可以通过贴图来进行更复杂的参数控制。其参数含义与 3ds Max 标准的贴图含义相同。贴图卷展栏的参数设置如图 2.91 所示。

下面是一个制作玻璃和陶瓷质感茶壶的实例，效果如图 2.92 所示。

本例设有两盏灯光，分别透过圆环形窗户投射到场景中，产生了面积光效果，灯光物体在顶视图和透视图的布局如图2.93所示，读者可以对应参考。为了体现光滑的背景以及漂亮的玻璃反射，我们使用了弧线曲面作为桌面，并在静物上方设置一个屋顶，从上

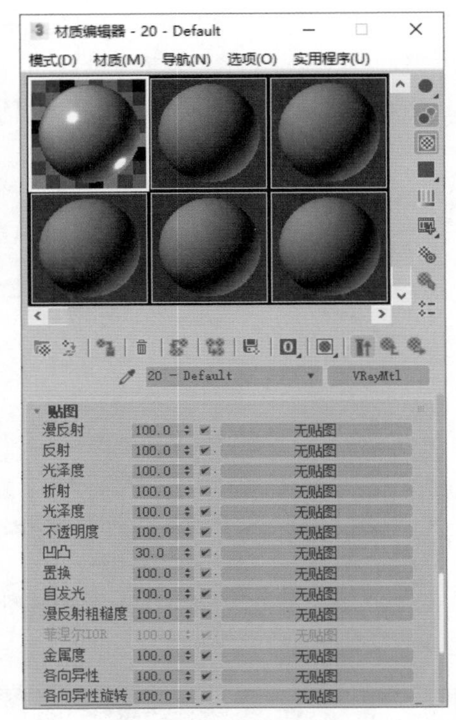

图 2.91　贴图卷展栏的参数设置

面的渲染图可以看到玻璃静物的背景和光滑反射效果。本例的关键技术在于玻璃材质的反射和折射参数设置，使用了菲涅尔反射技术，该设置可以让反射图像变得很真实。

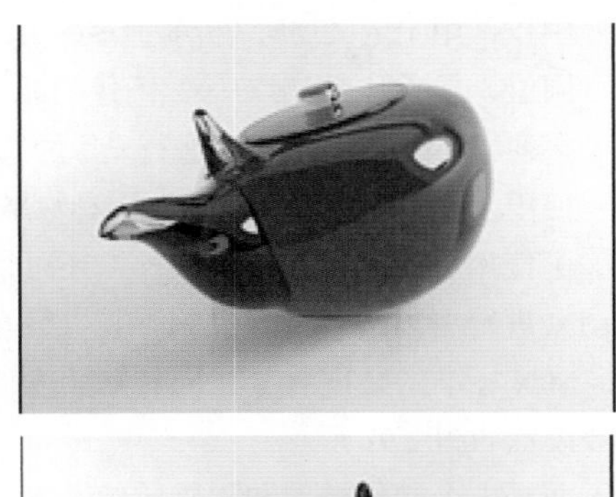

图 2.92　茶壶效果图

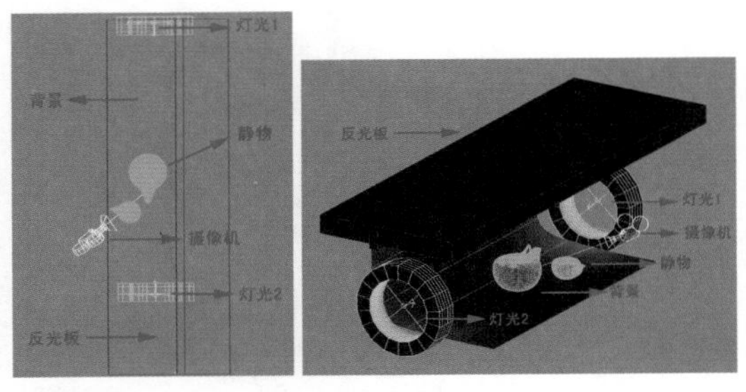

图 2.93　灯光布局

Step01 打开配套素材中的 glass.max 文件，如图 2.94 所示。

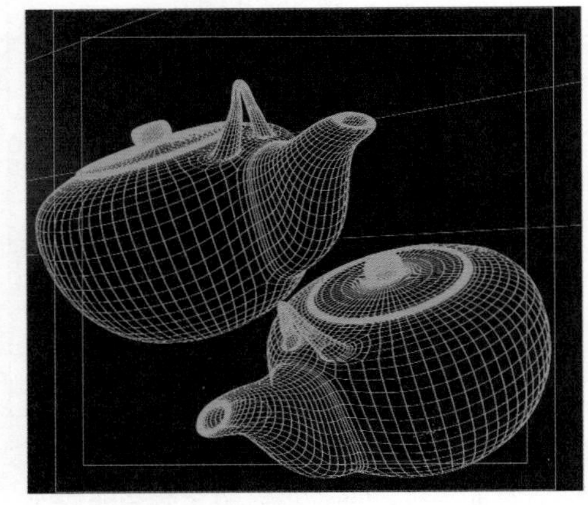

图 2.94　场景文件

首先设置灯光。

Step02 按 F10 键，打开“渲染设置”对话框，设置渲染器为 VRay 渲染器，如图 2.95 所示。

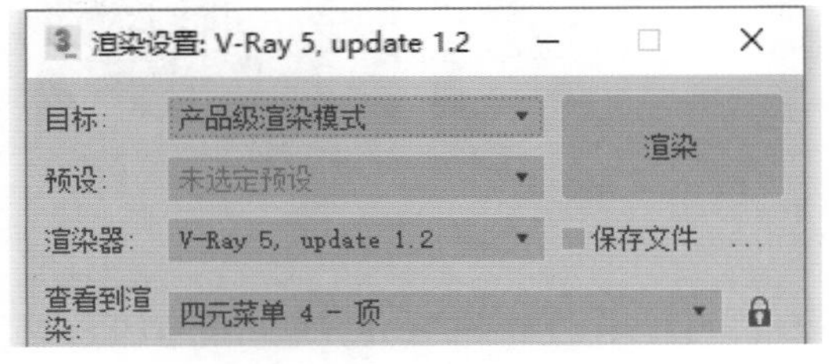

图 2.95　设置 VRay 渲染器

Step03 建立一盏 VRay 灯光，如图 2.96 所示。VRay 灯光是 VRay 渲染器的专用灯光，VRay 灯光可让场景中产生非常漂亮且真实的光照阴影效果。

Step04 在 面板中，设置灯光参数如图 2.97 所示。

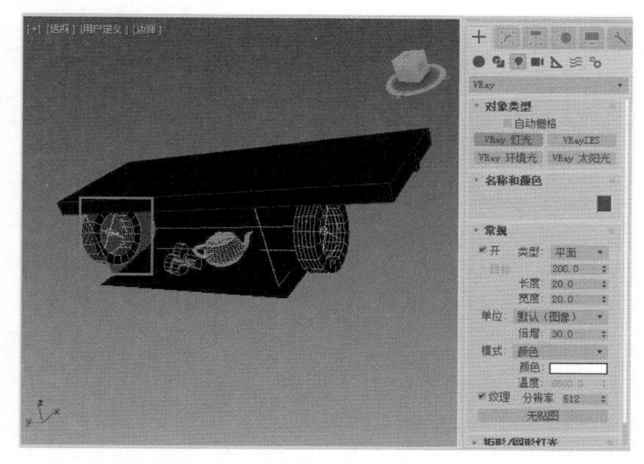

图 2.96 建立 VRay 灯光

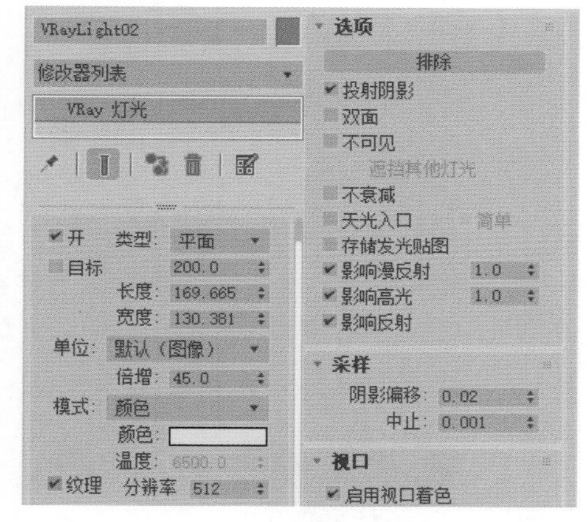

图 2.97 设置灯光参数

Step05 切换到前视图中，按 Shift 键的同时拖动灯光，将其复制到另外一个窗口，并将其箭头方向指向场景，如图 2.98 所示。

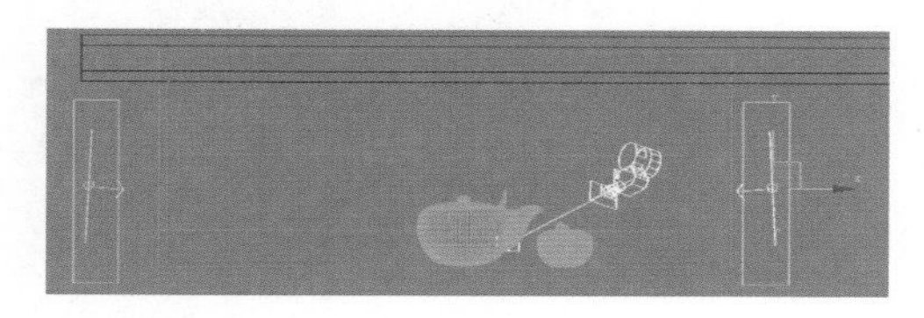

图 2.98 复制灯光

Step06 按 M 键，打开“材质编辑器”，选择一个空白的材质球，单击 Standard 按钮，在弹出的“材质 / 贴图浏览器”对话框中选择 VRayMtl 材质，如图 2.99 所示。

Step07 在 VRayMtl 参数面板中，设置参数如图 2.100 所示。将该材质赋予第一个茶壶模型。

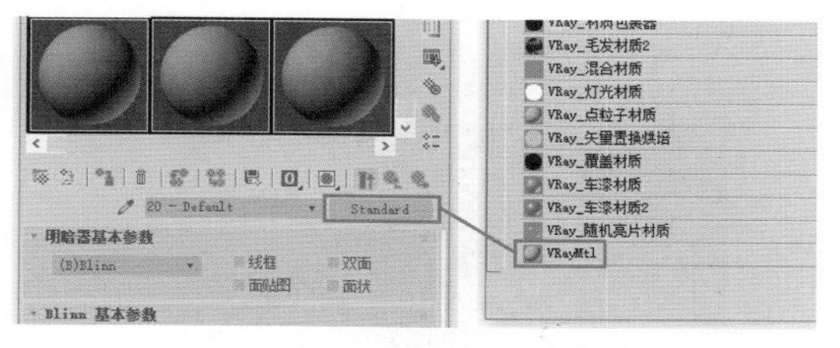

图 2.99 设置材质样式

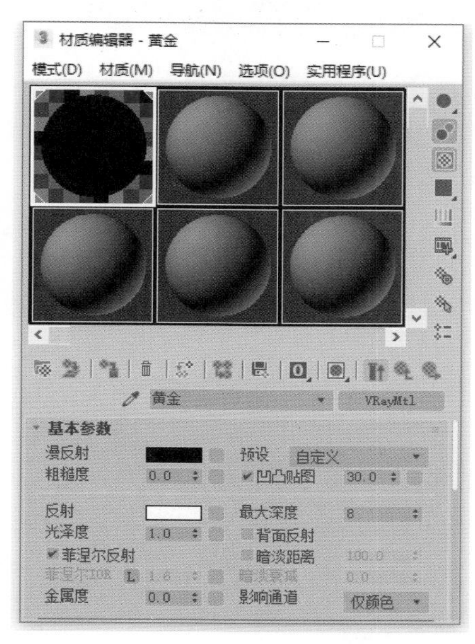

图 2.100 设置 VRay 材质参数

Step08 重新选择一个空白的材质球，单击 Standard 按钮，在弹出的“材质 / 贴图浏览器”中同样选择 VRayMtl 材质。在 VRayMtl 参数面板中，设置参数如图 2.101 所示。

Step09 将该材质赋予第二个茶壶模型。设置背景物体和反光板物体为普通的灰白色材质，参数如图 2.102 所示，材质设置完成。

Step10 按 F10 键，打开“渲染设置”对话框，首先设置 VRay 为当前渲染器，如图 2.103 所示。

Step11 在“全局照明”卷展栏中设置参数，如图 2.104 所示。

Step12 在“发光贴图”卷展栏中设置发光贴图参数，如图 2.105 所示。

Step13 在“颜色映射”卷展栏中设置颜色映射参数，如图 2.106 所示。

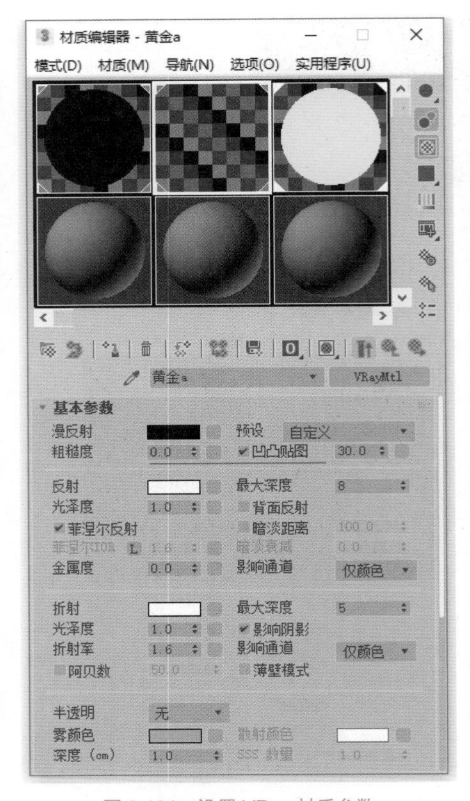

图 2.101　设置 VRay 材质参数

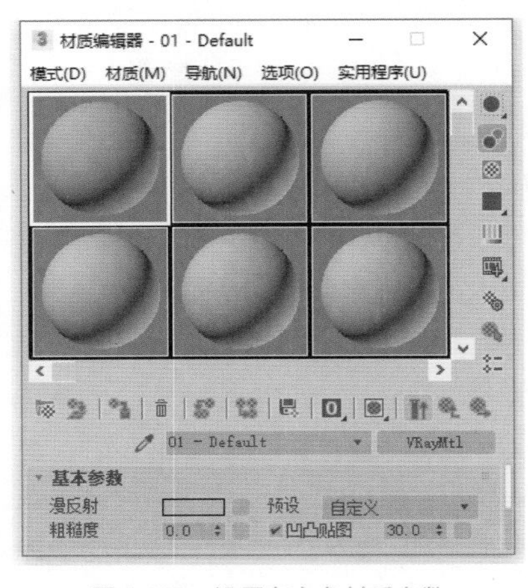

图 2.102　设置灰白色材质参数

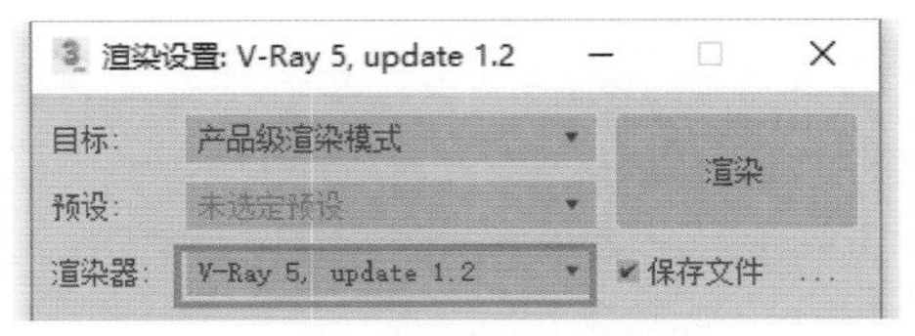

图 2.103　渲染设置器

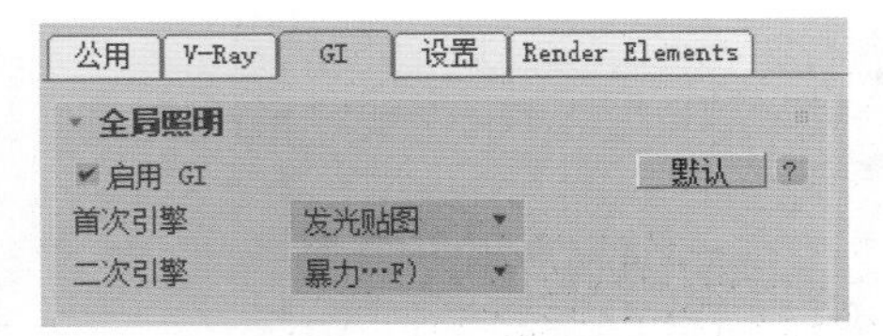

图 2.104　设置全局照明参数

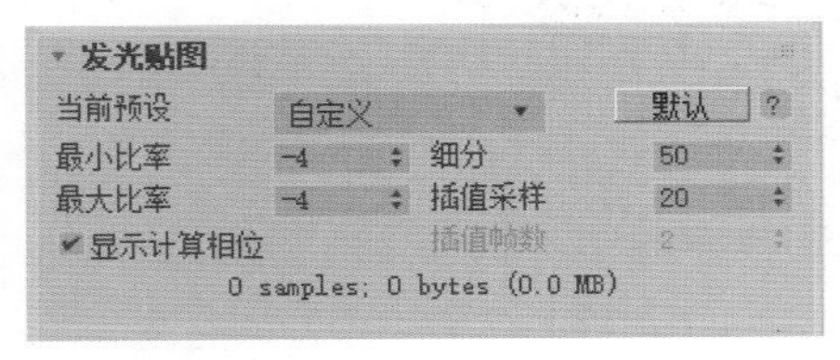

图 2.105　设置发光贴图参数

图 2.106　设置颜色映射参数

Step 14 单击“渲染”按钮，渲染效果如图 2.107 所示。

图 2.107　渲染效果图

2.11　VRay灯光材质类型

VRay 灯光材质通过给基本材质增加全局光效果来达到自发光的目的，比如制作一个有体积的发光体（日光灯管）。图 2.108 所示是该材质的参数面板。

- 颜色：当没有设置贴图时，该拾色器对材质的光线起到决定性作用。图 2.109 所示为颜色测试。

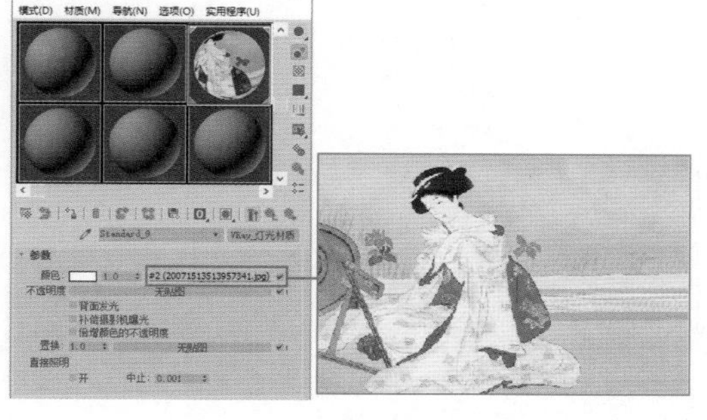

图 2.108　VRay 灯光材质的参数面板

图 2.109　颜色测试

- 倍增值：设置颜色的发光效果倍增。

图 2.110 所示为不同倍增值测试。

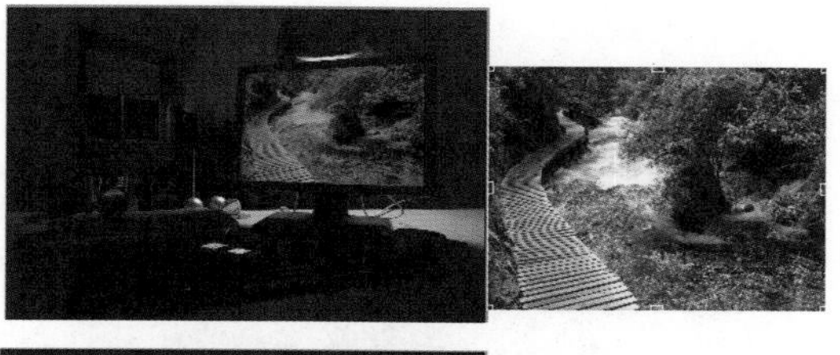

图 2.110　不同倍增值测试

- 贴图：这里面可以设置各种作为发光材质的贴图，如图 2.111 所示。

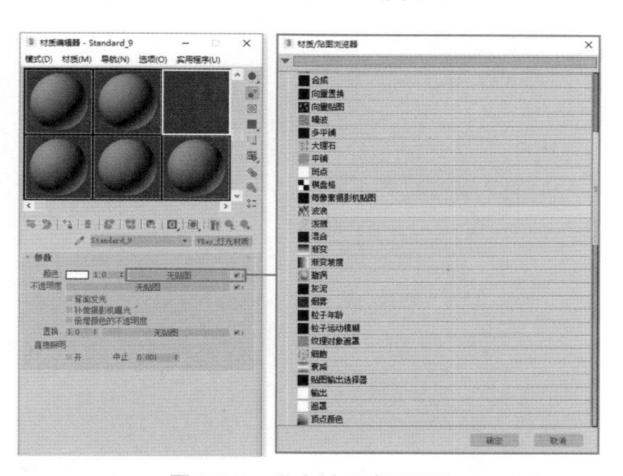

图 2.111　发光材质贴图设置

2.12　VRay_材质包裹器类型

VRay 渲染器提供了一个专用 VRay_ 材质包裹器材质，它可以嵌套 VRay 支持的任何一种材质类型，并且可以有效地控制 VRay 的光能传递和接收。VRay_ 材质包裹器还可以控制阴影贴图（这个功能类似 3ds Max 内置的 无光/投影 材质，因为在 VRay 渲染器中 无光/投影 是不可用的）。VRay_ 材质包裹器的优点是可以控制色散（色溢现象），或者可将它指定给天空球体，利用嵌套的 3ds Max 标准材质的自发光或 VRay 灯光材质来照亮场景。VRay_ 材质包裹器参数如图 2.112 所示。

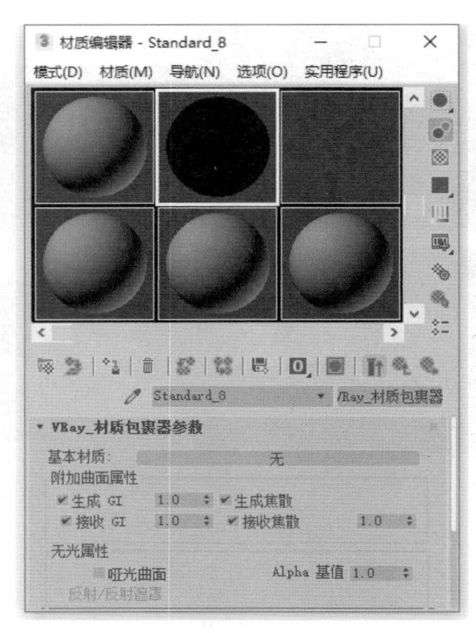

图 2.112　VRay_ 材质包裹器参数面板

- 基本材质：设置用于嵌套的材质。

附加曲面属性区域。

- 生成 GI：设置产生全局光及其强度（也可以将其关闭，不产生全局光效果）。

图 2.113 所示为“生成 GI”复选框被打开后的参数值测试（我们将基本材质设置为 VRay 灯光材质）。

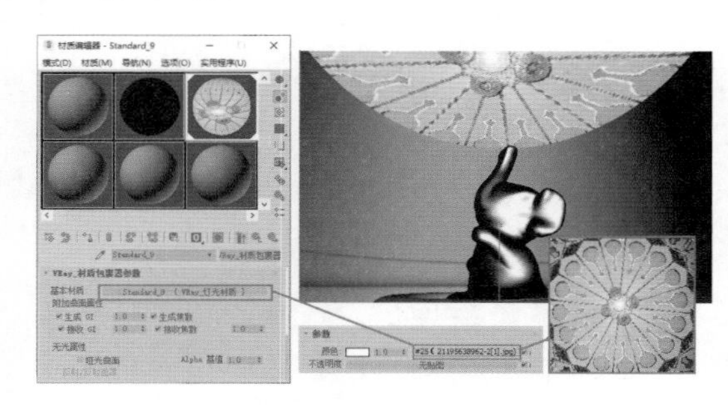

图 2.113　勾选“生在 GI”复选框

- 接收 GI：设置接收全局光及其强度（也可以将其关闭，不接收全局光效果）。

图 2.114 所示为“接收 GI”复选框勾选和取消勾选的效果测试（请注意桌面上物体勾选和取消勾选“接收 GI”复选框的效果变化）。

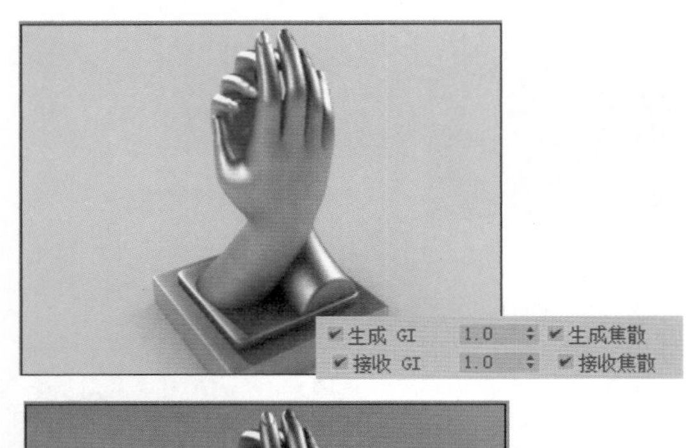

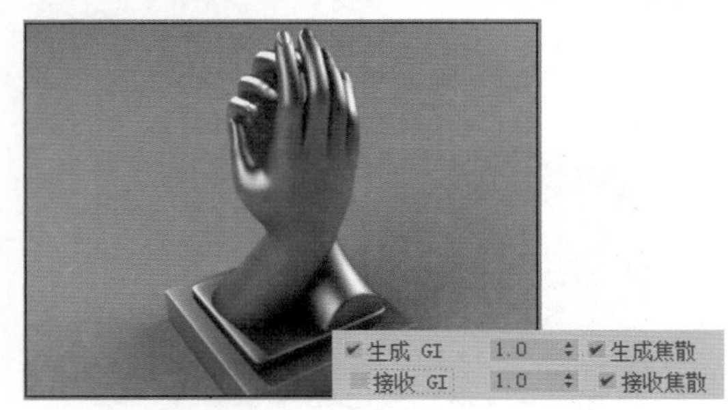

图 2.114　接收 GI 测试

- 生成焦散：设置材质是否产生焦散效果。

图 2.115 所示为勾选或取消勾选“生成焦散”复选框的测试。

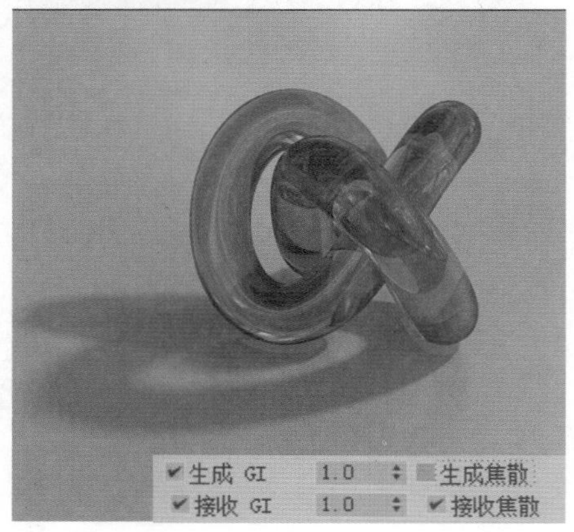

图 2.115　生成焦散测试

- 接收焦散：设置材质是否接收焦散效果。

注意

这两个选项与“生成GI”和“接收GI”基本相似，用于控制场景中某个物体生成或接收焦散效果的选项。

- 焦散倍增器：设置焦散效果的生成和接收强度。

天光属性区域。该区域的参数可控制物体是否只留下阴影或通道，用于后期合成。

- 哑光曲面：设置物体表面为具有阴影遮罩属性的材质。勾选“哑光曲面”复选框后，该区域下面的参数才有效。有“阴影”和“影响 Alpha”两项参数比较重要。
- 阴影：使物体仅留下阴影信息。
- 影响 Alpha：遮罩信息影响通道效果。

图 2.116 所示为一个 3ds Max 场景文件，设置其背景为一幅贴图，3ds Max 场景文件是一个普通材质的背景，用 VRay_ 材质包裹器进行包裹。

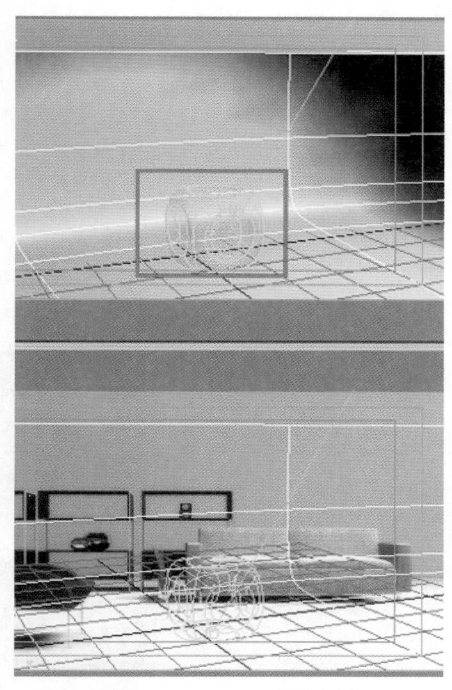

图 2.116　3ds Max 场景文件

渲染后的效果如图 2.117 所示。

图 2.117　渲染后的效果

图 2.118 所示为勾选“曲面属性”复选框之前的效果（“曲面属性”复选框为未勾选状态）。

图 2.118　未勾选“曲面属性”复选框的效果

2.13　VRay_双面材质类型

VRay_ 双面材质类型是 VRay 专用的材质，用于表现两面不一样的材质贴图效果，可以设置其双面相互渗透的透明度。这个材质非常简单易用，材质面板如图 2.119 所示。

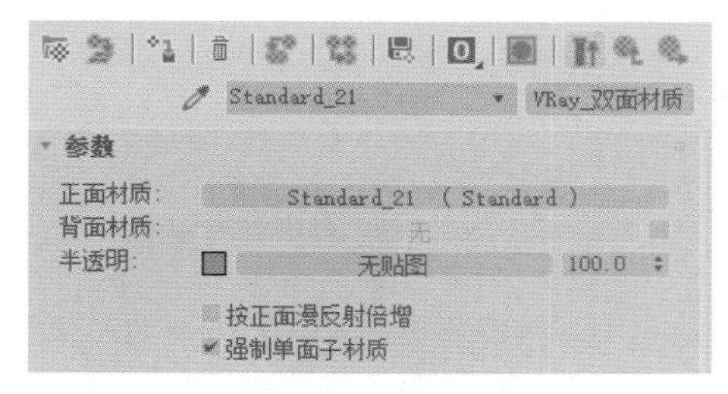

图 2.119　材质面板

- 正面材质：设置物体前面的材质为任意材质类型。
- 背面材质：设置物体背面的材质为任意

材质类型，后面的复选框勾选后即可设置背面材质。图 2.120 所示为物体的双面材质效果。

图 2.120　物体的双面材质效果

- 半明度：设置两种材质的透明度，取值 0 为不透明，参数越高越透明。图 2.121 所示为不同的透明度测试。

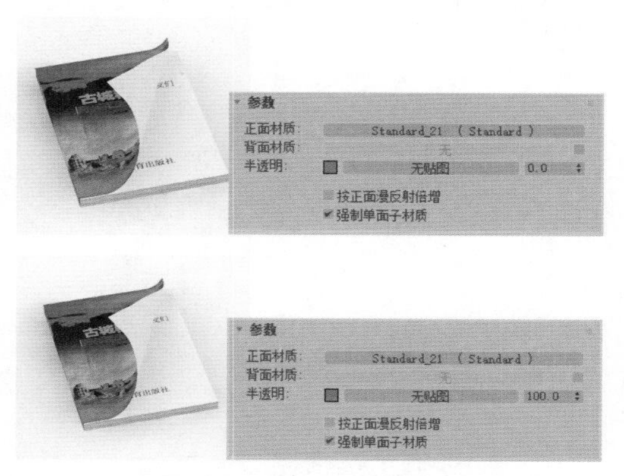

图 2.121　不同的透明度测试

下面是制作一个双面材质的实例。

Step 01 打开配套素材 Scenes 目录中的 VRay_2sided.max 场景文件，如图 2.122 所示。这是一个书籍的场景，贴图已经设置完毕。最上面的一本书已经翻开了一页，我们要表现它的双面材质效果。

图 2.122　3ds Max 场景文件（书籍）

Step 02 选择最上面一本书的封面物体。按 M 键打开材质编辑器，单击按钮吸取封面物体的材质，如图 2.123 所示。我们现在要修改这个材质为双面材质。

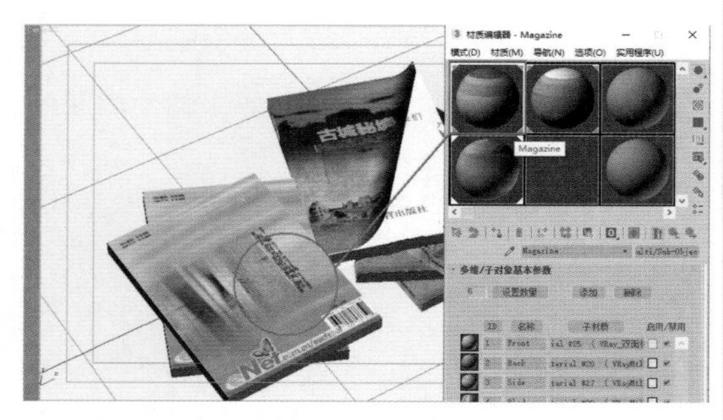
图 2.123　设置材质为双面材质

Step 03 单击 VRayMtl 按钮，打开材质编辑器，选择 VRay_双面材质 材质类型，如图 2.124 所示。

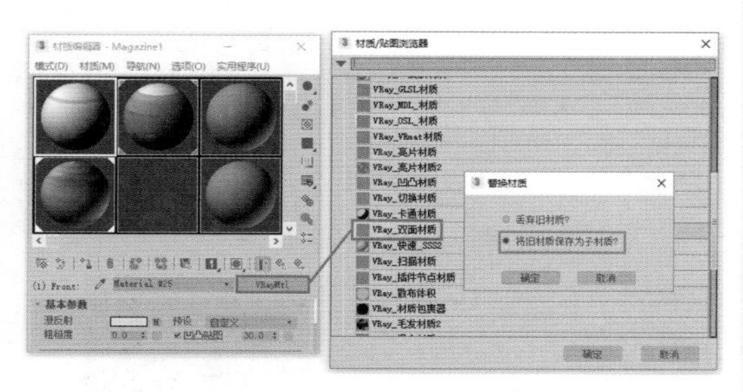
图 2.124　选择材质类型

Step 04 勾选“背面材质”复选框，设置“背面材质”为一种浅纸色。本例中的封面不带透明度，所以设置“半透明”为 0，如图 2.125 所示。

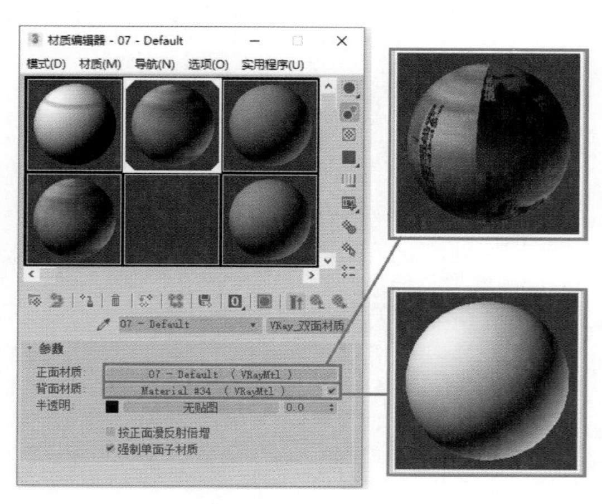

图 2.125　设置材质

Step05 渲染摄像机视图，我们将看到一个双面材质的封面效果，如图 2.126 所示。

图 2.126　摄像机视图渲染效果

2.14　VRay_覆盖材质类型

有 VRay_ 覆盖材质以前 VRay 是很难控制色彩扩散的（色溢），比如一个房间有一面积很大的蓝色墙壁，那么整个屋子都会泛蓝，这是没办法改变的，除非先把它改成白色计算光照贴图，然后再改回蓝色渲染成图，这样做非常麻烦（finalRender 渲染器很早就有这个控制了）。而 VRay_ 覆盖材质类型解决了这个问题，甚至可能解决得更多。GI 材质允许我们在计算间接照明的时候使用“基础材质”（如上面讲到的白色材质），而在最后渲染图像的时候使用“全局光材质”（上面讲到的蓝色墙壁）。材质参数面板如图 2.127 所示。

- 基本材质：表现物体质感的材质。
- GI 材质：用于进行全局光照计算的材质，这个材质一般情况下是用“基本材质”复制来的，只是改变其颜色。

下面通过一个实例来研究 VRay_ 覆盖材质的用法。

Step01 在配套素材 Scenes 目录中打开场景文件 Blur.max，这是有一面蓝色墙壁的场景，其他的白色墙壁和地面被蓝色墙面影响比较严重，如图 2.128 所示。

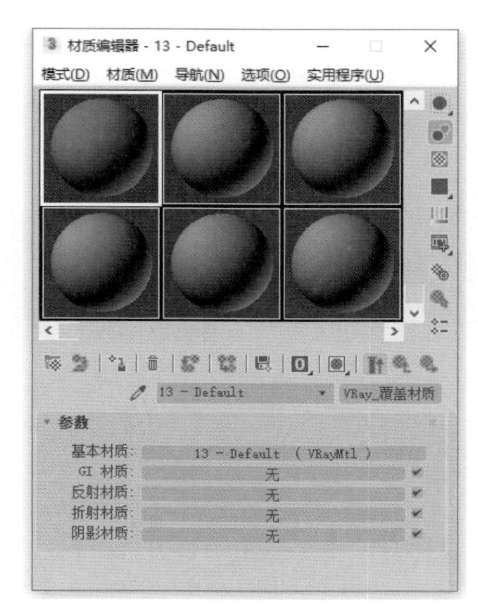

图 2.127　材质参数面板

图 2.128　3ds Max 场景文件（蓝色墙壁）

Step02 使用 VRay_ 覆盖材质控制蓝色墙面的色溢。将蓝色材质更改为 VRay_ 覆盖材质类型（保留蓝色材质为基本材质），如图 2.129 所示。

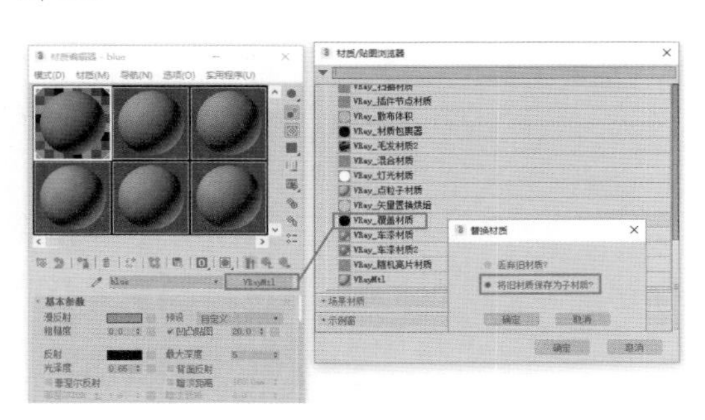

图 2.129　材质参数面板

Step03 将“基本材质”复制一份到“GI 材质”上，并将“GI 材质”的蓝色修改为白色，如图 2.130 所示。

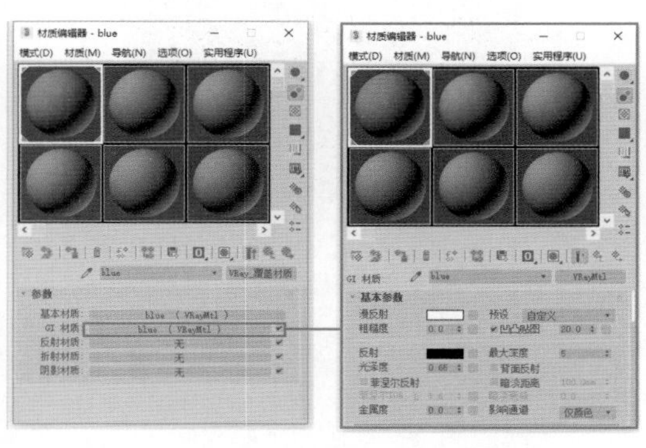

图 2.130 将“GI 材质”的蓝色修改为白色

Step04 现在重新渲染场景，蓝色墙壁对四周白色墙壁的影响消失了，如图 2.131 所示。

图 2.131 渲染效果

第3章 起居室渲染

本章实例是一个阳光下的起居室。投射进室内的阳光，让起居室极具温暖、时尚。大面积的实木地板、阳台处的石材地面让空间变得自然、质朴。通过利用仿清水墙壁纸、不锈钢等材质对起居室背景墙的处理，使得起居室彰显了强烈的现代气息。

本例主要学习如何布置灯光和渲染的设置方法，通过本例的学习掌握如何使用 VRay 渲染器表现一套完整的起居室效果，如图 3.1 所示。图 3.2 则为起居室 PS 后期处理效果。

图 3.1　3ds Max 渲染效果

图 3.2　PS 后期处理效果

配色应用：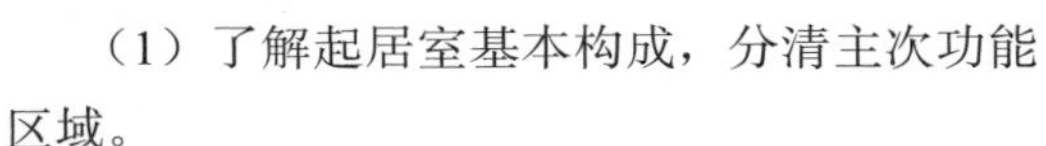

制作要点：

（1）了解起居室基本构成，分清主次功能区域。

（2）掌握起居室材质特点，统一色调。

（3）掌握 HDRI 天光和目标平行光的用法，设置室内整体布光效果。

最终场景：Ch3\Scenes

贴图素材：Ch3\Maps

难易程度：★★★★☆

3.1　起居室规划

起居室是家庭群体生活的主要活动空间，是家庭的窗口。起居室有三个重要部位，包含门厅、客厅和餐厅。起居室相当于交通枢纽，起着联系卧室、厨房、卫浴间、阳台等空间的作用。起居室设置对动静分离也起着至关重要的作用，动静分离是住宅舒适度的标志之一，图 3.3 所示为起居室展示。

图 3.3　起居室展示

图 3.3　起居室展示（续）

3.1.1　通透起居室

白色的沙发在整个红木色系的起居室中没有让人觉得突兀，相反能给人眼前一亮的感觉。红黑条纹的地毯给了起居室活泼的色彩。文化石墙面和整个色系融为一体。室内没有过多的用装饰物装饰，只是稍微点缀，这样不会让人觉得杂乱无章，餐桌和餐椅选择的色调相比整体色调较浅，可以缓解整体的感觉，如图 3.4 所示。

图 3.4　通透起居室

3.1.2　温馨起居室

印花沙发与台灯灯身相呼应，虽然室内的沙发与座椅不是配套的，但是白灰条纹的座椅与整体的室内色调一致，体现出温馨的感觉；灰绿色沙发给了室内厚重感，与壁画颜色有交集。两面大大的窗户让室内有了很好的采光，墙角的盆栽为室内添加了一抹绿色，如图 3.5 所示。

图 3.5　温馨起居室

3.1.3　典雅起居室

起居室整体选用茶色木质桌子和柜子，就连沙发也选用厚重的红色系，整体给人典雅、舒适的感觉。室内的盆栽选用红花，与整体色调交相辉映，抢眼的地毯和墙上的壁画使得居室整体感觉既庄重又不至于太过死板，使用得恰到好处。优质有机玻璃仿古铜色居室吊灯，晚上家人齐聚在一起，温馨正浓。居室整体基本上是对称的，一如中国人的传统文化气息，使整个起居室温馨而高雅，如图 3.6 所示。

图 3.6　典雅起居室

3.1.4　田园系起居室

郁郁葱葱的树木，温暖舒适的阳光围绕着世外桃源般的居室。矩形环绕沙发，是具有高品质生活的住户释放工作压力缓解情绪的好场所，如图 3.7 所示。

图 3.7　田园系起居室

3.2　设置场景灯光

本例表现白天的效果，主要使用 HDR 高动态范围图像来模拟自然天光、目标平行光来模拟太阳光，设置整体布光效果。

3.2.1　起居室测试渲染设置

在布置场景灯光时，先简单测试渲染参数的设置。

Step 01 打开案例文件 Ch3\Scenes\Ch3.max，按 F10 键，打开“渲染设置”对话框，设置渲染器为 VRay，在“全局开关”卷展栏中，设置参数如图 3.8 所示。

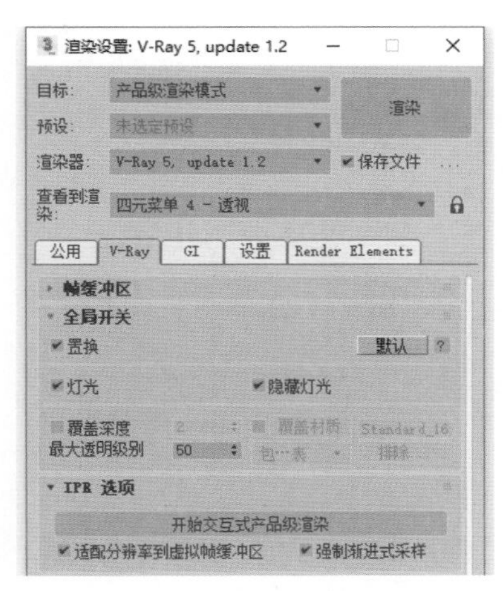

图 3.8　设置全局开关卷展栏参数

Step 02 在“图像采样器（抗锯齿）”卷展栏中，设置参数如图 3.9 所示。

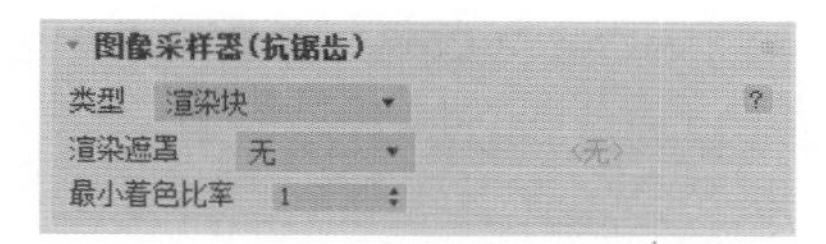

图 3.9　设置图像采样器卷展栏参数

提示

“渲染块”采样器是VRay渲染器中一种简单的采样器，对于每一个像素它都使用一个固定数量的样本。它只有一个“最小着色比率”参数，这个值确定每一个像素使用的样本数量。当取值为1的时候，表示在每一个像素的中心使用一个样本。当取值大于1的时候，将按照低差异的序列来产生样本。

Step 03 在“全局照明”卷展栏中，设置参数如图 3.10 所示。

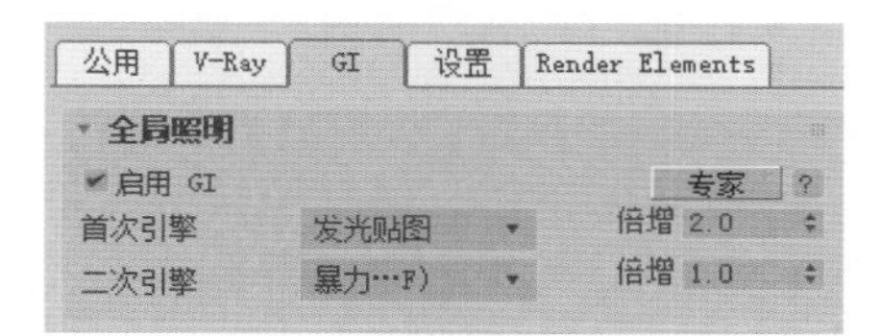

图 3.10　设置全局照明卷展栏参数

技术链接

“倍增”参数决定为最终渲染图像提供多少初级漫射反弹。默认的取值1.0可以得到一个最准确的效果。图3.11所示为倍增值1.0和倍增值2.0的效果。

图 3.11　倍增值 1.0 与倍增值 2.0 的效果

Step04 在“发光贴图”卷展栏中，设置参数如图 3.12 所示。

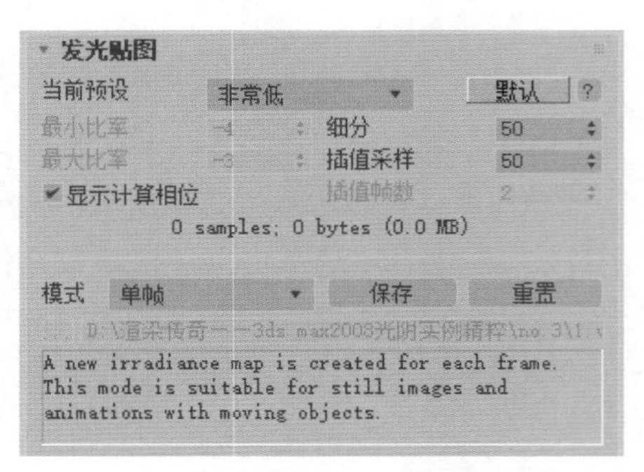

图 3.12 设置发光贴图卷展栏参数

Step05 在“暴力计算 GI”卷展栏中，设置参数如图 3.13 所示，设置计算过程中使用的近似的样本数量。

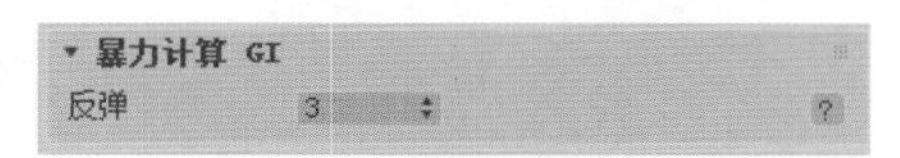

图 3.13 设置暴力计算 GI 参数

注意

使用暴力计算GI是一种效果较好的模式，它会单独地验算每一个点的全局光照明，因而速度很慢，但是效果也是最精确的，尤其是需要表现大量细节的场景。

Step06 打开“环境”卷展栏，设置参数如图 3.14 所示。

图 3.14 设置环境卷展栏参数

Step07 在“渲染块图像采样器”卷展栏中设置参数如图 3.15 所示。这是模糊采样设置。

渲染块图像采样器
最小细分 2
最大细分 5　渲染块宽度 128.0
噪波阈值 0.002　渲染块高度 L 128.0

图 3.15 设置渲染块图像采样器卷展栏参数

提示

因为本例大量地使用了模糊反射，如不加以控制，渲染速度则会剧增。

Step08 在“颜色映射”卷展栏中，设置类型为线性倍增方式，如图 3.16 所示。

图 3.16 设置颜色映射卷展栏参数

提示

“线性倍增”这种模式可能会导致光源的点过分明亮。

Step09 为了测试真实的 VRay 光子效果，首先为场景中所有的物体设置一种 VRayMtl 单色材质。按 M 键，打开“材质编辑器”，选择一个空白材质球，单击 Standard 按钮，在弹出的“材质 / 贴图浏览器”对话框中，选择材质样式为 VRayMtl ，如图 3.17 所示。

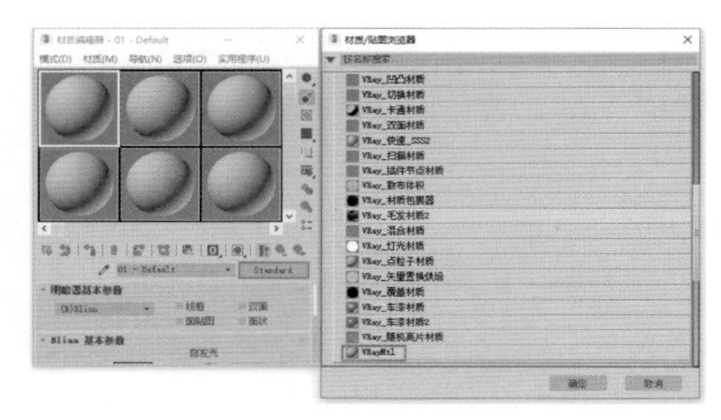

图 3.17 设置材质类型

Step10 材质设置参数如图 3.18 所示。选择场景中所有的物体，单击“材质编辑器”工具栏中的按钮，将该材质赋予被选择物体。

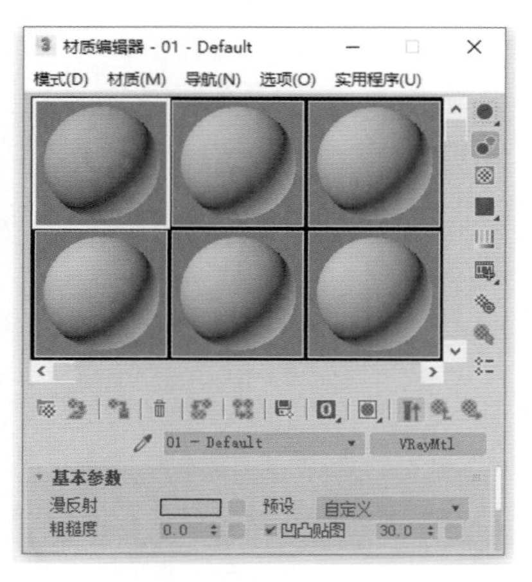

图 3.18 材质设置参数

Step 11 选择所有的窗户玻璃物体，并单击右键，在弹出的菜单中选择 冻结当前选择 命令，将选择的物体冻结，如图3.19所示。

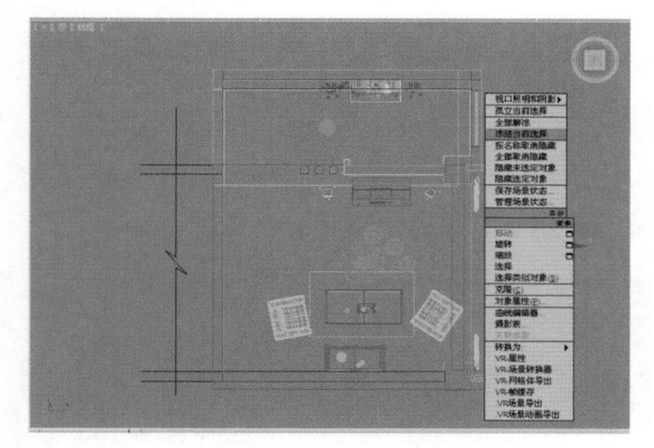

图3.19 冻结所有窗户物体

Step 12 在进行渲染之前，先设置场景的背景颜色。按8键，打开“环境和效果”窗口，将背景颜色设置为白色，如图3.20所示。

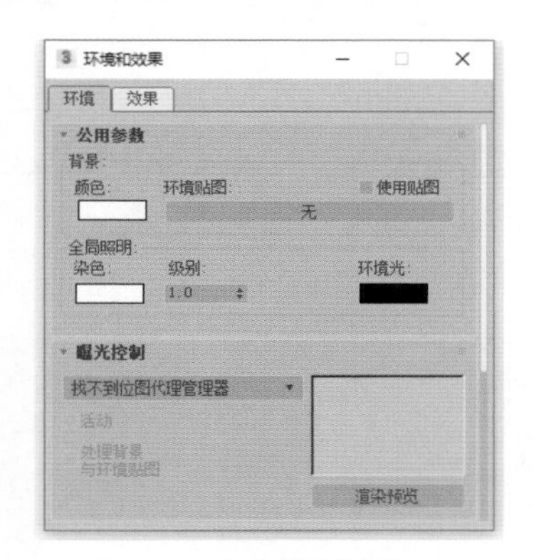

图3.20 设置场景背景颜色

Step 13 按F9键，对摄像机视图进行渲染。此时的渲染效果如图3.21所示，可以看到场景已经有了天光照明。

图3.21 场景渲染效果

3.2.2 布置场景灯光

Step 01 设置HDR高动态范围图像光照。在“渲染设置”对话框的“环境”卷展栏中，设置环境贴图为VRay位图类型，如图3.22所示。

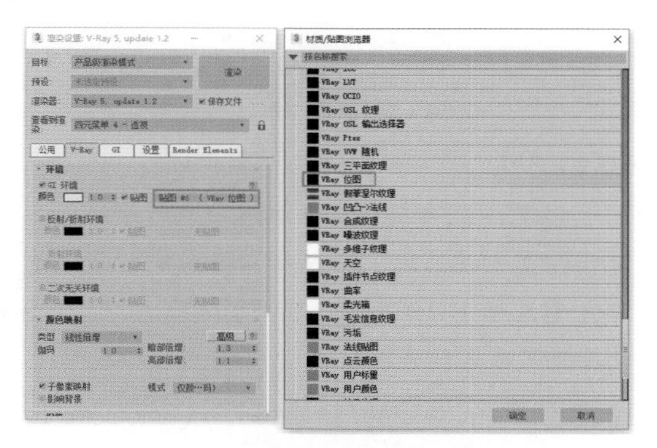

图3.22 设置环境卷展栏贴图

提示

在VRay位图中，可以设置HDRI贴图，HDRI贴图全称为高动态范围贴图，除了色彩信息之外，还包括光和曝光灯数据的32位图像，它主要是在实际制作中模拟环境贴图，实现反射或折射物体的环境反射效果。

Step 02 将 贴图 #6 （VRay 位图） 按钮拖入“材质编辑器”中的一个空白材质球，在弹出的“实例（副本）贴图”对话框中，勾选 实例 选项，如图3.23所示。

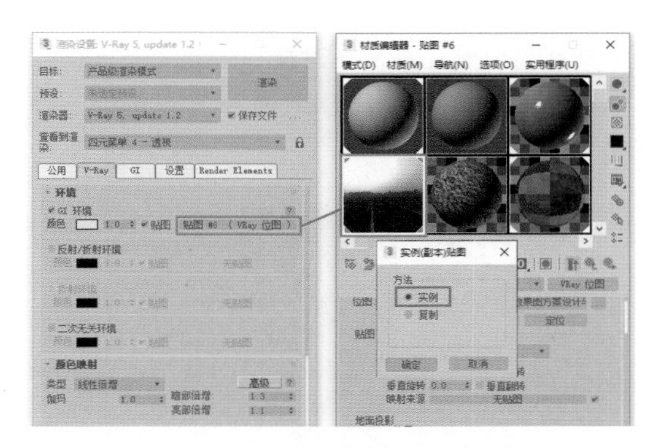

图3.23 复制环境贴图至材质球

Step 03 对HDR材质进行设置。单击 参数 卷展栏中的 ... 按钮，打开Ch3\Maps\EmptyParkingLot.hdr文件，参数设置如图3.24所示。

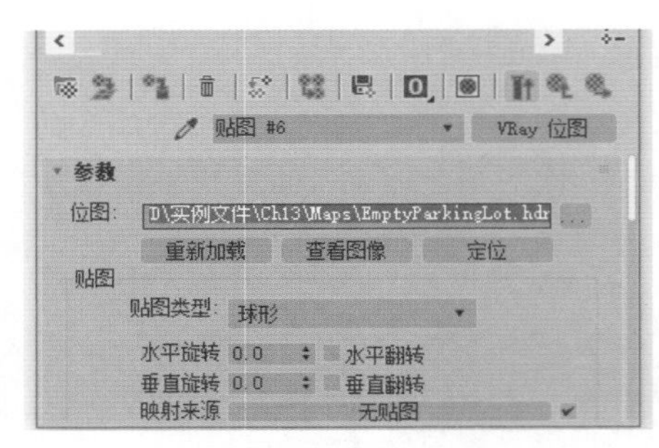

图 3.24 设置 HDR 材质

Step04 按 F9 键对摄像机视图进行渲染。此时的渲染效果如图 3.25 所示，场景中的光照均来源于这张 HDR 高动态范围图像，它已为场景提供了丰富的光照效果。

图 3.25 场景渲染效果

Step05 接着设置窗外的主要照明，这个照明类似太阳光的效果。在十建立命令面板的灯光区域选择 标准 类型，单击 目标平行光 按钮，在顶视图建立一盏平行光源，并在其他视图调节目标点的位置，如图 3.26 所示。

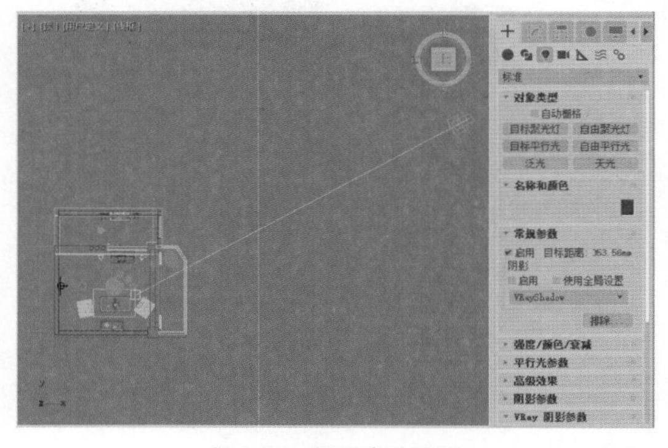

图 3.26 设置窗外照明

—— 注意 ——

观察平行光的灯光效果，平行光定义了阳光的基本位置、强度、光影的层次和变化及阳光与空间组成的构图关系，定义平行光是制作阳光场景最重要的环节，关系到整个画面的灯光效果与气氛。

Step06 在修改命令面板中，设置灯光的参数如图 3.27 所示。

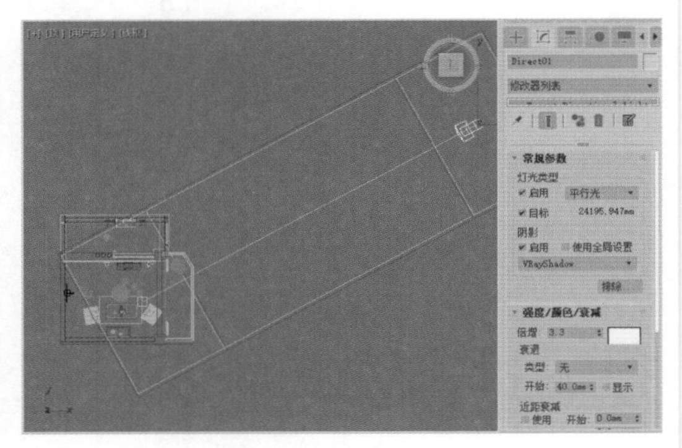

图 3.27 设置灯光参数

Step07 场景的灯光布置基本完成。按 F9 键对摄像机视图进行渲染，渲染效果如图 3.28 所示。

图 3.28 布置灯光后场景渲染效果

3.3 设置场景材质

通过 VRay 渲染器专用材质，我们将学习透明玻璃、墙体乳胶漆、亚光木地板、灯具、皮质沙发、茶几、柜子、书架、植物、窗帘、电视机等物体的材质制作。

3.3.1　设置窗户玻璃材质

Step01 在之前的渲染中，我们隐藏了所有的窗户玻璃物体，现在我们取消所有隐藏。在“视图”中单击右键，在弹出的菜单中勾选 全部解冻 命令，如图 3.29 所示。

图 3.29　解冻全部物体

Step02 按 M 键，进入“材质编辑器”，选择一个空白材质球，单击 Standard 按钮，在弹出的“材质 / 贴图浏览器”对话框中选择材质样式为 VRayMtl 。

Step03 在 VRayMtl 的参数设置面板中，设置“漫反射”参数和反射参数如图 3.30 所示。

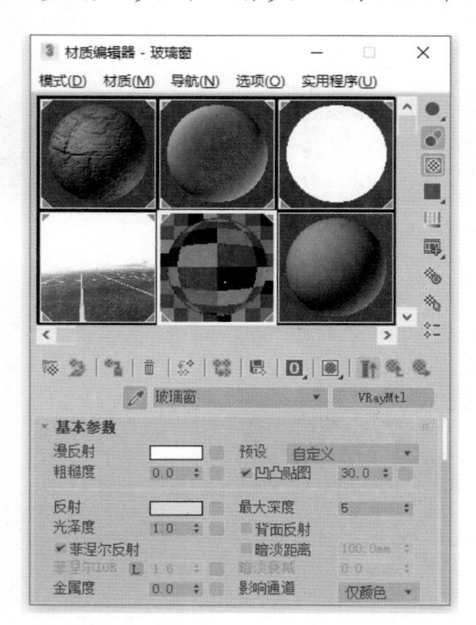

图 3.30　设置漫反射参数和反射参数

Step04 继续设置玻璃窗折射区域参数，如图 3.31 所示。

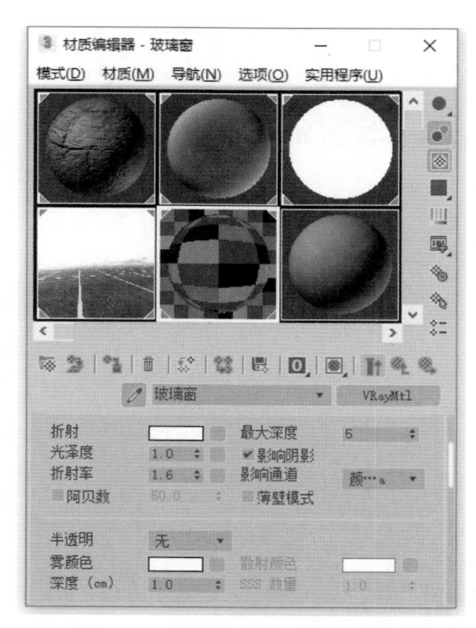

图 3.31　设置玻璃窗折射区域参数

Step05 进入 贴图 卷展栏，单击 环境 None 按钮，在弹出的“材质 / 贴图浏览器”对话框中选择 输出 贴图类型，如图 3.32 所示。

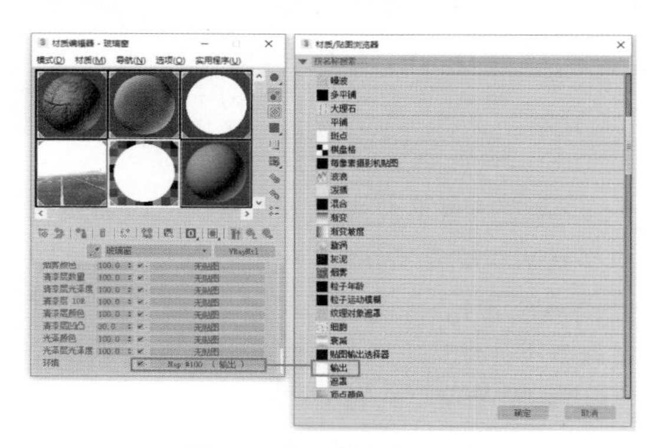

图 3.32　设置环境贴图类型

Step06 进入 输出 贴图参数面板，设置参数如图 3.33 所示。勾选所有的窗户玻璃物体，单击 按钮为其指定该材质。

提示

控制要混合为合成材质的贴图数量对贴图中的饱和度和 Alpha 值产生影响。默认设置为 1.0。

Step07 按 F9 键，对摄像机视图进行渲染。窗户玻璃指定材质后的渲染效果如图 3.34 所示。

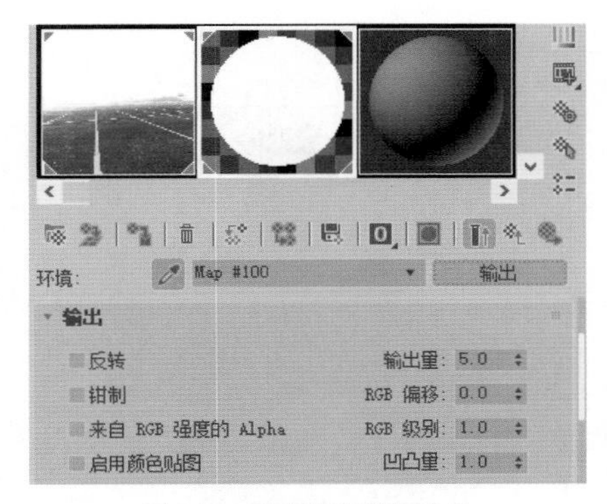

图 3.33　设置输出贴图参数

图 3.34　玻璃材质渲染效果

3.3.2　设置墙体材质

Step01 创建乳胶漆墙体材质。按 M 键，进入“材质编辑器”，选择一个空白材质球，单击 Standard 按钮，在弹出的“材质 / 贴图浏览器”对话框中选择材质样式为 VRayMtl 。

Step02 设置“漫反射”的颜色为浅黄色，如图 3.35 所示。单击按钮指定给墙体。

Step03 按 F9 键，对摄像机视图进行渲染。墙体设置材质后的渲染效果如图 3.36 所示。

Step04 在创建电视背景墙材质时，将墙面的材质拖动到一个新的材质球中，然后将其命名为“墙体 02”。单击“漫反射”旁边的 M 贴图按钮，设置贴图为 Ch3\Maps\CNCR08M-c.jpg，如图 3.37 所示。

Step05 在反射区域设置反射参数，如图 3.38 所示。

Step06 设置客厅背景墙材质的凹凸效果。在 贴图 卷展栏中，将漫反射贴图按钮拖向凹凸贴图按钮，在弹出的“实例（副本）贴图”对话框中，勾选 实例 选项进行关联复制，以便于以后的修改，如图 3.39 所示。单击按钮将材质指定给客厅背景墙物体。

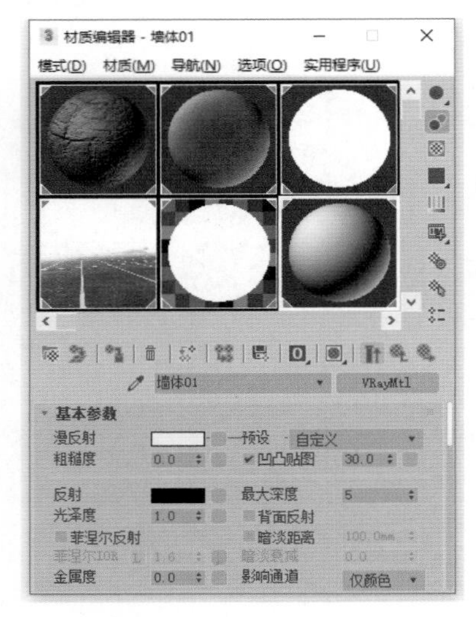

图 3.35　设置“漫反射”颜色

图 3.36　场景渲染效果

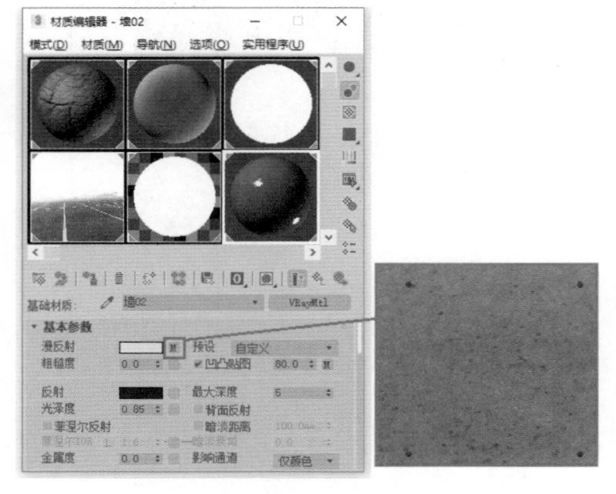

图 3.37　设置“漫反射”贴图

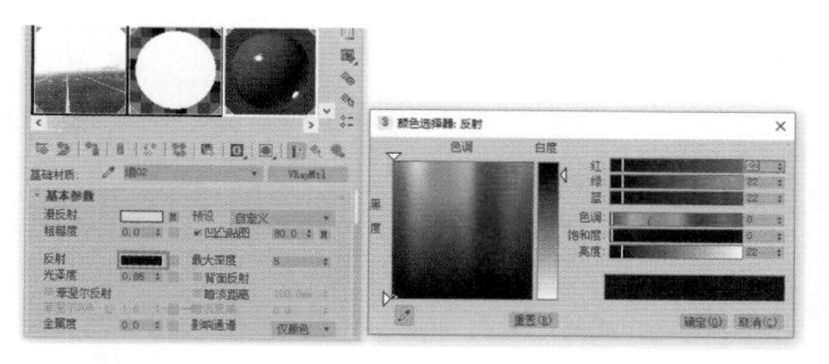

图 3.38　设置反射参数

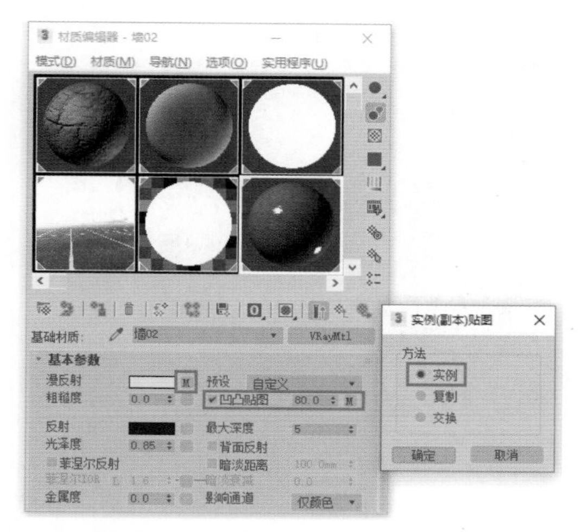

图 3.39　复制漫反射贴图到凹凸通道

技术链接

“贴图”卷展栏是用于控制材质贴图的选项组，综合表现材质在各个部位的细节。“漫反射”设置材质的基本贴图，可以实现各种纹理效果，图3.40所示为“漫反射”测试。

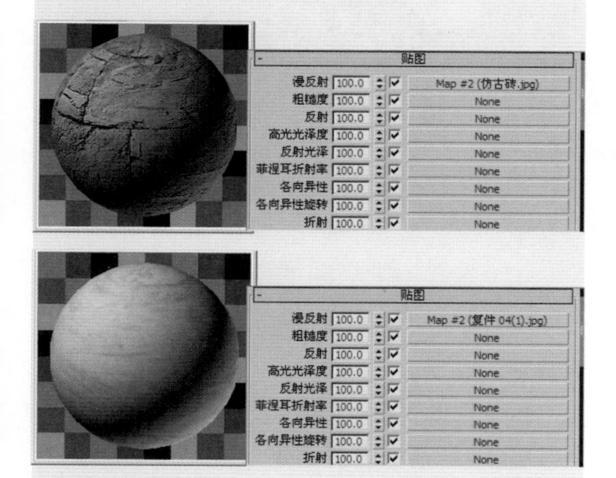

图 3.40　“漫反射”测试

Step07 在修改命令面板，为客厅背景墙物体添加 UVW 贴图 命令，参数设置如图 3.41 所示。

图 3.41　为客厅背景墙添加“UVW 贴图”

提示

将贴图坐标应用于对象，“UVW贴图”修改器控制在对象曲面上如何显示贴图材质和程序材质。贴图坐标指定如何将位图投影到对象上。UVW 坐标系与 XYZ 坐标系相似。位图的U轴 和 V 轴对应于 X 轴和 Y 轴。对应于 Z 轴的 W 轴一般仅用于程序贴图。可在“材质编辑器”中将位图坐标系切换到 VW 或 WU，在这些情况下，位图被旋转和投影，以使其与该曲面垂直。

Step08 按 F9 键，对摄像机视图进行渲染。墙体的渲染效果如图 3.42 所示。

图 3.42　场景渲染效果

3.3.3　设置地面材质

Step01 创建木地板材质。按 M 键，进入“材质编辑器”，选择一个空白材质球，单击 Standard 按钮，在弹出的“材质 / 贴图浏览器”对话框中选择材质样式为 VRayMtl 。

Step02 单击“漫反射”旁边的M贴图按钮，选择Ch3\Maps\13274949-a.jpg文件，如图3.43所示。

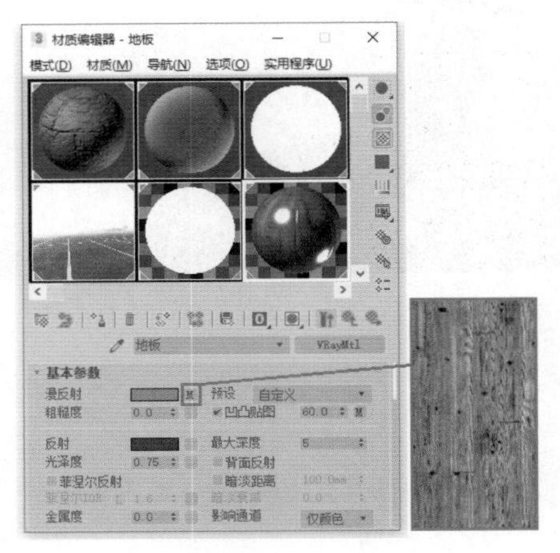

图3.43 设置“漫反射”贴图

Step03 在反射区域设置反射参数，如图3.44所示。

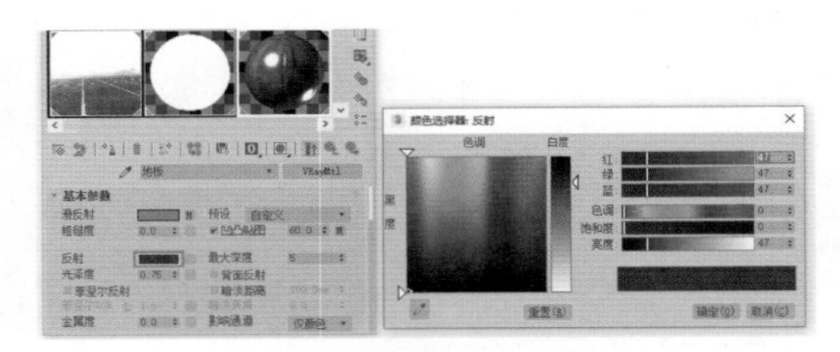

图3.44 设置反射区域参数

Step04 设置木地板材质的凹凸效果。进入 贴图 卷展栏，单击凹凸旁边的贴图按钮，选择Ch3\Maps\13274949-b.jpg文件，如图3.45所示。

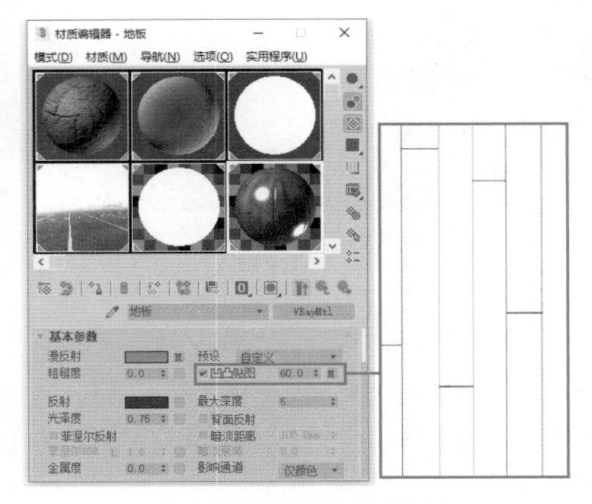

图3.45 设置凹凸通道贴图

注意

使用贴图图像的强度来影响材质的曲面。“贴图”卷展栏有多种不同的贴图通道，每个通道都有各自不同的材质效果。

Step05 选择客厅地面物体，在修改命令面板，为其添加 UVW贴图 命令，参数设置如图3.46所示。

图3.46 为地面添加“UVW贴图”

Step06 设置阳台地面材质。在“材质编辑器”中选择一个空白材质球，单击 Standard 按钮，在弹出的“材质/贴图浏览器”对话框中选择材质样式为 VRayMtl 。

Step07 单击漫反射旁边的M贴图按钮，选择Ch3\Maps\仿古砖.jpg文件，如图3.47所示。

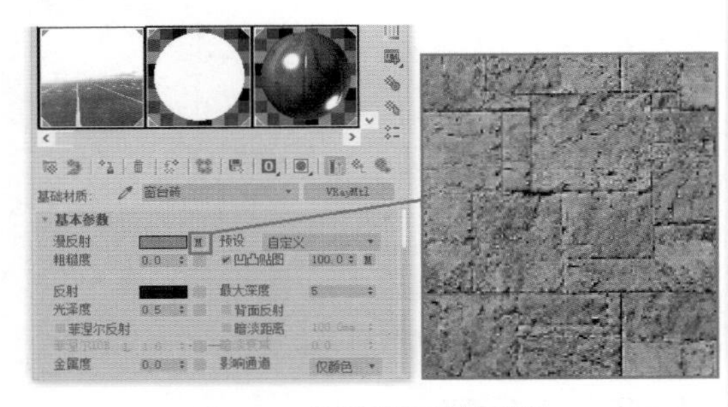

图3.47 设置“漫反射”贴图

Step08 在反射区域设置反射参数，如图3.48所示。

Step09 设置阳台地面材质的凹凸效果。打开 贴图 卷展栏，将漫反射贴图按钮拖向凹凸贴图按钮，在弹出的“实例（副本）贴图”对话框中，勾选 实例 选项进行关联复制，如图3.49

所示。单击按钮将材质指定给客厅背景墙物体。

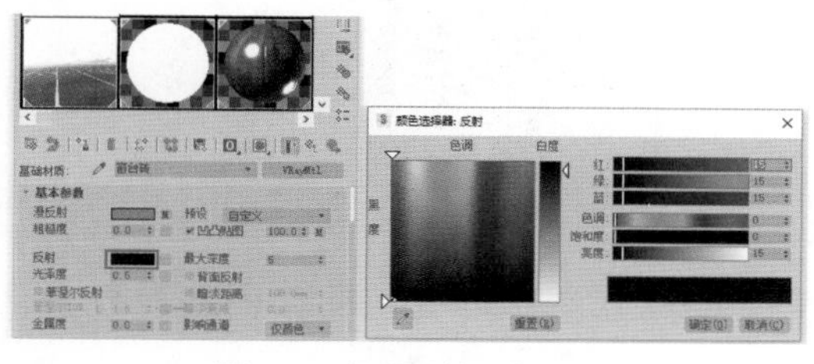

图 3.48 设置反射区域参数

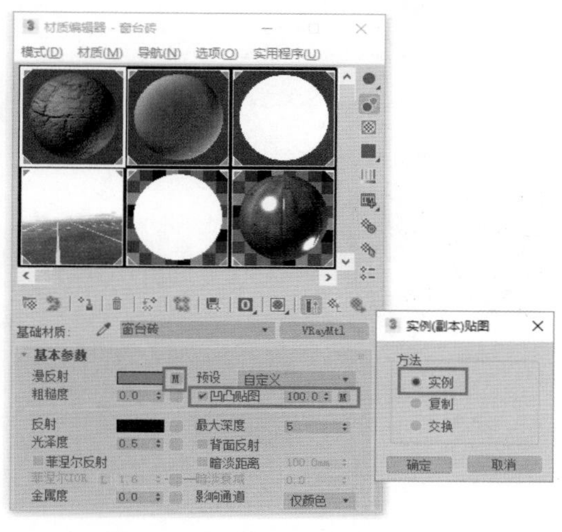

图 3.49 复制漫反射贴图到凹凸通道

Step 10 单击按钮，回到“材质编辑器”的最上层。单击 VRayMtl 按钮，在弹出的“材质/贴图浏览器”对话框中选择材质包裹器样式，如图 3.50 所示。

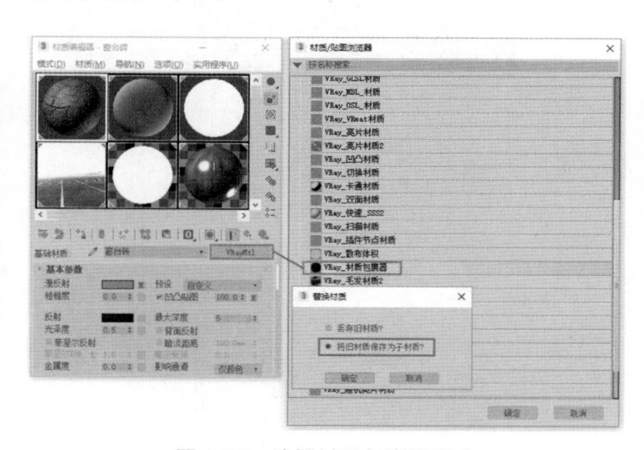

图 3.50 选择材质包裹器样式

Step 11 由于阳台地面接受到的光照较多，容易曝光。在这里我们将其材质设置为 VRay 材质包裹器，降低它的 GI 接受值，设置参数如图 3.51 所示。

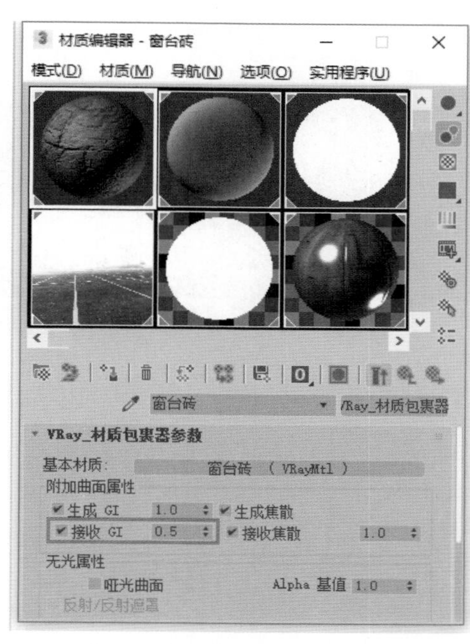

图 3.51 设置 VRay 材质包裹器参数

提示

VRay材质包裹器是在原有材质的基础上进行的父级材质的添加，可以通过GI计算子材质的全局照明、焦散以及天光属性等。

Step 12 选择客厅阳台地面物体，在修改命令面板，为其添加UVW 贴图命令，参数设置如图 3.52 所示。

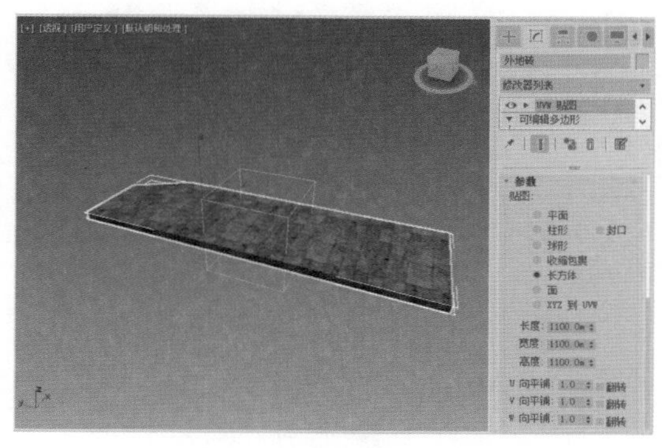

图 3.52 为地面添加 UVW 贴图

Step 13 按 F9 键，对摄像机视图进行渲染。渲染效果如图 3.53 所示。

图 3.53　场景渲染效果

3.3.4　设置灯具材质

Step01 创建灯罩材质。按M键进入“材质编辑器”，选择一个空白材质球，单击 Standard 按钮，在弹出的“材质/贴图浏览器”对话框中，选择材质样式为 VRayMtl 。

Step02 单击“折射”旁边的 M 贴图按钮，选择 衰减 贴图类型，如图 3.54 所示。

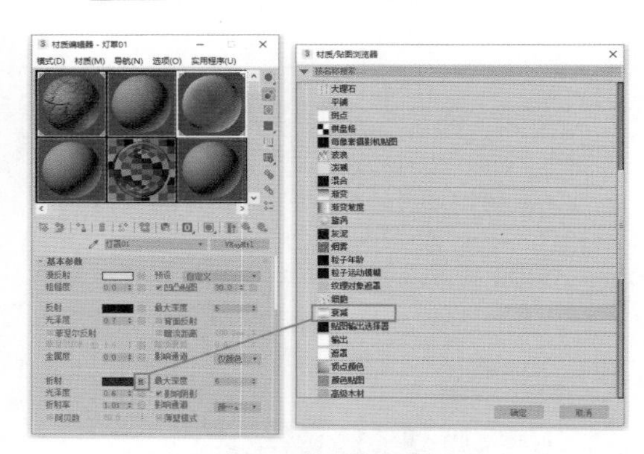

图 3.54　设置折射贴图

Step03 进入“衰减”贴图面板，参数及颜色设置如图 3.55 所示。

Step04 设置“漫反射”的颜色，如图 3.56 所示。

Step05 创建灯具不锈钢材质。选择一个空白材质球，单击 Standard 按钮，在弹出的“材质/贴图浏览器”对话框中，选择材质样式为 VRayMtl 。然后，设置材质的“漫反射”颜色和“反射”参数，如图 3.57 所示。

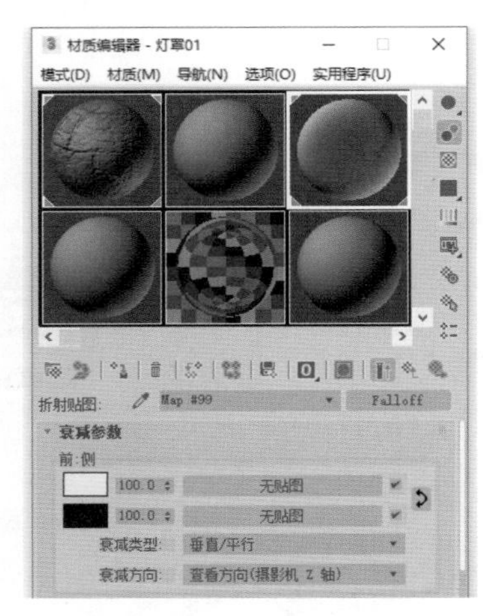

图 3.55　设置衰减贴图参数

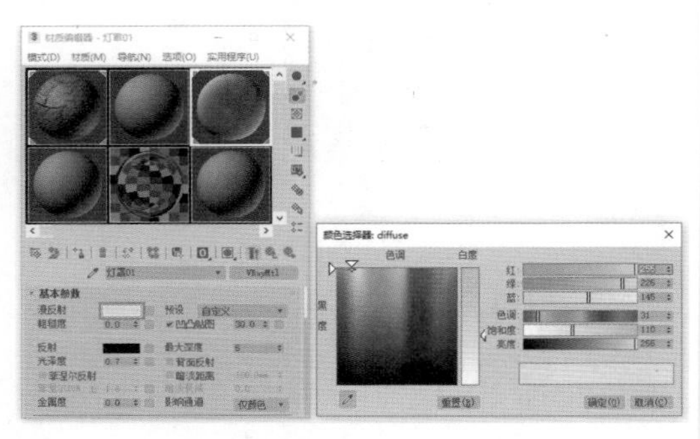

图 3.56　设置“漫反射”颜色

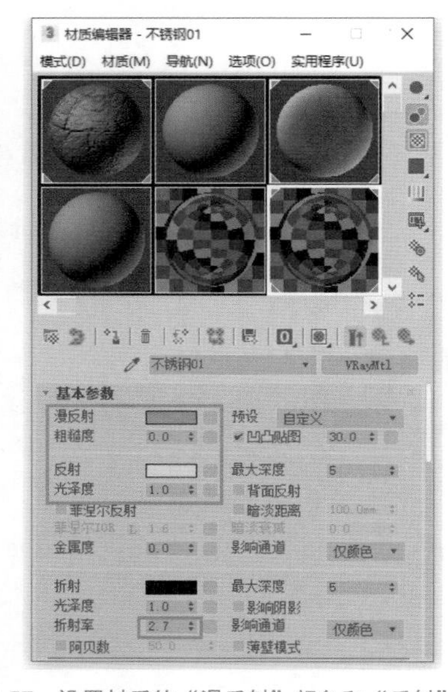

图 3.57　设置材质的“漫反射”颜色和“反射”参数

Step06 创建灯泡材质。选择一个空白材质球，参数设置如图 3.58 所示。

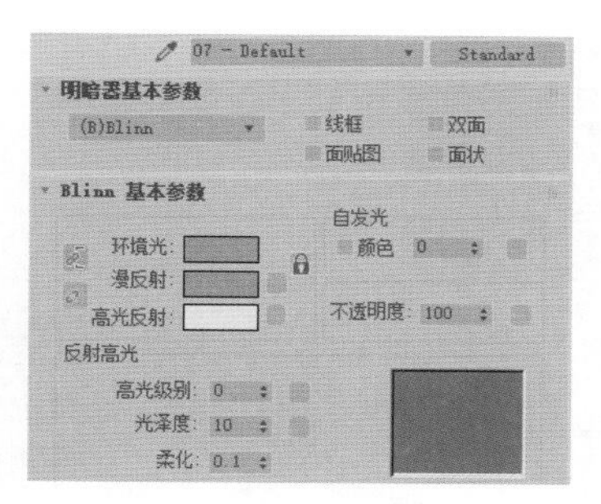

图 3.58　设置灯泡材质

Step07 单击 Standard 按钮，在弹出的“材质/贴图浏览器”对话框中选择材质样式为 VRay 材质包裹器（给该材质设置 VRay 材质包裹），如图 3.59 所示。

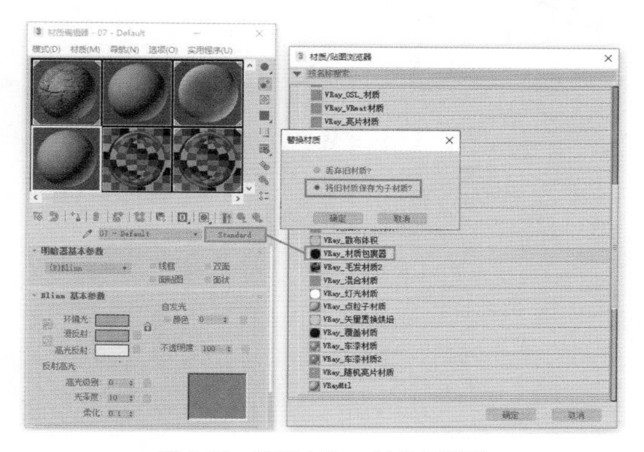

图 3.59　设置 VRay 材质包裹器

Step08 在 VRay 材质包裹器参数面板，加大材质的 GI 生成值，设置参数如图 3.60 所示。

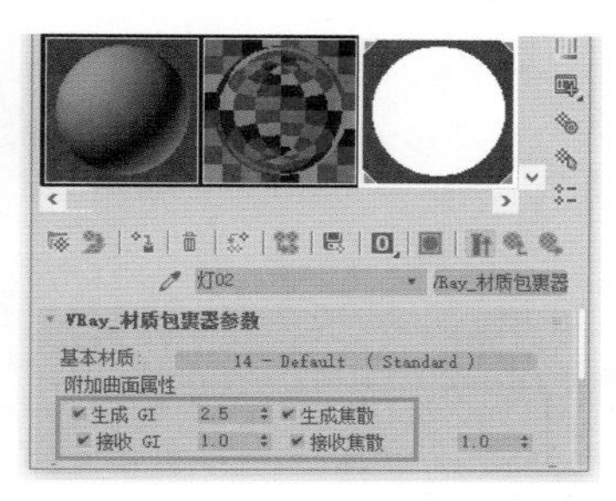

图 3.60　设置 VRay 材质包裹器参数

注意

“基本材质”用于添加适合的子级别材质类型，调整子级别材质的相关参数。

Step09 按 F9 键，对摄像机视图进行渲染。灯具材质设置完成后渲染的效果如图 3.61 所示。

图 3.61　场景渲染效果

3.3.5　设置沙发、茶几等物体的材质

Step01 创建沙发皮革材质。在“材质编辑器”中，选择一个空白材质球，单击 Standard 按钮，在弹出的“材质/贴图浏览器”对话框中选择材质样式为 VRayMtl 。设置材质的“漫反射”颜色、“反射”参数，如图 3.62 所示。

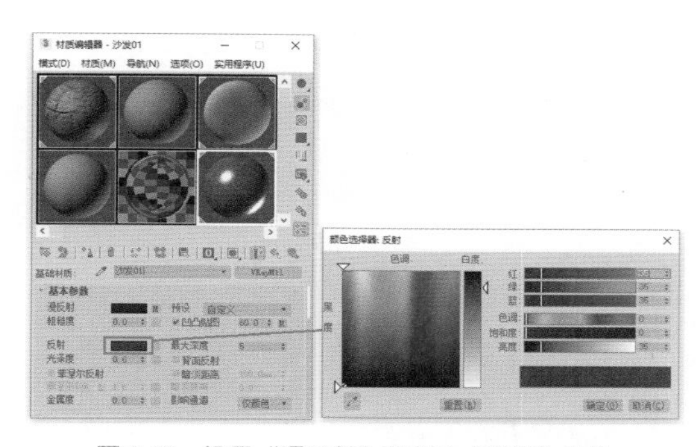

图 3.62　设置“漫反射”颜色和“反射”参数

Step02 单击“漫反射”旁边的 M 贴图按钮，选择 Ch3\Maps\PW-0113.jpg 文件，如图 3.63 所示。

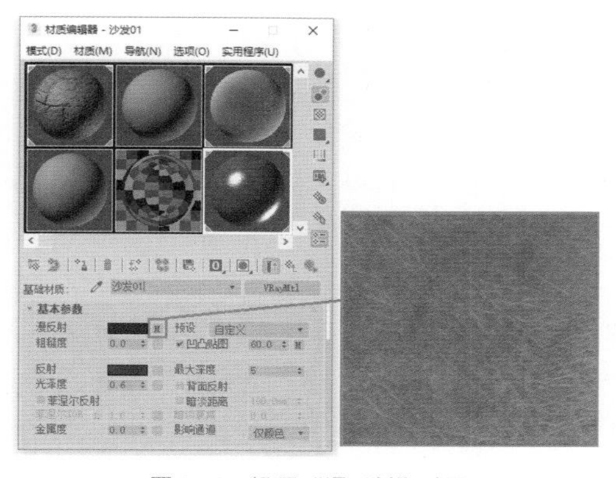

图 3.63　设置“漫反射”贴图

Step03 设置皮革材质的凹凸效果。在 贴图 卷展栏中，将漫反射的贴图按钮拖向凹凸贴图按钮，在弹出的“实例（副本）贴图”对话框中勾选 实例 选项进行关联复制，如图3.64所示。

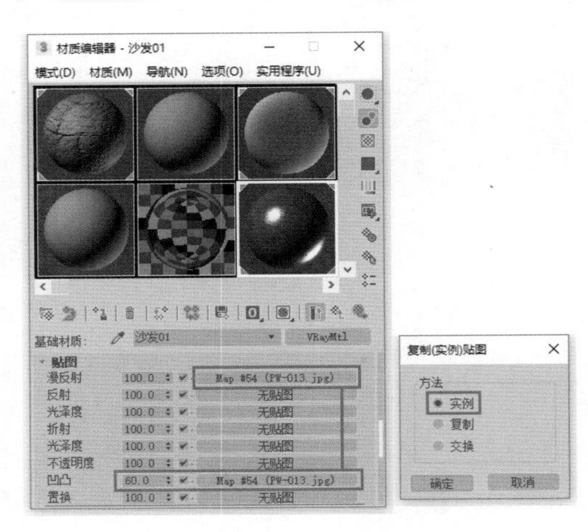

图3.64　复制漫反射贴图到凹凸通道

Step04 创建白色的沙发皮革材质。将刚才创建沙发皮革材质“沙发01”拖动到一个新的材质球中（复制该材质），然后将其命名为“沙发02”。单击“漫反射”旁边的M贴图按钮，选择Ch3\Maps\PW-014-a.jpg文件，如图3.65所示。

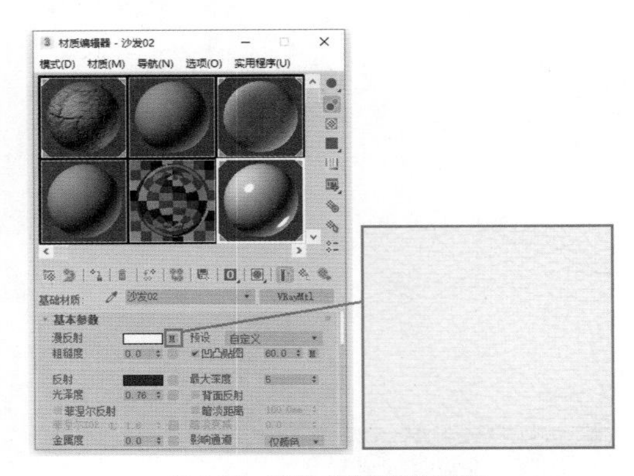

图3.65　设置“漫反射”贴图

Step05 设置材质的“漫反射”颜色，如图3.66所示。

Step06 创建茶几玻璃材质。在“材质编辑器”中，选择一个空白材质球，选择材质样式为 VRayMtl 。设置材质的“漫反射”颜色、“反射”“折射”参数，如图3.67所示。

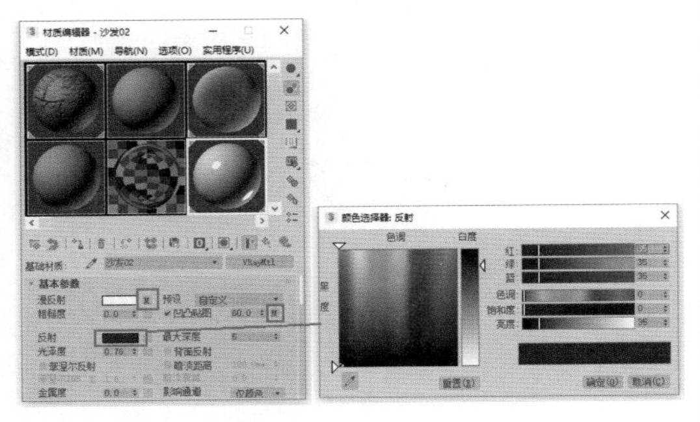

图3.66　设置“漫反射”颜色

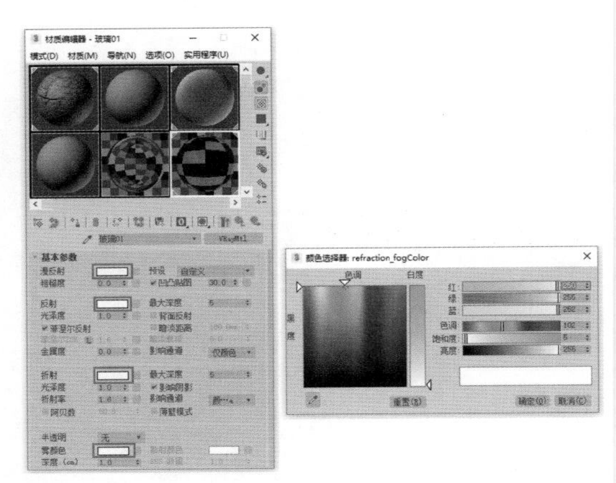

图3.67　设置材质的“漫反射”颜色、“反射”“折射”参数

技术链接

VRay允许用雾来填充折射的物体。图3.68为雾颜色测试。

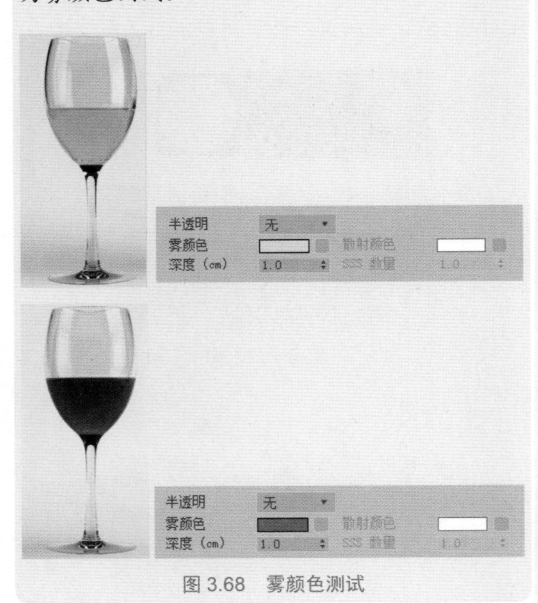

图3.68　雾颜色测试

提示

“影响阴影”默认为关闭状态。勾选后，灯光将穿透透明物体并留下投影效果，否则灯光将不能穿透透明物体。

Step07 创建茶几不锈钢材质。在“材质编辑器”中，选择一个空白材质球，选择材质样式为 VRayMtl 。设置材质的“漫反射”颜色、“反射”参数，如图 3.69 所示。

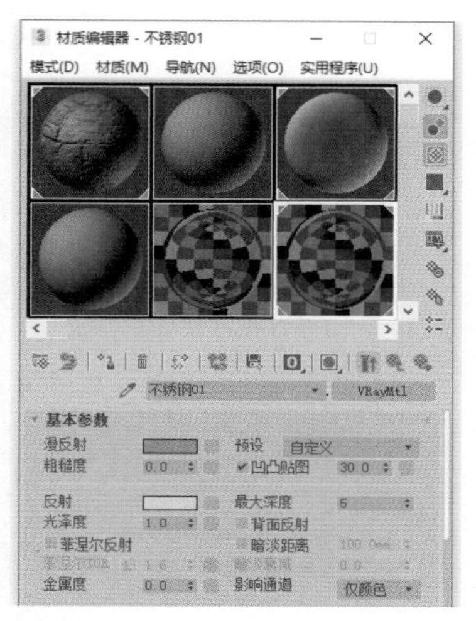

图 3.69　设置材质的“漫反射”颜色、“反射”参数

Step08 创建地毯材质。在“材质编辑器”中，选择一个空白材质球，选择材质样式为 VRayMtl 。单击“漫反射”旁边的 M 贴图按钮，选择 Ch3\Maps\CLO-005.JPG 文件，并将该贴图复制到“凹凸”通道内，如图 3.70 所示。

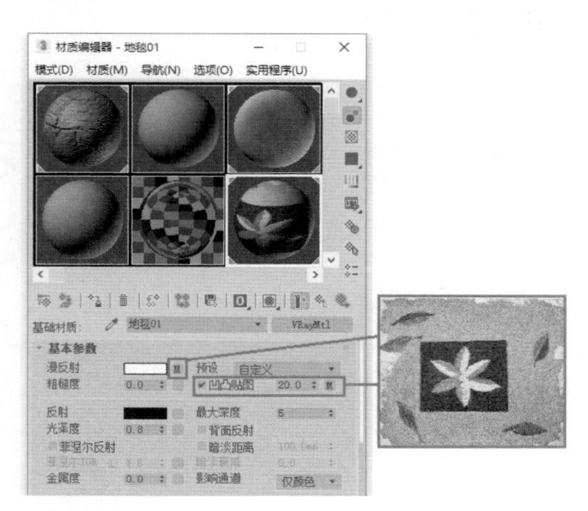

图 3.70　设置“漫反射”通道贴图

注意

“漫反射”材质的漫反射颜色能够在纹理贴图部分的漫反射贴图通道里使用一个贴图替换这个倍增器的值。

Step09 按 F9 键对摄像机视图进行渲染。沙发、茶几等材质设置完成后渲染的效果如图 3.71 所示。

图 3.71　场景渲染效果

3.3.6　设置柜子、书架材质

Step01 创建柜子清漆木纹材质。在“材质编辑器”中，选择一个空白材质球，选择材质样式为 VRayMtl 。

Step02 设置材质的“漫反射”颜色、“反射”参数，如图 3.72 所示。

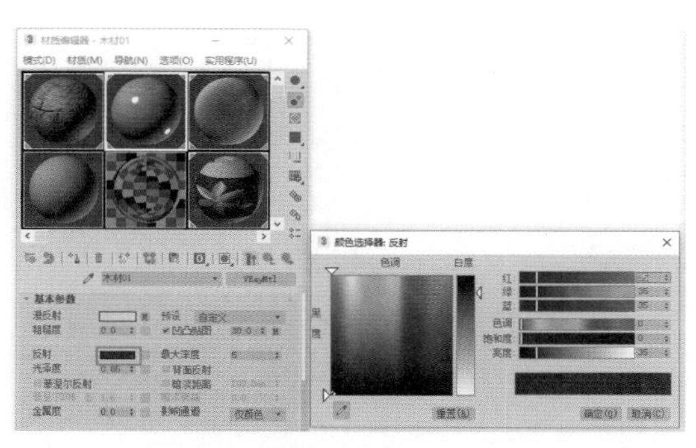

图 3.72　设置“漫反射”颜色和“反射”参数

Step03 单击“漫反射”旁边的 M 贴图按钮，选择 Ch3\Maps\ 橡木 -07.JPG 文件，如图 3.73 所示。

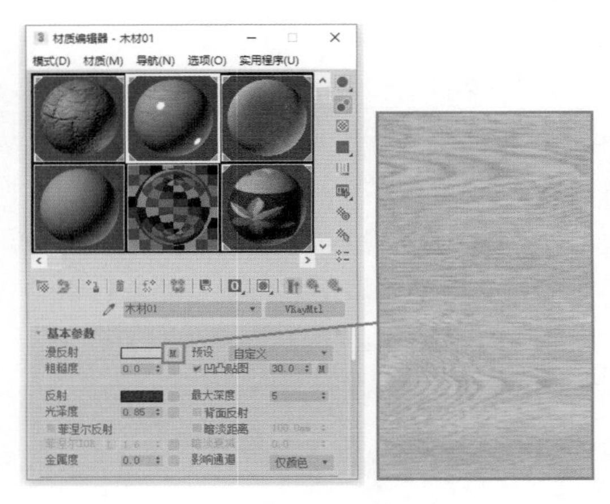

图 3.73　设置“漫反射”贴图

Step04 设置木纹材质的凹凸效果。在贴图卷展栏，将漫反射的贴图按钮拖向凹凸贴图按钮，在弹出的“实例（副本）贴图”对话框中勾选 实例 选项进行关联复制，如图 3.74 所示。

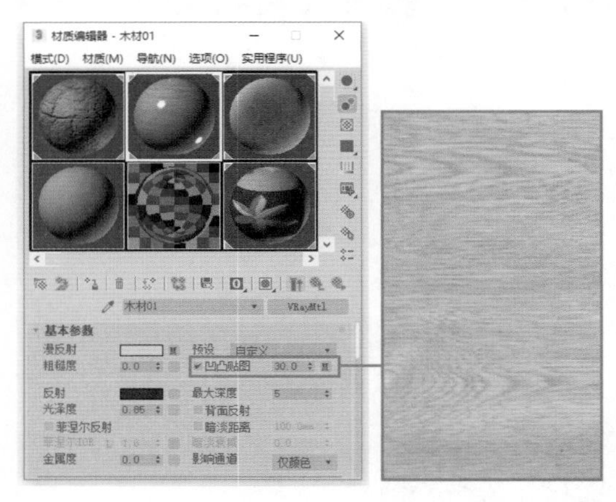

图 3.74　复制漫反射贴图到凹凸贴图

Step05 选择客厅柜子物体，为其添加 UVW 贴图 命令，参数设置如图 3.75 所示。

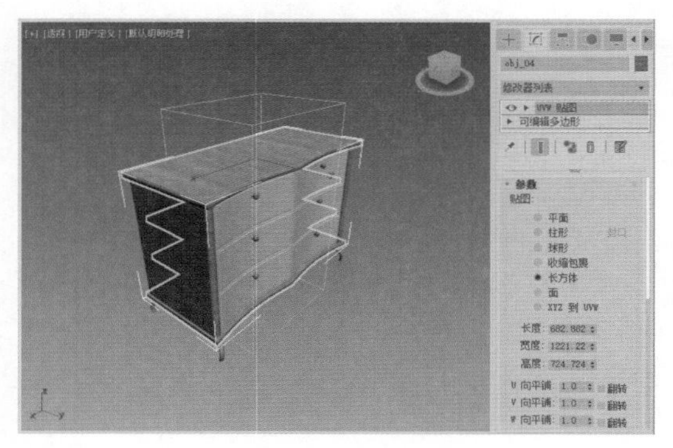

图 3.75　给柜子添加“UVW 贴图”

提示

默认情况下，基本体对象（如球体和长方体）与放样对象和 NURBS 曲面一样，具有贴图坐标。扫描、导入或手动构造的多边形或面片模型不具有贴图坐标系，直到应用了“UVW 贴图”修改器。

Step06 创建白色亚光漆材质。将 Step 04 中创建的清漆木纹材质“木材 01”拖动到一个新的材质球中（复制该材质），然后将其命名为“木材 02”。拖动“反射”旁边的贴图按钮至漫反射旁边的 M 贴图按钮上，取消漫反射材质的贴图，如图 3.76 所示。

图 3.76　设置白色亚光漆材质

Step07 设置白色亚光漆材质的“漫反射”颜色，如图 3.77 所示。

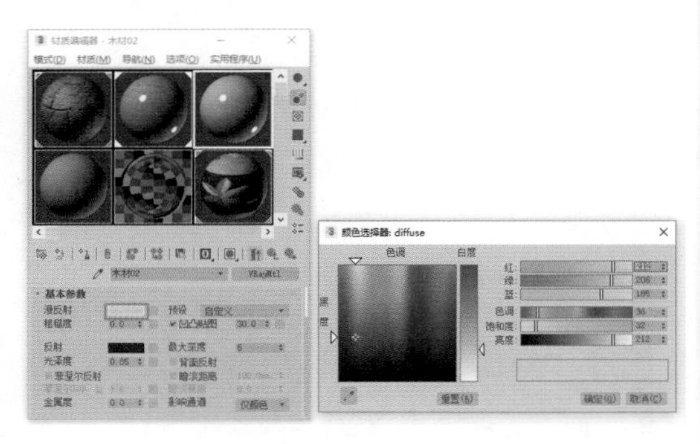

图 3.77　设置“漫反射”颜色

Step08 柜子、书架等物体的材质设置完成。按 F9 键对摄像机视图进行渲染，渲染效果如图 3.78 所示。

图 3.78 场景渲染效果

3.3.7 设置植物、窗帘、电视机材质

Step01 创建阳台植物叶子材质。在“材质编辑器”中，选择一个空白材质球，选择材质样式为 VRayMtl 。

Step02 设置材质的漫反射贴图，如图 3.79 所示。

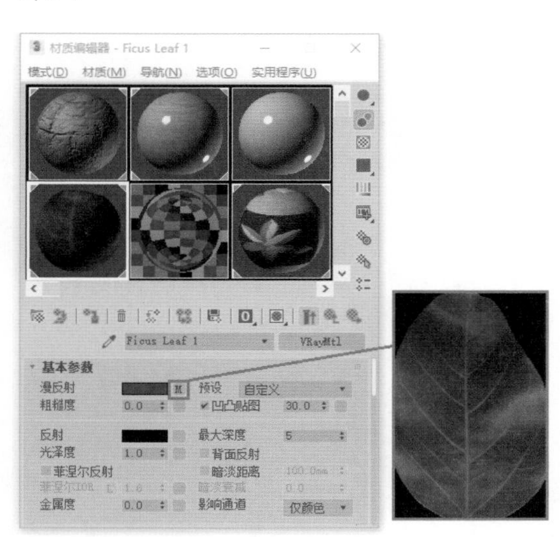

图 3.79 设置“漫反射”贴图

Step03 打开 贴图 卷展栏，分别为不透明度和半透明贴图通道指定位图，如图 3.80 所示。

Step04 方法同上，依次创建出其他叶子的材质贴图。单击按钮指定给客厅植物。

Step05 创建窗帘材质。在“材质编辑器”中，选择一个空白材质球，选择材质样式为 VRayMtl 。设置窗帘材质的“漫反射”颜色、“折射”参数，如图 3.81 所示。

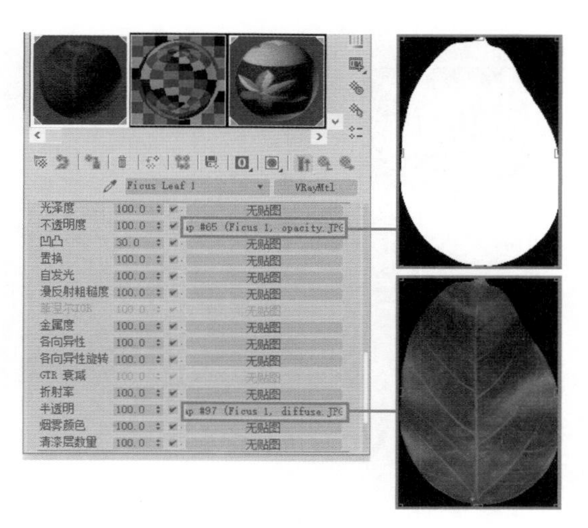

图 3.80 设置贴图卷展栏参数

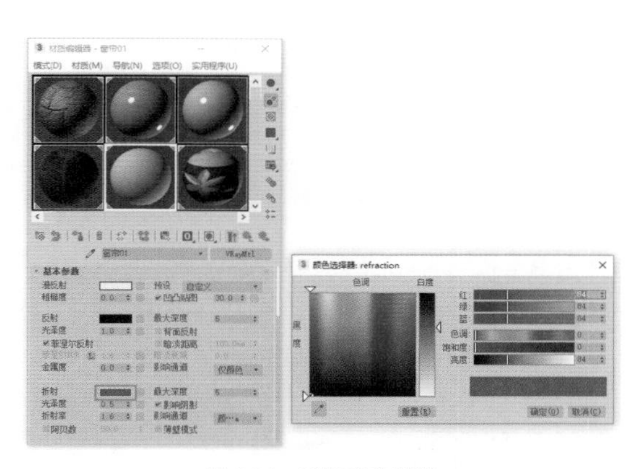

图 3.81 设置窗帘材质

Step06 创建窗帘紧固部件的材质。在“材质编辑器”中，选择一个空白材质球，选择材质样式为 VRayMtl 。设置材质的“漫反射”颜色，如图 3.82 所示。

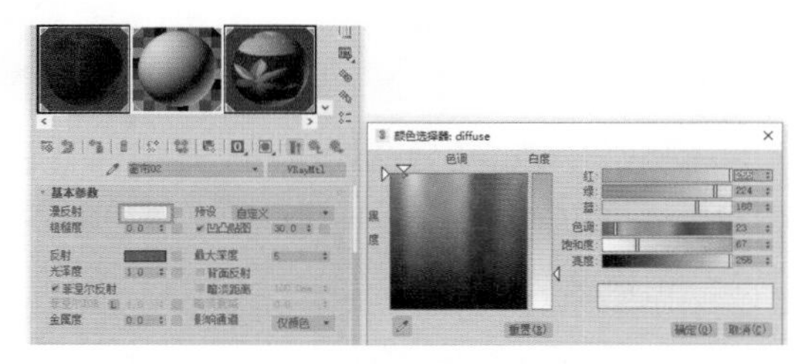

图 3.82 设置窗帘紧固部件材质

Step07 创建电视机屏幕材质。在“材质编辑器”中，选择一个空白材质球，选择材质样式为 VRayMtl 。设置材质的“漫反射”颜色、“反射”“折射”参数，如图 3.83 所示。

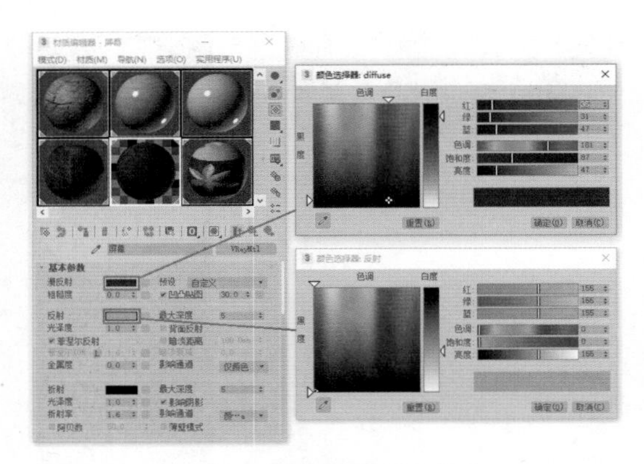

图 3.83 设置电视机屏幕材质

Step08 依照以上材质的创建方法，创建场景中其他物体的材质，并指定给相应的物体，在此不再赘述。

Step09 按 F9 键，对摄像机视图进行渲染，渲染效果如图 3.84 所示。

图 3.84 场景渲染效果

3.4 最终成品渲染

本例刚开始的渲染设置均为测试渲染的设置参数，目的是加快制作速度。下面进行最终成品图渲染设置。

3.4.1 设置抗锯齿和过滤器

Step01 按 F10 键，打开“渲染设置”对话框。

Step02 在“图像过滤器”卷展栏中，设置参数如图 3.85 所示。设置“过滤器”为 Catmull-Rom，可以让画面更加锐化。

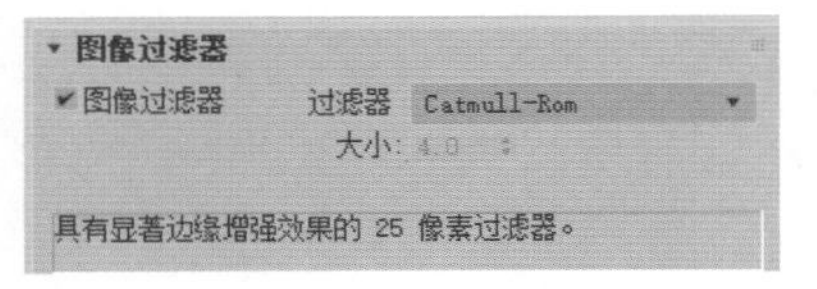

图 3.85 设置“图像过滤器”参数

注意

在VRay渲染器中，图像采样器的概念是指采样和过滤的一种算法，并产生最终的像素数组来完成图形的渲染。VRay渲染器提供了几种不同的采样算法，尽管会增加渲染时间，但是所有的采样器都支持3ds Max标准的抗锯齿过滤算法。

3.4.2 设置渲染级别

进入“发光贴图”卷展栏，在**当前预置**区域中设置发光贴图采样级别为“高”，如图 3.86 所示。

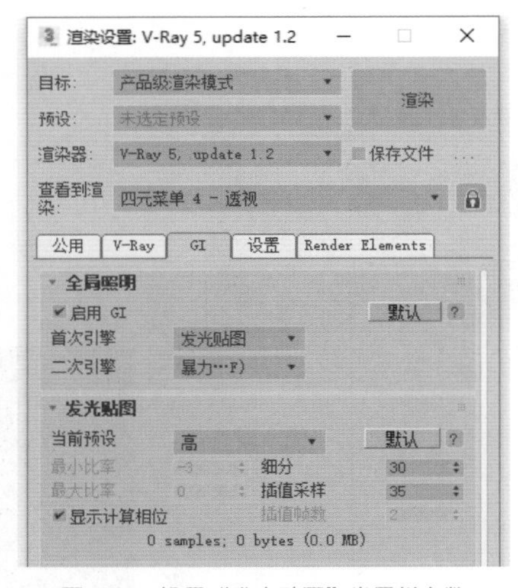

图 3.86 设置“发光贴图”卷展栏参数

提示

“发光贴图”卷展栏可以调节发光贴图的各项参数，该卷展栏只有在发光贴图被指定为当前初级漫射反弹引擎的时候才能被激活。

3.4.3 设置保存发光贴图

Step01 在“发光贴图”卷展栏的“模式”区域，选择“单帧”模式，单击“保存”按钮，在弹出的“保存发光贴图”对话框中输入要保存的 01.vrmap 文件名，如图 3.87 所示。

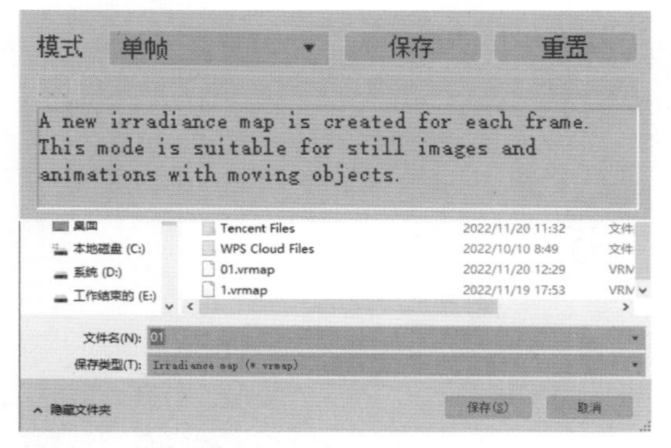

图 3.87　设置发光贴图路径

Step02 进入“渲染设置”对话框的 公用 面板，设置较小的渲染图像尺寸，可以有效地缩短计算时间，如图 3.88 所示。

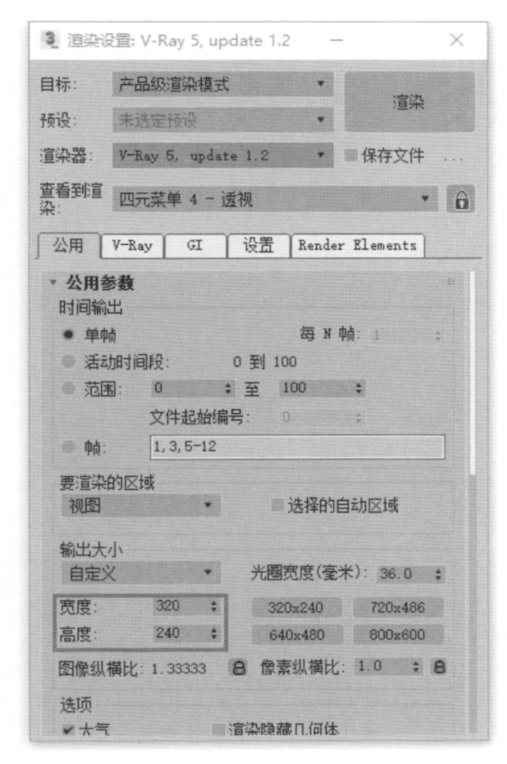

图 3.88　设置渲染尺寸

Step03 按 F9 键，对摄像机视图进行渲染，图 3.89 所示为 VRay 渲染器正在进行灯光贴图的计算。由于这次设置了较高的渲染采样参数，渲染时间也增加了。

图 3.89　渲染效果展示

注意

切换到其他相机视图渲染，VRay渲染器已经省去了光照计算的步骤。如果改变了间接照明参数，则需要重新渲染光照贴图，选择“单帧”模式即可。

提示

以上阶段为图像制作阶段，要想用VRay渲染出高质量的大图真得动些脑筋。因为毕竟是商业作品，需要的是快速交付客户。如果不考虑技巧，用VRay渲染3000×3000像素点的高质量大图，很有可能耗时在30个小时以上，所有的前期工作到最后将成为“不可能完成的任务”。

3.4.4　最终渲染

Step01 在“渲染设置”对话框的 公用 面板中，设置最终渲染图像尺寸，如图 3.90 所示。

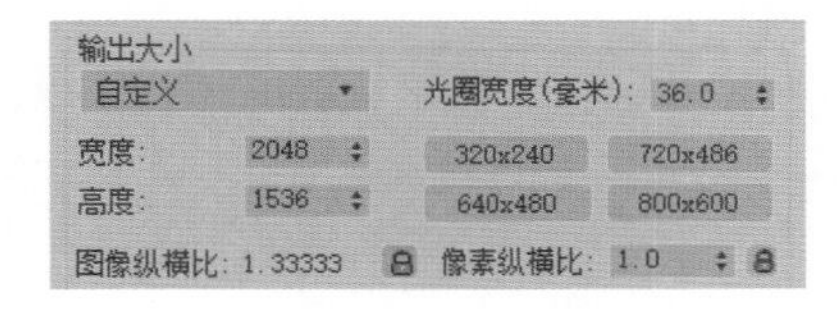

图 3.90　设置最终渲染图像尺寸

Step02 选择“模式”区域的“从文件”类型，打开保存的 01.vrmap 文件，“再次进行”渲染，此时 VRay 渲染器将直接调用“从文件”类型中指定的发光贴图文件，这样可以节省很多渲染时间。

Step03 最终渲染完成的效果如图 3.91 所示。

图 3.91 最终渲染完成的效果

Step04 在 Photoshop 软件中对图像进行简单的后期处理，完成后的效果如图 3.92 所示。

图 3.92 后期处理效果

第 4 章 天空采光阁楼

这里举一个异型房间的渲染实例——天空采光阁楼。这个阁楼的顶棚用于采光，室内设计风格比较休闲。本例将学习如何用 VRay 材质和灯光准确地表现天光照射的效果，场景建模工作已经制作完成，场景中提供了一架摄像机。我们除了要学习灯光和渲染设置之外，还要学习如何逼真地表现场景中的所有物体质感，包括墙面、木地板、窗口透光、台灯、毛毯、茶具、茶几、不锈钢和皮沙发等效果。

场景日景渲染效果如图 4.1 所示。

图 4.1　场景日景渲染效果

场景夜景渲染效果如图 4.2 所示。

图 4.2　场景夜景渲染效果

配色应用：

制作要点：

（1）掌握阁楼的合理规划和布置。

（2）学习阁楼采光的灯光布局和灯光的选择。

（3）变换灯光布局制作出场景夜景灯光效果。

最终场景：Ch4\Scenes

贴图素材：Ch4\Maps

难易程度：★★★★☆

4.1　阁楼简介

阁楼，即指位于房屋坡屋顶下部的房间。如顶层，或是楼内高超过 4m 的空间都可以做成阁楼。阁楼是非常好的私密空间，可利用该空间进行储藏、办公或居住。图 4.3 所示为梦幻般的阁楼展示。

图 4.3　梦幻般的阁楼

4.1.1 安全的阁楼

为了保障阁楼安全，坡顶阁楼绝对不允许现浇楼板，那样就变成了固定结构，属于典型的违章建筑。如果开发商已建有楼板，可不必担心这一问题，但如果要加建，考虑到在不改动原有结构的基础上，又要承重和受力，最好使用钢结构。否则，等于业主给自己在头顶上安装了一个“炸弹”。

舒适性比较好的阁楼地面一般设计成地台，顶面处理采用本色自然的木制材料装饰，间隔采用木方、木板、书柜、衣柜 、玻璃等都可以。通风换气是坡顶阁楼关注的问题，因为没有门，窗也小，空气对流不畅，所以不仅要装空调，还要装换气设备，比如安装排气扇，能进一步改善室内通风状况，复杂的还要加装送气设备，比如新风系统。图 4.4 所示为阳光客厅阁楼。

图 4.4　阳光客厅阁楼

4.1.2 舒适的阁楼

水电是阁楼设计先要考虑完善的地方。应该注意预留空调线，否则改装起来会非常麻烦。此外，照明设计也很重要。如果楼层高，可以用吊灯，既可照明又是很好的装饰；如果楼层矮，或者想营造浪漫、幽静的气氛，则可用设计感强的落地灯或壁灯。

如果阁楼要设计卫生间或者浴室，上下水就要提前考虑。一般来说，别墅项目阁楼会预留上下水，只要仔细接好就行。但大多数阁楼没有这些，需要提前设计和改造。另外，阁楼装修最重要的一个因素是阁楼的隔热。由于阁楼位于顶层，受阳光直射，夏天会比较热。对此，可以加上 20 厘米的隔热层吊顶或者铺上隔热层，防止阁楼变成“蒸笼”。图 4.5 所示为舒适卫浴阁楼。

图 4.5　舒适卫浴阁楼

4.1.3 斜顶阁楼

对于斜顶阁楼，开发商不管用了什么通风系统，建议都不要改造成卧室。当然，偶尔家里来客人当客卧还是可以的，因为不通风的空间对睡眠中的人损害非常大。这种阁楼，可以改造成书房、会客室、棋牌室、休闲室或者多功能空间。

面积小的阁楼不妨走温馨路线，搭配柔软的布艺沙发和温暖的地毯。由于阁楼相对独立，阁楼的风格可以与整个居室风格大相径庭，如“中式 + 现代”“古典 + 田园”，走进这样的阁楼，会让人感觉别有洞天。图 4.6 所示为斜顶客厅阁楼。

图 4.6　斜顶客厅阁楼

4.2　渲染前准备

下面我们来进行渲染前的准备工作，主要分为摄像机的设置和场景渲染设置。

4.2.1　摄像机设置

Step 01 打开 Ch4\Scenes\Ch4.max 文件，这是一个休闲阁楼的模型，如图 4.7 所示。

图 4.7　休闲阁楼的模型

Step 02 摄像机使用了 VRay 渲染器的物理相机，如图 4.8 所示。

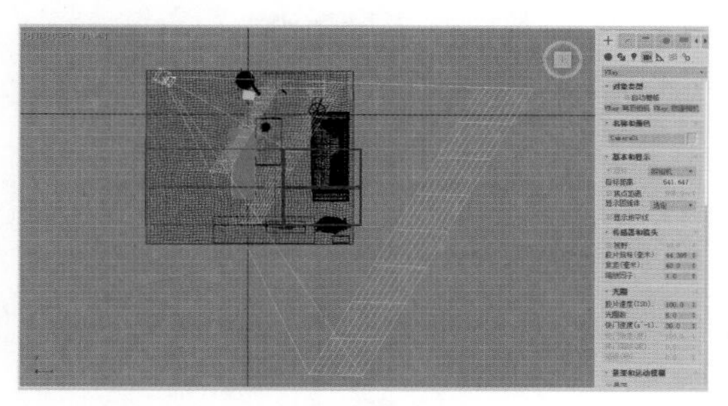

图 4.8　创建 VRay 物理相机

Step 03 相机参数设置如图 4.9 所示。

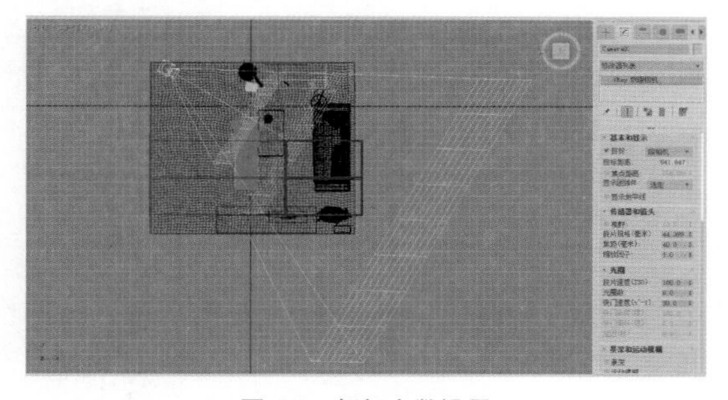

图 4.9　相机参数设置

Step 04 图 4.10 所示为场景灯光布局。阳光从顶棚的窗口斜射进室内，窗口的进光由两个VRay 灯光组成，它们充当 VRay 太阳的天光入口。室内墙壁上和台灯的 VRay 灯光用于补光。

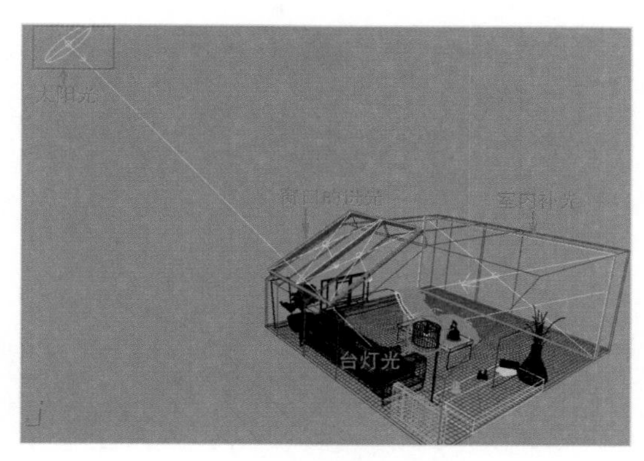

图 4.10　场景灯光布局

4.2.2　场景渲染设置

Step 01 按 F10 键打开“渲染设置”对话框，设置“渲染器”为 VRay 渲染器，如图 4.11 所示，这是抗锯齿采样设置。

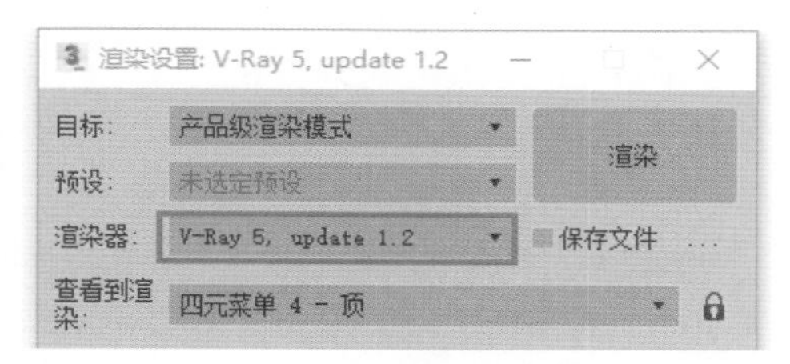

图 4.11　设置渲染器

Step 02 如图 4.12 所示，在 GI 页面设置参数，这是间接照明设置。勾选“启用 GI”复选框，这个参数决定为最终渲染图像贡献多少初级漫射反弹。

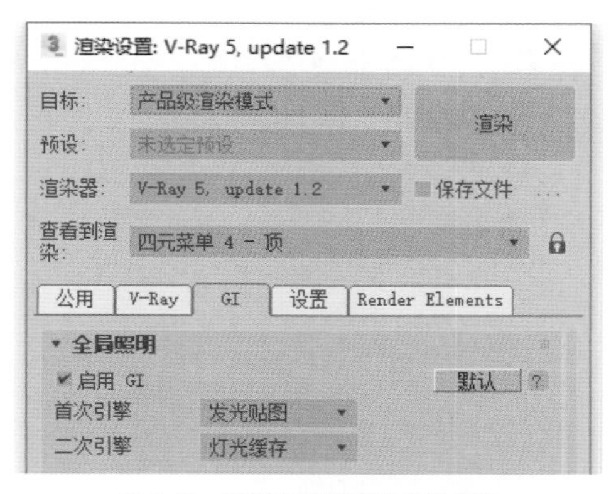

图 4.12　设置间接照明卷展栏参数

Step03 在“发光贴图”卷展栏中，设置参数如图 4.13 所示，这是发光贴图参数设置。

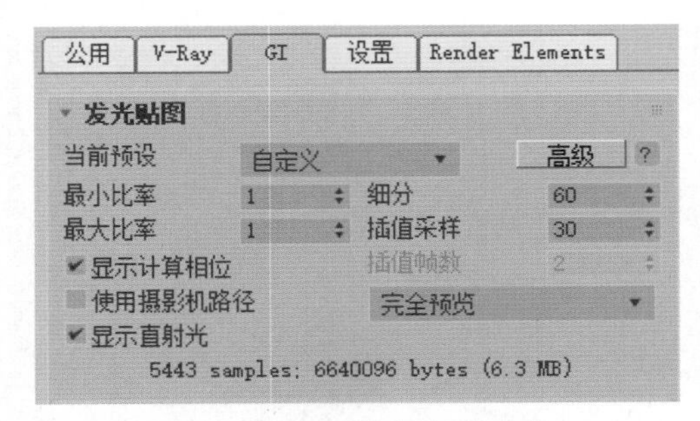

图 4.13　设置“发光贴图”参数

Step04 在“灯光缓存”卷展栏中，设置参数如图 4.14 所示。

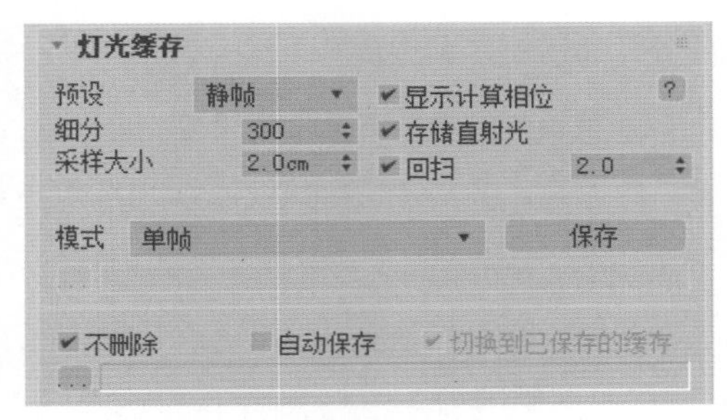

图 4.14　设置“灯光缓存”参数

Step05 在“渲染块图像采样器”卷展栏中，设置参数如图 4.15 所示。这是模糊采样设置。

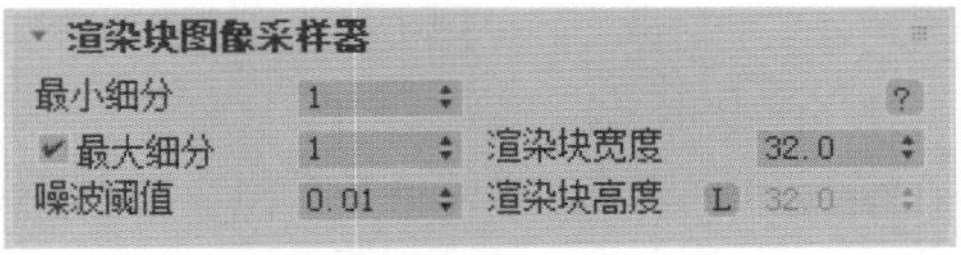

渲染块图像采样器
最小细分 1
最大细分 1　渲染块宽度 32.0
噪波阈值 0.01　渲染块高度 L 32.0

图 4.15　设置“渲染块图像采样器”参数

Step06 在“颜色映射”卷展栏中，设置参数如图 4.16 所示。这是画面的增亮设置。

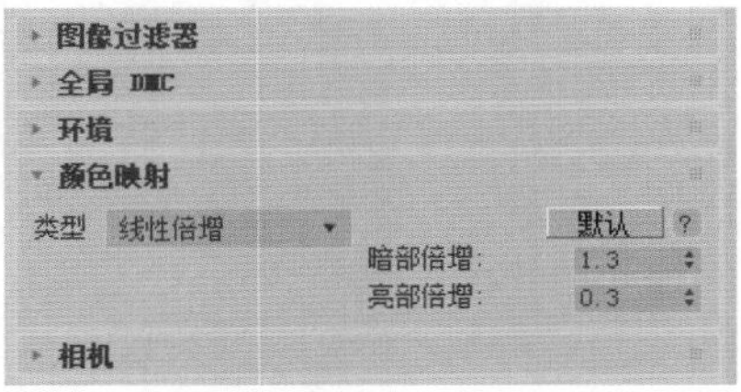

图像过滤器
全局 DMC
环境
颜色映射
类型 线性倍增　默认
暗部倍增: 1.3
亮部倍增: 0.3
相机

图 4.16　设置“颜色映射”参数

技术链接

“发光贴图”采样器可以根据每个像素和它相邻像素的亮度差异产生不同数量的样本。值得注意的是，这个采样器与VRay是相关联的，它没有自身的极限控制值，不过可以使用VRay的“发光贴图”采样器中的“最小采样比率”和“最大采样比率”参数来控制渲染质量，如图4.17所示。对于那些具有大量微小细节，如VRayFur毛发物体，或模糊效果的场景，这个采样器是首选。

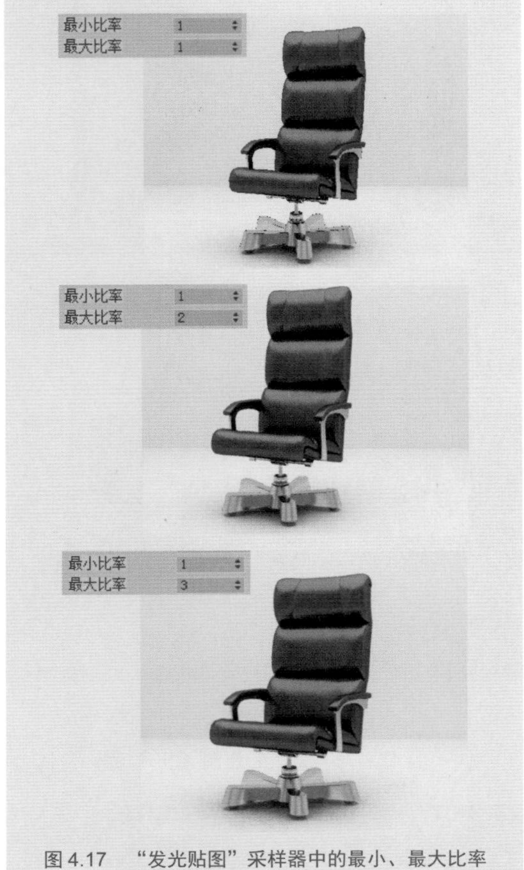

图 4.17　“发光贴图”采样器中的最小、最大比率参数比较

Step07 为了便于更好地测试场景效果，可以给场景设置一个统一的材质。按M键打开“材质编辑器”，选择一个空白材质球，选择“材质样式”为 VRayMtl 材质，参数如图 4.18 所示。

Step08 打开“全局开关”卷展栏，勾选“覆盖材质”复选框，将上述制作的材质球拖动复制到“无”按钮上，如图 4.19 所示。这个材质将作为测试灯光用的代理材质。

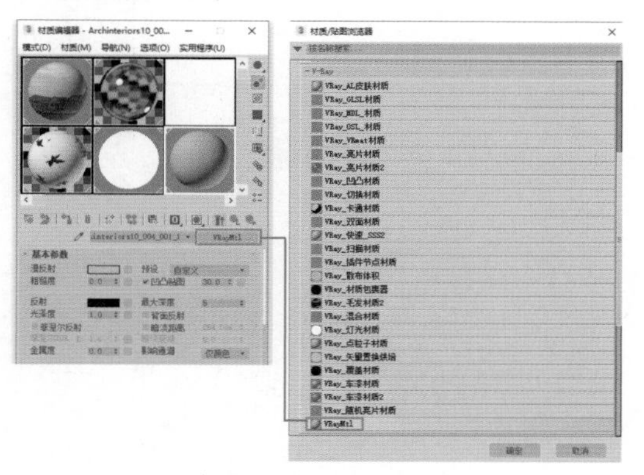

图 4.18　设置统一材质

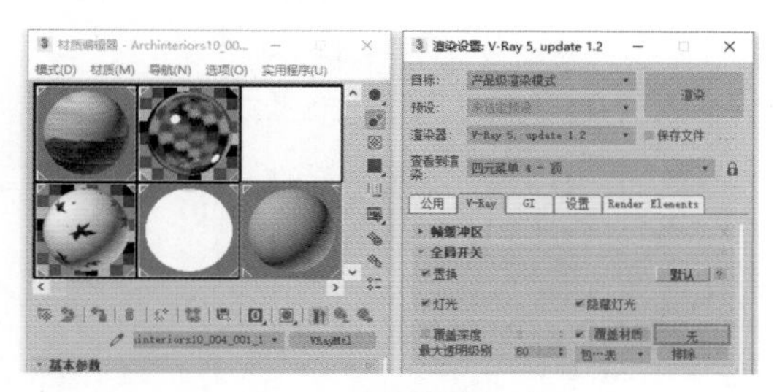

图 4.19　设置覆盖材质

4.3　制作光效

下面制作阳光照入室内的灯光效果。使用 VRay 太阳和 VRay 灯光设置整体布光效果，其中太阳灯和窗口的 VRay 光源是主光，室内墙壁和台灯的 VRay 光源灯是辅助光。

Step01 设置窗外的主要照明，这个照明类似太阳光的效果。在建立命令面板的灯光区域选择 VRay 类型，单击 VRay 太阳光 按钮，在顶视图建立一盏太阳灯，并在其他视图调节目标点的位置，如图 4.20 所示。

提示

VRay灯光的一大特点是可以自动产生极其真实的自然光影效果。VRay灯光可以创建平面光、球体光和半球光。

Step02 此时弹出提示对话框，询问是否连接 VRay 太阳，单击 是(Y) 按钮，如图 4.21 所示。这样环境对话框中就自动添加了天光贴图。

Step03 在修改命令面板中，设置灯光的参数，如图 4.22 所示。

图 4.20　创建 VRay 太阳光

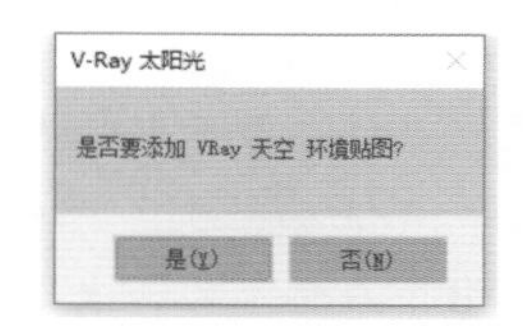

图 4.21　设置 VRay 太阳光的环境贴图

图 4.22　设置灯光参数

Step04 按 8 键，打开“环境和效果”对话框，为了测试太阳灯的效果，需要先关闭 VRay 太阳的贴图，如图 4.23 所示。

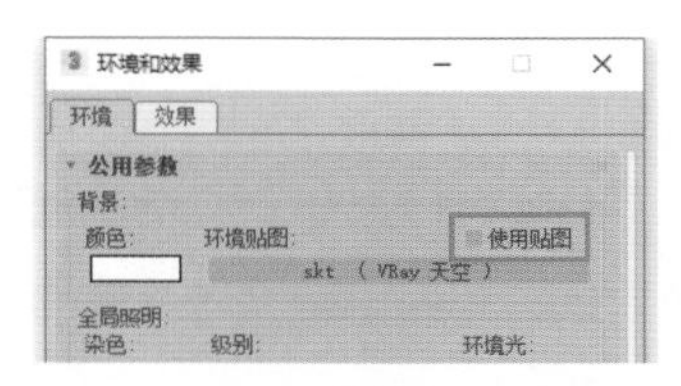

图 4.23　设置“环境和效果”对话框参数

Step05 按 F9 键，对摄像机视图进行渲染，此时的渲染效果如图 4.24 所示。

图 4.24　场景渲染效果

注意

此时的光线显得比较暗，下面给室内窗口制作光线照射效果。

Step06 在十建立命令面板的灯光区域选择 VRay 类型，单击 VRay 灯光 按钮，在窗口位置建立两盏 VRay 灯光，如图 4.25 所示。勾选“天光入口”复选框后，除了颜色参数，其他参数都已经失效。

图 4.25　创建灯光并设置参数

提示

VRay灯光在这里仅作为天空光的入口存在，主要是想表现真实环境光的灯光效果，灯光的颜色为修改命令面板设置的颜色，细分参数的设置是为了增加灯光渲染的细腻程度，使得渲染图像有更好的渲染品质。

Step07 按 8 键，打开“环境和效果”对话框，勾选 VRay 太阳光的贴图。将 环境贴图: 区域的“天光贴图”拖动复制到“材质编辑器”的一个空白材质球上，设置参数如图 4.26 所示。

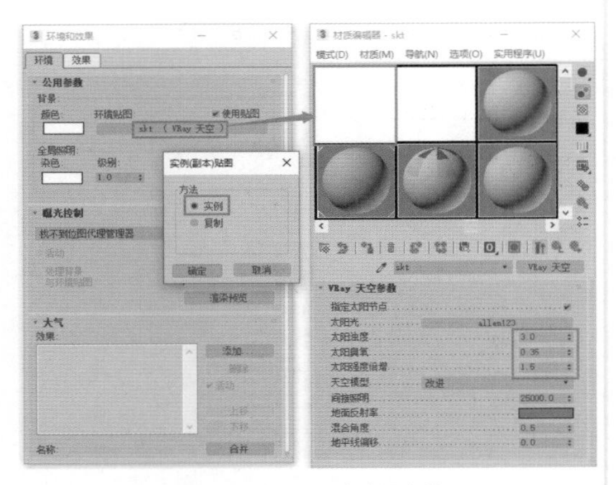

图 4.26　设置环境贴图参数

Step08 按 F9 键，对摄像机视图进行渲染，此时默认的渲染效果如图 4.27 所示。

图 4.27　场景渲染效果

注意

此时会发现灯光有些曝光现象，这是因为没有设置材质的原因，通过设置材质可以解决这个问题。

4.4　设置场景材质

下面逐一设置场景的材质。为了得到正确的效果，应该先从大色块（如墙壁和地面）到小色块（如家具），最后从渲染速度快的物体设置到渲染速度慢（如反射折射、模糊反射等）的物体。

4.4.1　设置墙壁材质

由于墙的面积大，下面先来设置墙壁材质。

Step01 在“全局开关”卷展栏中，取消勾选“覆盖材质”复选框，不使用替代材质，如图 4.28 所示。

图 4.28　设置“全局开关”卷展栏参数

Step02 按 M 键，打开“材质编辑器”，选择一个空白材质球，选择材质样式为 VRayMtl。设置墙壁的“漫反射”颜色为灰色，如图 4.29 所示。

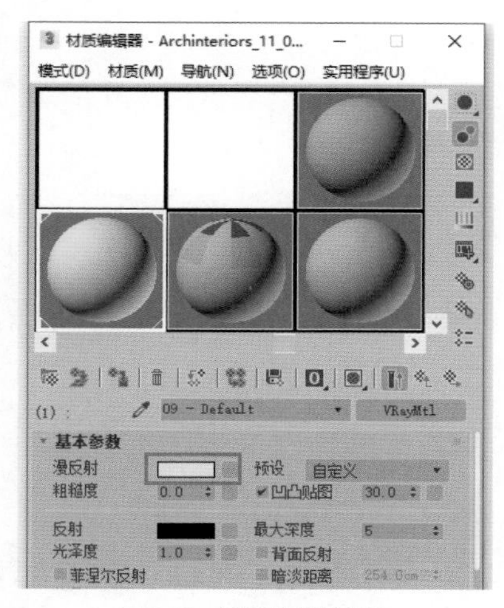

图 4.29　设置墙壁的颜色

Step03 选择墙面物体，单击按钮，将该材质赋予被选择物体。

4.4.2　设置木地板材质

Step01 在“材质编辑器”中选择一个空白材质球，选择材质样式为 VRayMtl。设置“漫反射”贴图为“混合”贴图，如图 4.30 所示。

提示

通过“混合”贴图可以将两种颜色或材质合成在曲面的一侧。也可以将“混合数量”参数设为动画，然后画出使用变形功能曲线的贴图，来控制两个贴图混合的方式。

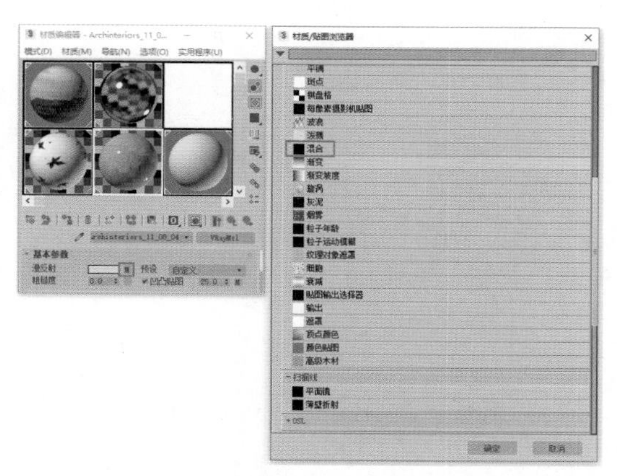

图 4.30　设置“漫反射”贴图为“混合”贴图

Step02 在“混合”材质面板设置颜色 #2 的贴图，为 Ch4\Maps\archinteriors_11_08_wood_81_漫反射.jpg，这是一个木纹材质，如图 4.31 所示。

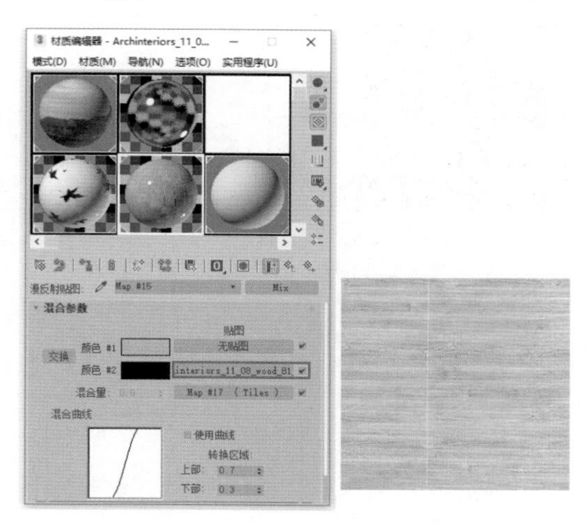

图 4.31　设置“颜色 #2”的贴图

Step03 设置混合量：贴图为 平铺，目的是产生规则的地板拼接缝，在“坐标”贴图面板设置参数如图 4.32 所示。

注意

使用“平铺”贴图，可以使“材质编辑器”制定多个可使用的贴图；可加载纹理并在图案中使用颜色；可控制行和列的平铺数；可控制砖缝间距的大小和粗糙度；可在图案中应用随机变化，通过移动来对齐平铺，以控制堆垛布局。

Step04 单击按钮，回到“材质编辑器”上一层，右击 Mix 按钮，选择 复制 选项将该贴图复制，如图 4.33 所示。

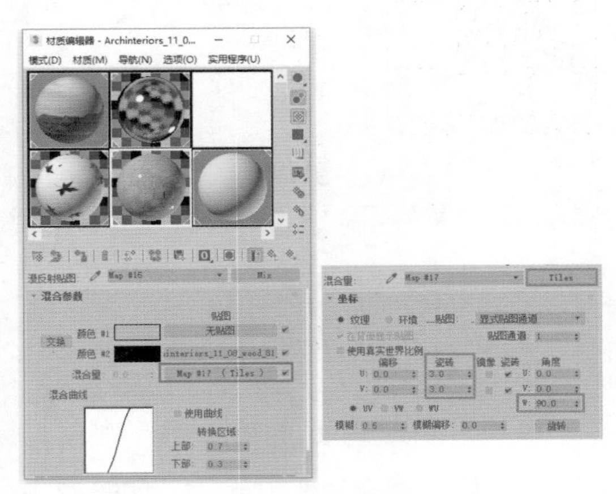
图 4.32　设置混合量贴图

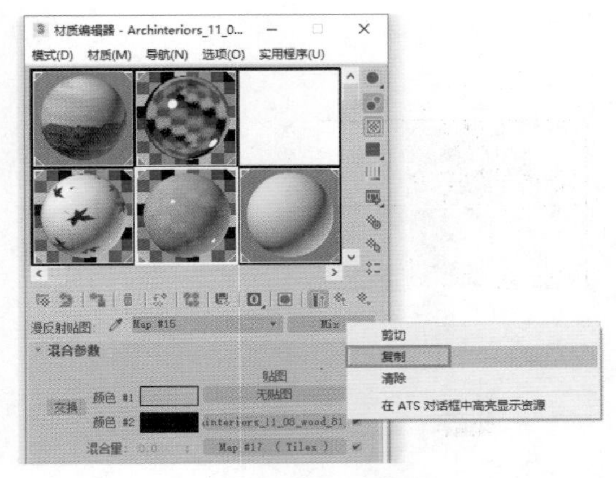
图 4.33　复制混合贴图

Step05 单击按钮，回到"材质编辑器"上一层，设置反射模糊属性并给反射贴图添加"衰减"渐变贴图，如图 4.34 所示。

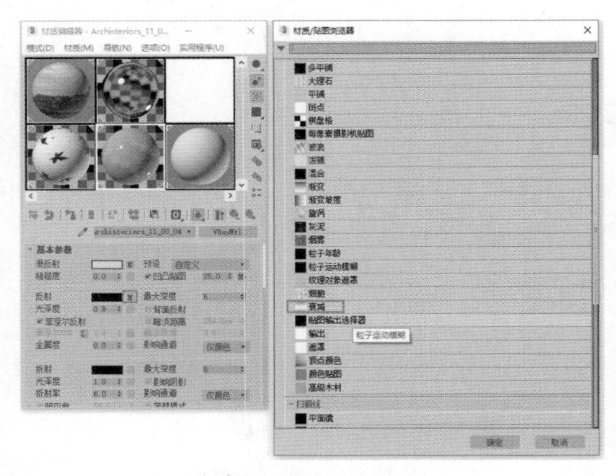
图 4.34　设置反射通道贴图

Step06 在"衰减"贴图面板中，将上述复制的"混合"贴图粘贴到衰减参数卷展栏下的两个贴图按钮上，如图 4.35 所示。

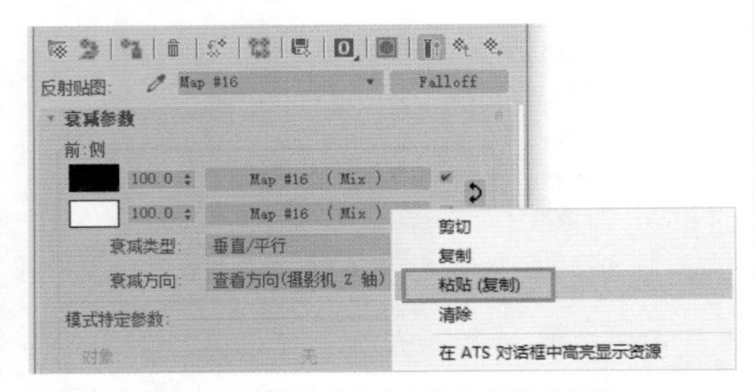
图 4.35　设置"衰减参数"卷展栏参数

Step07 进入"衰减"的"混合"贴图面板，将"平铺"贴图进行复制。单击按钮，回到"材质编辑器"最上层，将"平铺"贴图粘贴到"贴图"卷展栏的"凹凸"通道，如图 4.36 所示，以产生凹凸效果。

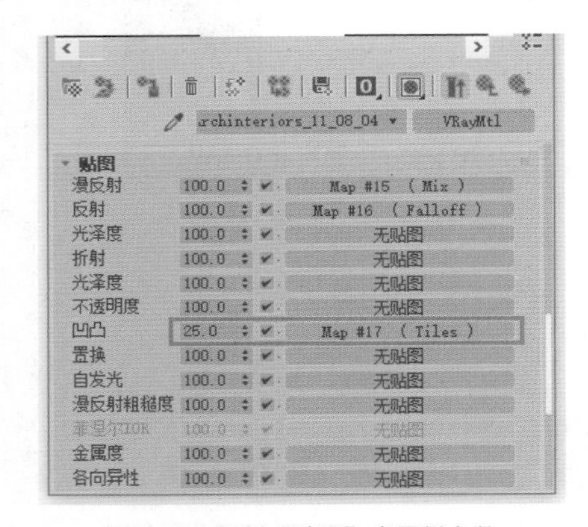
图 4.36　复制"贴图"卷展栏参数

Step08 将该材质赋予木地板物体。此时的渲染效果如图 4.37 所示。

图 4.37　地板材质渲染效果

4.4.3　设置沙发材质

下面设置红色的沙发材质，这是一种皮革的材质。

Step01 在“材质编辑器”中选择一个空白材质球，选择材质样式为 VRayMtl 。

Step02 在 VRayMtl 面板设置沙发的颜色和模糊反射参数，如图 4.38 所示。

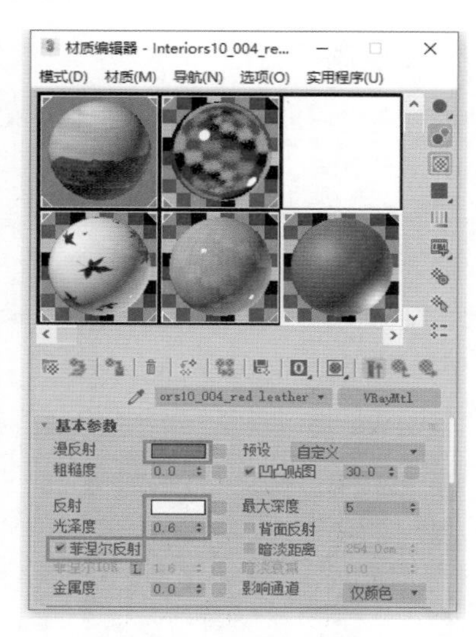

图 4.38　设置沙发材质

提示

在真实的情况下，沙发材质有以下三个特征：

（1）沙发本身的颜色可以通过漫反射颜色控制；

（2）沙发有较强的发射光泽和菲涅尔反射效果；

（3）皮革材质沙发表面较光滑，有较高的光泽度。

Step03 将红色皮革材质复制到另一个空白材质球上，修改其颜色为乳白色，这是靠垫的材质，如图 4.39 所示。

Step04 设置沙发的金属腿的材质。在“材质编辑器”中选择一个空白材质球，选择材质样式为 VRayMtl 。设置“漫反射”颜色和“反射”参数如图 4.40 所示。

Step05 将这三种材质赋予沙发的不同部分。此时沙发的渲染效果如图 4.41 所示。

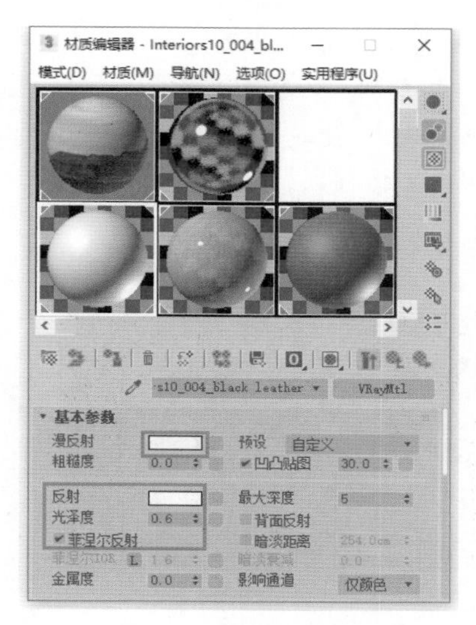

图 4.39　设置靠垫材质

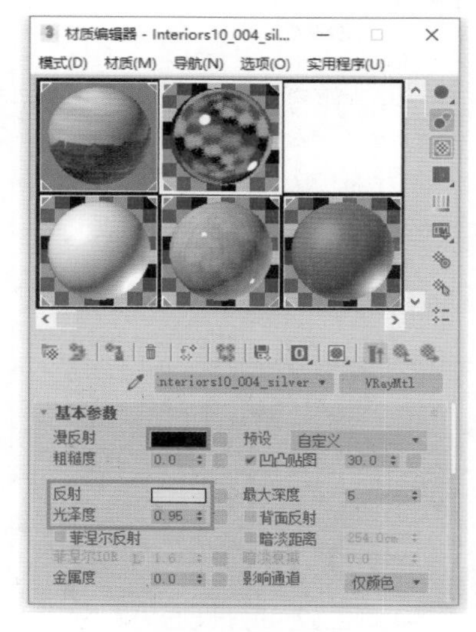

图 4.40　设置金属材质

图 4.41　沙发材质渲染效果

4.4.4　设置油漆家具材质

下面设置茶几和电视机柜的材质。茶几和电视机柜的材质由深色亚光漆和不锈钢组成。

Step01 先来设置茶几的材质。在“材质编辑器”中选择一个空白材质球，选择材质样式为 VRayMtl 。设置“漫反射”颜色和“反射”参数如图 4.42 所示。

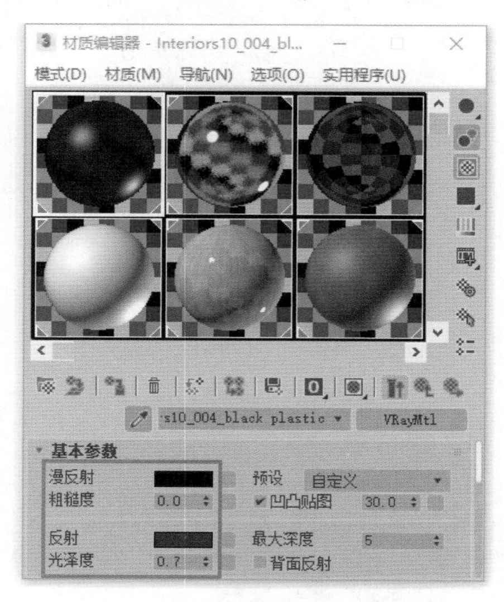

图 4.42　设置茶几材质

Step02 电视机柜的参数设置如图 4.43 所示。

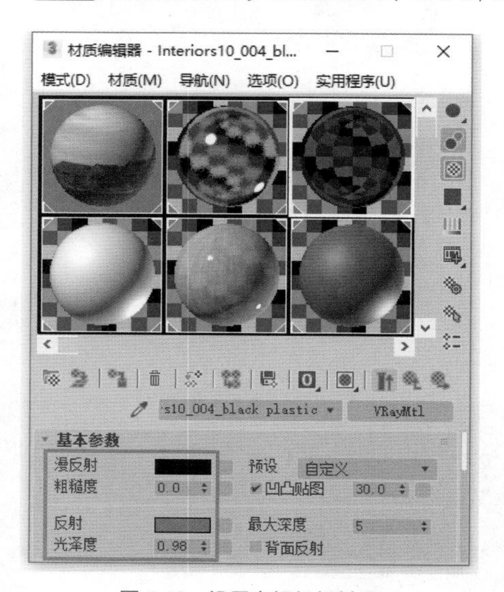

图 4.43　设置电视机柜材质

茶几不锈钢腿的材质使用了沙发腿的材质。

Step03 分别将这两个亚光漆材质赋予场景中的茶几面板和电视机柜物体。此时的渲染效果如图 4.44 所示。

图 4.44　茶几和电视机柜渲染效果

4.4.5　设置躺椅材质

躺椅材质由三部分组成，一个是皮革，另两个是毛毯和金属。

Step01 先来设置皮革材质。在“材质编辑器”中选择一个空白材质球，选择材质样式为 VRayMtl 。设置“漫反射”颜色和“反射”参数如图 4.45 所示。

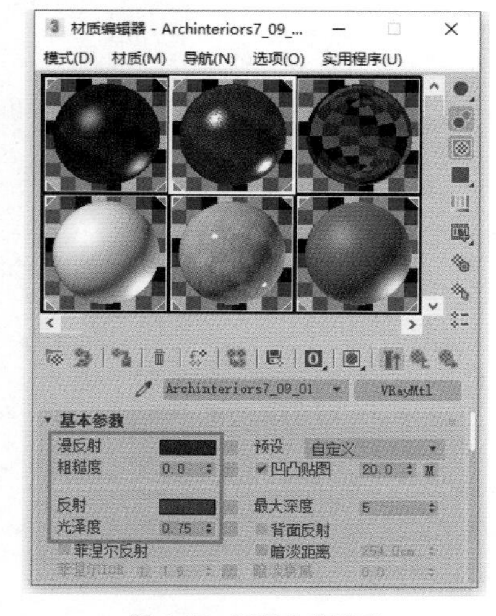

图 4.45　设置皮革材质

提示

在真实情况下，皮革材质有以下两个特征：

（1）皮革表面比较光滑，有比较亮的高光。

（2）皮革表面带有一定的纹理凹凸。

根据这两个特征来设置皮革的材质。

Step02 在“贴图”卷展栏单击“凹凸”旁边的贴图按钮，在弹出的对话框中勾选 位图 贴图样式。设置贴图为 Ch4\Maps\archinteriors7_09_2.jpg 文件，这是一个皮革贴图纹理，如图 4.46 所示，目的是产生凹凸效果。

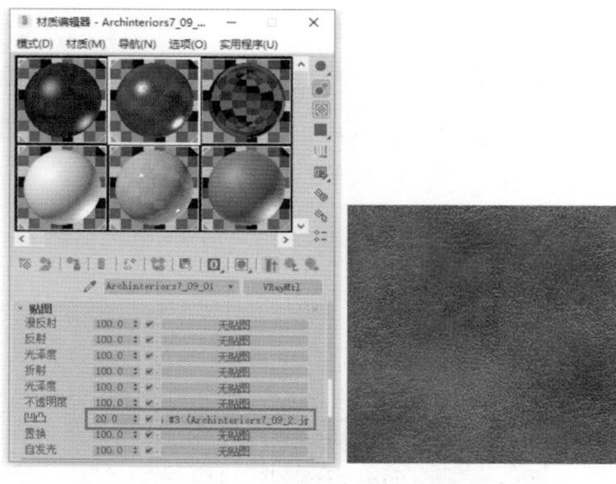

图 4.46　设置“凹凸”贴图

技术链接

“凹凸”贴图使用贴图图像的强度来影响材质的曲面。在此情况下，强度影响曲面的外观凹凸度：白色区域凸出，黑色区域凹进。凹凸贴图量设置调节凹凸程度。较高的值渲染产生较大的浮雕效果；较低的值渲染产生较小的浮雕效果，如图4.47所示。

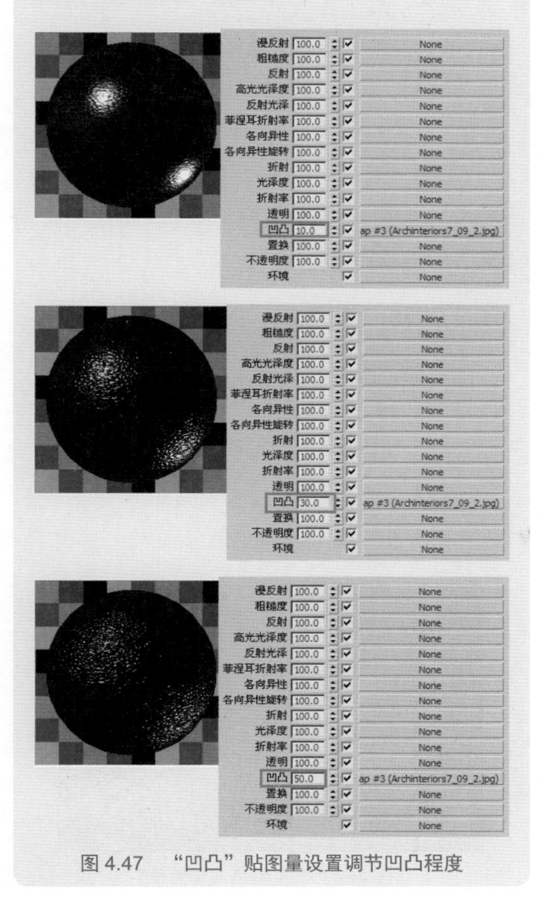

图 4.47　“凹凸”贴图量设置调节凹凸程度

Step03 下面设置毛毯的材质。在“材质编辑器”中选择一个空白材质球，选择材质样式为 VRayMtl 。设置反射参数如图 4.48 所示。

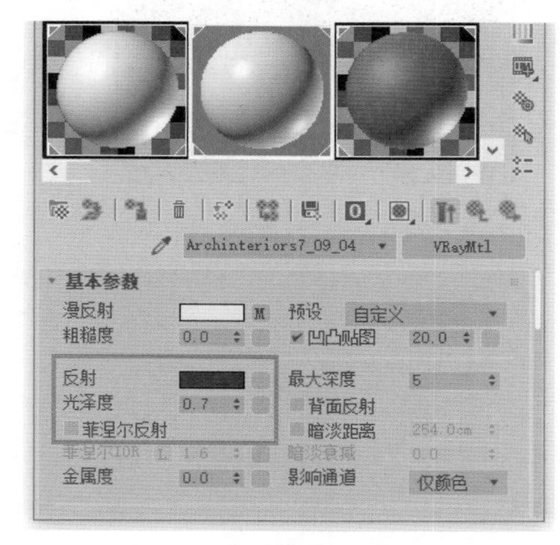

图 4.48　设置毛毯材质

Step04 单击“漫反射”旁边的贴图按钮，设置贴图为 衰减 贴图，如图 4.49 所示。

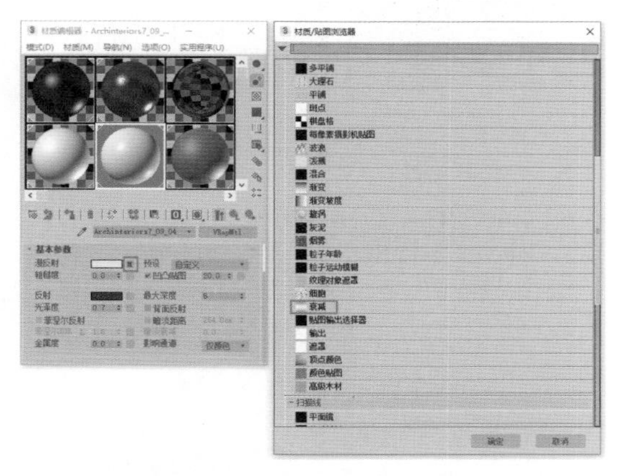

图 4.49　设置“漫反射”贴图

Step05 在“衰减”贴图面板中设置参数如图 4.50 所示。

Step06 下面设置毛毯的凹凸效果。单击 按钮回到材质上一层，在“贴图”卷展栏中设置“置换”贴图为“混合”贴图，如图 4.51 所示。

Step07 在“混合”贴图面板设置贴图为 Ch4\Maps\archinteriors7_09_3.jpg，设置 混合量: 混合贴图为“噪波”贴图，如图 4.52 所示。

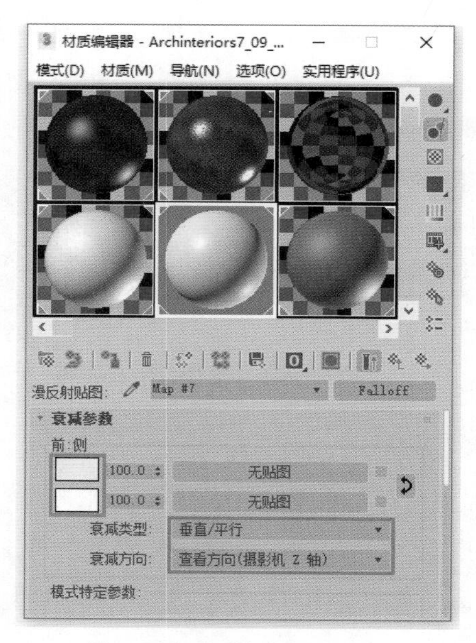

图 4.50　设置“衰减”贴图参数

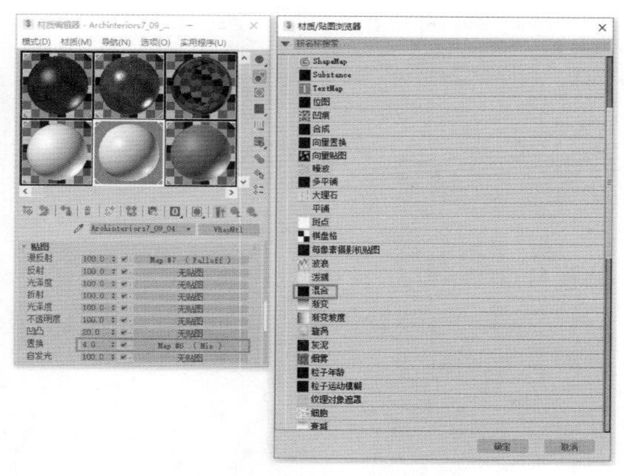

图 4.51　设置“置换”贴图

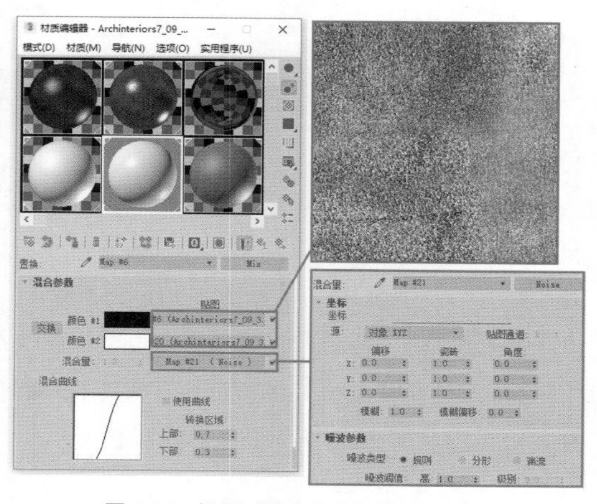

图 4.52　设置“混合参数”卷展栏参数

注意

“噪波”在精确度不高的地方表现纹理的一些变化还是很方便的。但“噪波”只能控制两种颜色，所以在控制上不方便。

Step08 设置金属腿的反射材质如图 4.53 所示。

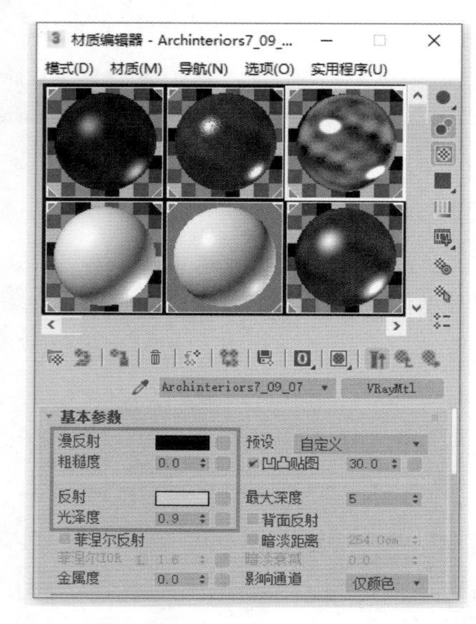

图 4.53　设置金属腿的反射材质

Step09 在“双向反射分布函数”卷展栏中，设置高光样式为“沃德”，能够产生异性高光效果，如图 4.54 所示。

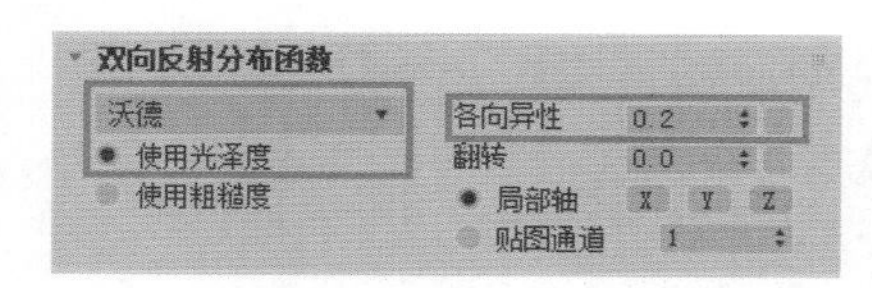

图 4.54　设置高光样式

Step10 分别将上述三个材质赋予场景中躺椅的不同部分，此时的渲染效果如图 4.55 所示。

图 4.55　躺椅材质渲染效果

4.4.6　设置灯罩材质

下面设置一种透明的灯罩塑料材质。

Step01 在“材质编辑器”中选择一个空白材质球，选择材质样式为 VRayMtl 。设置“漫反射”颜色为白色，如图 4.56 所示。

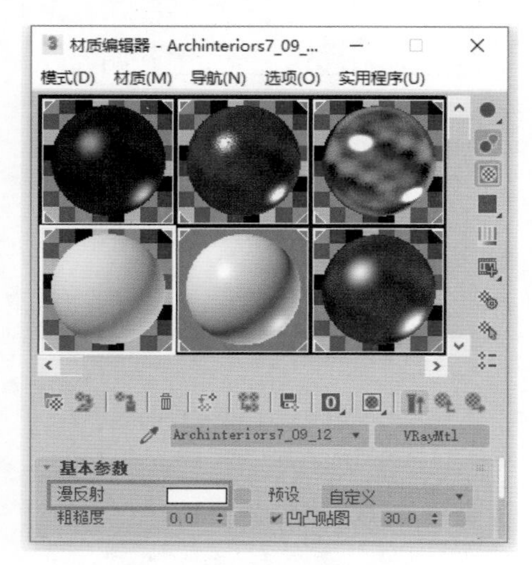

图 4.56　设置“漫反射”颜色

Step02 设置“折射”参数如图 4.57 所示，其中透明度使用了 Ha…y] （硬）材质。

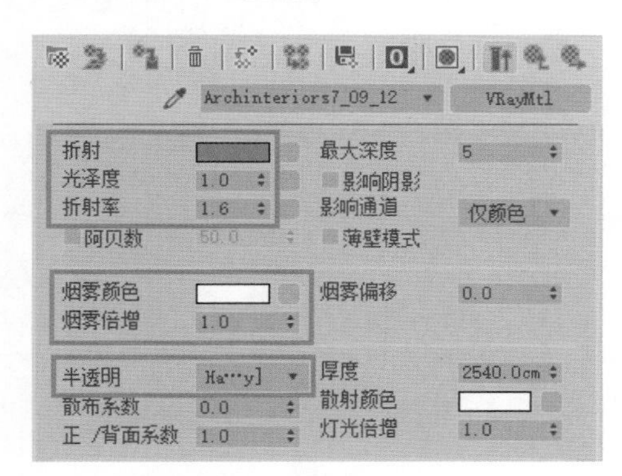

图 4.57　设置“折射”参数

Step03 将该材质赋予灯罩物体，接着在灯罩内添加灯光。在建立命令面板的灯光区域选择 VRay 类型，单击 VR_光源 按钮，在台灯内部建立一盏 VRay 灯光，参数如图 4.58 所示。

Step04 台灯的渲染效果如图 4.59 所示。

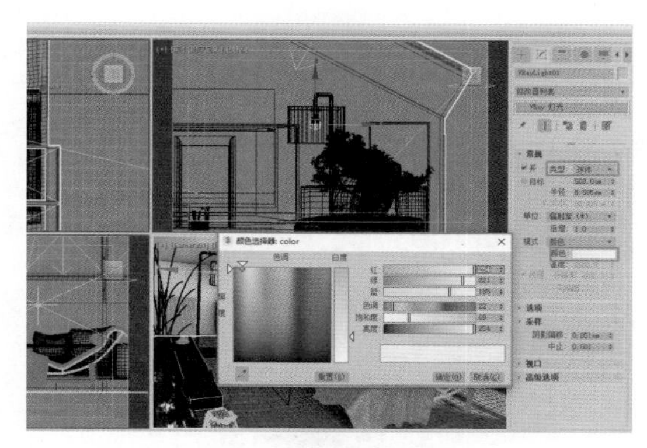

图 4.58　设置台灯灯光参数

图 4.59　台灯渲染效果

4.4.7　设置室内补光

深色家具的色调使整个场景变得暗了些，下面需要进行补光处理。我们只需在另外一面墙上设置补光即可。

Step01 在建立命令面板的灯光区域选择 VRay 类型，单击 VRay 灯光 按钮，在如图 4.60 所示的位置建立一盏 VRay 灯光。

图 4.60　创建 VRay 灯光

Step02 在修改命令面板中设置参数，如图 4.61 所示。

Step03 此时的室内灯光渲染效果如图 4.62 所示。

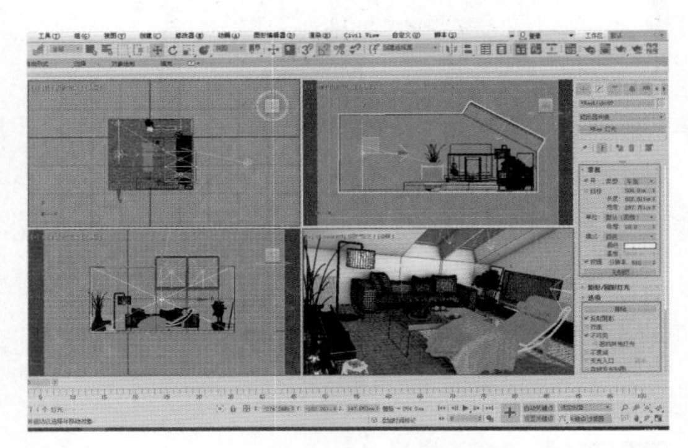
图 4.61　设置 VRay 灯光参数

图 4.62　室内灯光渲染效果

4.4.8　设置电视机和画框材质

下面设置电视机和画框材质，电视机使用了不同的塑料反射质感。

Step01 先来设置屏幕的材质，在“材质编辑器”中选择一个空白材质球，选择材质样式为 VRayMtl 。基本参数设置如图 4.63 所示。

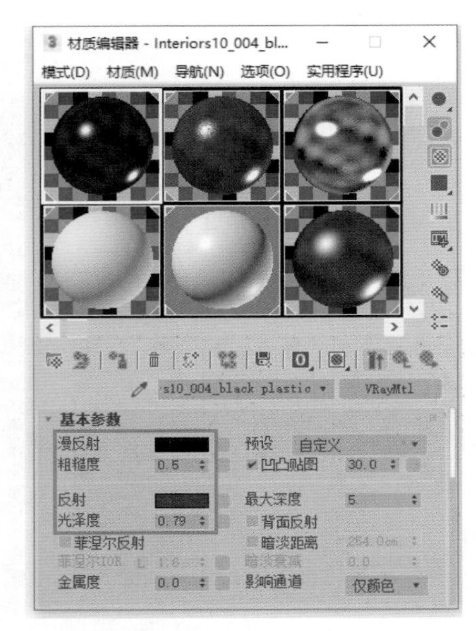

图 4.63　设置电视机屏幕材质基本参数

Step02 下面设置屏幕边缘的灰色塑料材质。在“材质编辑器”中选择一个空白材质球，选择材质样式为 VRayMtl 。设置参数如图 4.64 所示。

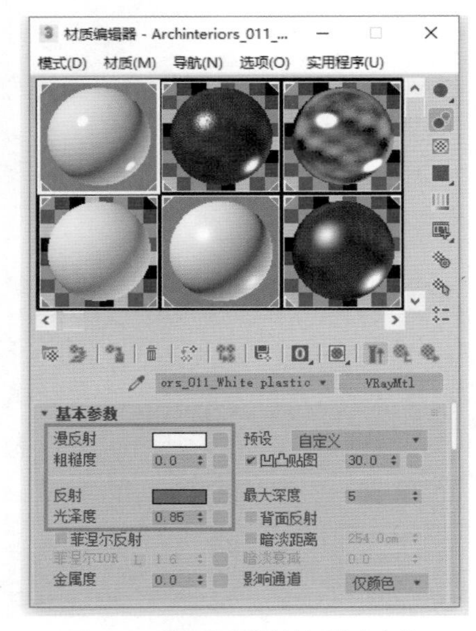

图 4.64　设置灰色塑料材质基本参数

Step03 将这两个材质分别赋予电视机屏幕和电视机底座物体。

下面设置墙角的画框材质。画框材质分为三部分，分别是玻璃面板、画外框和内画。我们先来设置玻璃材质。

Step04 在“材质编辑器”中选择一个空白材质球，选择材质样式为 VRayMtl 。设置“漫反射”颜色如图 4.65 所示。

Step05 设置“反射”区域参数如图 4.66 所示。

Step06 在“折射”区域设置透明参数，如图 4.67 所示。这是一个绿色玻璃。

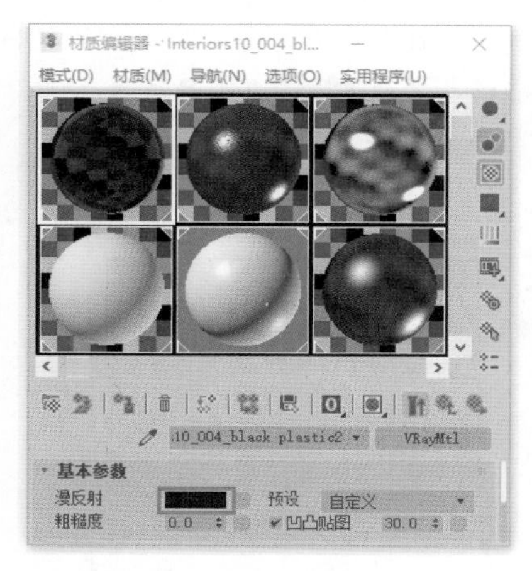

图 4.65　设置玻璃材质

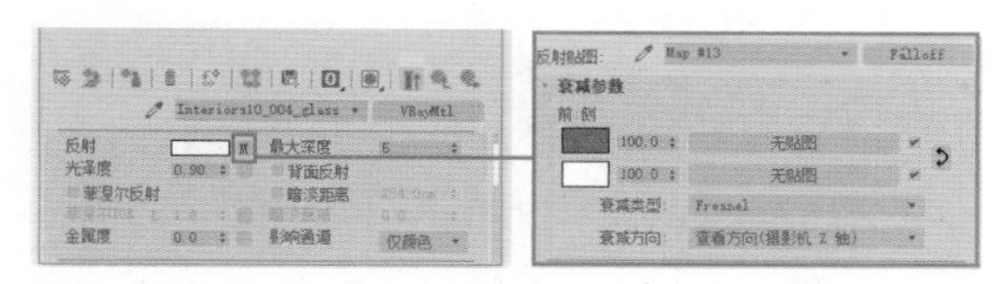

图 4.66　设置玻璃“反射”区域参数

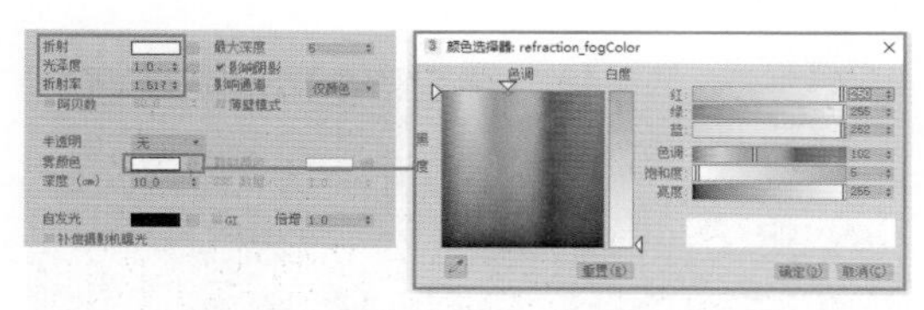

图 4.67　设置玻璃“折射”区域透明参数

注意

设置玻璃的折射率是为了让光线能通过玻璃，使得玻璃材质更加真实，这里还需要勾选“影响阴影”复选框。

Step07 设置画框的材质，在“材质编辑器”中，选择一个空白材质球，选择材质样式为 VRayMtl，设置参数如图 4.68 所示。这是一个红色油漆材质。

Step08 设置画的材质，在“材质编辑器”中，选择一个空白材质球，选择材质样式为 VRayMtl，设置参数如图 4.69 所示。可根据个人喜好自行设置画的内容。植物的材质这里就不再赘述。

Step09 此时的渲染效果如图 4.70 所示。

Step10 本例主要材质基本设置完成，其他材质根据个人喜好自行设置。最终效果如图 4.71 所示。

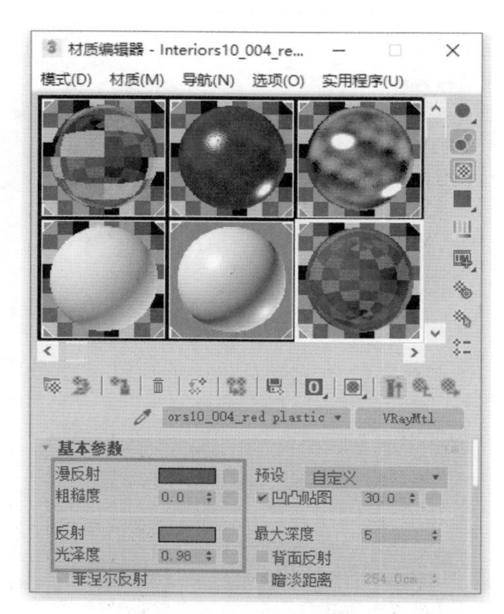

图 4.68　设置画框材质

图 4.69　设置画的材质

图 4.70　场景渲染效果

图 4.71　场景最终渲染效果

Step11 其他的局部材质效果如图 4.72 所示。

图 4.72　局部材质效果渲染

4.5　夜晚灯光变化

前面我们主要介绍了白天的室内灯光效果，下面将这个场景变化为夜晚的灯光效果。让台灯和电视机成为室内的主要照明，天光成为辅助照明。

Step01 选择 VRay 太阳灯光，在修改命令面板勾选“不可见”复选框，这样就关闭了太阳灯光，如图 4.73 所示。

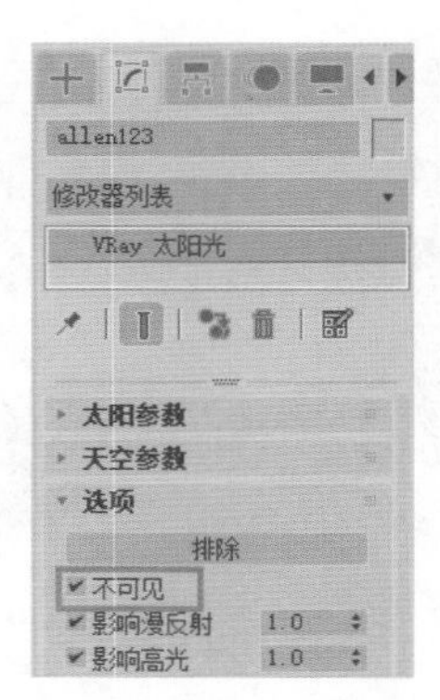

图 4.73　设置 VRay 太阳灯光参数

Step02 在“材质编辑器”中，将 VRay 天空贴图的参数设置为如图 4.74 所示。让天光产生微弱的蓝色。

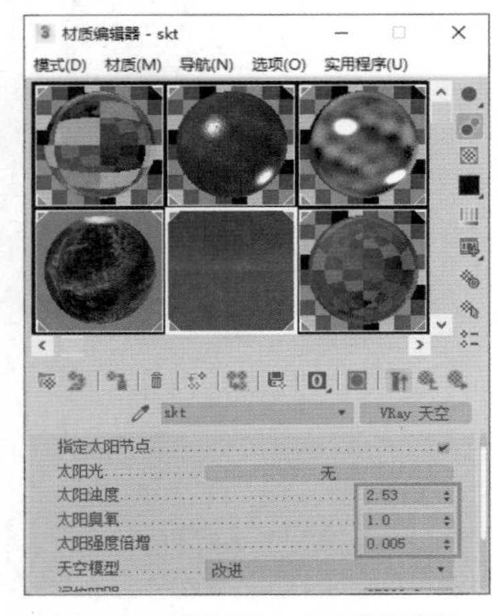

图 4.74　设置 VRay 天空贴图参数

Step03 此时的画面效果如图 4.75 所示。场景中的光源主要为台灯照明。

图 4.75　场景渲染效果

Step04 选择电视机屏幕的材质球，单击 VRayMtl 按钮，将其改为 VRay 发光材质属性，如图 4.76 所示。

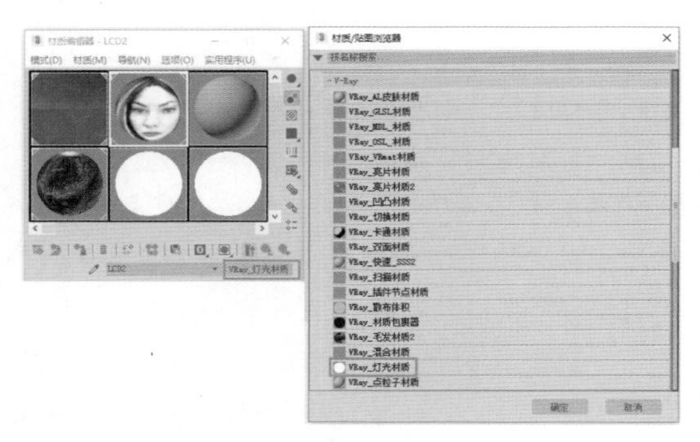

图 4.76　设置材质样式

技术链接

“VRay发光材质”是VRay渲染器中区别于默认渲染器的特殊材质类型。VRay发光材质自身可以模拟出类似“发光”的效果，然而本质上却是一种假象，经常被用来制作发光体、建筑外景贴图等。其倍增器可以控制灯光材质的强度，其值不同效果也不同，如图4.77所示。

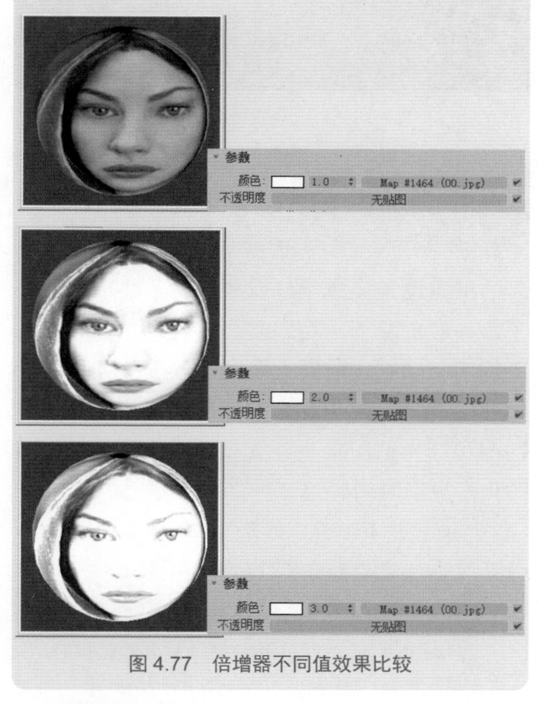

图 4.77　倍增器不同值效果比较

Step 05 设置电视机屏幕的贴图为一幅电视机画面的贴图，如图 4.78 所示。

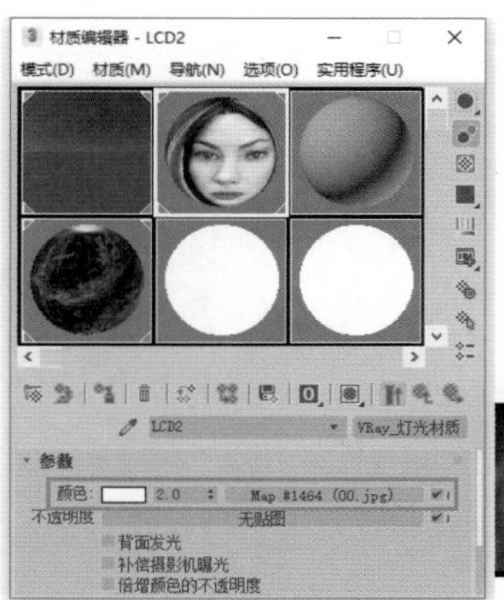

图 4.78　设置电视机屏幕贴图

Step 06 单击按钮，回到“材质编辑器”上一层，单击 VRay 灯光材质按钮，设置材质属性为 VRay 材质包裹器，如图 4.79 所示。

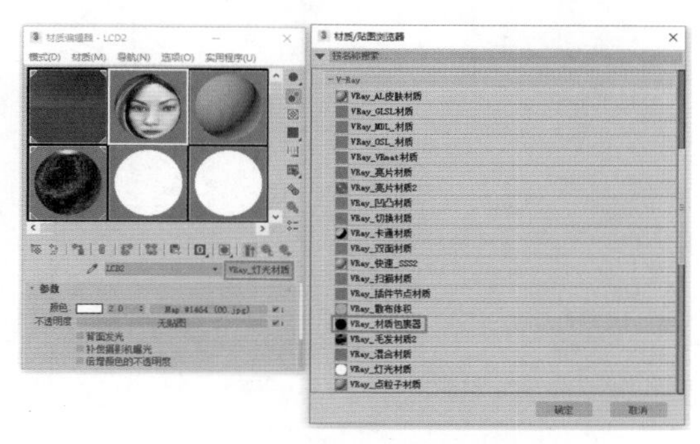

图 4.79　设置 VRay 材质包裹器

Step 07 在 VRay_ 材质包裹器面板设置“生成 GI”为 500，如图 4.80 所示。

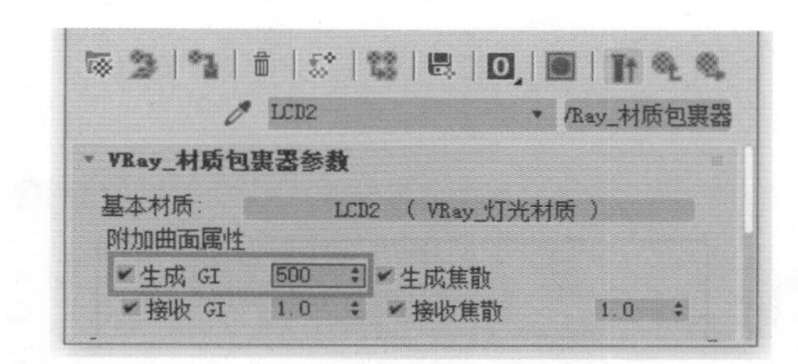

图 4.80　设置 VRay_ 材质包裹器参数

注意

某个物体指定了“附加曲面属性”后，通过设置相关选项，达到用户需要的材质效果，属于材质的一种属性调节方式。

Step 08 此时的渲染效果如图 4.81 所示。

图 4.81　场景渲染效果

我们会发现这种渲染速度比较慢，下面使用面积灯光来模拟发光效果。

Step 09 将发光参数“生成 GI”还原为 1。将 VRay 光源 Mtl 材质的“颜色”旁边的倍增值设置为60，如图4.82所示。

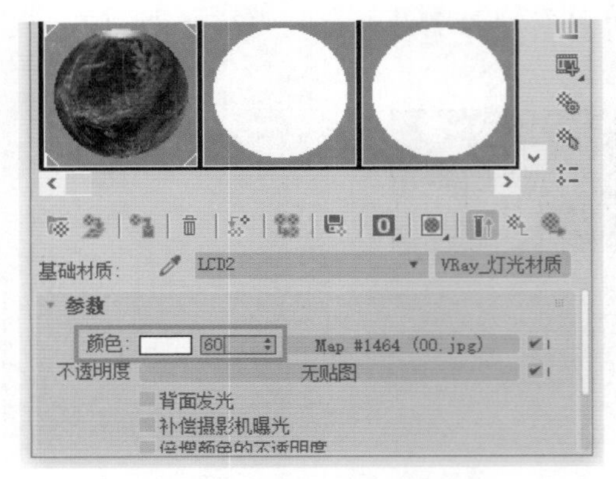

图4.82　设置VRay发光材质倍增值

Step10 在屏幕前方添加一盏VRay灯光，大小与屏幕相同，设置参数如图4.83所示。灯光的颜色要接近屏幕的色调，用于模拟屏幕发光效果。

图4.83　在屏幕前方创建VRay灯光

Step11 在窗口处建立VRay灯光，参数如图4.84所示。该灯光用于加强天光效果。

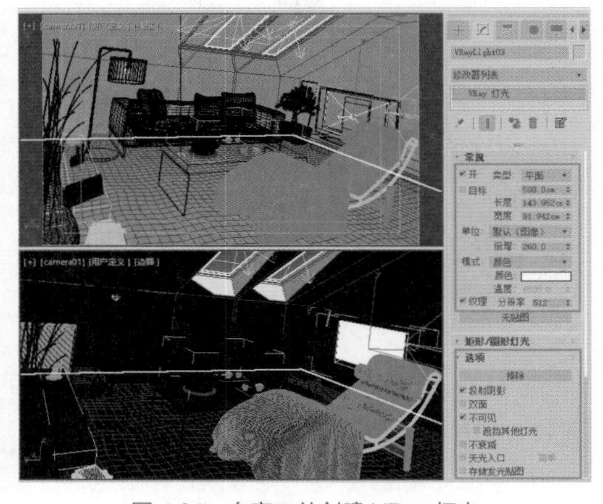

图4.84　在窗口处创建VRay灯光

Step12 最终的夜景渲染效果如图4.85所示。

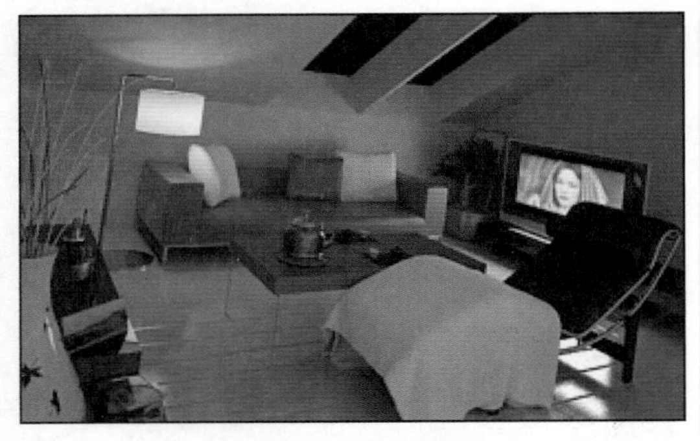

图4.85　夜景渲染效果

4.6　阁楼最终成品渲染

材质设置完成后，就要进行最终成图渲染了。一般情况下，我们需要渲染尺寸比较大的图像用于印刷。渲染大图的时候需要先保存小尺寸的发光贴图和灯光贴图，然后用这些发光贴图和灯光贴图来渲染大尺寸图，这样可以节约很多渲染时间。

Step01 按F10键，打开“渲染设置”对话框，设置渲染尺寸为600×378，如图4.86所示。

输出大小

自定义		光圈宽度(毫米)：36.0	
宽度：	600	320x240	720x486
高度：	378	640x480	800x600
图像纵横比：1.58730		像素纵横比：1.0	

图4.86　设置渲染尺寸

Step02 在“发光贴图”卷展栏设置高采样值，如图4.87所示。

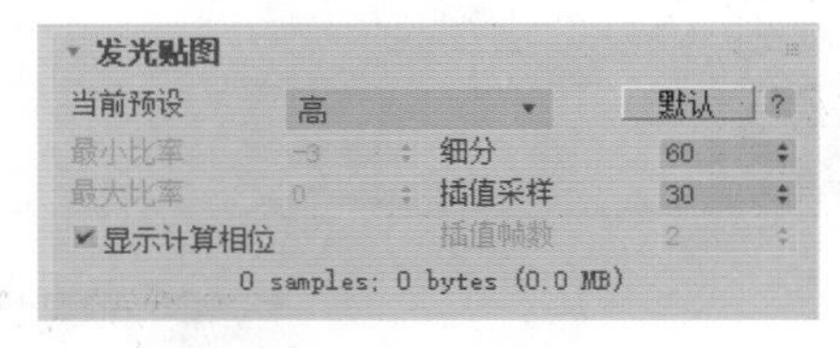

图4.87　设置“发光贴图”卷展栏参数

Step03 选择“单帧”模式，单击“保存”按钮，设置保存的发光贴图名称为01.vrmap，如图4.88所示。

Step04 在“灯光缓存”卷展栏同样保存灯

光贴图为 01.vrlmap，设置方法和发光贴图相同，如图 4.89 所示。

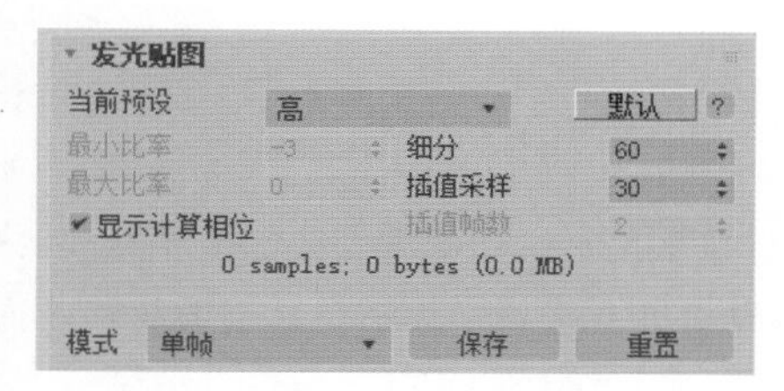

图 4.88　设置“发光贴图”名称

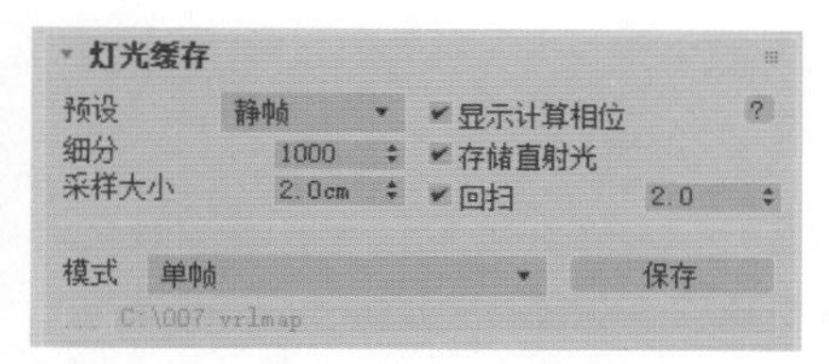

图 4.89　设置“灯光缓存”卷展栏参数

Step05 单击 渲染 按钮进行渲染。

Step06 分别设置“发光贴图”和“灯光缓存”的模式为“从文件”，单击 按钮，打开上面保存的 01.vrmap 和 01.vrlmap，如图 4.90 所示。

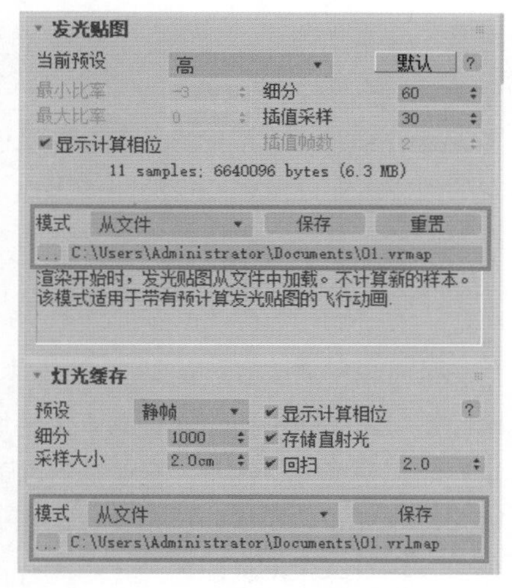

图 4.90　设置“从文件”贴图

Step07 设置渲染尺寸为大尺寸进行渲染，如图 4.91 所示。

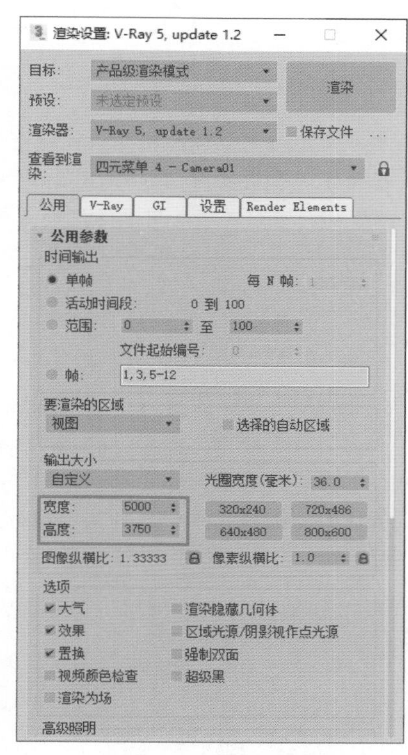

图 4.91　设置渲染尺寸为大尺寸

阁楼最终成图渲染效果如图 4.92 所示。

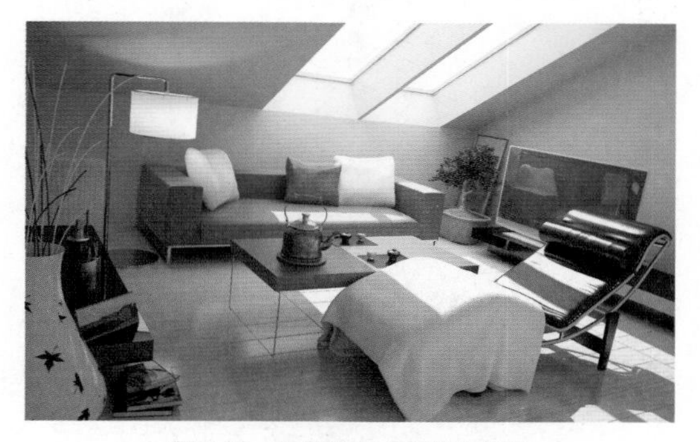

图 4.92　阁楼最终成图渲染效果

第 5 章
居家客厅一体化渲染

本章主要介绍一个蓝色客厅的设计方案。客厅墙壁以蓝色为主，故命名“蓝色客厅”，其中家具以黄色为主，如再搭配上中午阳光的金色色调，更体现出客厅暖洋洋的感觉。下面将从沙发的质地、墙壁的材质以及生活用品的摆设，来阐述居家客厅的设计思路。

在设计思路上，整个客厅空间构成以直线条造型为主，着重体现空间给人的自然、舒适的感觉。电视机背景墙使用了质朴、自然的石材，淡黄色的墙面乳胶漆材质和实木地板使客厅的格调清新、品位高雅，如图 5.1 所示。

图 5.1　客厅效果图

配色应用：

制作要点：

（1）掌握客厅的规划和设计理念。

（2）学习客厅场景灯光布置和现代客厅风格的材质设计。

（3）使用渲染器制作阳光射入客厅的渲染效果。

最终场景：Ch5\Scenes

贴图素材：Ch5\Maps

难易程度：★★★☆☆

5.1　客厅规划

客厅是与家人互动相聚的场所，是接待亲朋好友的地方，亦是放松心情的休闲天地。若将客厅与阳台、餐厅、厨房等空间一气呵成，那么，客厅更是多姿多彩。

5.1.1　客厅与玄关

客厅是居家生活中使用率最高，也是最大的生活空间，是会客、视听、聚谈等活动的中心。由于客厅具有多功能的使用性、面积大、人流导向等特点，在家具配置设计时应合理安排，充分考虑客厅的功能以及各功能区域的划分。

对客厅进行规划时，绝对不能将客厅视为一个独立的空间，必须与周边的空间一起思考。无论是玄关、阳台，还是餐厅、厨房，甚至是可以将一个房间的隔墙打掉划分给客厅空间。

玄关该以何种形式展现，需要根据需求与客厅来做整体的空间规划。如图 5.2 所示，在设计师的巧思安排下，运用旧米黄大理石与线条简洁的大理石拼花，不仅与客厅紫檀木地板做一区隔，亦将玄关这小小的方寸之地，予人大气风度。而镶嵌有浮雕窗花的玄关柜，在收纳鞋子的实用功能之余，呈现出沉稳内敛的气质；透明玻璃与棉纸玻璃交织而成的隔屏。不管是从踏进家门的玄关，隐约可见到客厅正热情地招唤，还是坐在客厅，因玄关的相呼应而增添空间的许多可能性。这客厅与玄关之间的微妙关系，被处理得恰到好处。

图 5.2　不同风格的玄关

5.1.2　客厅的弹性空间

想让客厅的空间更加丰富，可以考虑动一动位于它周边的房间空间。如果卧房数已经足够，不妨将一间房界定为书房、娱乐休闲等弹性空间，并将此空间与客厅一起规划。打掉两者之间的那道墙壁，喷砂玻璃拉门、透明玻璃隔屏、矮柜甚或与客厅一气呵成，都将改变一成不变的生活步调，并且让客厅变得更大、更宽敞。图 5.3 为使用玻璃将客厅与其他房间隔开的效果。

在三室两厅的制式格局中，一家三口拥有两间卧房即已足够。因此，可以打掉书房与客厅之间的墙体的中间部分，利用透明玻璃分隔，使客厅与此弹性空间可区隔、可串联，整个家居环境更为宽敞舒适，亦相当生动有趣，如图 5.4 所示。

图 5.3　玻璃墙

图 5.4　书房和客厅的串联

5.1.3　客厅与餐厅

如果可以抛开一些既定的印象，那么，不妨尝试接受一些创意想法与设计。如业主喜欢深色的木作装饰家居，通过设计师的建议，原本一直排斥使用白色装修家的他们，后来从排斥到觉得可以运用些许白色，最后竟然全部接受白色空间。

运用不同的接近色系或是对比色系的材质，增强视觉焦点，让空间有一种沉静的自在感，如图 5.5 所示。将餐厅格局开放出来，不锈钢材质与透明玻璃餐桌和酒柜，一切使得餐厅是如此的洁净清爽，而且好清理。

图 5.5　同色系的客厅与餐厅

5.1.4　客厅、餐厅与厨房

打破了原有的格局，重新规划适合屋主的格局，将原本的主卧室退缩。从玄关、客厅、小书房到餐厅甚或厨房，整个都是开放的空间，加上使用统一的抛光石英砖地材，让置身其中的家人倍感宽敞。

为寻求统一，采用简单的建材，让空间一气呵成。书架位于客厅与餐厅墙体构成的角落，显得和谐自然；客厅主墙的内藏间接照明，当光线从凹槽中宣泄映照于墙面时，简单的造型主墙却呈现多样质感，如图 5.6 所示。

图 5.6　客厅、餐厅和厨房形成一体

5.1.5　客厅与阳台

阳台是客厅通往室外的窗口，它可以引自然光线进驻室内让空气得以对流，用点巧思规划，它更可以是个莳花弄草的庭园、倚窗的休憩天地，或机能十足的收纳空间、工作室。然而，究竟该如何处理阳台与客厅的关系，外推或不外推是首要决定的因素。不要小看五六平方米的阳台，只要妥善利用，它将使客厅脱胎换骨、令人耳目一新，如图 5.7 所示。

图 5.7　依窗的休息天地

阳台可让室内更贴近室外，大面积的窗户更将室内外融为一体。不必豪华的装饰品，无须过多的家具。在阳台处布置舒服、自然的坐椅，放几块抱枕，倚窗而坐，眺望窗外的自然美景，与家人好友促膝长谈，或安安静静地看本书，都可以这般的舒适惬意，亦可以感受到户外的阳光、空气与风，成为全家人最受欢迎的地方。

5.2　布置场景照明

本节将对场景进行灯光设计。在客厅中打一盏摄影机，并对 VRay 渲染器的渲染参数进行相应的渲染设置。

本场景采用了日光的表现手法，时间大约是中午时分。这个时间段的阳光透过窗户照射到客厅内，可以很好地表现客厅的光影效果，在布光的时候可以按照这个思路去布光。场景中的灯光布置如图 5.8 所示。

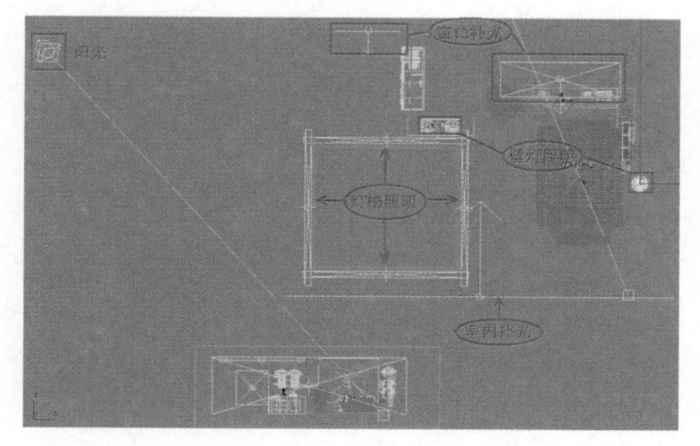

图 5.8　场景中的灯光布置

5.2.1　创建摄影机

首先给场景创建一架摄影机，确定摄影机视图。

Step01 打开 Ch5\Scenes\Ch5.max 文件。这是一个客厅模型，如图 5.9 所示。

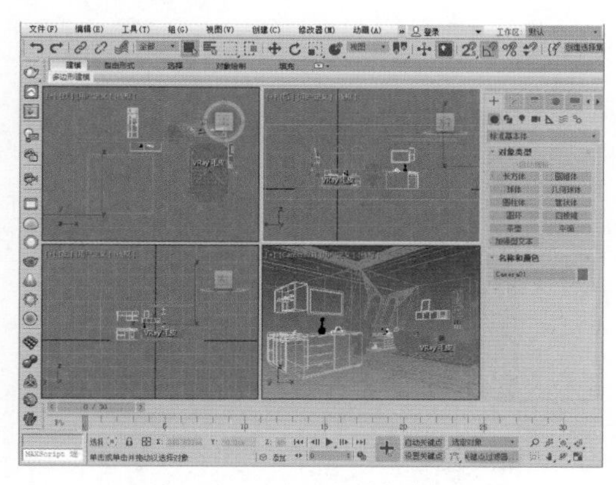

图 5.9　打开场景文件

Step02 在顶视图中创建一个目标摄影机，放置好摄影机的位置，如图 5.10 所示。

Step03 再切换到前视图，调整摄影机的高度，如图 5.11 所示。

Step04 设置摄影机的参数，如图 5.12 所示。这样摄影机就放置好了，最后的摄影机视图效果如图 5.13 所示。

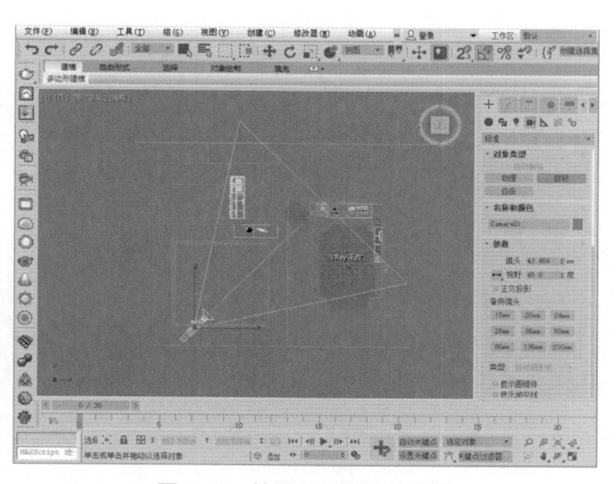

图 5.10　放置好摄影机的位置

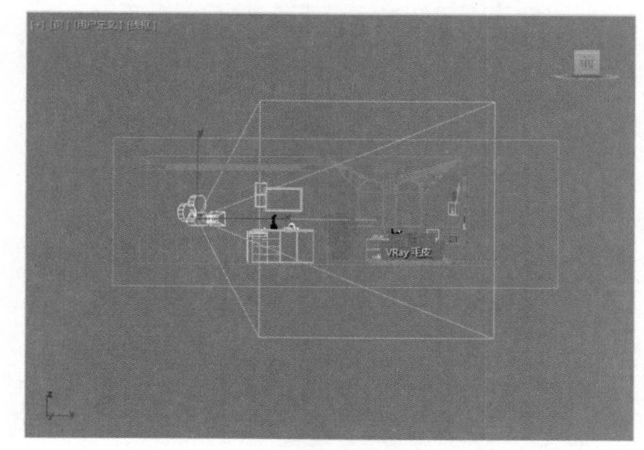

图 5.11　调整摄影机的高度

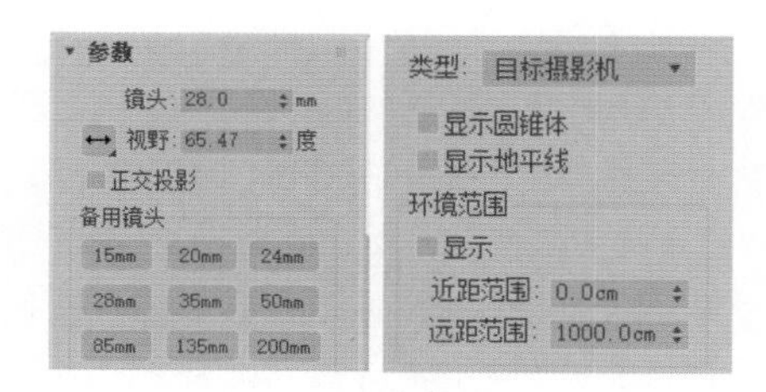

图 5.12　设置摄影机的参数

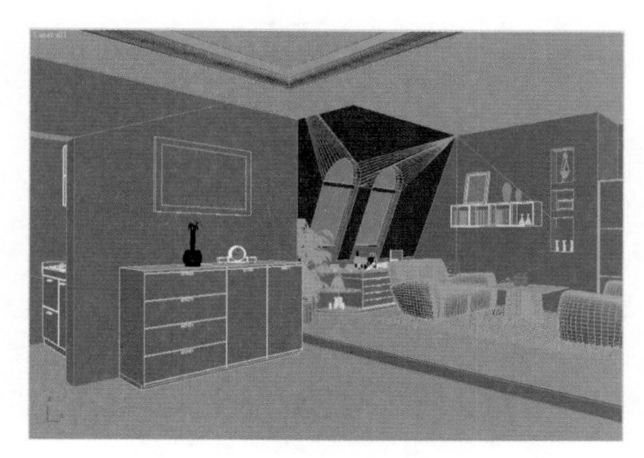

图 5.13　摄影机视图效果

5.2.2 测试渲染设置

对采样值和渲染参数进行最低级别的设置，可以达到既能观察渲染效果又能快速渲染的目的。下面就是测试渲染的参数设置。

Step 01 按F10键，打开“渲染设置”对话框，设置VRay为当前渲染器，如图5.14所示。

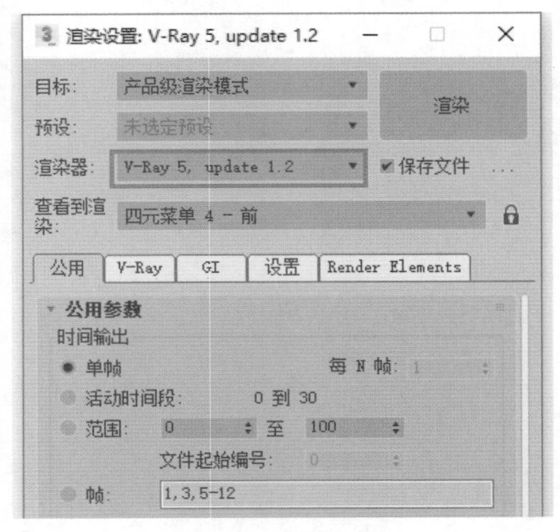

图 5.14 渲染器设置

提示

VRay主要用于渲染一些特殊的效果，例如，次表面散射、光迹追踪、散焦、全局照明等。VRay的特点在于“快速设置”而不是快速渲染，所以要合理地调节其参数。VRay渲染器控制参数不复杂，完全内嵌在“材质编辑器”和“渲染设置”中，这与finalRender、Brazil等渲染器很相似。VRay的天光和反射效果非常好，真实度几乎达到照片级别。目前很多制作公司使用VRay来制作建筑动画和效果图，就是看中了它使用快捷、渲染速度快的优点。

Step 02 勾选VRay选项卡，在“全局开关”卷展栏中设置总体参数。因为要调整灯光，所以需要关闭默认灯光。取消勾选“反射/折射”和“光泽效果”复选框，如图5.15所示，这两项都是非常影响渲染速度的。

Step 03 在“图像过滤器”卷展栏中，设置参数如图5.16所示，这是抗锯齿采样设置。

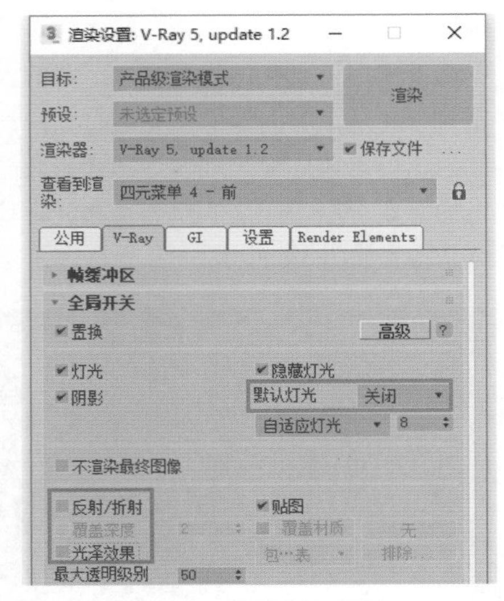

图 5.15 设置反射 / 折射

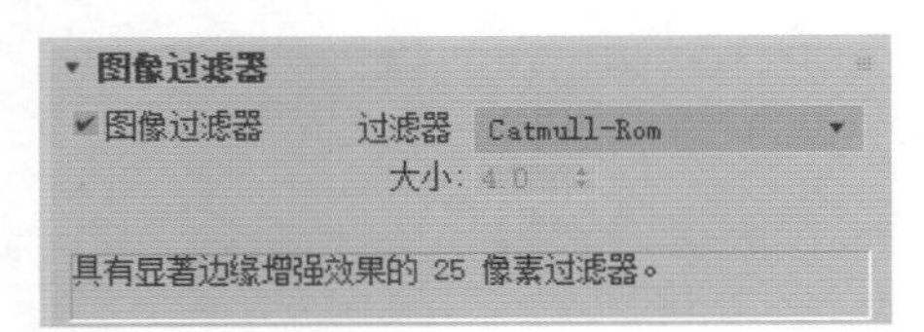

图 5.16 设置抗锯齿参数

技术链接

“置换”决定是否使用VRay的置换贴图。这个选项不会影响3ds Max自身的置换贴图。图5.17为“置换”测试。

图 5.17 “置换”测试

Step04 在"全局照明"卷展栏中，设置参数如图 5.18 所示，这是"全局照明"设置。

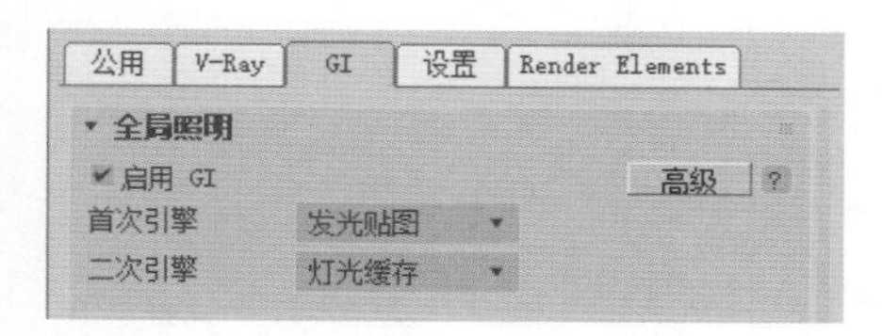

图 5.18 设置"全局照明"参数

Step05 在"发光贴图"卷展栏中，将当前预置设置为"自定义"；并调整"最大比率"和"最小比率"的值为 –4，如图 5.19 所示，这是"发光贴图"参数设置。

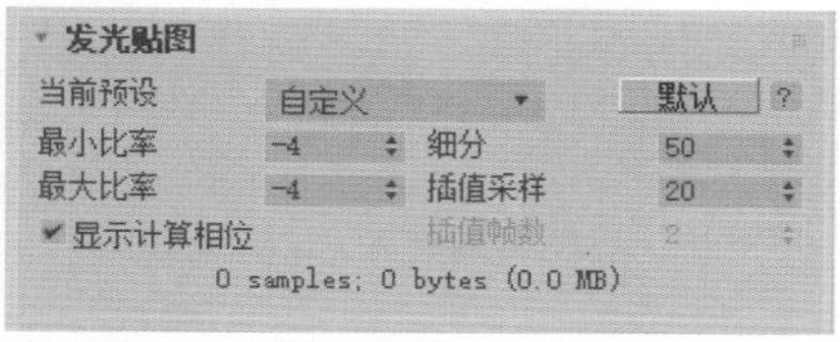

图 5.19 设置"发光贴图"参数

注意

只有在"全局照明"卷展栏的下拉列表中选择了"发光贴图"渲染引擎后，"发光贴图"卷展栏才显示。

Step06 在"灯光缓存"卷展栏中设置，参数如图 5.20 所示。

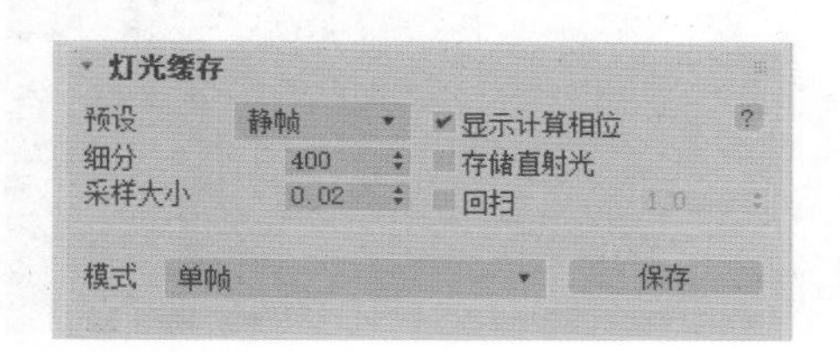

图 5.20 设置"灯光缓存"参数

Step07 按 8 键，打开"环境和效果"对话框，设置背景色为纯黑色，如图 5.21 所示。测试渲染参数设置完成。

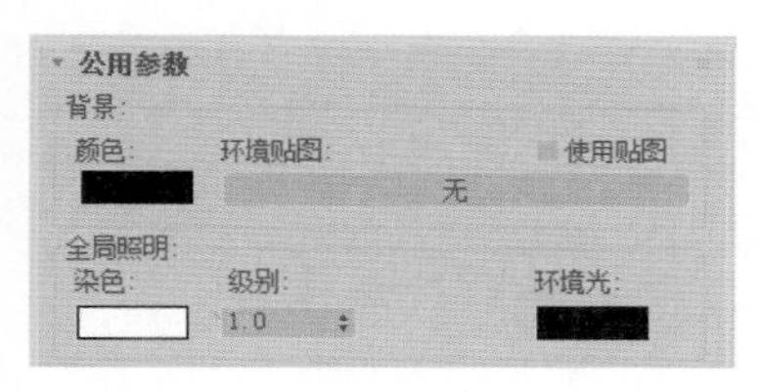

图 5.21 设置背景色

提示

VRay的二次光线反弹其实是一种漫射效果。现实世界中，光线进行一次光线反弹后在物体上的另一次反弹，不会像一次反弹那样强烈，呈渐弱的方式衰减。在VRay的二次反弹参数中，这种强度是可以进行参数调节的。

5.2.3 设置灯光照进客厅

当前我们关闭了默认的灯光，现在创建一盏"目标平行光"来模拟户外阳光照进客厅的效果，并为场景设置一个代理材质进行测试渲染。

Step01 首先制作一个统一的模型测试材质。按 M 键，打开"材质编辑器"，选择一个空白材质球，选择材质样式为 VRayMtl ，如图 5.22 所示。

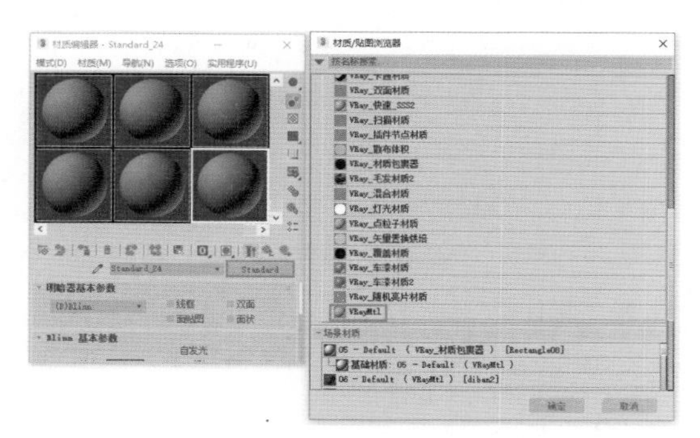

图 5.22 设置材质样式

Step02 在 VRayMtl 材质面板设置"漫反射"的颜色为浅灰色，如图 5.23 所示。

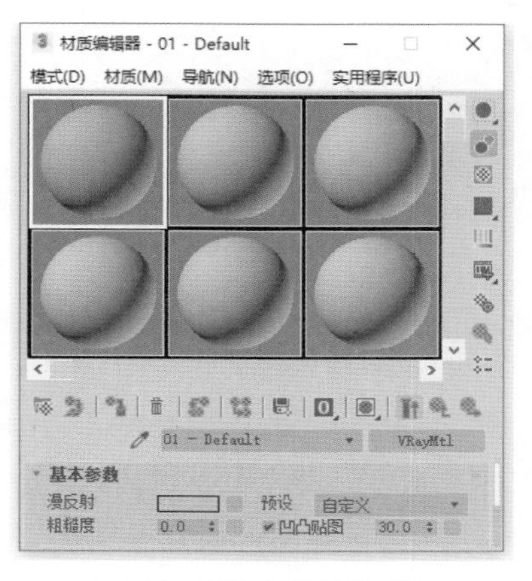

图 5.23 设置"漫反射"颜色

注意

尽管VRay渲染器对3ds Max的材质支持得非常好，但所有和“光线跟踪”相关的VRay都不支持。

Step03 按F10键，打开“渲染设置”对话框，勾选“覆盖材质”复选框，将**Step02**设置的材质拖动到“无”按钮上，这样就给整体场景设置了一个临时的测试用的材质，如图5.24所示。

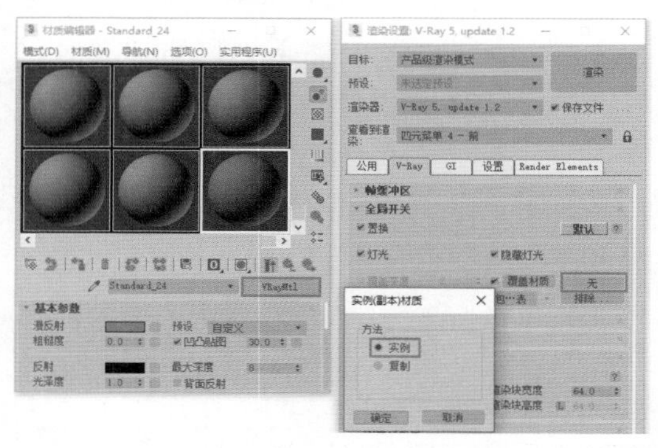

图5.24 设置覆盖材质

Step04 现在来设置灯光，首先设置主光源（阳光）。在建立命令面板的灯光区域选择VRay类型，单击 目标平行光 按钮，在视图中创建一盏目标平行光，用来模拟主光源，具体位置如图5.25所示。

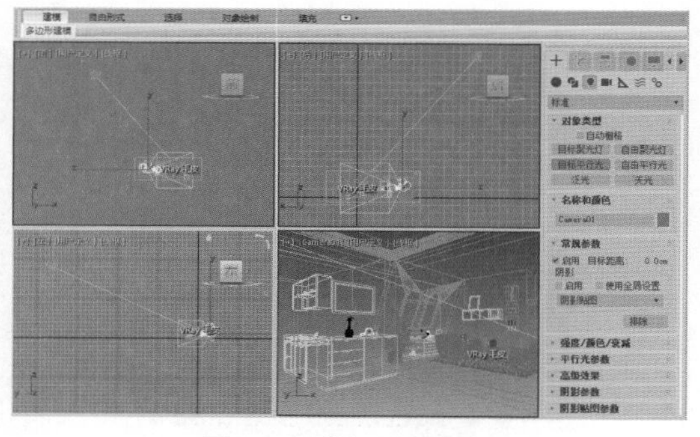

图5.25 建立目标平行光

Step05 在修改命令面板中设置主光源参数，如图5.26所示。

Step06 按F9键，进行快速渲染，此时的效果如图5.27所示。

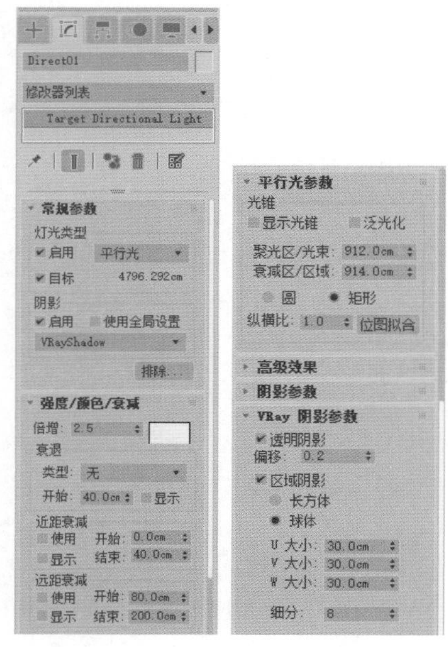

图5.26 设置主光源参数

图5.27 渲染效果图

提示

如果设置了3ds Max内置的标准灯光，要产生较好的阴影，可以选择VRayShadows阴影模式，此时修改命令面板中会出现一个VRay阴影参数卷展栏。

5.2.4 创建室内人造光

使用面光源进行窗口补光和室内补光以及

模拟灯槽照明，用点光源来模拟壁灯光源。

Step01 在十建立命令面板的灯光区域选择 VRay 类型，单击 VRay 灯光 按钮，在窗口处建立 2 盏 VRay 灯光，用来进行窗口补光，具体的位置如图 5.28 所示。

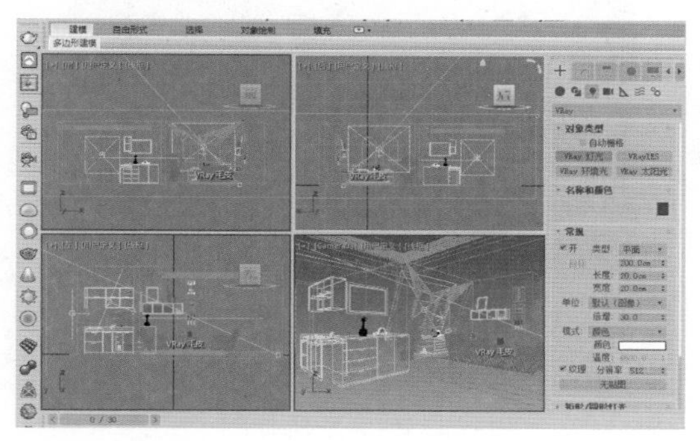

图 5.28　创建窗口补光

Step02 在修改命令面板设置面光源参数，如图 5.29 所示（图中的左图为拱形窗口的灯光参数），注意冷暖关系，这里设置灯光色为蓝色。

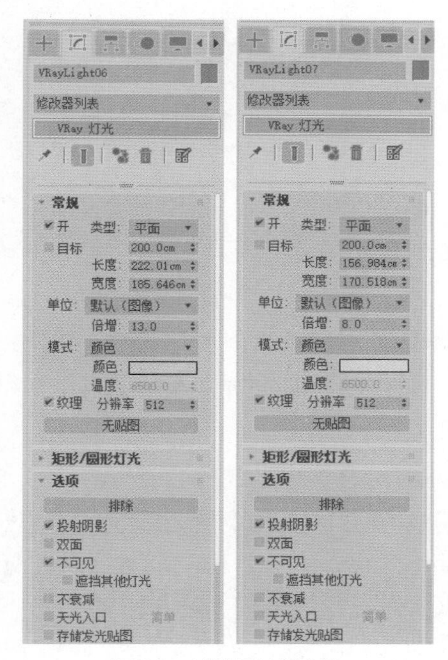

图 5.29　设置面光源参数

Step03 按 F9 键，进行快速渲染，此时的效果如图 5.30 所示。可以看到，目前室内很暗，这是因为只进行了窗口补光的缘故，接下来就进行室内的补光。

图 5.30　快速渲染效果

Step04 在十建立命令面板的灯光区域选择 VRay 类型，单击 VRay 灯光 按钮，在室内建立一盏 VRay 灯光，用来进行室内补光，具体的位置如图 5.31 所示。

图 5.31　创建室内补光

Step05 在修改面板设置 VRay 灯光参数，如图 5.32 所示。

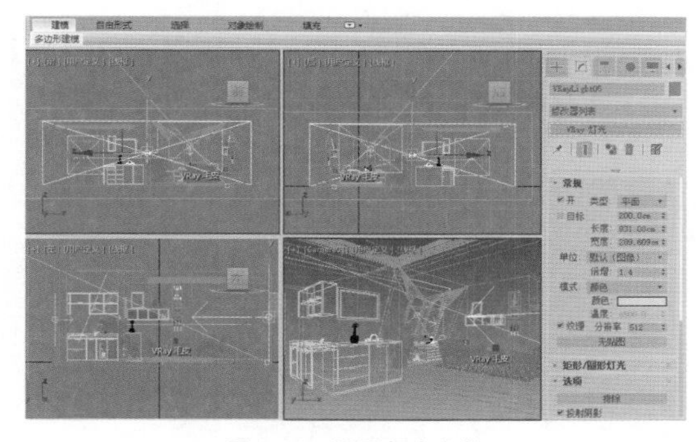

图 5.32　设置灯光参数

提示

勾选“双面”复选框，在灯光被设置为平面类型的时候，这个选项决定了是否在平面的两边都产生灯光效果。这个选项对球形灯光没有作用。

Step06 按 F9 键，进行快速渲染，此时的效果如图 5.33 所示。现在室内角落还是有些许暗淡，我们再来模拟灯槽照明。

图 5.33　渲染效果图

Step07 在十建立命令面板的灯光区域选择 VRay 类型，单击 VRay 灯光 按钮，在室内建立 4 盏 VRay 灯光，用来模拟灯槽照明，具体的位置如图 5.34 所示。

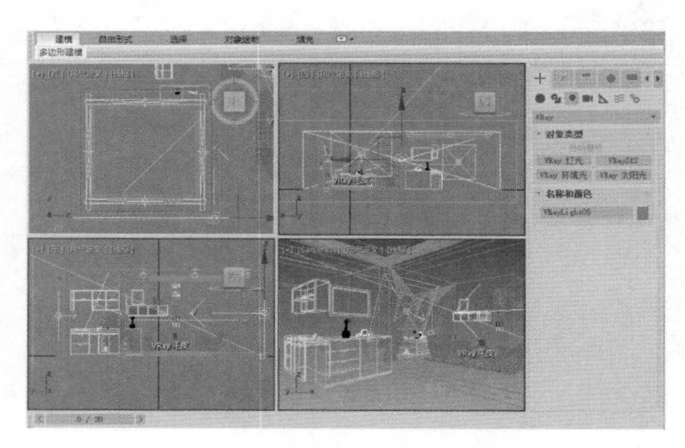

图 5.34　创建 4 盏 VRay 灯光

Step08 在修改面板设置面光源参数，如图 5.35 所示，注意冷暖关系，这里设置灯光色为浅蓝色（4 盏灯的参数相同）。

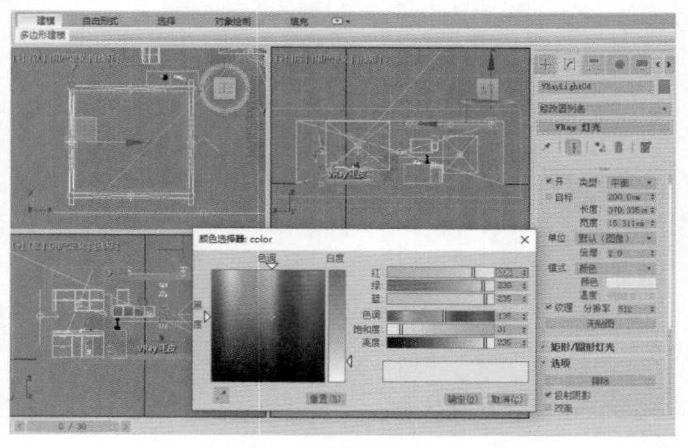

图 5.35　设置面光源参数

Step09 重新对摄影机视图进行渲染，此时的渲染效果如图 5.36 所示。

图 5.36　渲染效果图

Step10 接下来模拟壁灯照明。单击 目标灯光 按钮，在视图中创建 5 盏目标灯光，用来模拟壁灯照明。具体位置如图 5.37 所示。

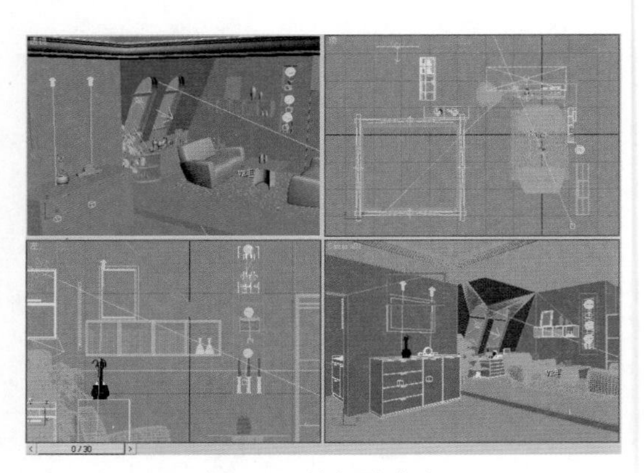

图 5.37　创建目标灯光

Step11 在修改命令面板中设置镜前光源参数，如图 5.38 所示（光域网文件为 Ch5\Maps\2.ies）。

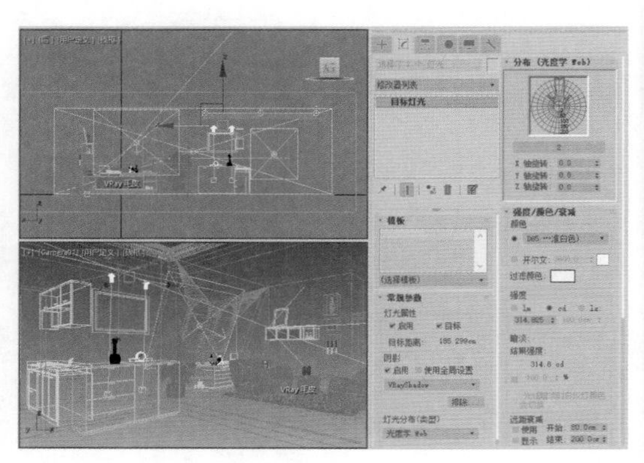

图 5.38　设置镜前光源参数

Step 12 在修改命令面板中设置墙壁上的光源参数，如图 5.39 所示（光域网文件为 Ch5\Maps\2.ies）。

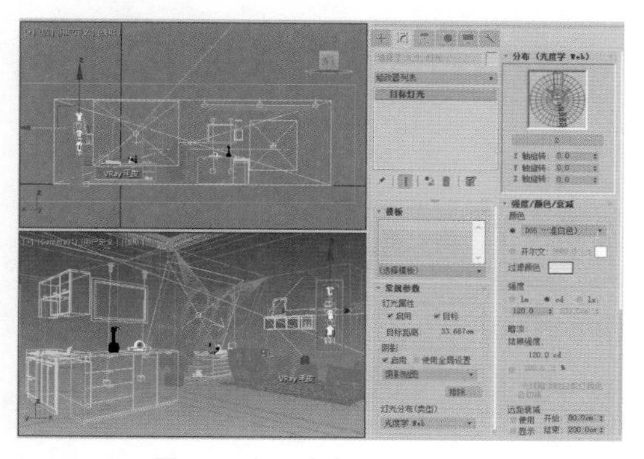

图 5.39 设置墙壁上的光源参数

Step 13 重新对摄影机视图进行渲染，此时的渲染效果如图 5.40 所示，场景灯光设置完成。

图 5.40 渲染效果图

5.3 场景材质设置

本节逐一设置场景的材质，从影响整体效果的材质（如墙面、地面等）开始，到较大的家居用品（如沙发、茶几等），最后到较小的物体（如场景内的装饰品等）。

前面介绍了快速渲染的抗锯齿参数设置，目的是在能够观察到光效的前提下快速出图。本节涉及材质效果，需要更改一种适合观察材质效果的参数。

5.3.1 设置渲染参数

按 F10 键，打开“渲染设置”对话框，勾选 VRay 选项卡。在“全局开关”卷展栏中，勾选“反射/折射”复选框，取消勾选“覆盖材质”复选框，如图 5.41 所示（这里仍然取消勾选“光泽效果”复选框，因为它实在是太影响渲染速度了）。有了以上这两个设置，就可以对场景中的物体设置材质了。

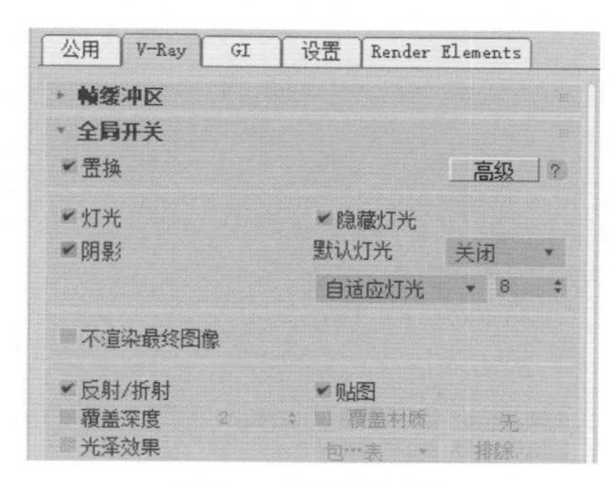

图 5.41 设置渲染参数

5.3.2 设置墙体材质

墙体材质包括蓝色乳胶漆材质和白色乳胶漆材质。

Step 01 设置蓝色乳胶漆材质。打开“材质编辑器”，选择一个空白的材质球，选择材质样式为 VRayMtl，设置“漫反射”颜色为蓝色，如图 5.42 所示。

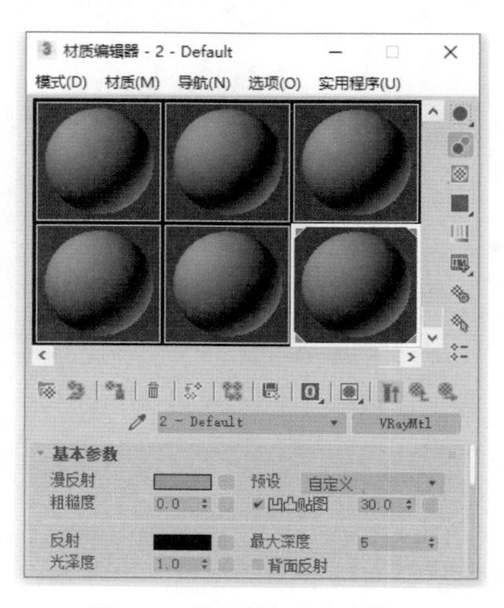

图 5.42 设置蓝色乳胶漆材质

技术链接

菲涅尔反射能使物体的反射更加接近真实，图5.43为菲涅尔反射测试。

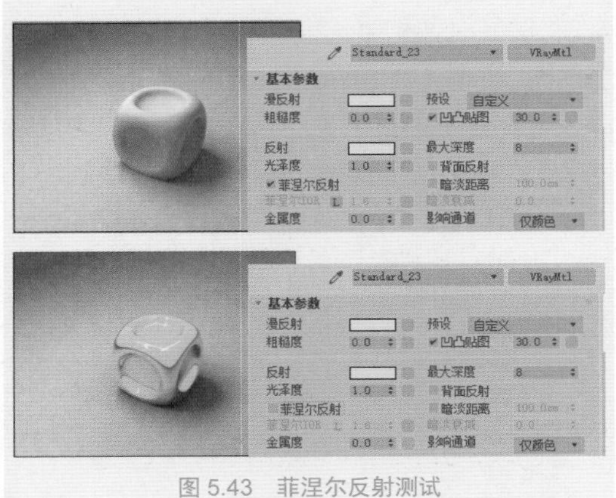

图 5.43　菲涅尔反射测试

注意

漫反射，控制环境光颜色。环境光颜色是位于阴影中的颜色。

Step02 设置白色乳胶漆材质。打开“材质编辑器”，选择一个空白的材质球，选择材质样式为 VRayMtl ，设置“漫反射”颜色为白色，参数设置如图 5.44 所示。

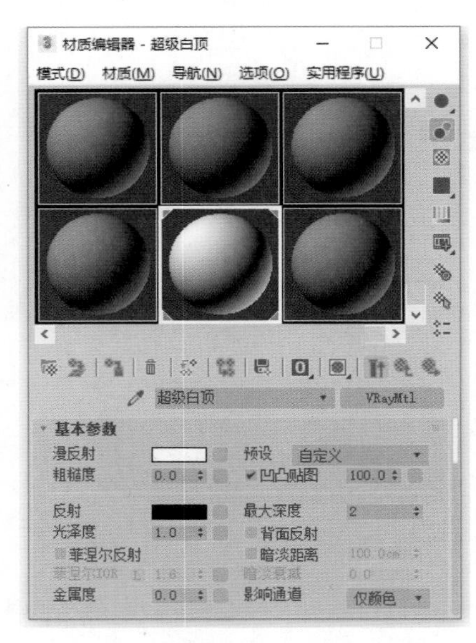

图 5.44　设置白色乳胶漆材质

Step03 将所设置的墙体材质赋予墙体模型，渲染效果如图 5.45 所示。

图 5.45　渲染效果

5.3.3　设置地面材质

地面材质包括白色大理石地板材质、黄色木质地板材质和蓝绿色地毯材质。

Step01 设置白色大理石地板材质。打开“材质编辑器”，选择一个空白的材质球，选择材质样式为 VRayMtl ，设置“漫反射”贴图为 Ch5\Maps\005 水晶白 .jpg 文件，参数设置如图 5.46 所示。

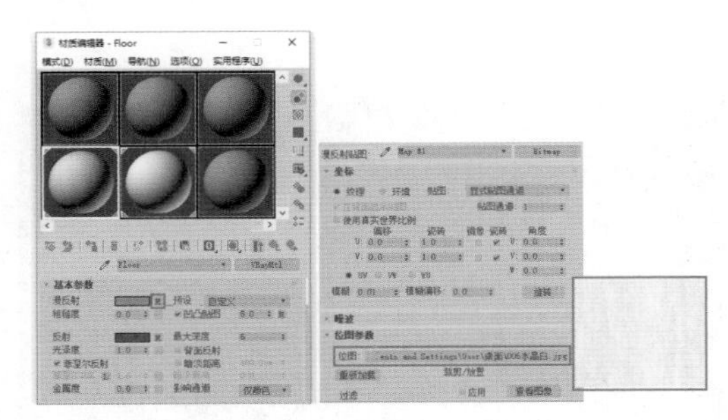

图 5.46　设置白色大理石地板材质

Step02 打开“贴图”卷展栏，在“反射”通道中添加一个“衰减”贴图；在“凹凸”通道中设置贴图为 Ch5\Maps\017 青奶油 .jpg 文件，设置“凹凸”通道强度为 5.0，具体参数设置如图 5.47 所示。

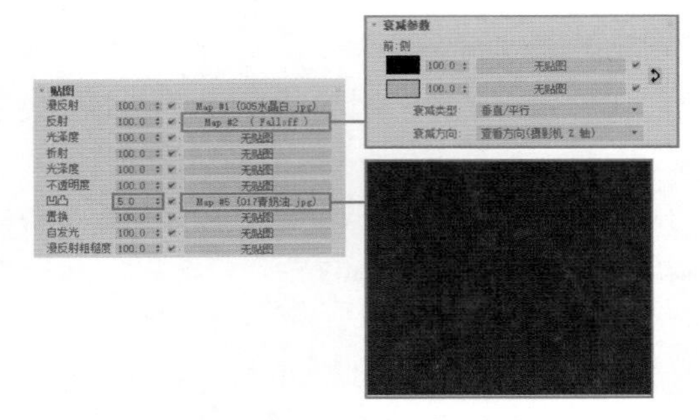

图 5.47　设置“贴图”卷展栏参数

Step03 设置黄色木质地板材质。打开“材质编辑器”，选择一个空白的材质球，选择材质样式为 VRayMtl ，设置“漫反射”贴图为 Ch5\Maps\ww-150.jpg 文件，参数设置如图 5.48 所示。

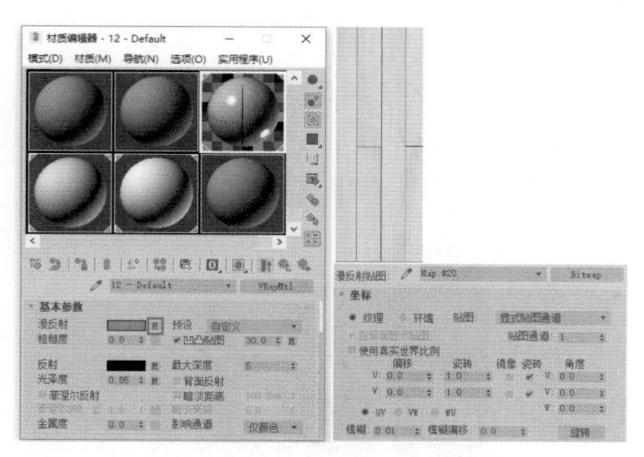

图 5.48 设置黄色木质地板材质

Step04 打开“贴图”卷展栏，在“反射”通道中添加一个“衰减”贴图，设置“衰减类型”为 Fresnel 方式；在“光泽度”和“凹凸”通道中设置“贴图”为 Ch5\Maps\ ww-150.jpg 文件，设置“凹凸”通道强度为 30，具体参数设置如图 5.49 所示。

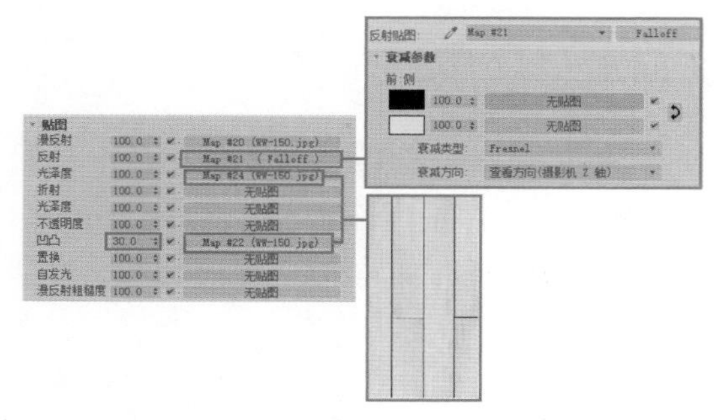

图 5.49 设置“贴图”卷展栏参数

Step05 设置蓝色地毯材质。打开“材质编辑器”，选择一个空白的材质球，选择材质样式为 VRayMtl ，设置“漫反射”贴图为“衰减”，设置“衰减”贴图为 Ch5\Maps\dt-013.jpg 文件；参数设置如图 5.50 所示。

Step06 打开“贴图”卷展栏，设置“凹凸”贴图为 Ch5\Maps\dt-013.jpg 文件，设置“凹凸”通道强度为 30，参数设置如图 5.51 所示。

Step07 将所设置的材质赋予地面模型，渲染效果如图 5.52 所示。

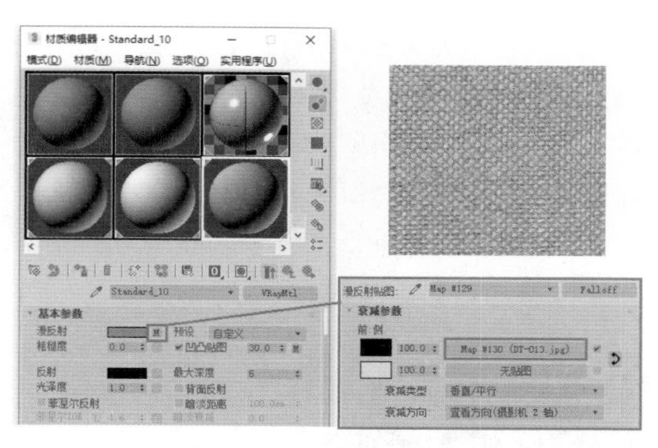

图 5.50 设置蓝色地毯材质

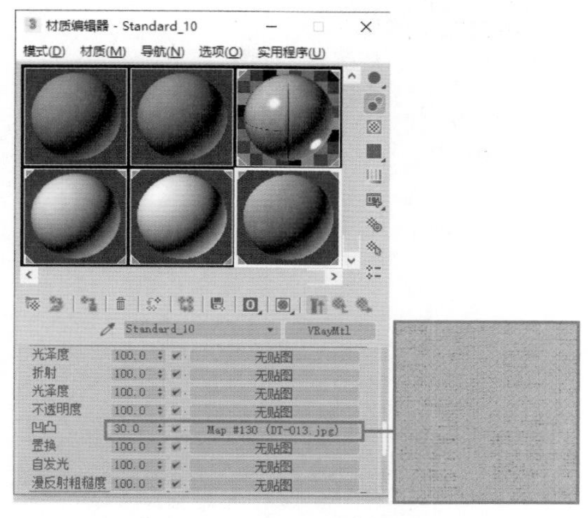

图 5.51 设置“凹凸”通道贴图

图 5.52 渲染效果

提示

地毯的颜色为蓝色，所以首先设置“漫反射”颜色为蓝色；其次地毯有一定的衰减，地毯表面粗糙，有凹凸，在凹凸通道设置位图文件模拟地毯的真实效果。

5.3.4 设置沙发材质

沙发材质为黄色皮质材质。

Step01 设置沙发材质。打开“材质编辑器”，选择一个空白的材质球，选择材质样式为 VRayMtl ，设置“漫反射”贴图为“衰减”贴图，设置“衰减类型”为 Fresnel 方式；具体参数设置如图 5.53 所示。

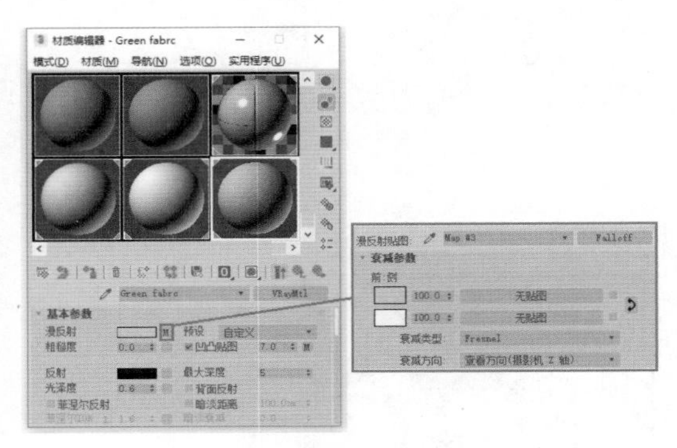

图 5.53 设置沙发材质

Step02 打开“贴图”卷展栏，在“凹凸”通道中添加一个“噪波”贴图，设置“凹凸”通道强度为 7.0，具体参数设置如图 5.54 所示。

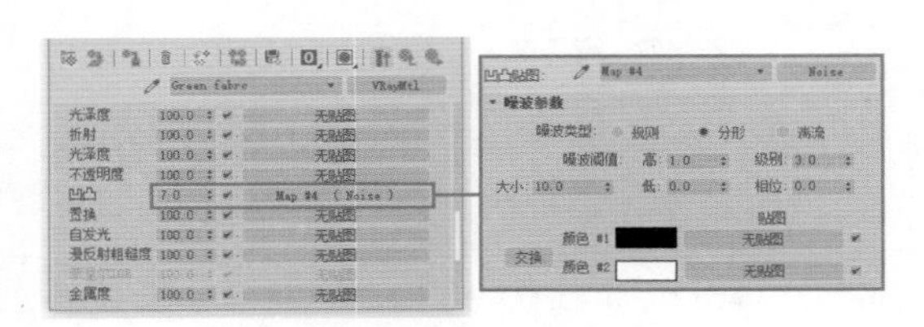

图 5.54 设置“凹凸”通道贴图

Step03 将所设置的材质赋予沙发模型，渲染效果如图 5.55 所示。

图 5.55 渲染效果

5.3.5 设置茶几及饮料材质

茶几材质包括绿色玻璃材质和白色底座材质；饮料材质包括玻璃杯材质、糖块材质、饮料材质和柠檬材质。

Step01 设置绿色玻璃材质。打开“材质编辑器”，选择一个空白的材质球，选择材质样式为 VRayMtl ，设置“漫反射”颜色为绿色，具体参数设置如图 5.56 所示。

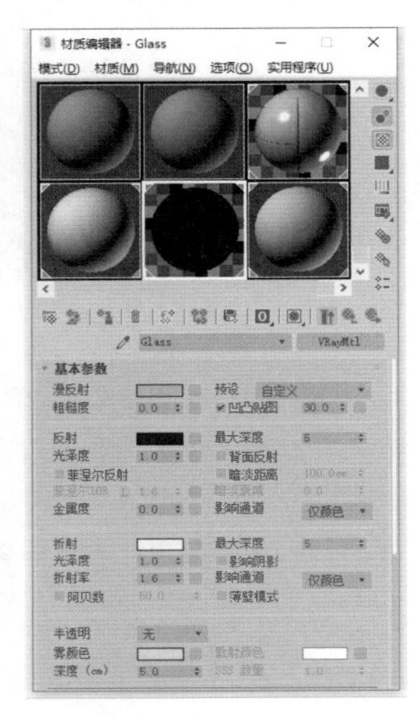

图 5.56 设置玻璃材质

Step02 设置白色茶几底座材质。打开“材质编辑器”，选择一个空白的材质球，选择材质样式为 VRayMtl ，设置“漫反射”颜色为白色，具体参数设置如图 5.57 所示。

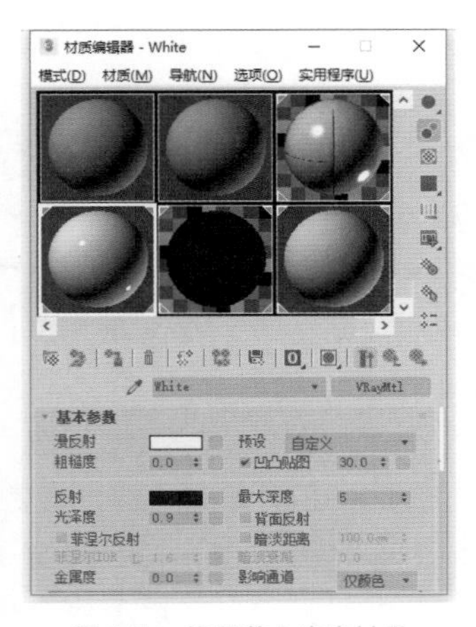

图 5.57 设置茶几底座材质

Step 03 设置玻璃杯材质。打开“材质编辑器”，选择一个空白的材质球，选择材质样式为 VRayMtl，设置“漫反射”颜色为黑色，具体参数设置如图 5.58 所示。

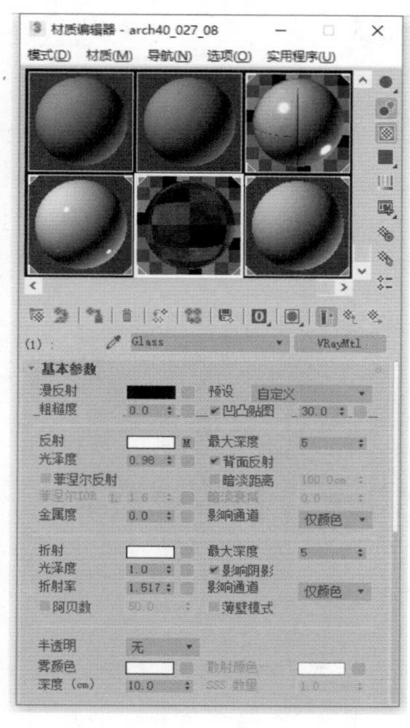

图 5.58　设置玻璃杯材质

提示

VRay阴影通常被3ds Max标准灯光或VRay灯光用于产生光影追踪阴影。标准的3ds Max光迹追踪阴影无法在VRay中正常工作，此时必须使用VRay的阴影。除了支持模糊（或面积）阴影外，也可以正确表现来自VRay置换物体或者透明物体的阴影。

Step 04 打开“贴图”卷展栏，在“反射”通道中添加一个“衰减”贴图，设置“衰减类型”为 Fresnel 方式，参数设置如图 5.59 所示。

注意

覆盖材质IOR：衰减类型为Fresnel时有效，用来控制是否使用材质原有的折射率。

Step 05 设置糖块材质。打开“材质编辑器”，选择一个空白的材质球，选择材质样式为 VRayMtl，设置“漫反射”颜色为白色，具体参数设置如图 5.60 所示。

Step 06 打开“贴图”卷展栏，在“反射”通道中添加一个“衰减”贴图，设置“衰减类型”为 Fresnel 方式；在“折射”通道中添加一个“细胞”贴图；具体参数设置如图 5.61 所示。

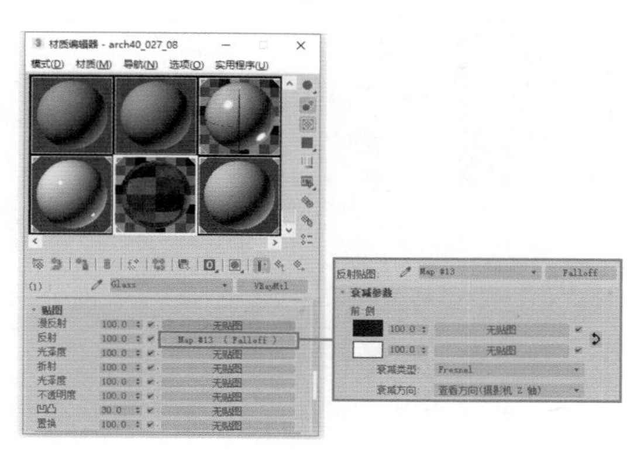

图 5.59　设置反射通道贴图

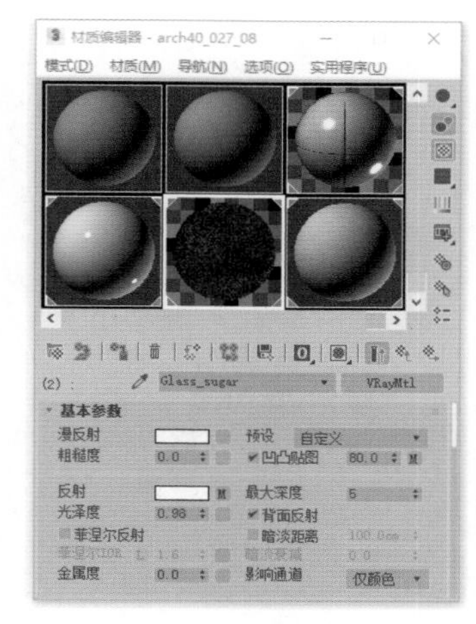

图 5.60　设置糖块材质

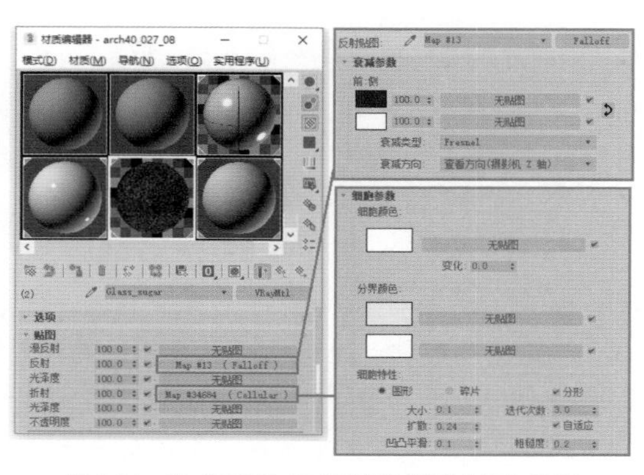

图 5.61　在“反射”和“折射”通道中添加贴图

Step 07 在“贴图”卷展栏的“凹凸”和“置换”通道中分别添加一个“细胞”贴图，设置“凹凸”通道强度为 80，设置“置换”通道强度为 3.0；具体参数设置如图 5.62 所示。

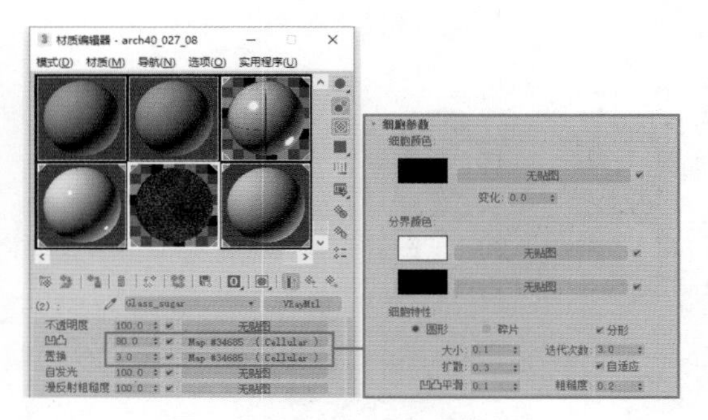

图 5.62　设置“凹凸”通道贴图

Step 08 设置黄色饮料材质（红色饮料材质同之）。打开“材质编辑器”，选择一个空白的材质球，选择材质样式为 VRayMtl，设置“漫反射”颜色为暗黄色，具体参数设置如图 5.63 所示。

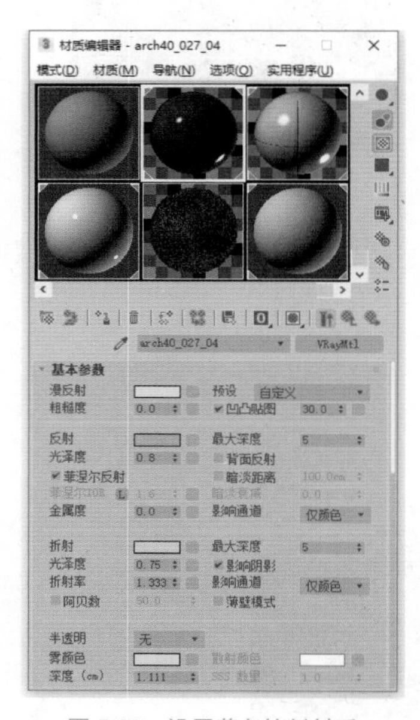

图 5.63　设置黄色饮料材质

Step 09 设置柠檬材质。打开“材质编辑器”，选择一个空白的材质球，选择材质样式为 多维/子对象，材质由两部分组成，分别为 ID1 和 ID2，具体参数设置如图 5.64 所示。

注意

使用“多维/子对象”材质可以通过设置不同的ID号来设置模型的不同位置的不同材质。

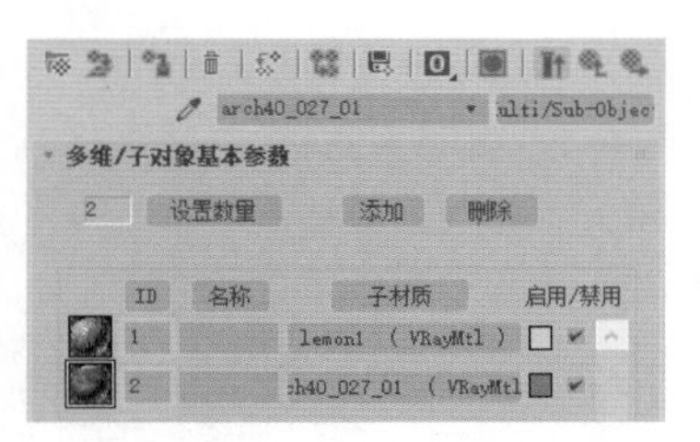

图 5.64　设置柠檬材质

Step 10 设置 ID1 部分材质，选择材质样式为 VRayMtl，设置“漫反射”颜色为黄色，具体参数设置如图 5.65 所示。

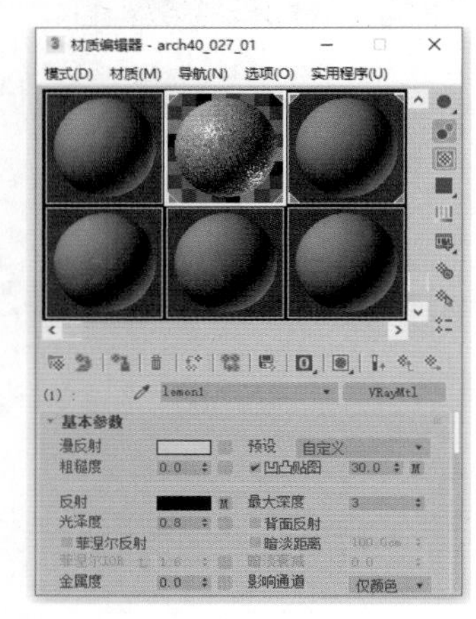

图 5.65　设置 ID1 部分材质

Step 11 打开“贴图”卷展栏，在“反射”通道中添加一个“衰减”贴图，设置“衰减类型”为 Fresnel 方式，设置“反射”通道的强度为 90；在“凹凸”通道中添加一个“细胞”贴图，设置“凹凸”通道的强度为 30；具体参数设置如图 5.66 所示。

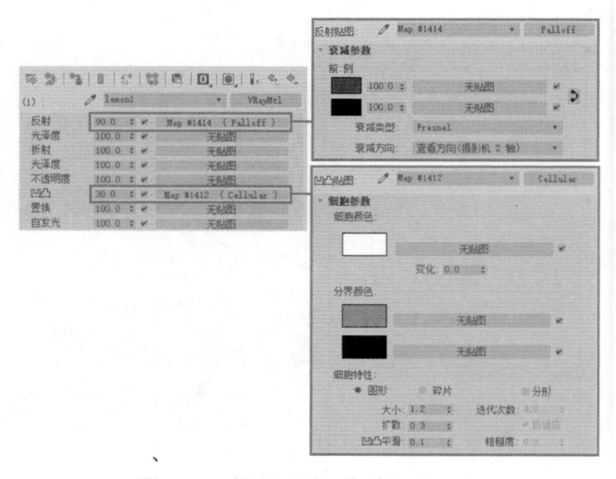

图 5.66　设置“贴图”卷展栏参数

Step 12 设置 ID2 部分材质。选择材质样式设置为 VRayMtl，设置“漫反射”贴图为 Ch5\Maps\arch40_027_03.jpg 文件，具体参数设置如图 5.67 所示。

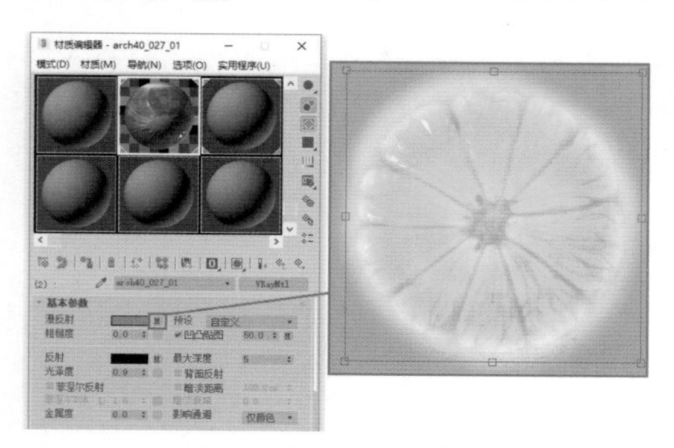

图 5.67　设置 ID2 部分材质

技术链接

细分可以使渲染的图像更加细腻，图5.68所示为最大深度参数测试，注意观察图下方的渲染时间和物体表面的反射精度。

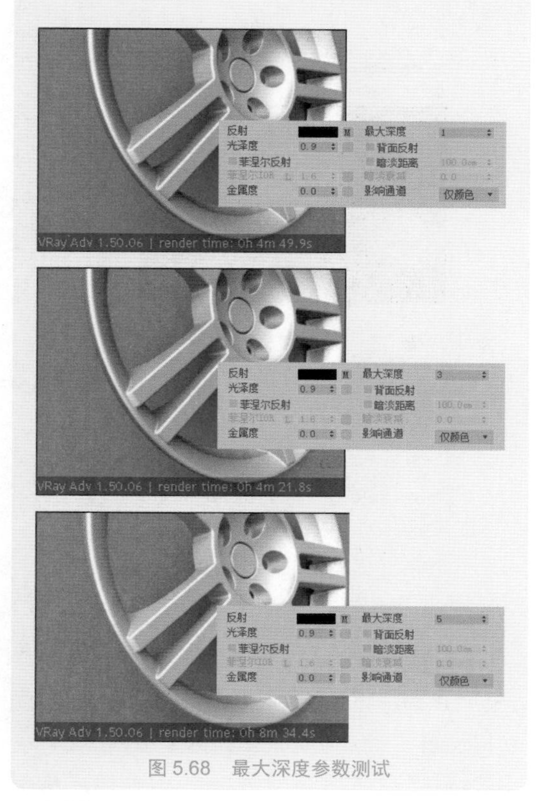

图 5.68　最大深度参数测试

Step 13 打开“贴图”卷展栏，设置“折射”和“凹凸”贴图为 Ch5\Maps\arch40_027_01_refl.jpg 和 arch40_027_01_凹凸.jpg 文件，具体参数设置如图 5.69 所示。

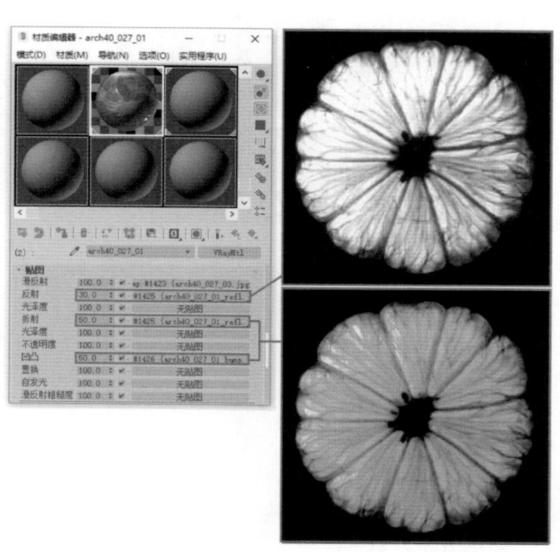

图 5.69　设置“贴图”卷展栏参数

Step 14 将所设置的材质赋予对应的模型，渲染效果如图 5.70 所示。

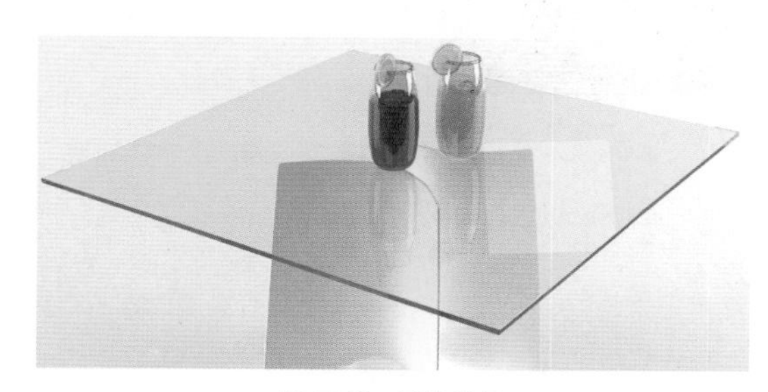

图 5.70　渲染效果

5.3.6　设置柜子材质

柜子材质包括黄色木质材质和不锈钢把手材质。

Step 01 设置黄色木质材质。打开“材质编辑器”，选择一个空白的材质球，选择材质样式为 VRayMtl，设置“漫反射”颜色为黄色，参数设置如图 5.71 所示。

Step 02 在“反射”通道中添加一个“衰减”贴图，设置“衰减类型”为 Fresnel 方式，参数设置如图 5.72 所示。

Step 03 设置不锈钢把手材质。打开“材质编辑器”，选择一个空白的材质球，选择材质样式为 VRayMtl，设置“漫反射”颜色为黑色，参数设置如图 5.73 所示。

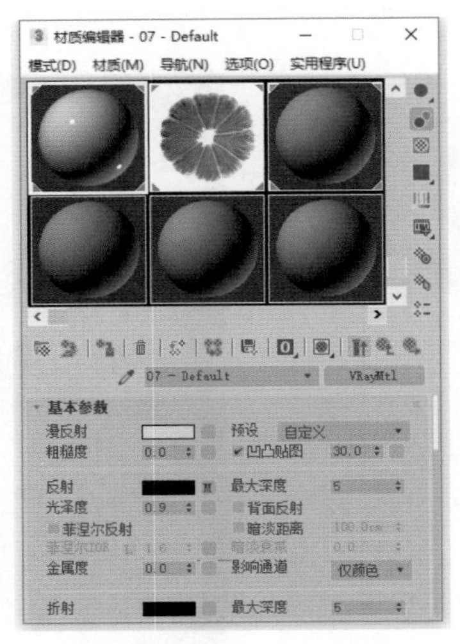

图 5.71　设置黄色木质材质

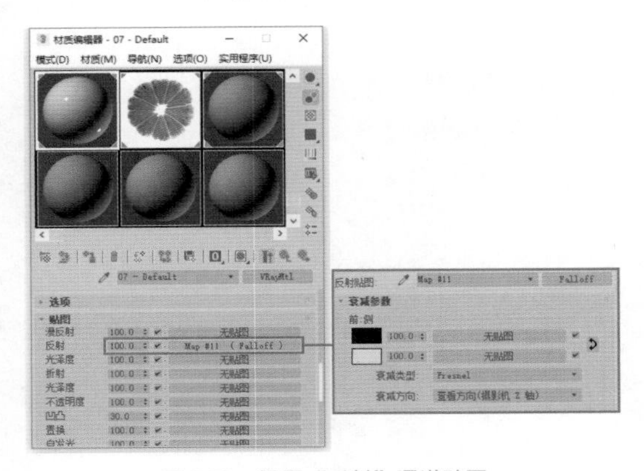

图 5.72　设置“反射”通道贴图

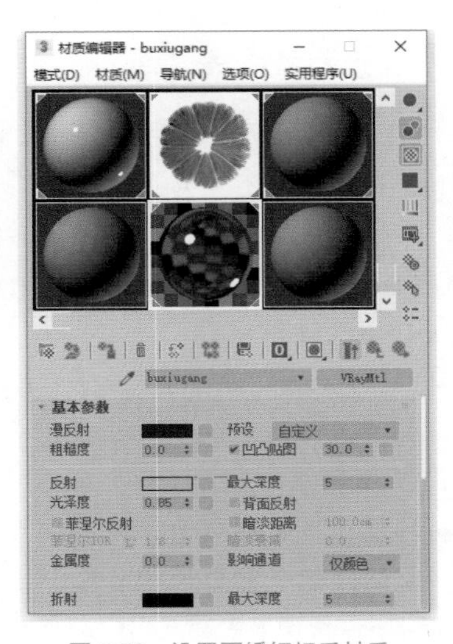

图 5.73　设置不锈钢把手材质

Step04 将所设置的材质赋予柜子模型，渲染效果如图 5.74 所示。

图 5.74　渲染效果

5.3.7　设置壁画材质

壁画材质包括黄色画框材质和画布材质。

Step01 设置黄色画框材质。打开“材质编辑器”，选择一个空白的材质球，选择材质样式为 VRayMtl ，设置“漫反射”颜色为黄色，参数设置如图 5.75 所示。

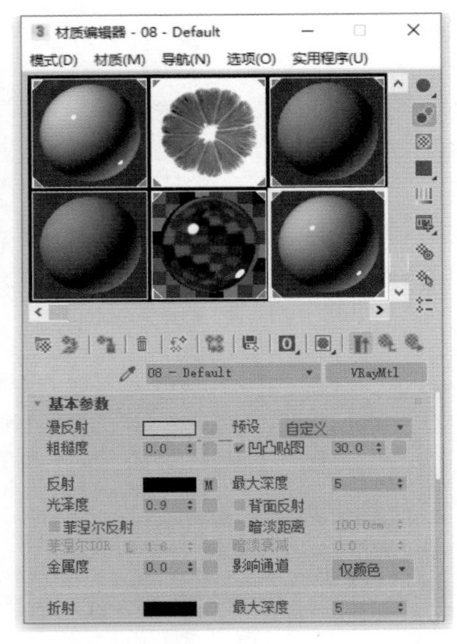

图 5.75　设置黄色画框材质

Step02 打开“贴图”卷展栏，在“反射”通道中添加一个“衰减”贴图，设置“衰减类型”为 Fresnel 方式，参数设置如图 5.76 所示。

Step03 设置画布材质。打开“材质编辑器”，选择一个空白的材质球，选择材质样式为 VRayMtl ，设置“漫反射”贴图为 Ch5\Maps\

zhuangshihua.jpg 文件，参数设置如图 5.77 所示。

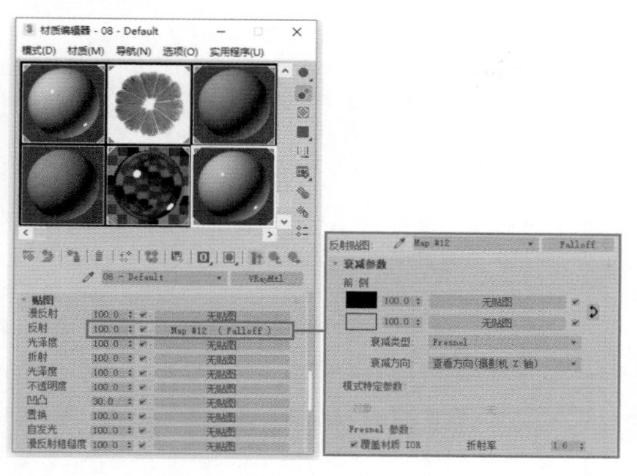

图 5.76 设置“反射”通道贴图

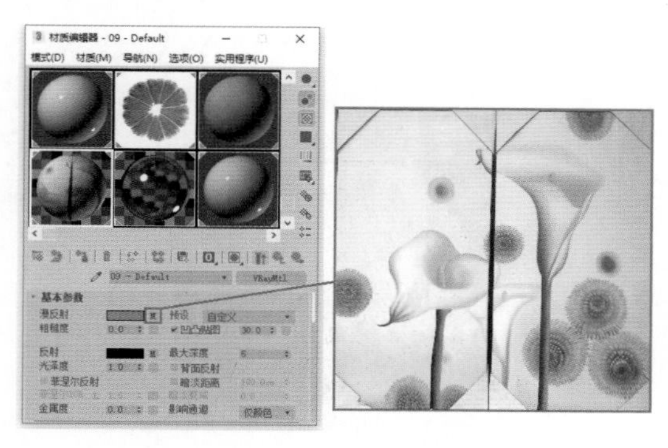

图 5.77 设置画布材质

Step04 打开“贴图”卷展栏，在“反射”通道中添加贴图为 Ch5\Maps\zhuangshihua.jpg 文件，设置“反射”通道的强度为 10，具体参数设置如图 5.78 所示。

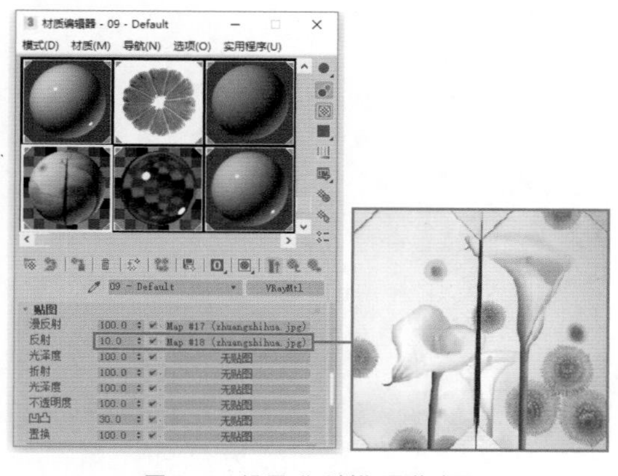

图 5.78 设置“反射”通道贴图

Step05 将所设置的材质赋予画框模型，渲染效果如图 5.79 所示。

图 5.79 渲染效果

5.3.8 设置茶杯及勺子材质

茶杯材质为白瓷材质；勺子材质包括黑色塑料套材质和拉丝不锈钢材质。

Step01 设置茶杯材质。打开“材质编辑器”，选择一个空白的材质球，选择材质样式为 VRayMtl，设置“漫反射”颜色为白色，具体参数设置如图 5.80 所示。

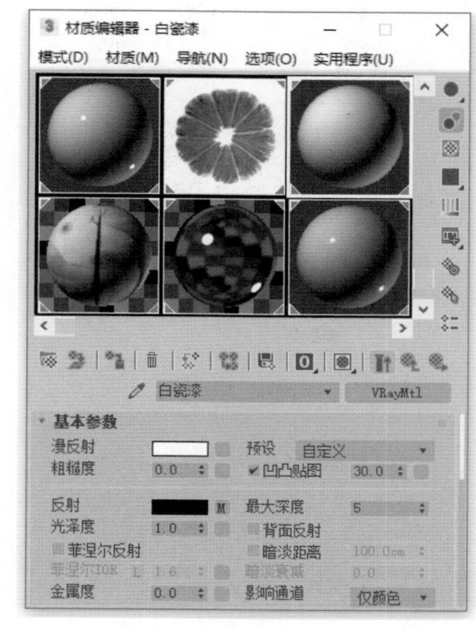

图 5.80 设置茶杯材质

Step02 在“反射”通道中添加一个“衰减”贴图，设置“衰减类型”为 Fresnel 方式，参数设置如图 5.81 所示。

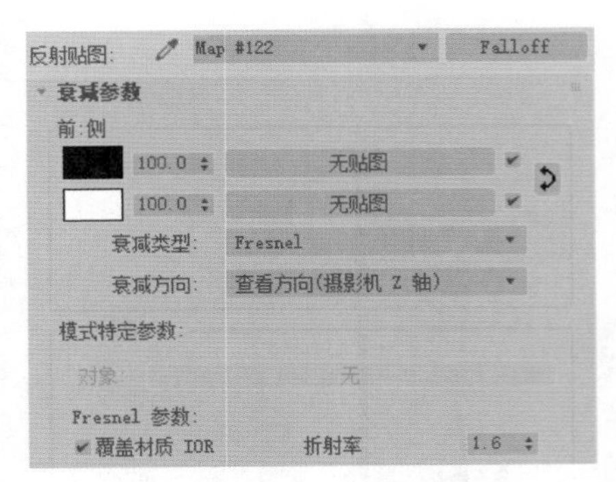

图 5.81　设置“衰减”贴图

注意

茶杯材质的反射是没有的，所以其反射为0，在“反射”通道添加“衰减”贴图，给茶杯一定的衰减效果。

Step03 设置勺子的黑色塑料套材质。打开“材质编辑器”，选择一个空白的材质球，选择材质样式为 VRayMtl，设置“漫反射”颜色为黑色，具体参数设置如图 5.82 所示。

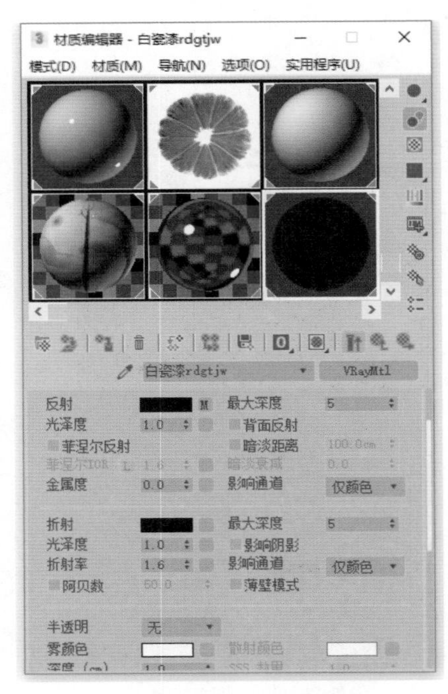

图 5.82　设置勺子的黑色塑料套材质

Step04 在“反射”通道中添加一个“衰减”贴图，设置“衰减类型”为 Fresnel 方式，参数设置如图 5.83 所示。

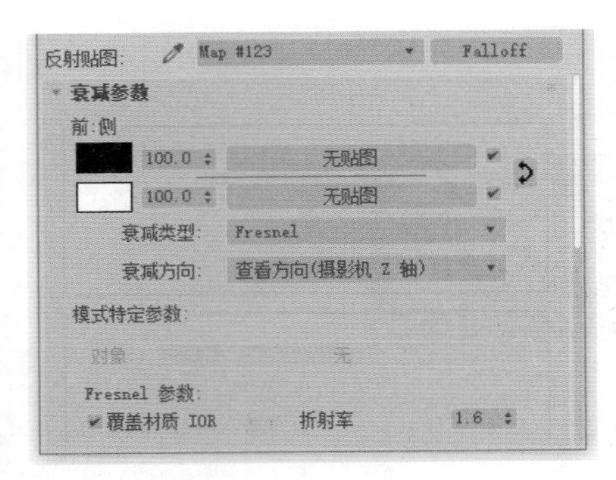

图 5.83　设置“衰减”贴图

Step05 设置拉丝不锈钢材质。打开“材质编辑器”，选择一个空白的材质球，选择材质样式为 VRayMtl，设置“漫反射”颜色为灰色，具体参数设置如图 5.84 所示。

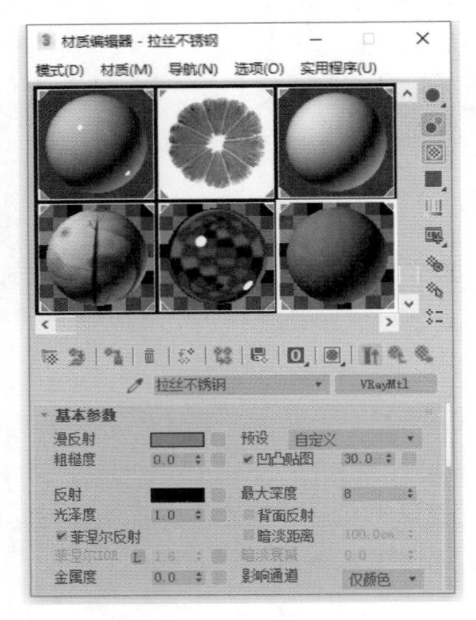

图 5.84　设置拉丝不锈钢材质

Step06 在“反射”通道中添加一个“衰减”贴图，设置“衰减类型”为 Fresnel 方式，参数设置如图 5.85 所示。

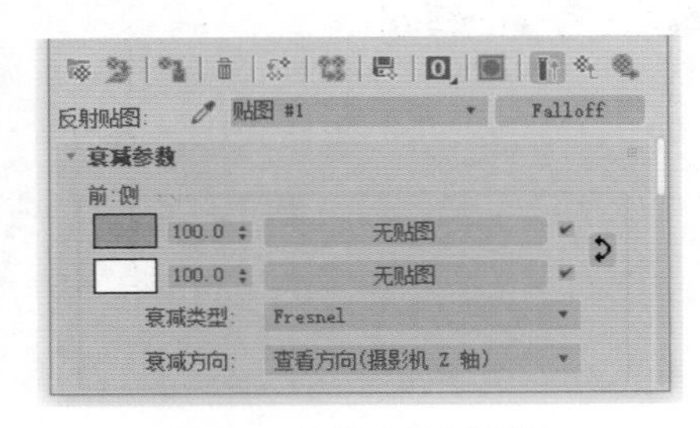

图 5.85　设置“衰减”贴图

Step07 设置拉丝不锈钢纹理。在“凹凸”通道中添加一个“噪波”贴图，具体参数设置如图 5.86 所示，形成纵向拉丝效果。

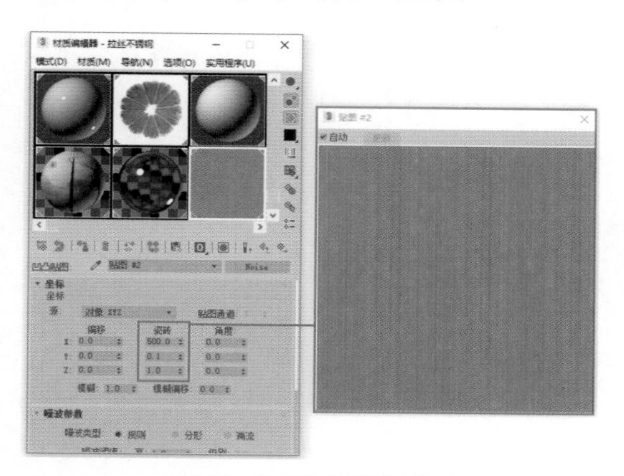

图 5.86　设置拉丝不锈钢纹理

提示

“高光级别”确定材质表面反光面积的大小。“光泽度”确定材质表面反光的强度。这两个值是共同作用的，一般“高光级别”值越高，表示反光面积越小，而“光泽度”值越高表示反光强度越大。

Step08 将所设置的材质赋予茶杯及勺子模型，渲染效果如图 5.87 所示。

图 5.87　茶杯与勺子模型渲染效果

技术链接

“漫反射”参数可确定物体的固有色。比如制作的杯子可以设置为白色或其他颜色，这样呈现出来的物体颜色就是“漫反射”参数的颜色，如图5.88所示，该参数不会影响渲染速度。

图 5.88　“漫反射”颜色对比

5.3.9　设置蜡烛及烛台材质

蜡烛材质包括红色半透明蜡质材质和黑色灯芯材质。烛台材质为石质材质。

Step01 设置蜡质材质。打开“材质编辑器”，选择一个空白的材质球，选择材质样式为 VRayMtl，设置“漫反射”颜色为红色，具体参数设置如图 5.89 所示。

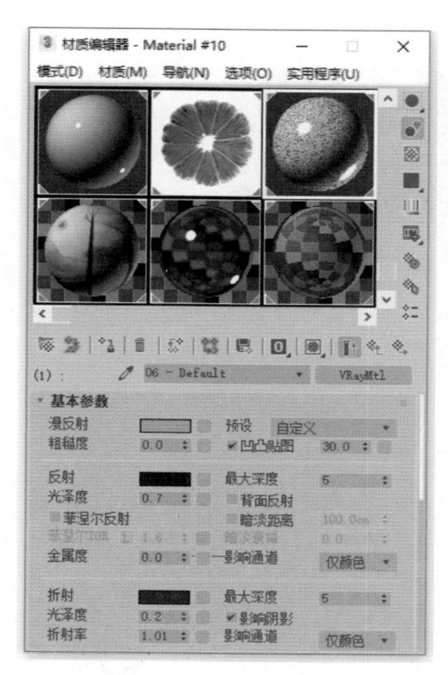

图 5.89　设置蜡质材质

Step02 设置灯芯材质。打开“材质编辑器”，选择一个空白的材质球，选择材质样式为 VRayMtl，设置“漫反射”颜色为黑色，具体参数设置如图 5.90 所示。

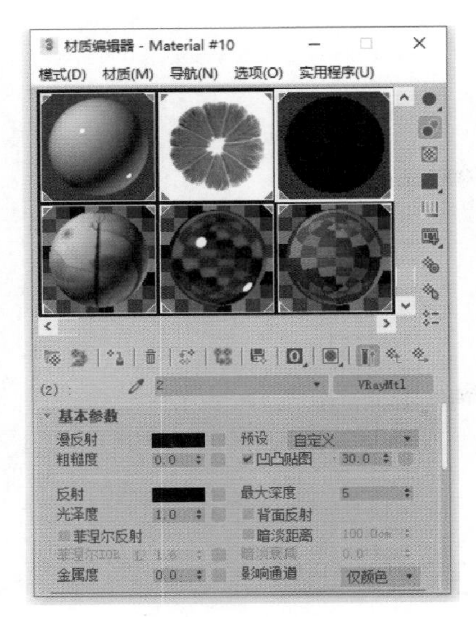

图 5.90　设置灯芯材质

Step03 设置烛台材质。打开“材质编辑器”，选择一个空白的材质球，选择材质样式为 VRayMtl ，设置“漫反射”贴图为“遮罩”贴图，“遮罩参数”由“贴图”和“遮罩”两部分组成，如图 5.91 所示。

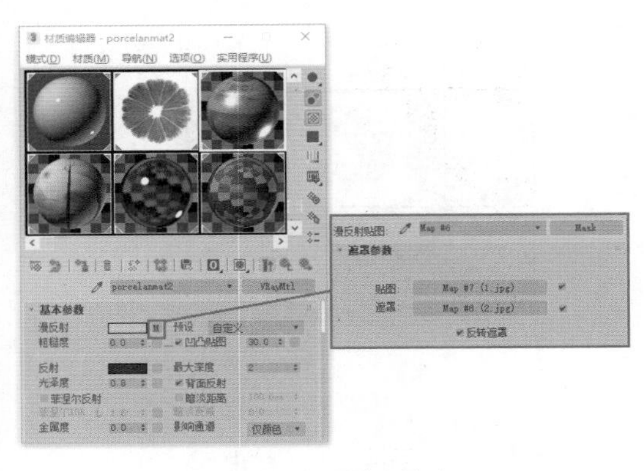

图 5.91　设置烛台材质

Step04 设置“贴图”为 Ch5\Maps\1.jpg 文件；设置“遮罩”为 Ch5\Maps\2.jpg 文件，具体参数设置如图 5.92 所示。

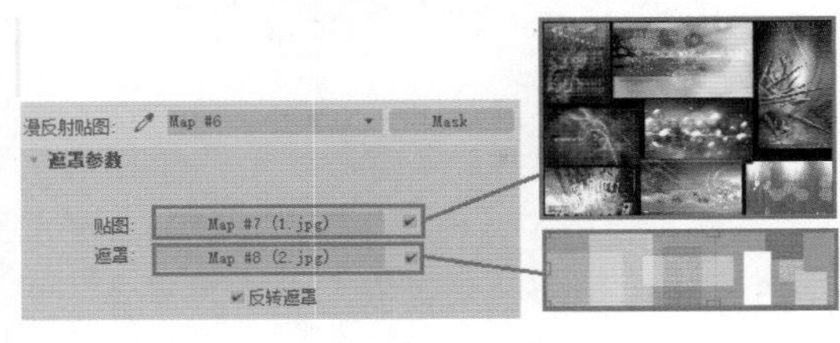

图 5.92　设置“贴图”与“遮罩”材质贴图

注意

“烟雾倍增”定义雾效的强度，不推荐取值超过1.0。

Step05 将所设置的材质赋予烛台及蜡烛模型，渲染效果如图 5.93 所示。

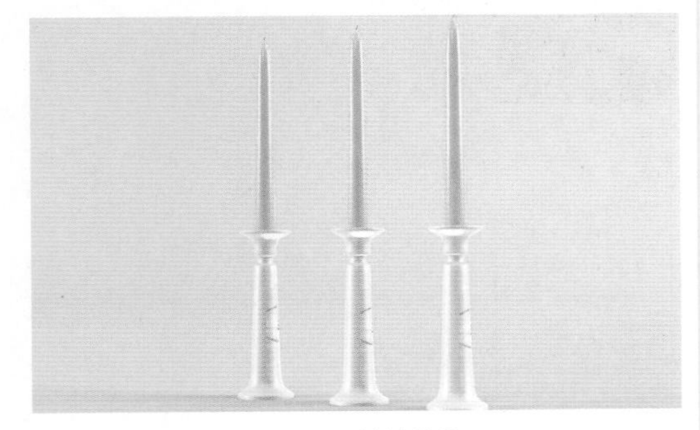

图 5.93　渲染效果

提示

使用“遮罩”贴图，可以在曲面上通过一种材质查看另一种材质。遮罩控制应用到曲面的第二个贴图的位置。默认情况下，浅色（白色）的遮罩区域为不透明显示贴图。深色（黑色）的遮罩区域为透明，显示基本材质。可以使用“反转遮罩”来反转遮罩的效果。

5.3.10　设置室外环境

下面使用 VRay 灯光材质制作室外环境为自发光材质。VRay 灯光 Mtl 材质是一种灯光材质，通过给基本材质增加全局光效果来达到自发光的目的，比如制作一个有体积的发光体（日光灯管）。

Step01 设置室外环境材质。打开“材质编辑器”，选择一个空白的材质球，选择材质样式为 VR_发光材质 ，设置贴图为 Ch5\Maps\t18.jpg 文件，参数设置如图 5.94 所示。

Step02 将所设置的材质赋予室外环境模型，渲染效果如图 5.95 所示。

Step03 场景中的其他材质（如盆景、钟表等其他摆设品），可以参考之前的方法进行设置，这里不再赘述，最终材质渲染效果如图 5.96 所示。

图 5.94　设置室外贴图

图 5.95　室外环境渲染效果

图 5.96　最终材质渲染效果

5.3.11　最终渲染设置

下面进行高级别的渲染设置。

Step 01 按 F10 键，打开“渲染”对话框，进入“全局开关”卷展栏，勾选“光泽效果”复选框，如图 5.97 所示。

Step 02 进入 GI 页面，在“发光贴图”卷展栏中，设置“当前预设”为“高”，如图 5.98 所示。

Step 03 单击 默认 按钮，展开高级参数，在“细节增强”区域设置参数如图 5.99 所示。

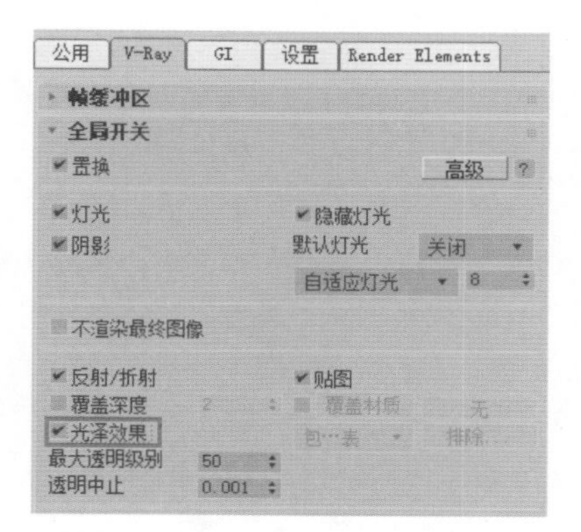

图 5.97　设置“全局开关”卷展栏参数

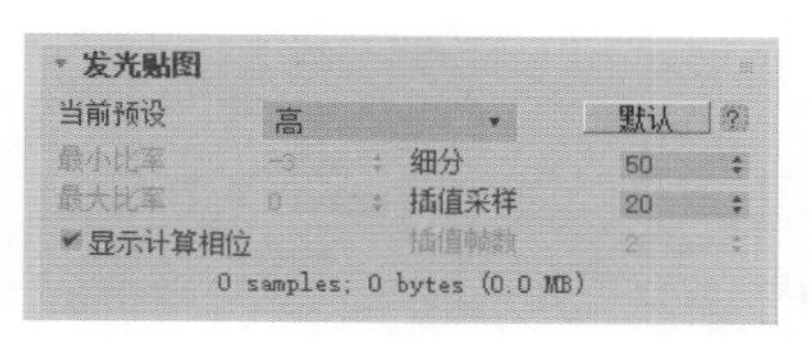

图 5.98　设置“发光贴图”卷展栏参数

图 5.99　设置“细节增强”区域参数

Step 04 在“发光贴图”卷展栏的“模式”区域选择“单帧”模式，单击“保存”按钮。在弹出的“保存发光贴图”对话框中输入要保存的 01.vrmap 文件名，如图 5.100 所示。

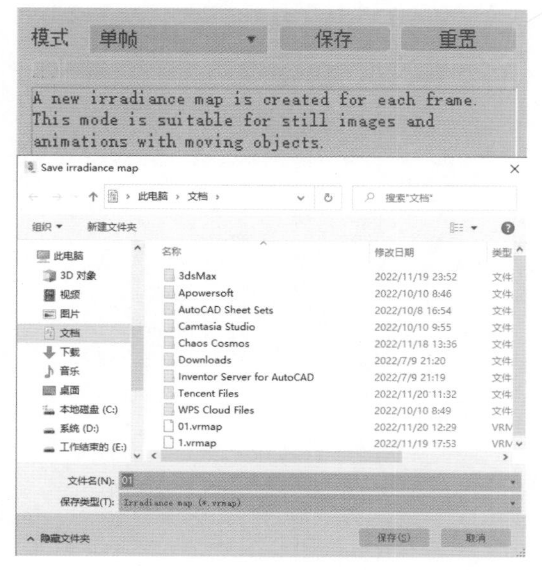

图 5.100　设置“发光贴图”保存路径

提示

模式区域允许用户选择使用“发光贴图”。“单帧”是默认的模式，在这种模式下对于整个图像计算一个单一的发光贴图，每一帧都计算新的发光贴图。在分布式渲染的时候，每一个渲染服务器都各自计算它们针对整体图像的发光贴图。这是渲染移动物体动画的时候采用的模式，但是用户要确保发光贴图有较高的质量以避免图像闪烁。

Step 05 进入“灯光缓存”卷展栏，设置参数如图 5.101 所示。

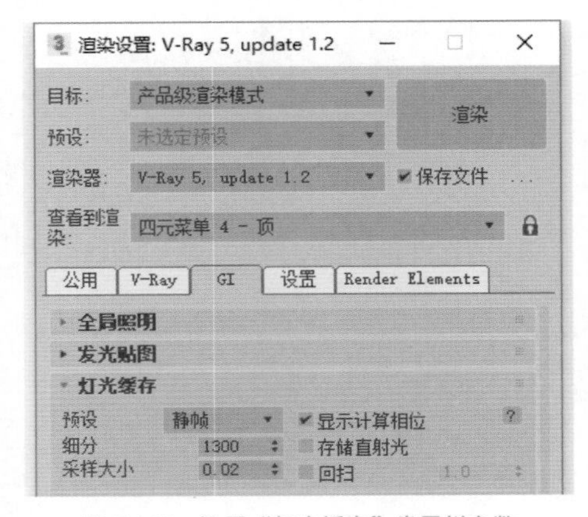

图 5.101 设置“灯光缓存”卷展栏参数

Step 06 在“模式”区域选择“单帧”模式，单击“保存”按钮。设置保存的“发光贴图”名称为 01.vrlmap，如图 5.102 所示。

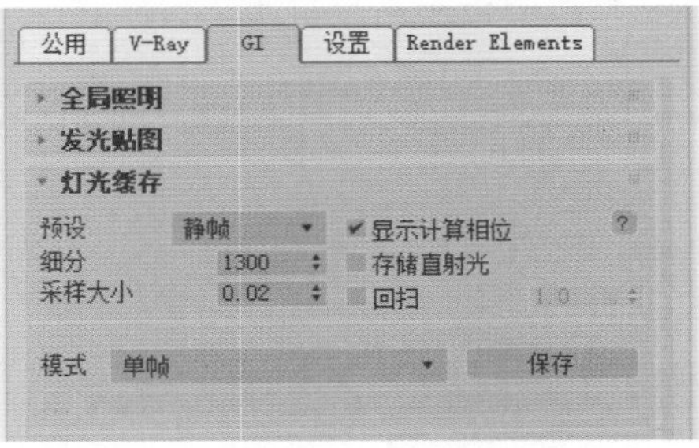

图 5.102 设置“发光贴图”保存路径

Step 07 在“输出大小”中，设置渲染尺寸为 320 像素 ×240 像素，如图 5.103 所示。

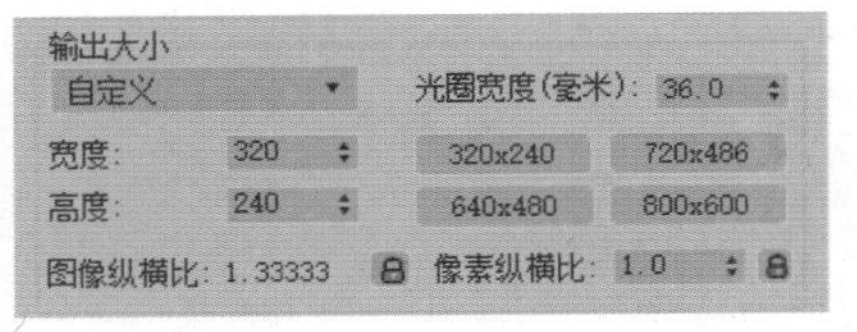

图 5.103 设置输出大小

Step 08 单击 渲染 按钮进行渲染。

Step 09 渲染完成后，将得到“发光贴图”和“灯光缓存”文件 01.vrmap 和 01.vrlmap。分别设置“发光贴图”和“灯光缓存”的模式为“从文件”，单击 按钮，打开刚才保存的 01.vrmap 和 01.vrlmap，如图 5.104 所示。

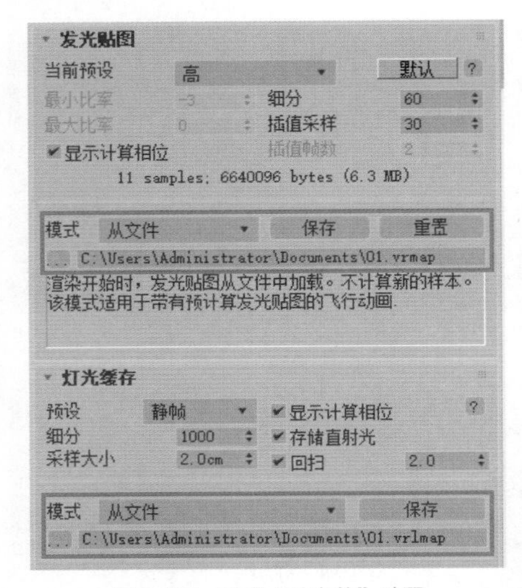

图 5.104 设置“从文件”贴图

Step 10 设置较大的最终渲染尺寸，单击 渲染 按钮进行渲染，最终渲染效果如图 5.105 所示。

图 5.105 最终渲染效果

第 6 章
洗手间渲染

本章主要介绍阳光洗手间效果图的设计方法，重点在于介绍洗手间内灯光和材质的设置方法，其中灯光的设计重点在于射灯上。在材质的设置上，讲求以暖色调为主，营造出一种暖色调阳光洗手间场景。

洗手间渲染效果和线框渲染如图 6.1 所示。

图 6.1　洗手间效果图

配色应用：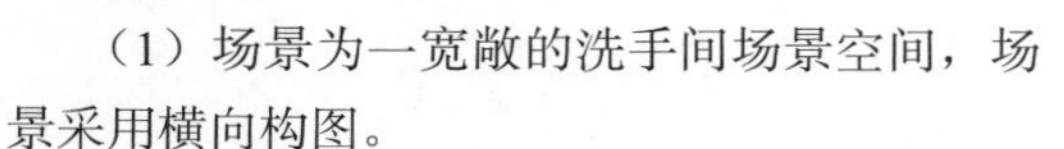

制作要点：

（1）场景为一宽敞的洗手间场景空间，场景采用横向构图。

（2）在家具的材质设置上，以木质材质、不锈钢材质和白瓷材质为主。

（3）使用目标灯光结合 VRay 灯光和泛光灯综合模拟射灯照明。

最终场景：Ch6\Scenes

贴图素材：Ch6\Maps

难易程度：★★★★☆

6.1　洗手间规划

随着人们对洗手间设计装修的重视，市场上洗手间装修效果图设计层出不穷，有的华丽，有的现代，总之不同的洗手间设计风格给人们不同的视觉感官，从图 6.2 所示的洗手间设计效果图就可以看出。

图 6.2　洗手间设计效果图

近年来，洗手间受到一部分设计者的青睐，所设计出的洗手间装修效果，不仅提升了人们的生活质量，同时也为生活增添了不少的趣味。

6.1.1 卫浴设备

角式（柱式）洗脸盆、坐便器、淋浴器这三大件可灵活布置，但基本的方法是由低到高设置，即从洗手间门口开始，理想的布置是洗手台向着卫生间的门，而坐厕紧靠其侧，把淋浴器设置在最内端，这样无论从生活习惯、使用功能还是视觉效果来看，都是不会引起争议的一种方式。图 6.3 为卫浴设备展示。

图 6.3 卫浴设备展示

在色彩方面，尽量采用浅色调、纯色亮光材质，白色的墙面可以让洗手间看起来大一些。或者选择乳白或淡黄色，淡蓝及浅绿色也是不错的选择，让人自然地联想到水，而且也属于比较清爽的色调。如果结构允许，可以在墙体上作凹槽，装些小壁橱、镜面箱等放置一些零星物品，效果如图 6.4 所示。

洗手台的设计依据卫生间的面积大小来定夺，洗手台区一般在卫生间的入口。小卫生间可以设置立式洗脸盆或下部挑空的洗面台，甚至可以采用半透明的玻璃盆以减少空间的拥护感。洗手台展示如图 6.5 所示。

图 6.4 颜色设计展示

图 6.5 洗手台展示

6.1.2 洗手间镜和卫浴小件设计

洗手间镜可充分扩大小洗手间的视觉效果，一般设计得与洗手台同宽即可。

采用大面积玻璃镜改造卫生间，可安放两面大镜子，一面贴墙而立，一面斜顶而置，不仅遮住楼上住户的下水管道，也使狭小的空间富有变化、有层次感，大面积玻璃的反射，足以让卫浴间产生扩大的视觉效果。洗手间镜展示如图 6.6 所示。

图 6.6 洗手间镜展示

卫浴小件也是保障日常生活舒适的重要环节。毛巾杆、浴巾杆、手纸架、浴缸把杆、肥皂盒、口杯架、挂衣钩等都是必不可少的，而其所在位置和高度的确定决定了日后使用起来是否顺手、便利。这一点需要设计人员有一定的经验并与业主有足够的沟通。卫浴小件展示如图 6.7 所示。

图 6.7　卫浴小件展示

6.1.3　坐便器选择

预留坐便器的宽度应不少于 0.75m，保证方便使用。可选择一些身形小巧的坐便器，如今市面上许多国产的坐厕质量和观感都不错，而且在款式与功能上都能跟上国际潮流，坐便器展示如图 6.8 所示。

图 6.8　坐便器展示

6.1.4　淋浴器选择

满足普通的淋浴功能，一般来说采用一字形的淋浴板或简易的花洒是最不占空间的，而且全开放式的设计也能让卫浴间看起来不至于太拥挤。单人居住时，简单的淋浴板或花洒最经济且方便，不需要用淋浴门来遮掩隔离。

采用大色块装饰，比如可用白、红、黑大色块分割空间，白色瓷砖的墙壁、白色洁具、红色的浴帘、黑色的天花板（吊顶）与毛巾架映衬，让人的视觉并不感到拥挤，淋浴器展示如图 6.9 所示。

图 6.9　淋浴器展示

综上所述，小户型的卫生间如若能科学合理地设计，同样可以带来舒适的生活享受。但是，当使用项目受到狭小空间的制约时，需要忍痛割爱，如用镜箱将镜子和储物功能合二为一。

6.2　案例分析

我们通过制作一个阳光洗手间场景来讲述

白瓷材质和不锈钢材质的设置方法，同时讲述室内射灯和室外阳光的设置方法。

Step01 打开 Ch6\Scenes\Ch6.max 文件，这是一个暖色调的阳光洗手间的场景模型，场景内的模型包括墙体、地板、椅子、洗脸盆、落地灯以及一些摆设品模型，如图 6.10 所示。

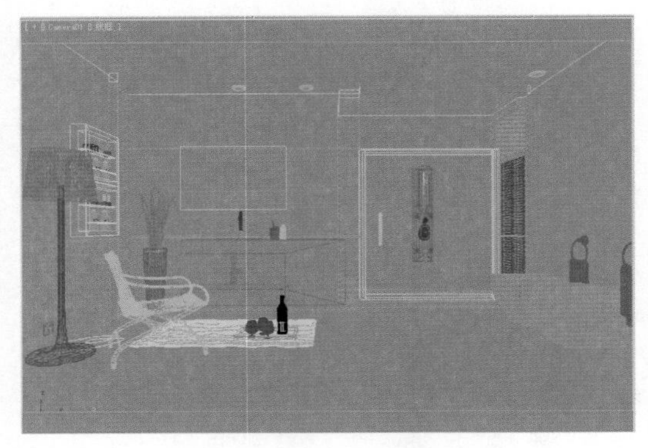

图 6.10　洗手间场景模型

Step02 本场景的灯光布局如图 6.11 所示。可以看到在灯光的设置上使用“目标平行光”模拟阳光照明，使用 VRay 灯光进行窗口补光和室内补光，使用 目标平行光 灯光结合 VRay 灯光和泛光灯综合模拟射灯照明。

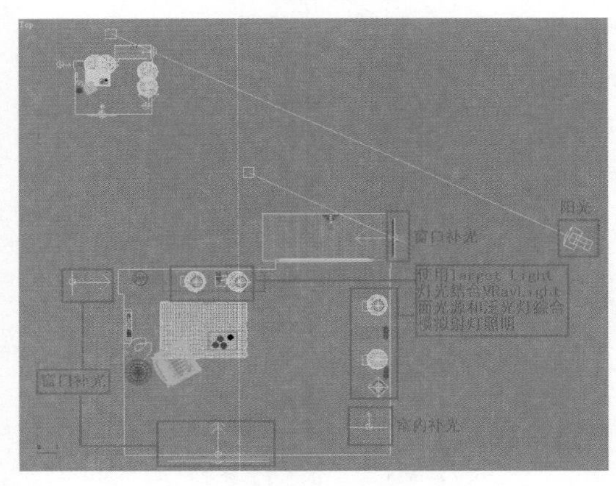

图 6.11　灯光布局

6.3 测试渲染设置

对采样值和渲染参数进行最低级别的设置，可以达到既能够观察渲染效果又能快速渲染的目的。下面介绍测试渲染的参数设置。

Step01 按 F10 键，打开“渲染设置”对话框，设置 VRay 为当前渲染器，如图 6.12 所示。

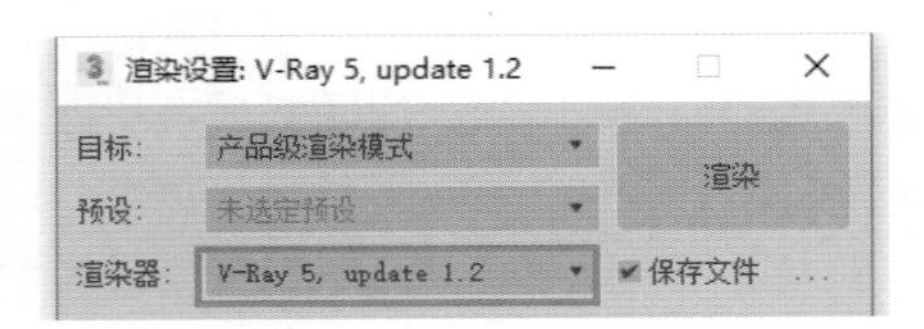

图 6.12　指定渲染器卷展栏

Step02 打开 VRay 选项卡，在“全局开关”卷展栏中设置总体参数，如图 6.13 所示。因为要调整灯光，所以在这里关闭默认灯光。取消勾选“反射/折射”和“光泽效果”复选框，这两项都是非常影响渲染速度的。

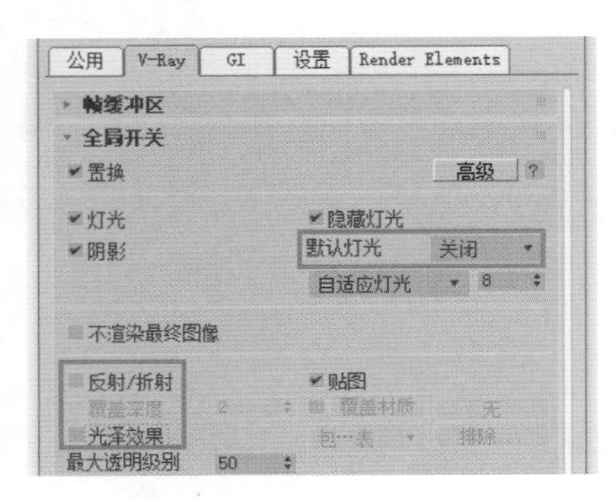

图 6.13　“全局开关”卷展栏

提示

“反射/折射”是否计算VRay贴图或材质中的光线的反射 / 折射效果。“光泽效果”是否计算反射/折射的光泽效果。

Step03 在“图像过滤器”卷展栏中，设置参数如图 6.14 所示，这是“抗锯齿采样”设置。

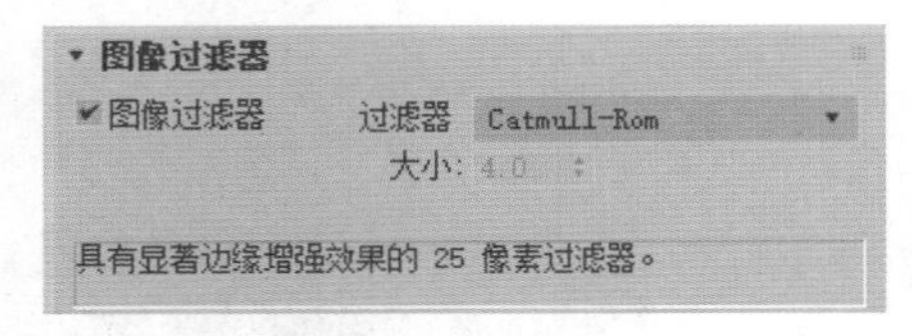

图 6.14　“图像过滤器”卷展栏

Step04 在“全局照明”卷展栏中，设置参数如图 6.15 所示，这是“全局照明”设置。

Step05 在“发光贴图”卷展栏中，将“当前预设”先设置为“自定义”，然后再设置为“自定义”。调整“最大比率”和“最小比率”的

值为 -4，如图 6.16 所示，这是“发光贴图”参数设置。

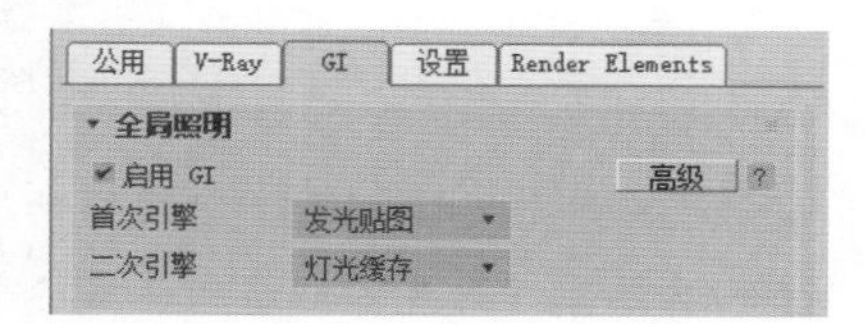

图 6.15　“全局照明”卷展栏

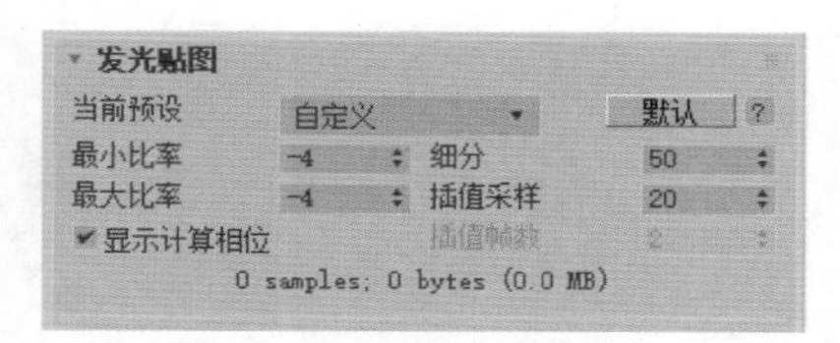

图 6.16　“发光贴图”卷展栏

提示

中等：一种中等质量的预设模式，如果场景中不需要太多的细节，大多数情况下可以产生较多的效果。

Step06 在“灯光缓存”卷展栏中，设置参数如图 6.17 所示。

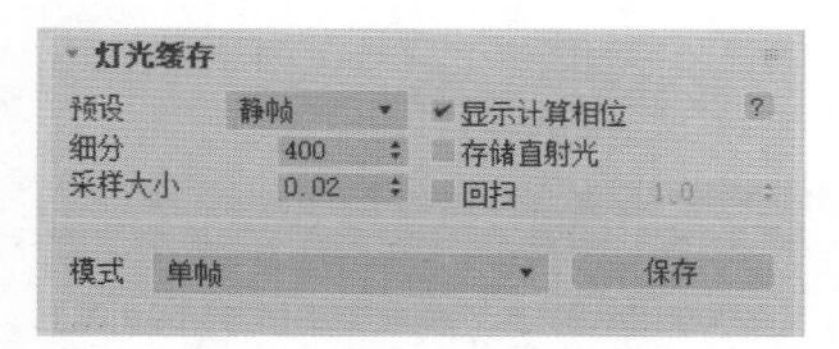

图 6.17　“灯光缓存”卷展栏

提示

只有在“全局照明”卷展栏的“二次引擎”下拉列表中选择了“灯光缓存”渲染引擎后，“灯光缓存”卷展栏才显示。用灯光缓存结合发光贴图可以将计算的速度比“发光贴图+暴力计算”提高好几倍，而且渲染效果也不错。

Step07 在“颜色映射”卷展栏中，设置“类型”为“莱茵哈德”方式，参数设置如图 6.18 所示。

图 6.18　“颜色映射”卷展栏

技术链接

如图6.18所示，显示了分别使用3种色彩贴图的效果。在图中，我们可以很清楚地看到使用“线性倍增”模式可以限制色彩范围，将过于明亮的颜色设定为白色，所以明亮的区域会显得有些“曝光”。指数倍增和HSV指数倍增模式都可以避免该问题，指数倍增趋向于降低饱和度，而HSV指数倍增模式则保护色调和饱和度。

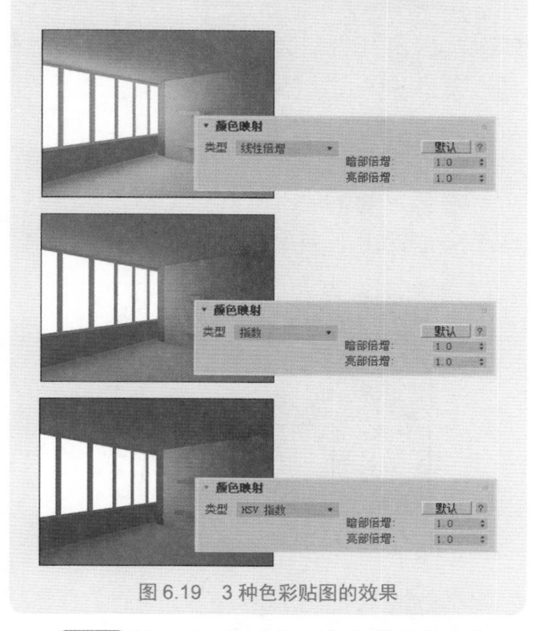

图 6.19　3 种色彩贴图的效果

Step08 按 8 键，打开“环境和效果”对话框，设置颜色为浅蓝色，如图 6.20 所示。

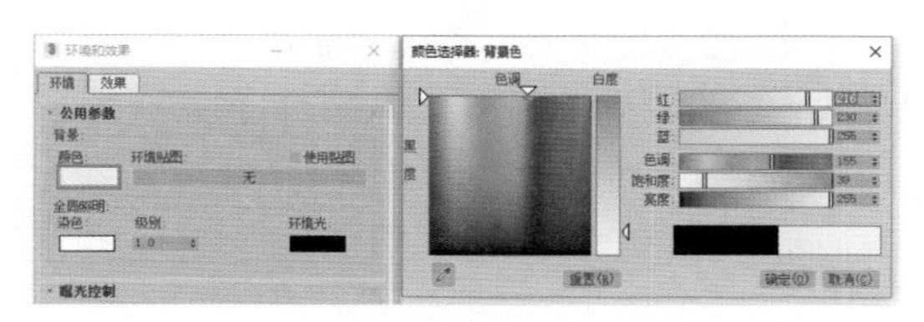

图 6.20　设置颜色

6.4　场景灯光设置

关闭了默认灯光后，需要建立灯光。在灯光的设置上使用目标平行光模拟阳光照明，使用 VRay 灯光进行窗口补光和室内补光，使用目标灯光结合 VRay 灯光和泛光灯综合模拟射灯照明。

Step 01 制作一个统一的模型测试材质。按M键，打开“材质编辑器”，选择一个空白材质球，选择材质样式为 VRayMtl，如图6.21所示。

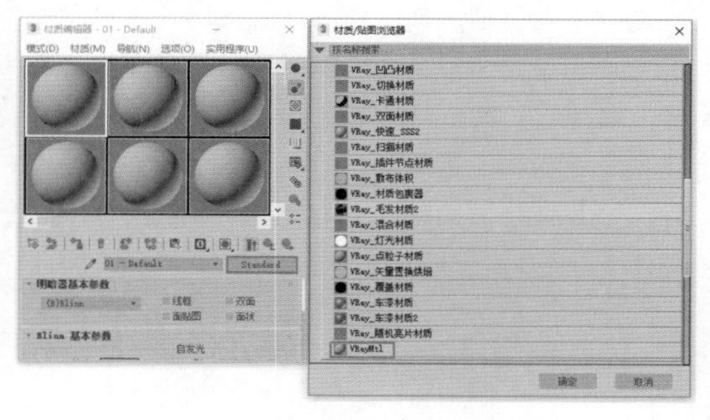

图6.21　设置材质样式

Step 02 在 VRayMtl 材质面板设置“漫反射”的颜色为浅灰色，如图6.22所示。

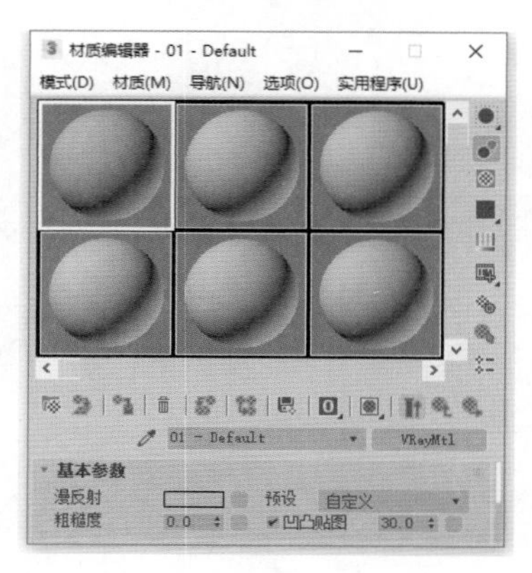

图6.22　设置“漫反射”颜色

Step 03 按F10键，打开“渲染”对话框，勾选“覆盖材质”复选框，将该材质拖动到“无”按钮上，这样就给整体场景设置一个临时测试用的材质，如图6.23所示。

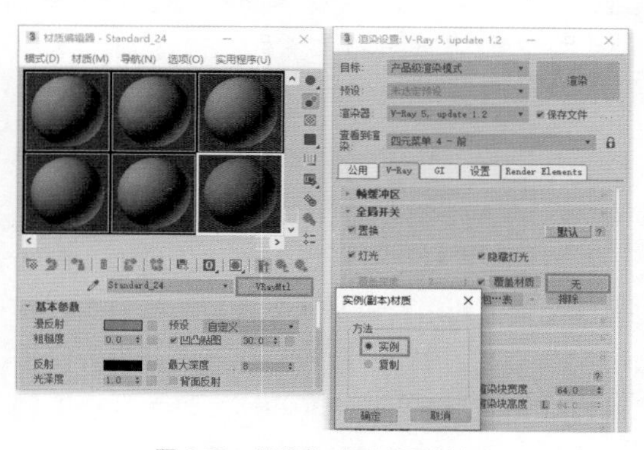

图6.23　设置临时测试用的材质

提示

勾选“替代材质”选项的时候，允许用户通过使用后面的材质槽指定的材质来替代场景中所有物体的材质来进行渲染。

Step 04 设置阳光照明。在建立命令面板，单击 目标平行光 按钮，在室外创建一盏目标平行光，用来模拟阳光，具体位置如图6.24所示。

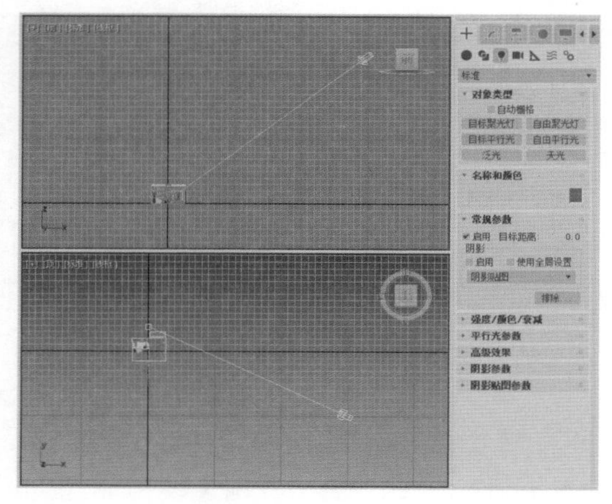

图6.24　设置阳光照明

Step 05 在修改命令面板中设置目标平行光参数，如图6.25所示。

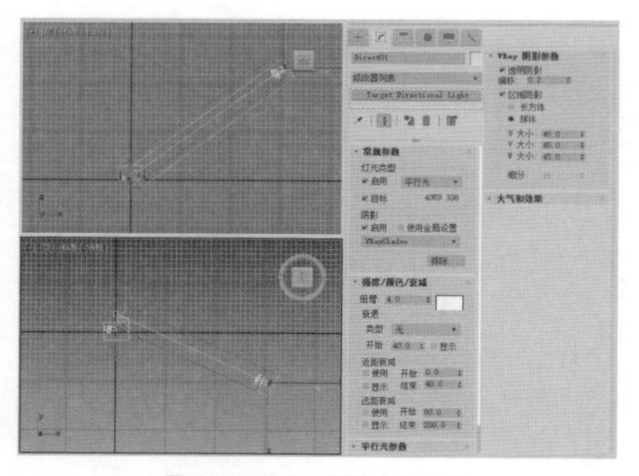

图6.25　设置目标平行光参数

提示

如果设置了3ds Max内置的灯光，为了产生较好的阴影效果，可以选择VRayShadows阴影模式，此时修改命令面板中会出现一个“VRay阴影参数”卷展栏。在这个卷展栏中可以设置与VRay渲染器匹配的阴影参数。

Step06 按F9键，对场景进行渲染，此时的渲染效果如图6.26所示。

图6.26　场景渲染效果

Step07 设置窗口补光。在十建立命令面板的灯光区域，选择VRay类型，单击VRay 灯光按钮，在窗口处建立4盏VRay灯光，用来进行窗口的暖色补光，具体的位置如图6.27所示。

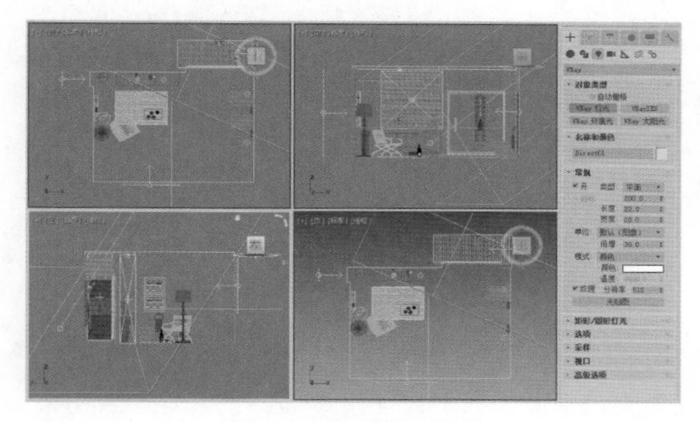

图6.27　设置窗口补光

Step08 在修改命令面板中，设置面光源参数，具体如图6.28～图10.31所示。

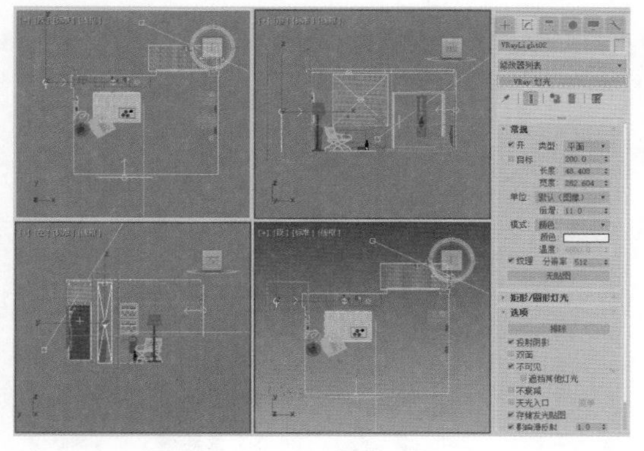

图6.28　设置面光源参数1

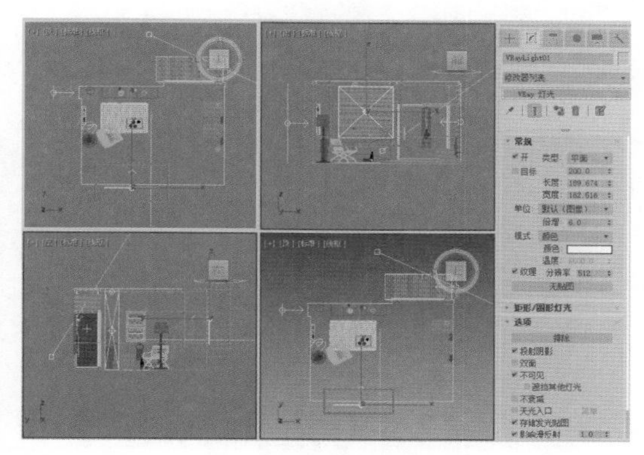

图6.29　设置面光源参数2

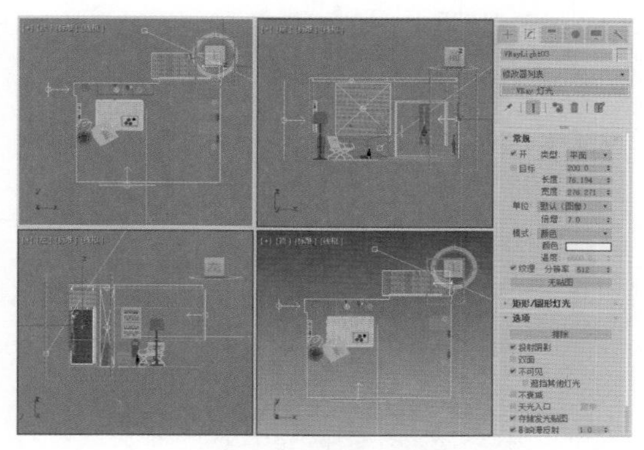

图6.30　设置面光源参数3

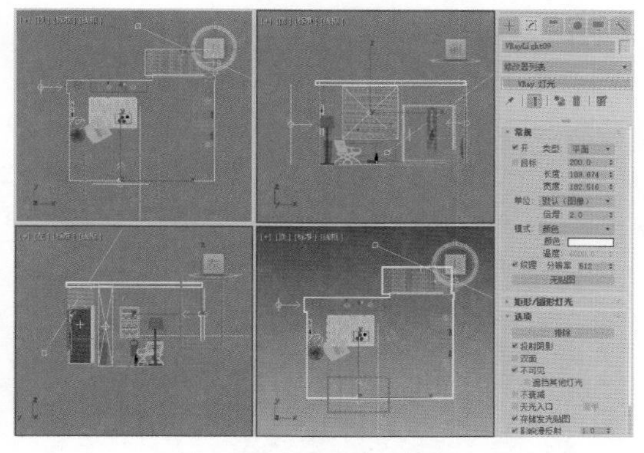

图6.31　设置面光源参数4

Step09 按F9键，对场景进行渲染，此时的渲染效果如图6.32所示。

Step10 设置室内补光。在十建立命令面板的灯光区域，选择VRay类型，单击VRay 灯光按钮，在室内建立VRay灯光，用来进行室内补光，具体的位置如图6.33所示。

Step11 在修改命令面板中，设置VRay

灯光参数，如图6.34所示。

图6.32　场景渲染效果

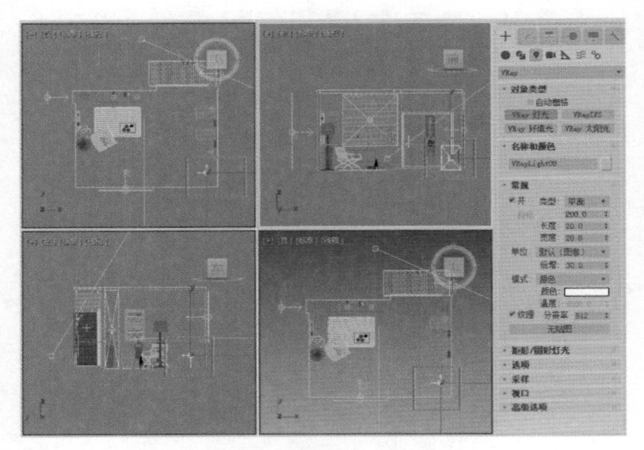

图6.33　设置室内补光

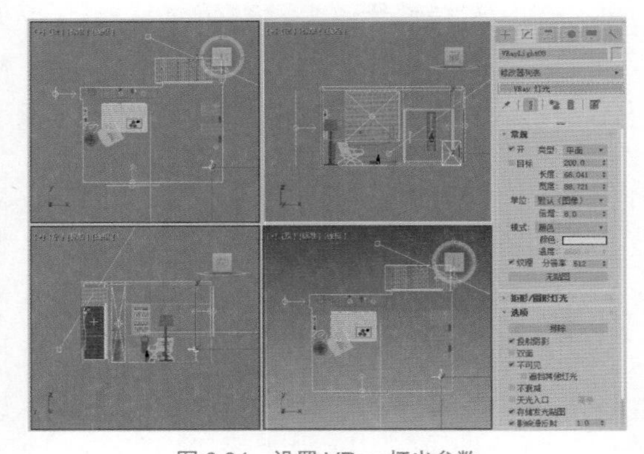

图6.34　设置VRay灯光参数

Step12 按F9键，对场景进行渲染，此时的渲染效果如图6.35所示。

Step13 设置射灯照明。在建立命令面板的灯光区域，选择VRay类型，单击 VRay灯光 按钮，在室内吸顶灯处建立VRay灯光；在建立命令面板单击 泛光灯 按钮，在室内创建一盏泛光灯；单击 目标灯光 按钮，在室内创建一盏目标点灯光，共同用来模拟射灯照明，具体位置如图6.36所示。

图6.35　场景渲染效果

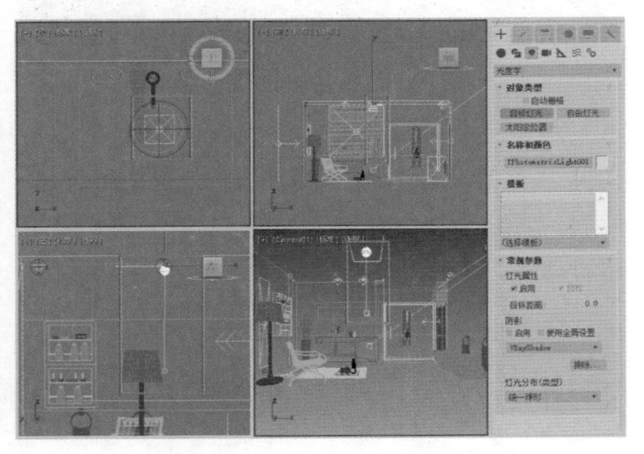

图6.36　设置射灯照明

提示

目标灯光像标准的泛灯光一样从几何体点发射光线。可以设置灯光分布。此灯光有三种类型的分布，分别为使用等向、聚光灯和Web分布的目标点灯光，并对应有相应的图标。

Step14 设置面光源参数如图6.37所示，设置泛光灯参数如图6.38所示，设置目标灯光参数如图6.39所示（光域网文件为Ch6\Maps\2.ies）。

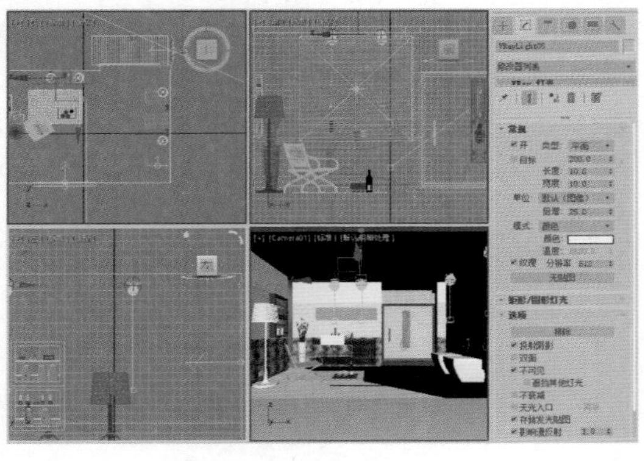

图6.37　设置面光源参数

图 6.38　设置泛光灯参数

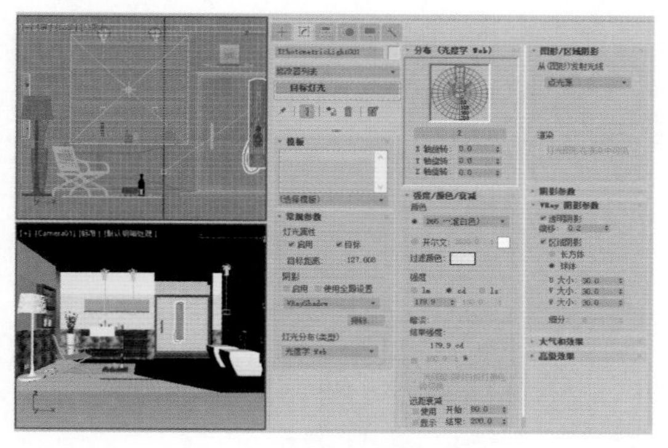

图 6.39　设置目标灯光参数

Step 15 将这组灯复制到另外3个吸顶灯处。重新对摄像机视图进行渲染，效果如图 6.40 所示。至此场景灯光设置完成。

提示

任何给出方向上的发光强度与Web和光度学中心之间的距离成比例，在指定的方向上沿着与中心保持直线进行测量。

图 6.40　场景渲染效果

6.5　场景材质设置

下面逐一设置场景的材质，从影响整体效果的材质（如墙面、地面等）开始，到较大的洗手间用品（如椅子、落地灯、洗脸盆等），最后到较小的物体（如场景内的摆设品等）。

6.5.1　设置渲染参数

前面介绍了快速渲染的抗锯齿采样设置，目的是在能够观察到光效的前提下快速出图。本节涉及材质效果，所以要更改一种适合观察材质效果的设置。

按 F10 键，打开“渲染”设置对话框，进入 VRay 选项卡。在“全局开关”卷展栏中，勾选“反射 / 折射”复选框，取消勾选“覆盖材质”复选框，将其关闭，如图 6.41 所示。

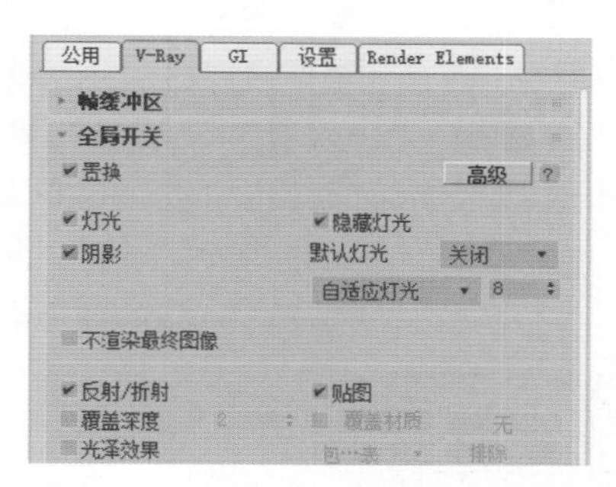

图 6.41　设置“全局开关”卷展栏参数

提示

勾选“不渲染最终图像”复选框的时候，直接光照将不包含在最终渲染的图像中。但系统在计算全局光的时候，直接光照仍然会被计算，最后只会显示间接光照明的效果，这里则不勾选该复选框。

有了以上这两个设置，就可以进行下面的材质设置了。

6.5.2　设置墙体参数

墙体材质包括白色乳胶漆材质、白色大理石材质、黄色大理石材质、青灰色瓷砖材质、印花玻璃材质和水泥材质。

Step 01 设置白色乳胶漆材质。打开“材质编辑器”，选择一个空白的材质球，选择材质样式为 VRayMtl ，设置“漫反射”颜色为白色，并设置“反射”参数如图 6.42 所示。

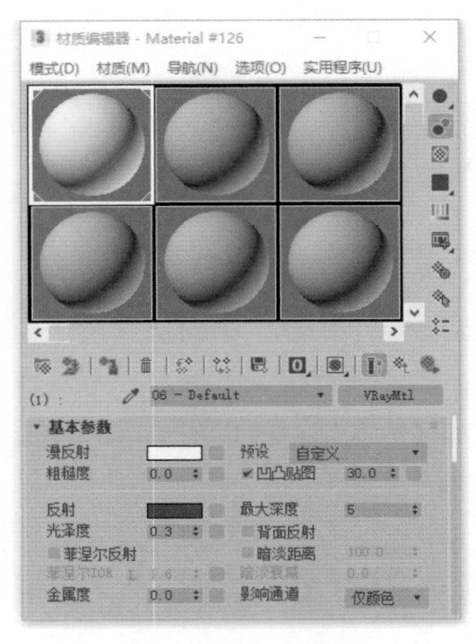

图 6.42　设置白色乳胶漆材质

Step 02 设置白色大理石墙体材质。打开“材质编辑器”，选择一个空白的材质球，选择材质样式为 VRayMtl ，设置“漫反射”贴图为 Ch6\Maps\ 复件 finishes.painting.paint. 凹凸 .jpg 文件，参数设置如图 6.43 所示。

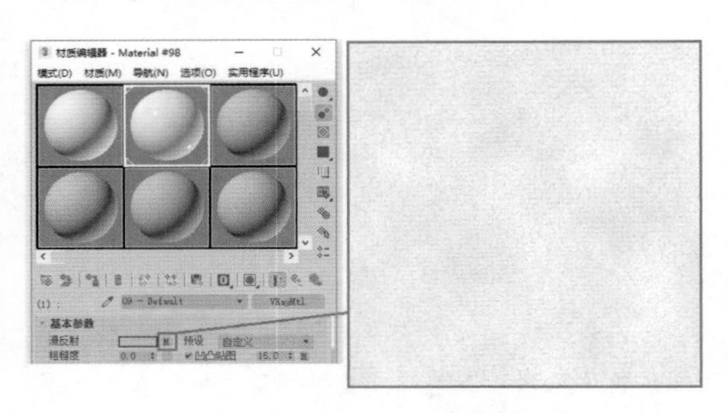

图 6.43　设置白色大理石墙体材质

Step 03 设置“反射”参数如图 6.44 所示。

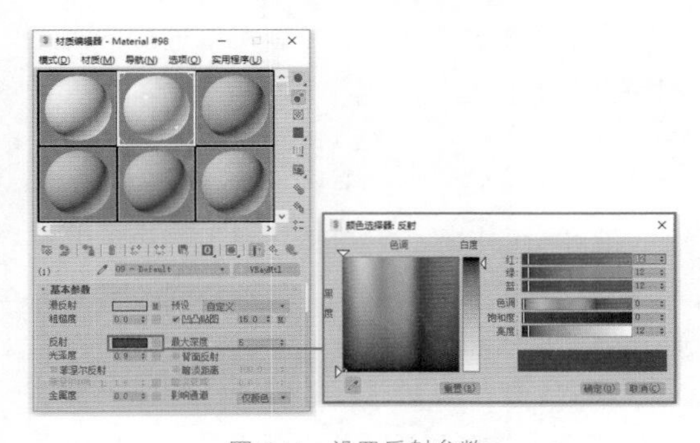

图 6.44　设置反射参数

技术链接

“反射”设置反射的强度（反射强度由256级灰度代替）和颜色。图6.45为反射测试。

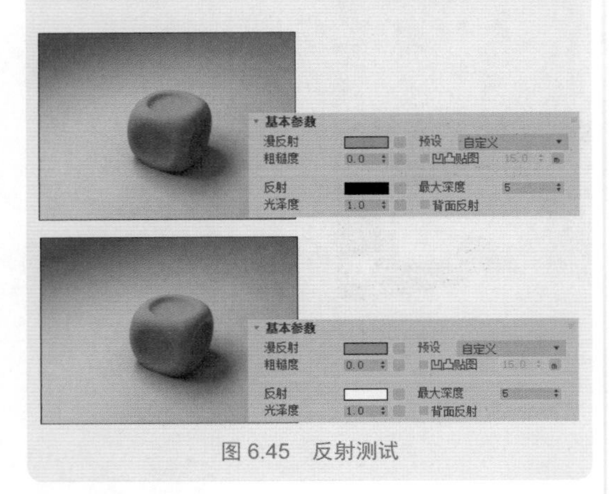

图 6.45　反射测试

Step 04 单击 按钮返回最上层，设置“凹凸”贴图为 Ch6\Maps\ 复件 finishes.painting.paint. 凹凸 .jpg 文件，设置“凹凸”通道的强度为 15，参数设置如图 6.46 所示。

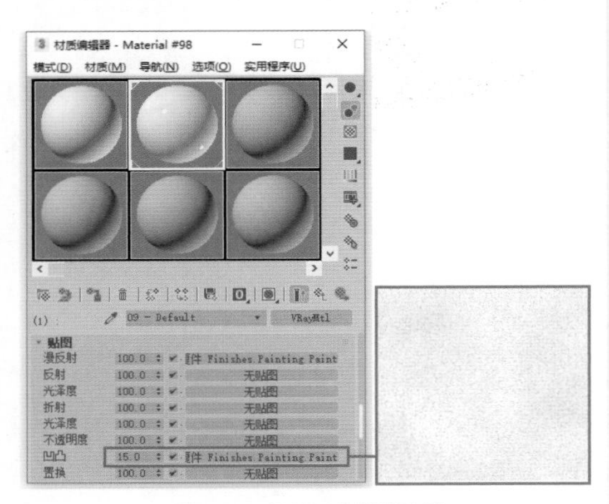

图 6.46　设置凹凸通道贴图

Step 05 单击 按钮返回最上层，在环境通道中添加一个“输出”贴图，如图 6.47 所示。

提示

输出贴图的作用是对贴图进行一些整体的控制，这种控制不会破坏原贴图或文件，这对三维制作非常有利，可以减少Photoshop等图形软件对图片文件的修改，尽可能用贴图的输出贴图进行调整，减少贴图的使用量。

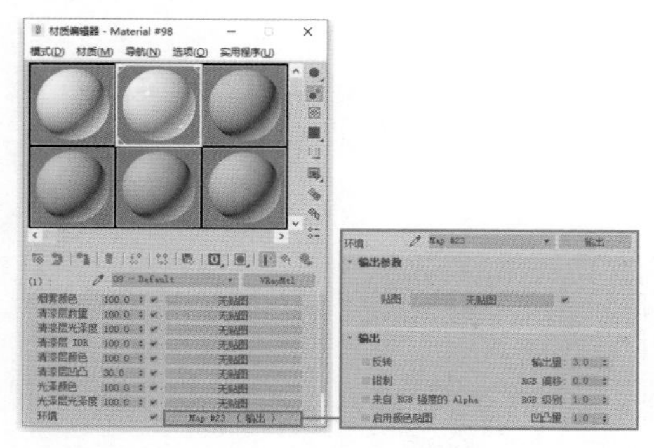

图 6.47 设置环境通道贴图

Step 06 设置黄色大理石墙体材质。打开“材质编辑器”，选择一个空白的材质球，选择材质样式为 VRayMtl ，设置材质样式为“VRay_材质包裹器”（将VRayMtl作为子材质），如图6.48所示。

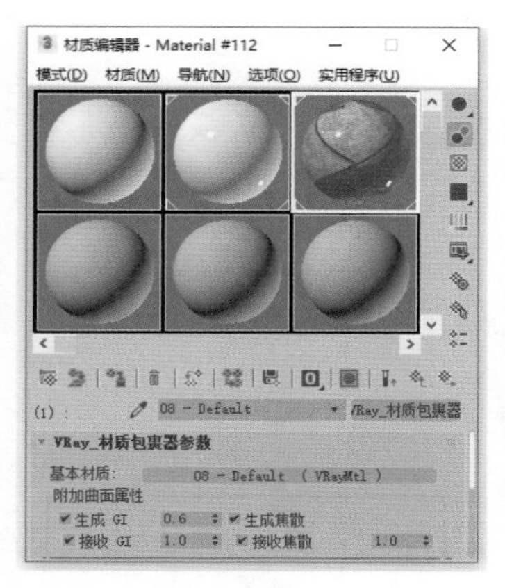

图 6.48 设置材质样式

Step 07 设置“基本材质”部分材质，设置“漫反射”贴图为Ch6\Maps\01.bmp，并设置反射参数如图6.49所示。

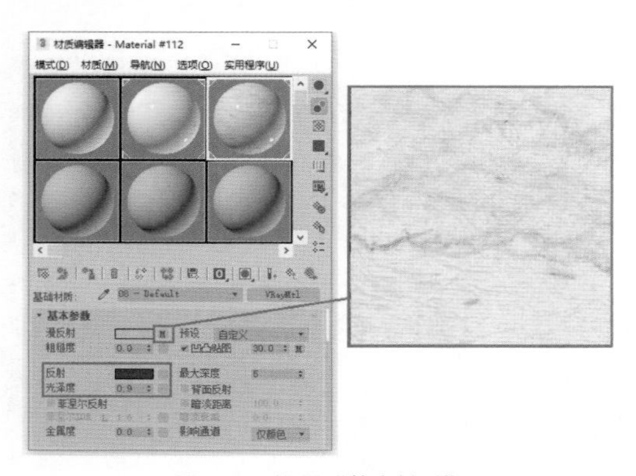

图 6.49 设置“基本材质”

Step 08 打开“贴图”卷展栏，在“凹凸”通道设置贴图为Ch6\Maps\01.bmp文件，设置贴图通道的强度为30，同时在环境通道中添加一个“输出”贴图，参数设置如图6.50所示。

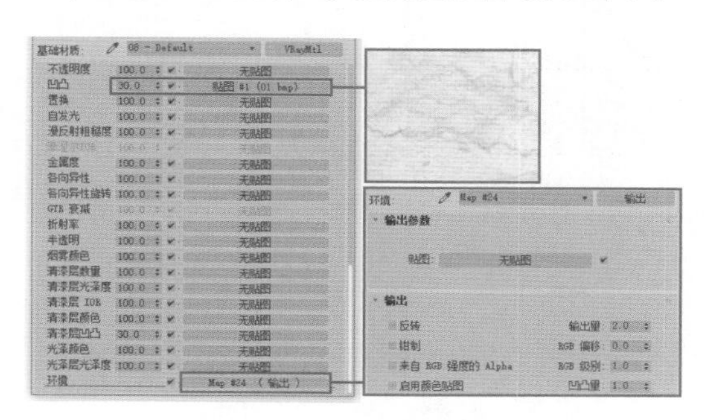

图 6.50 设置凹凸通道贴图

Step 09 设置青灰色瓷砖材质。打开“材质编辑器”，选择材质样式为 VRayMtl ，然后设置“材质”为“VRay_材质包裹器”（将VRayMtl作为子材质），如图6.51所示。

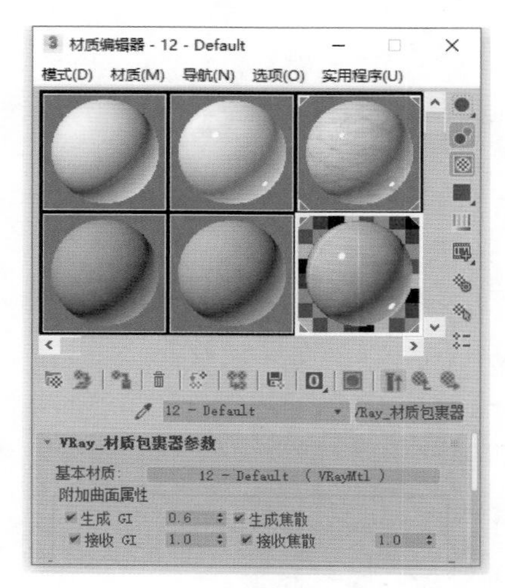

图 6.51 设置材质样式

提示

VRay_材质包裹器主要控制材质的全局光照、焦散和物体的不可见等特殊内容。

Step 10 设置“基本材质”，设置“漫反射”的贴图为一个“瓷砖”贴图，参数设置如图6.52所示。

Step 11 打开“贴图”卷展栏，在“反射”通道中添加一个“衰减”贴图，设置衰减贴图的颜色，设置“衰减类型”为Fresnel，参数设置如图6.53所示。

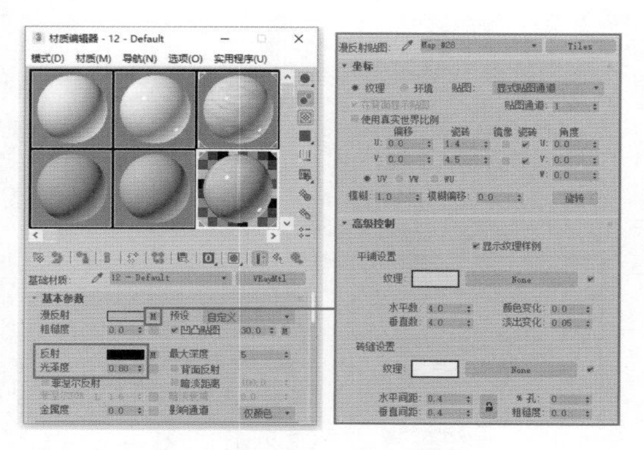

图6.52　设置基本材质

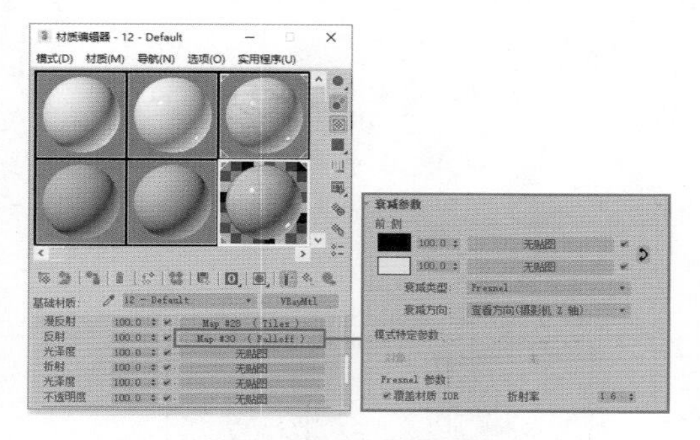

图6.53　设置反射通道贴图

Step12 单击按钮，返回最上层，在“凹凸”通道中添加一个“瓷砖”贴图，设置通道强度为30，参数设置如图6.54所示。

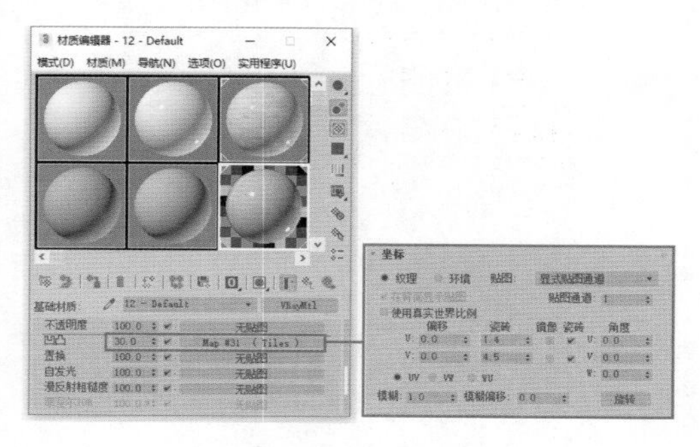

图6.54　设置凹凸通道贴图

注意

使用“瓷砖贴图”可以创建砖、彩色瓷砖或材质贴图。通常，有很多定义好的建筑砖块图案可以使用，但也可以设计一些自定义的图案。

Step13 设置水泥材质。打开“材质编辑器”，选择一个空白的材质球，选择材质样式为 VRayMtl，设置“漫反射”贴图为Ch6\Maps\2023902--embed.jpg文件，参数设置如图6.55所示。

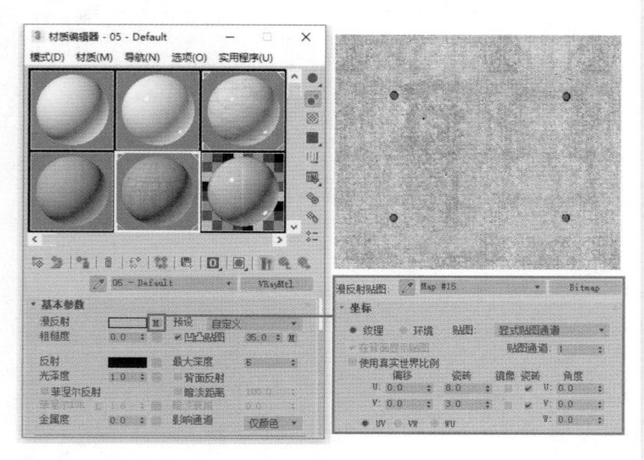

图6.55　设置水泥材质

Step14 打开“贴图”卷展栏，在“凹凸”通道添加一个贴图为Ch6\Maps\2023902--embed.jpg文件，设置通道强度为35，参数设置如图6.56所示。

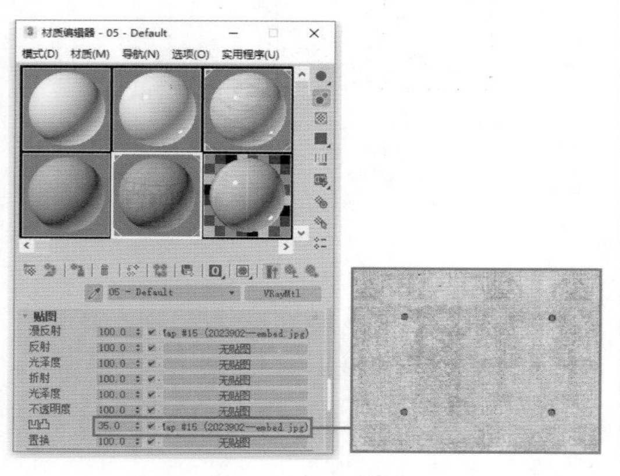

图6.56　设置凹凸通道贴图

Step15 设置印花玻璃材质。打开材“质编辑器”，选择一个空白的材质球，选择材质样式为 VR_双面材质，设置正面部分材质。选择“材质样式”为 VRayMtl，如图6.57所示。

提示

印花玻璃材质特征和真实的玻璃材质特征大同小异，只是多了在漫反射通道添加玻璃印花位图这一个步骤。

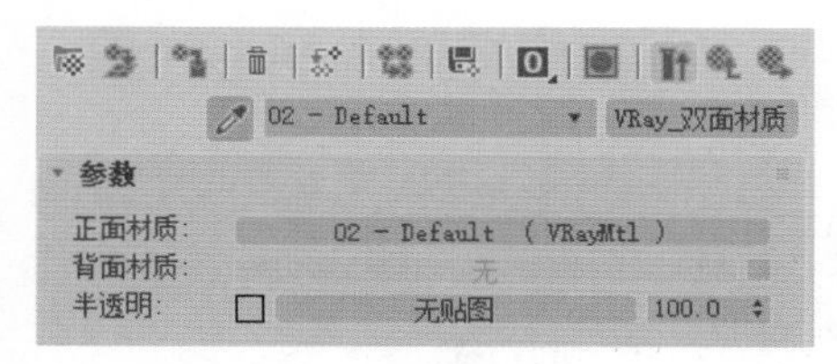

图 6.57　设置材质样式

Step16 设置“漫反射”贴图为 Ch6\Maps\856247-01-embed.jpg 文件，参数设置如图 6.58 所示。

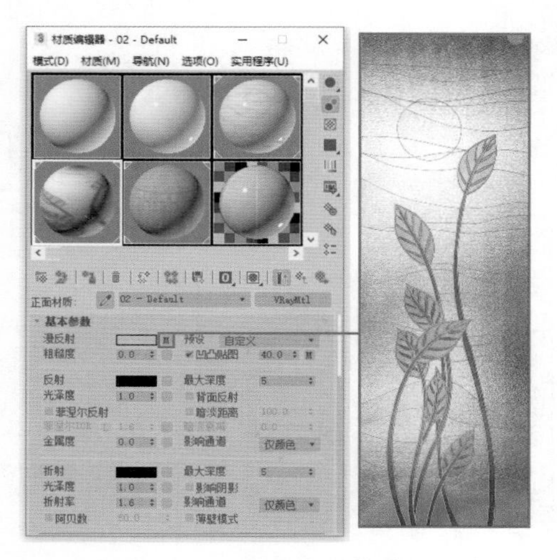

图 6.58　设置“漫反射”贴图

Step17 打开“贴图”卷展栏，在“凹凸”通道添加一个贴图为 Ch6\Maps\856247-01-embed.jpg 文件，设置通道强度为 40，参数设置如图 6.59 所示。

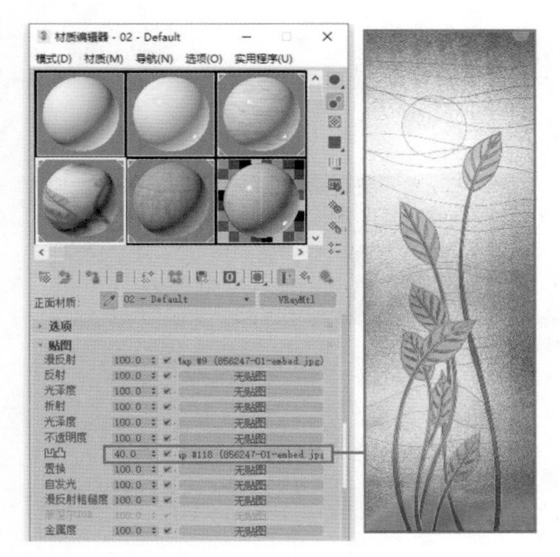

图 6.59　设置凹凸通道

Step18 将所设置的材质赋予墙体模型，渲染效果如图 6.60 所示。

图 6.60　场景渲染效果图

6.5.3　设置地面参数

地面材质包括木质地板材质和地毯材质。

Step01 设置木质地板材质。打开“材质编辑器”，选择一个空白的材质球，选择材质样式为 VRayMtl，设置“漫反射”贴图为 Ch6\Maps\132749410.jpg 文件，参数设置如图 6.61 所示。

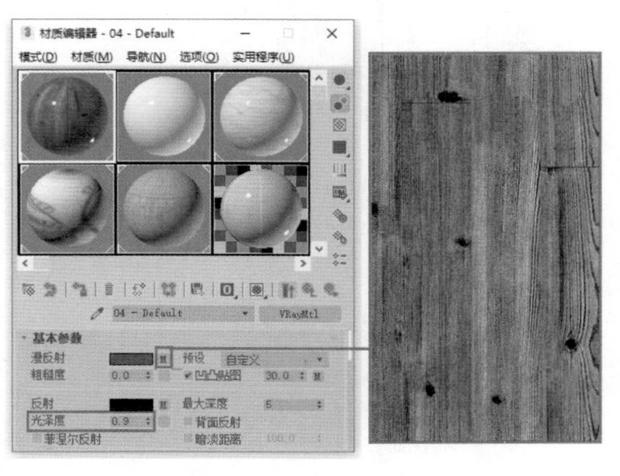

图 6.61　设置“漫反射”贴图

Step02 打开“贴图”卷展栏，在“反射”通道中添加一个“衰减”贴图，设置“衰减类型”为 Fresnel 方式，参数设置如图 6.62 所示。

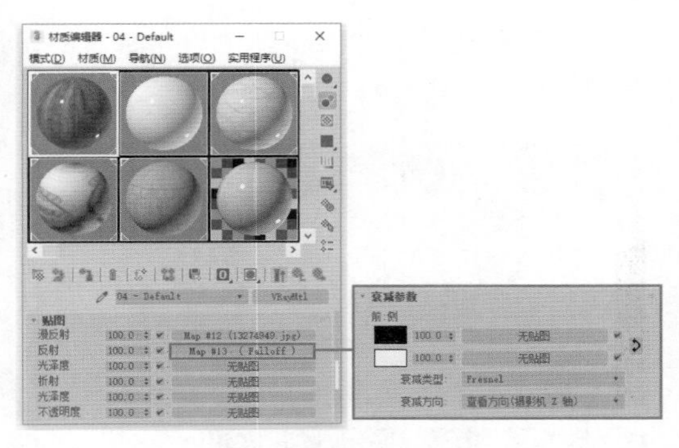

图 6.62　设置反射通道贴图

注意

在真实的情况下，木质地板材质有以下几个特征：

1.有一定的高光和较强的反射光泽度；

2.有些许衰减效果；

3.通过在“漫反射”通道添加真实的木质地板位图，来模拟木质地板材质效果。

Step03 单击按钮，返回最上层，设置“凹凸”贴图为 Ch6\Maps\ww-045a.jpg 文件，设置贴图强度为 30，参数设置如图 6.63 所示。

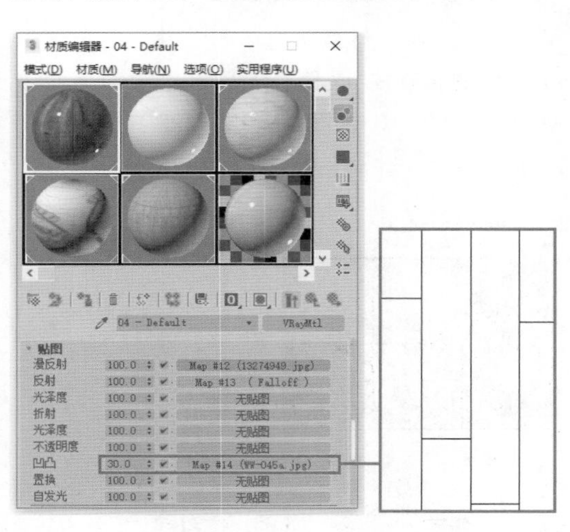

图 6.63　设置凹凸通道贴图

Step04 设置地毯材质。打开“材质编辑器”，选择一个空白的材质球，选择材质样式为 VRayMtl，设置“漫反射”贴图为 Ch6\Maps\06.tif 文件，参数设置如图 6.64 所示。

Step05 打开“贴图”卷展栏，设置“不透明度”贴图为 Ch6\Maps\03m.tif 文件，设置贴图强度为 100，参数设置如图 6.65 所示。

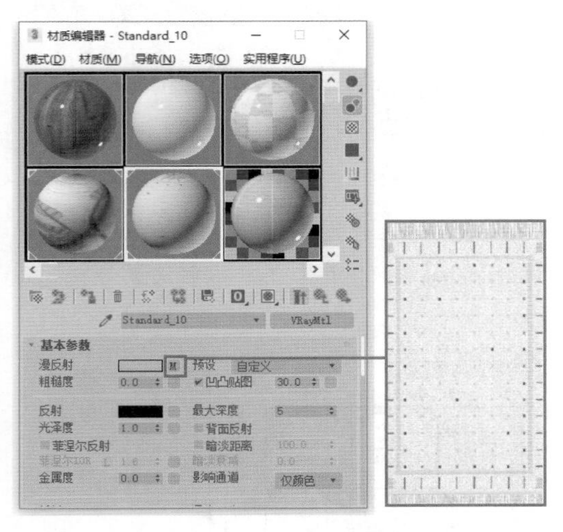

图 6.64　设置地毯材质

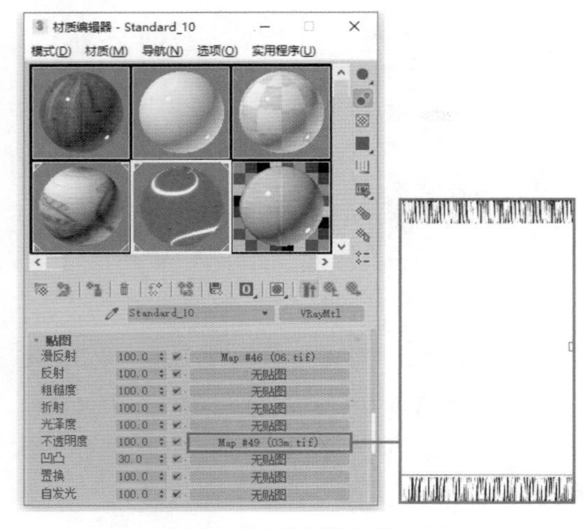

图 6.65　设置不透明通道贴图

Step06 将所设置的材质赋予地板和地毯模型，渲染效果如图 6.66 所示。

图 6.66　场景渲染效果

6.5.4　设置马桶、吊环和毛巾材质

马桶为白色塑料材质，吊环为不锈钢材质，毛巾为绒布料材质。

Step01 设置马桶材质。打开“材质编辑器”，选择一个空白的材质球，选择材质样式为 VRayMtl ，在“漫反射”通道中添加一个“输出”贴图，参数设置如图6.67所示。

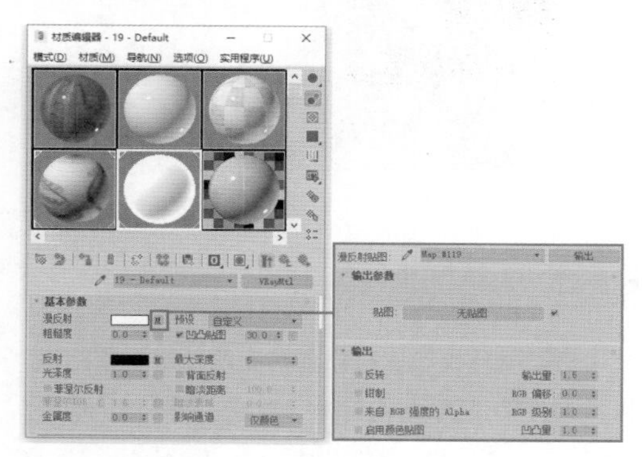

图6.67 设置“漫反射”贴图

提示

有一些贴图没有输出贴图这一项，这时可以在减少应用贴图前先赋一个输出贴图，在输出贴图上再赋予所需要的贴图。

Step02 打开“贴图”卷展栏，在“反射”通道中添加一个“衰减”贴图，设置“衰减类型”为Fresnel方式，参数设置如图6.68所示。

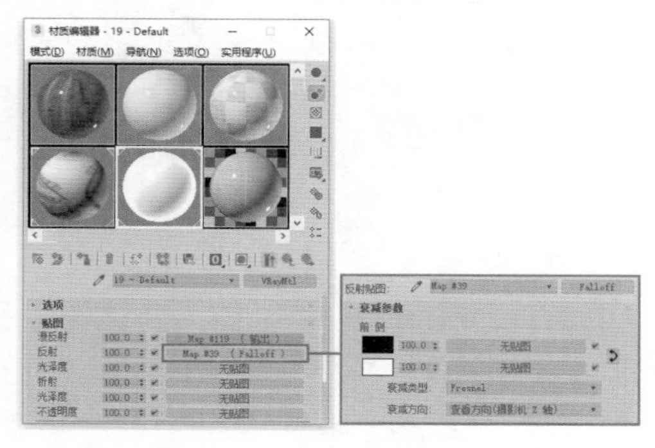

图6.68 设置反射通道贴图

Step03 单击按钮，返回最上层，在“环境”通道中添加一个“输出”贴图，参数设置如图6.69所示。

Step04 设置不锈钢吊环材质。打开“材质编辑器”，选择一个空白的材质球，选择材质样式为 VRayMtl ，设置“漫反射”颜色为灰色，并设置反射参数如图6.70所示。

Step05 打开“双向反射分布函数”卷展栏，设置参数如图6.71所示。

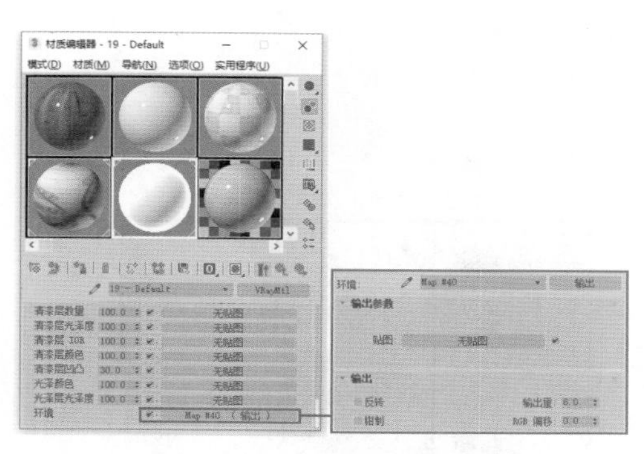

图6.69 设置环境通道贴图

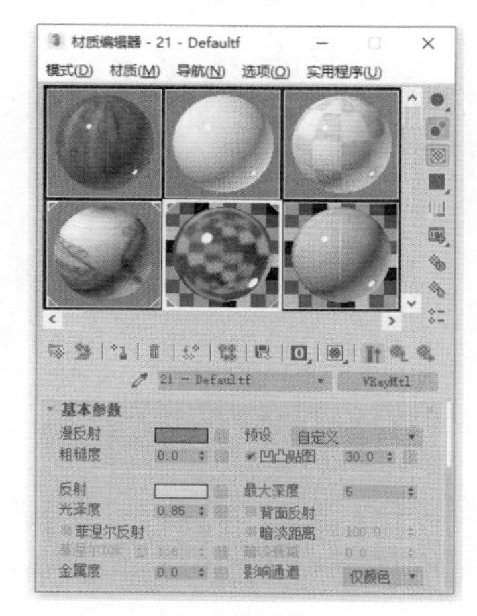

图6.70 设置不锈钢材质

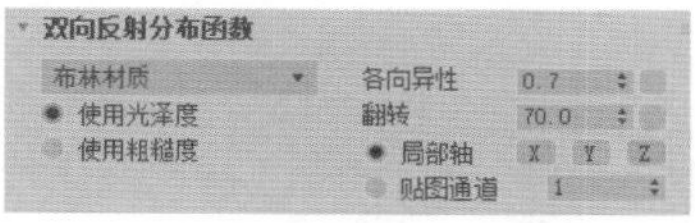

图6.71 “双向反射分布函数”卷展栏

技术链接

“各向异性”设置高光的各向异性特性。图6.72为进行各向异性测试。

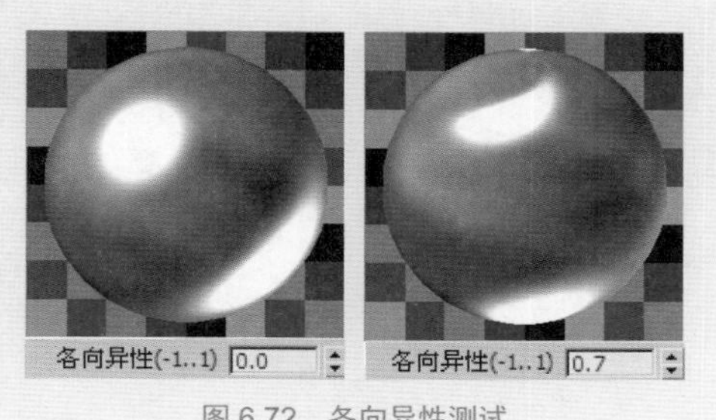

图6.72 各向异性测试

Step06 设置毛巾材质。打开“材质编辑器”，选择一个空白的材质球，选择材质样式为 VRayMtl ，设置“漫反射”颜色为白色，参数设置如图 6.73 所示。

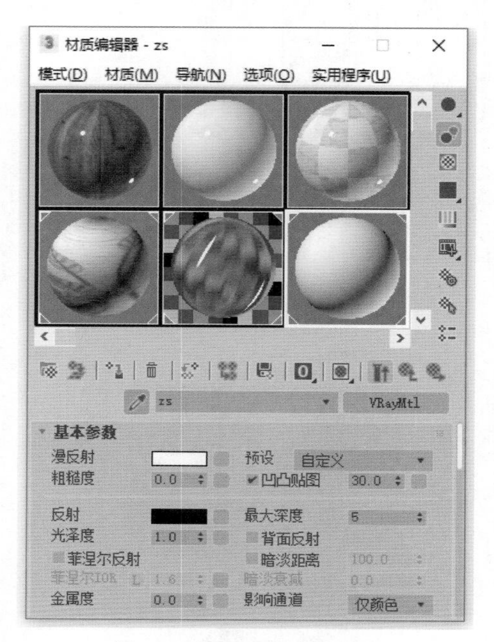

图 6.73 设置“漫反射”颜色

Step07 打开“贴图”卷展栏，设置“置换”贴图为 Ch6\Maps\arch30_033_ 凹凸 disp.jpg 文件，设置通道强度为 10.0，参数设置如图 6.74 所示。

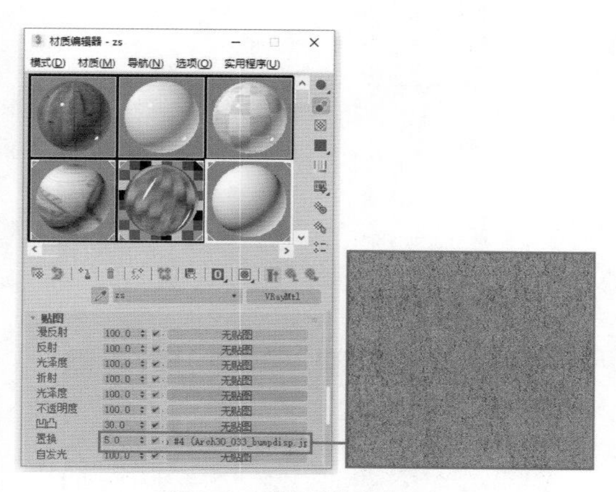

图 6.74 设置置换通道贴图

Step08 将所设置的材质赋予马桶、吊环和毛巾模型，渲染效果如图 6.75 所示。

图 6.75 场景渲染效果

6.5.5 设置椅子材质

椅子材质由金属材质和绒布质椅垫材质组成。

Step01 设置金属材质。打开“材质编辑器”，选择一个空白的材质球，选择材质样式为 VRayMtl ，设置“漫反射”颜色为灰色，并设置反射参数，如图 6.76 所示。

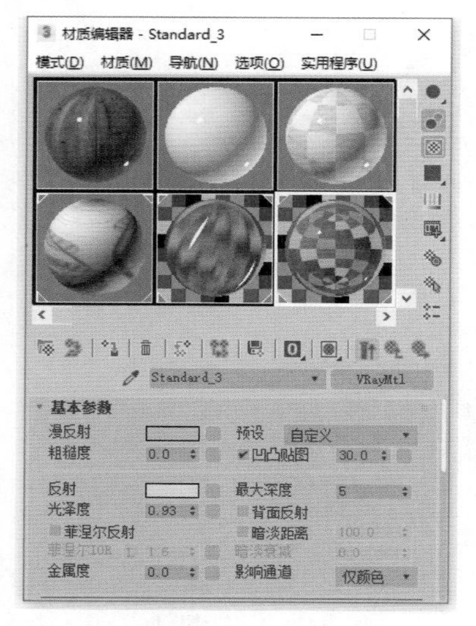

图 6.76 设置金属材质

Step02 设置椅垫材质。打开“材质编辑器”，选择一个空白的材质球，选择材质样式为 VRayMtl ，在“漫反射”通道中添加一个“衰减”贴图，设置颜色 1 为黑色，设置颜色 2 为灰色，设置“衰减类型”为 Fresnel 方式，参数设置如图 6.77 所示。

Step03 打开“贴图”卷展栏，在“凹凸”通道中添加一个“噪波”贴图，设置“大小”为 0.27，设置“凹凸”通道强度为 30，参数设置如图 6.78 所示。

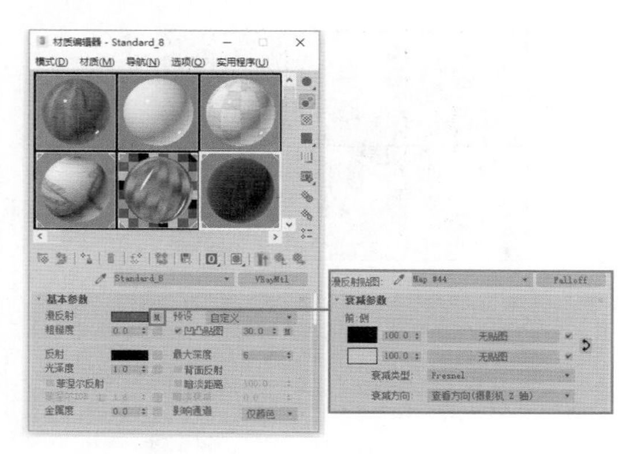

图 6.77　设置椅垫材质

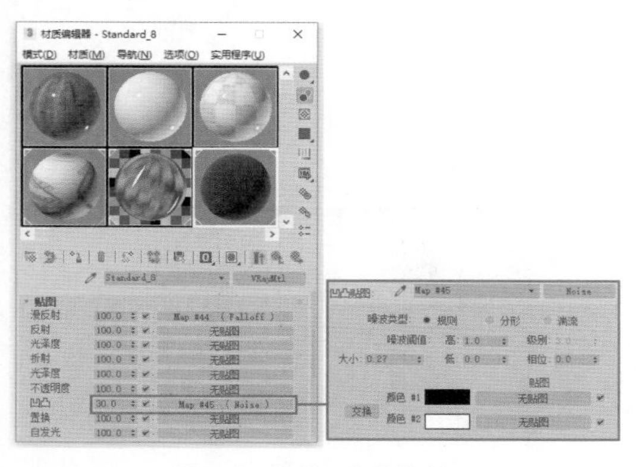

图 6.78　设置凹凸通道贴图

提示

因为真实的椅垫材质是有些许凹凸不平效果的，所以在这里给凹凸通道添加“噪波”贴图，选用的是规则的、非常小的噪波。

Step04 将所设置的材质赋予椅子模型，渲染效果如图 6.79 所示。

图 6.79　场景渲染效果

6.5.6　设置梳洗区材质

梳洗区材质包括木质柜台材质、不锈钢材质、白瓷材质、玻璃杯材质及牙刷材质。

Step01 设置木质柜台材质。打开“材质编辑器”，选择一个空白的材质球，选择材质样式为 VRayMtl，设置“漫反射”贴图为 Ch6\Maps\archinteriors10_002_wood.jpg 文件，参数设置如图 6.80 所示。

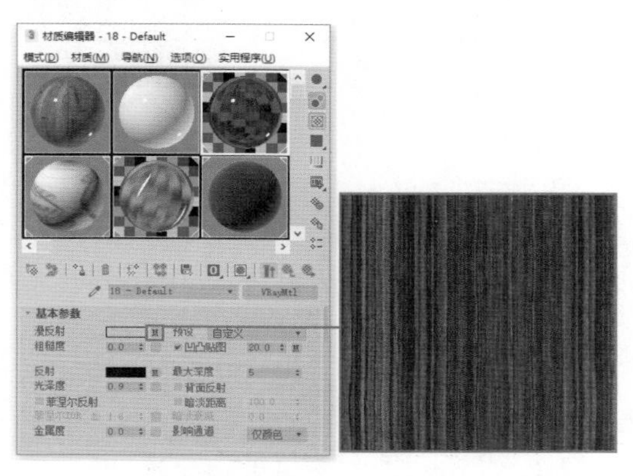

图 6.80　设置木质柜台材质

Step02 打开“贴图”卷展栏，在“反射”通道中添加一个“衰减”贴图，设置颜色 1 为黑色，设置颜色 2 为浅蓝色，设置“衰减类型”为 Fresnel，参数设置如图 6.81 所示。

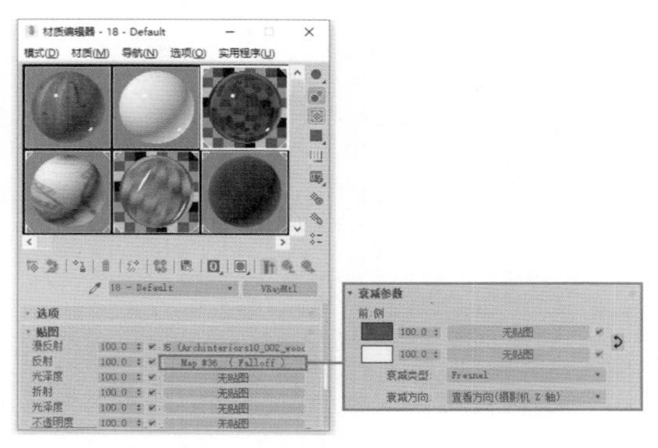

图 6.81　设置反射通道贴图

Step03 单击按钮，返回最上层，设置“凹凸”贴图为 Ch6\Maps\archinteriors10_002_wood.jpg 文件，设置通道强度为 20，参数设置如图 6.82 所示。

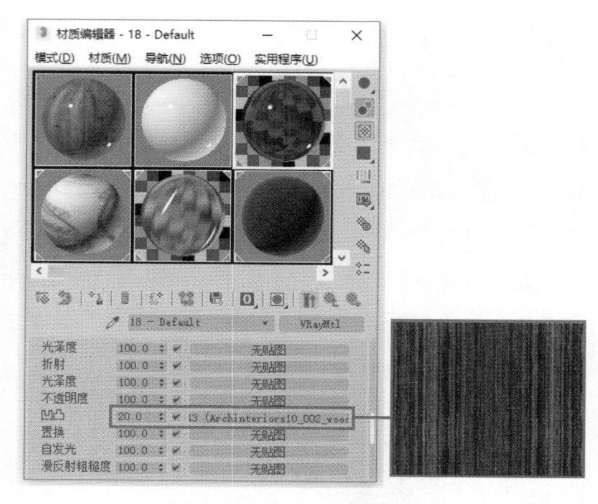

图 6.82　设置凹凸通道贴图

Step 04 设置浴室门把手不锈钢材质。打开"材质编辑器"，选择一个空白的材质球，选择材质样式为 VRayMtl ，设置"漫反射"颜色为灰色，并设置反射参数如图 6.83 所示。

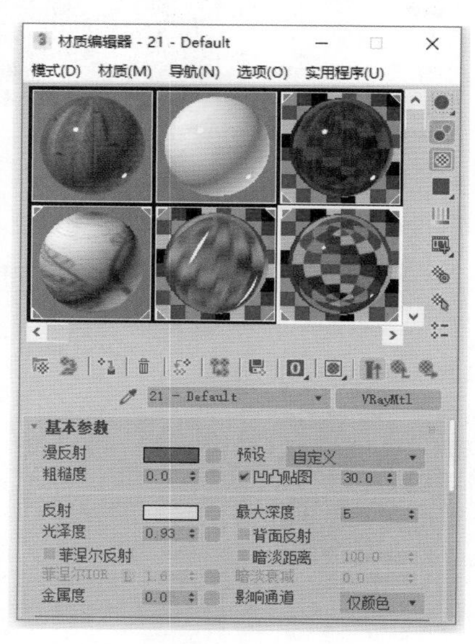

图 6.83　设置浴室门把手不锈钢材质

Step 05 设置浴室玻璃门材质。打开"材质编辑器"，选择一个空白的材质球，选择材质样式为 VRayMtl ，设置"漫反射"颜色为灰色，并设置反射参数如图 6.84 所示。

Step 06 设置玻璃的折射参数和雾色效果，如图 6.85 所示。

Step 07 打开"双向反射分布函数"卷展栏，设置参数如图 6.86 所示。

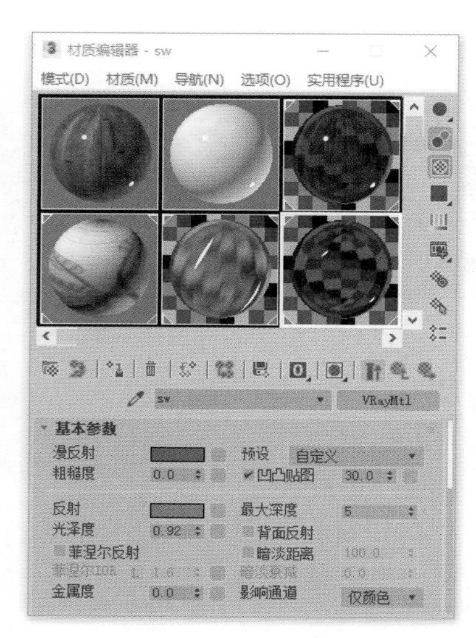

图 6.84　设置浴室玻璃门材质

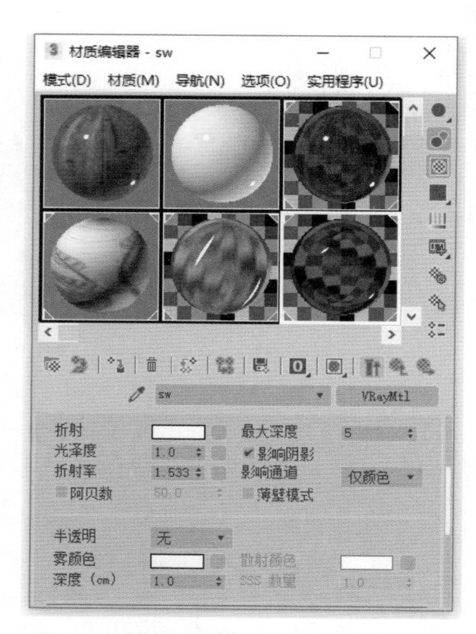

图 6.85　设置玻璃的折射参数和雾色效果

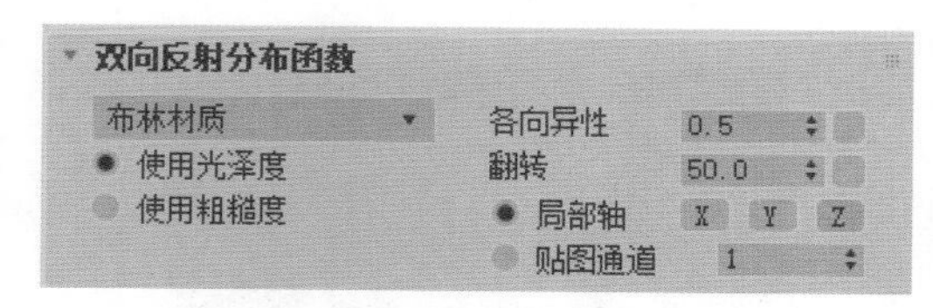

图 6.86　"双向反射分布函数"卷展栏

提示

双向反射分布函数是控制物体表面的反特性的常用方法，用于定义物体表面的光谱和空间反射特性的功能。

Step 08 设置牙刷的手柄材质。打开“材质编辑器”，选择一个空白的材质球，选择材质样式为 VRayMtl ，设置“漫反射”颜色为蓝色，参数设置如图 6.87 所示。

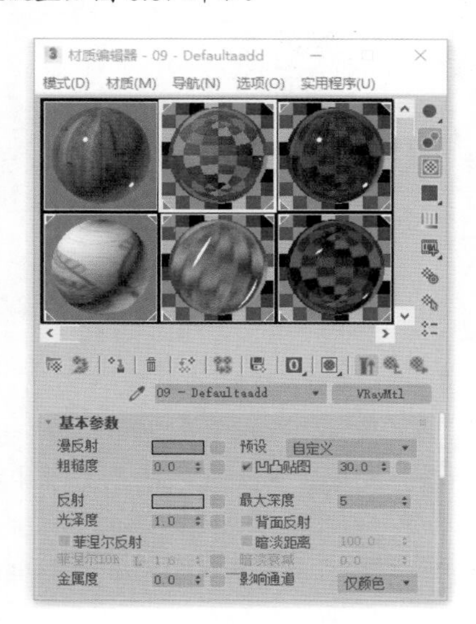

图 6.87 设置牙刷手柄材质

Step 09 设置折射参数和雾色效果如图 6.88 所示。

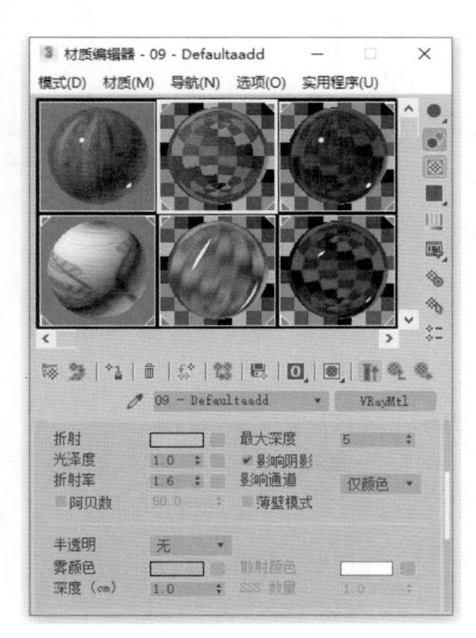

图 6.88 设置折射参数和雾色效果

Step 10 设置牙刷头部材质。打开“材质编辑器”，选择一个空白的材质球，选择材质样式为 VRayMtl ，设置“漫反射”颜色为白色，参数设置如图 6.89 所示。

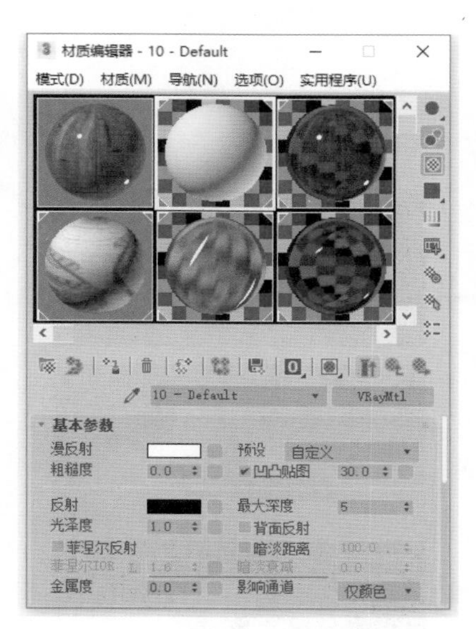

图 6.89 设置牙刷头部材质

Step 11 设置“折射”参数如图 6.90 所示。

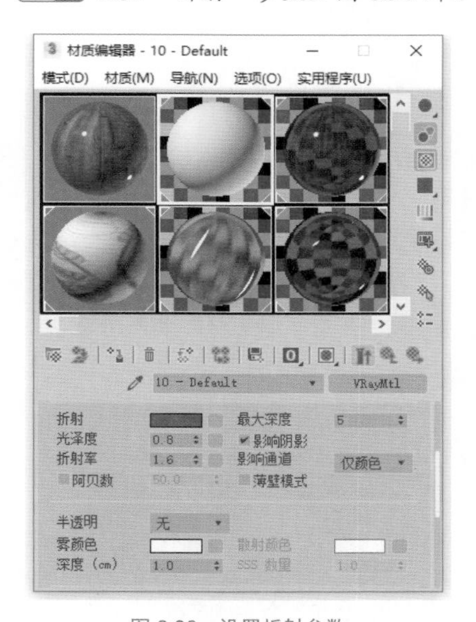

图 6.90 设置折射参数

Step 12 将所设置的材质赋予对应模型，渲染效果如图 6.91 所示。

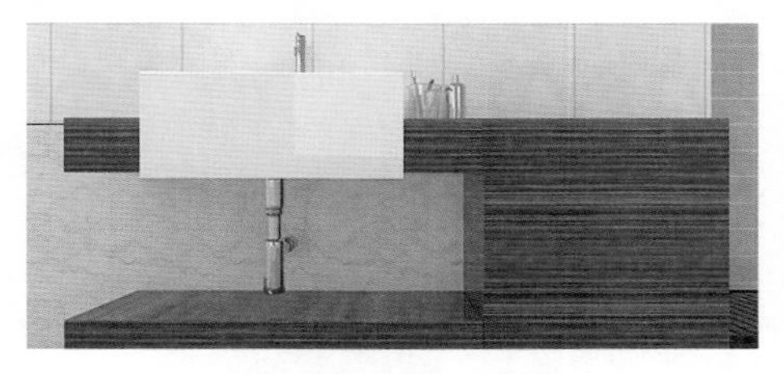

图 6.91 场景渲染效果

技术链接

图6.92所示为一些“雾颜色”效果，注意观察灯光从不同方向射入杯中液体的渗透。

图 6.92　一些“雾颜色”效果

6.5.7　设置落地灯材质

落地灯材质包括亚光漆灯座材质和白色灯罩材质。

Step01 设置灯座材质。打开“材质编辑器”，选择一个空白的材质球，选择材质样式为 VRayMtl，设置“漫反射”颜色为白色，参数设置如图 6.93 所示。

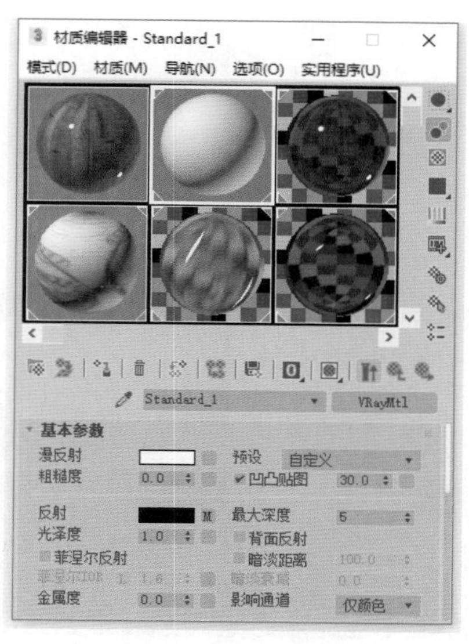

图 6.93　设置灯座材质

Step02 打开“贴图”卷展栏，在“反射”通道中添加一个“衰减”贴图，设置“衰减类型”为 Fresnel 方式，参数设置如图 6.94 所示。

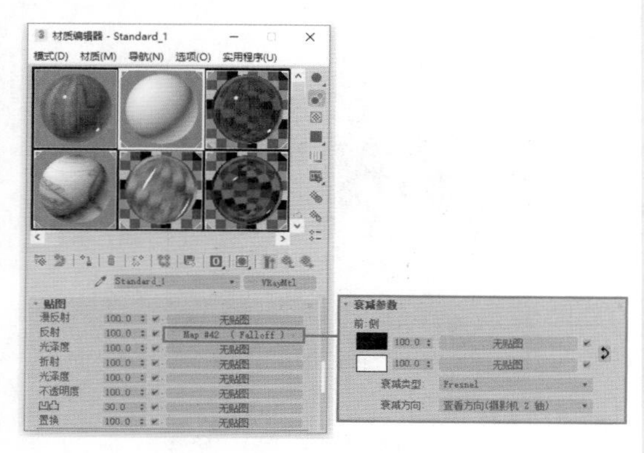

图 6.94　设置反射通道贴图

Step03 设置灯罩材质。打开“材质编辑器”，选择一个空白的材质球，选择材质样式为 VRayMtl，设置“漫反射”颜色为白色，参数设置如图 6.95 所示。

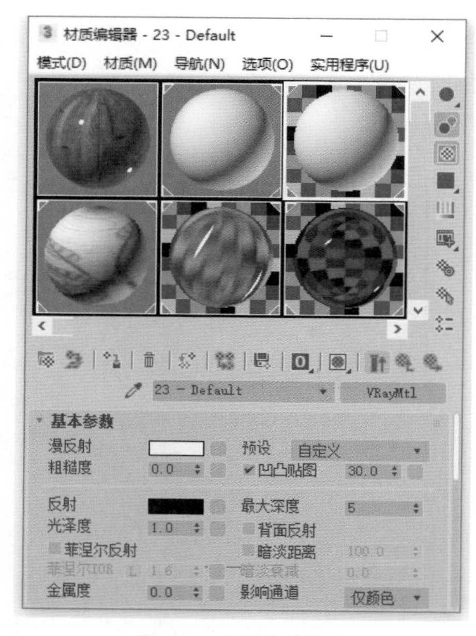

图 6.95　设置灯罩材质

Step04 设置灯照的折射参数和雾色效果如图 6.96 所示。

Step05 将所设置的材质赋予落地灯模型，渲染效果如图 6.97 所示。

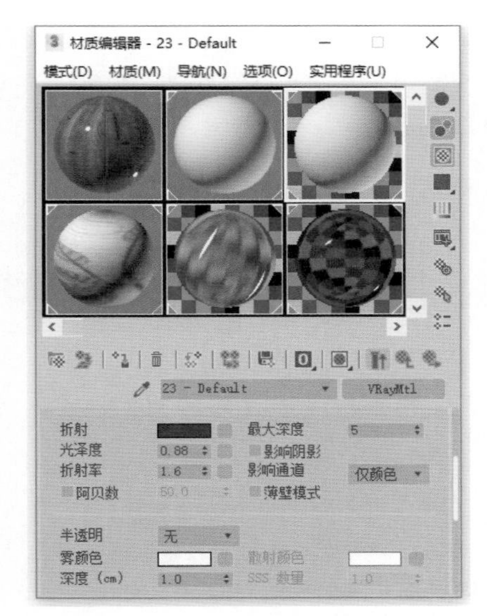

图 6.96　设置折射参数和雾色效果

图 6.97　场景渲染效果

6.5.8　设置酒瓶、酒杯和红酒材质

Step 01 设置瓶盖材质。打开“材质编辑器”，选择一个空白的材质球，选择材质样式为 VRayMtl，在“漫反射”通道中添加一个“衰减”贴图，设置 Color1 颜色 1 为深红色，设置 Color 颜色 2 为红色；勾选“菲涅尔反射”选项，调节反射参数如图 6.98 所示。

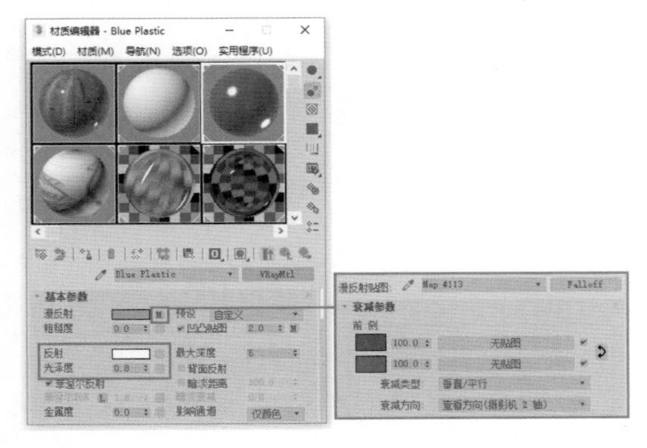

图 6.98　设置瓶盖材质

Step 02 打开“贴图”卷展栏，在“凹凸”通道中添加一个“噪波”贴图，设置“大小”为 10.0，设置“凹凸”通道强度为 2.0，参数设置如图 6.99 所示。

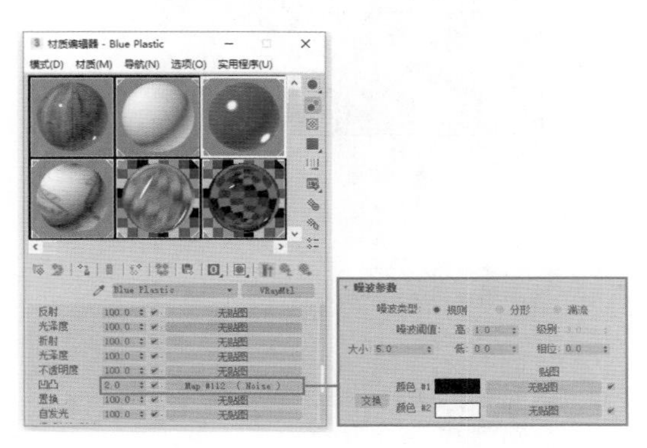

图 6.99　设置凹凸通道贴图

Step 03 设置酒瓶玻璃材质。打开“材质编辑器”，选择一个空白的材质球，选择材质样式为 VRayMtl，设置“漫反射”颜色为黑色，参数设置如图 6.100 所示。

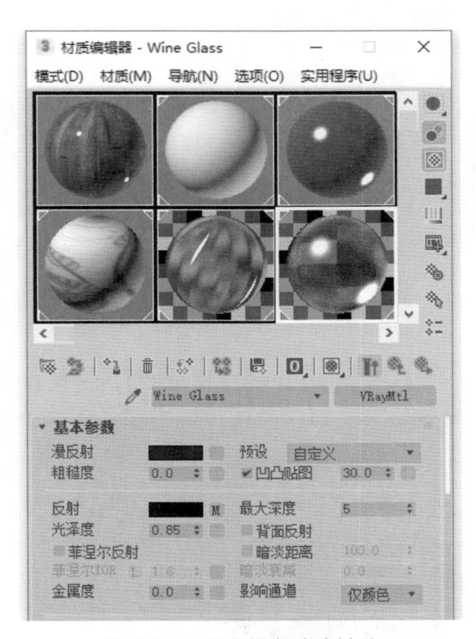

图 6.100　设置酒瓶玻璃材质

Step 04 设置玻璃的折射参数和雾色效果如图 6.101 所示。

Step 05 打开“贴图”卷展栏，在“反射”通道中添加一个“衰减”贴图，参数设置如图 6.102 所示。

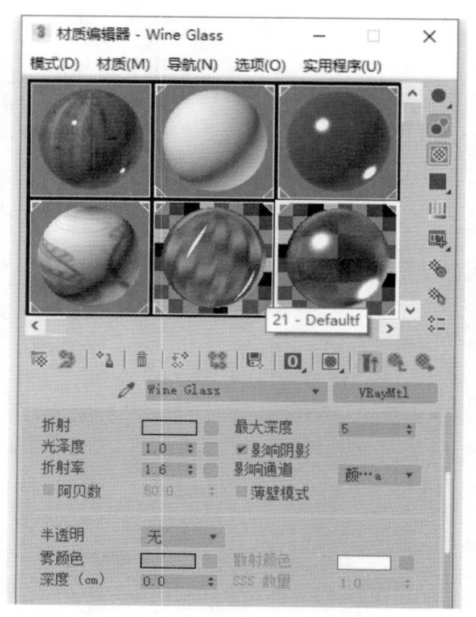

图 6.101　设置折射参数和雾色效果

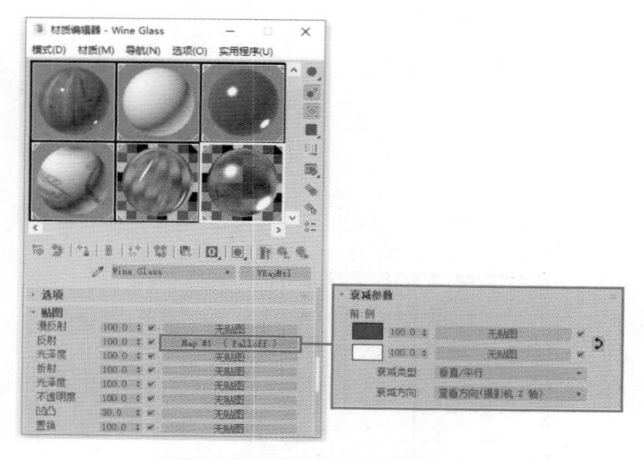

图 6.102　设置反射通道贴图

Step06 设置标签材质。打开“材质编辑器”，选择一个空白的材质球，选择材质样式为 VRayMtl ，设置“漫反射”贴图为 Ch6\Maps\lbl_du_tertre.jpg 文件，参数设置如图 6.103 所示。

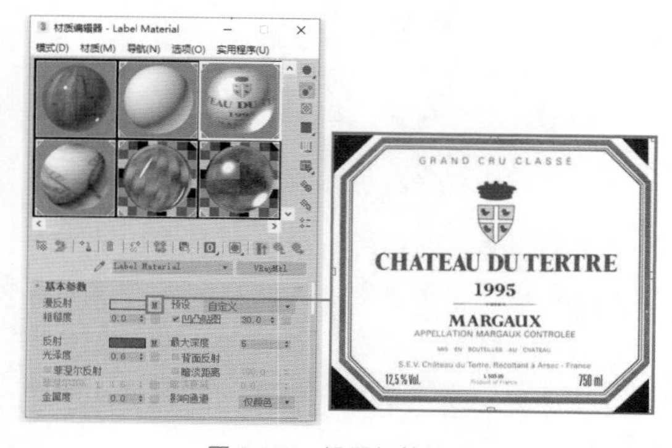

图 6.103　设置标签材质

Step07 打开“贴图”卷展栏，在“反射”通道中添加一个“衰减”贴图，参数设置如图 6.104 所示。

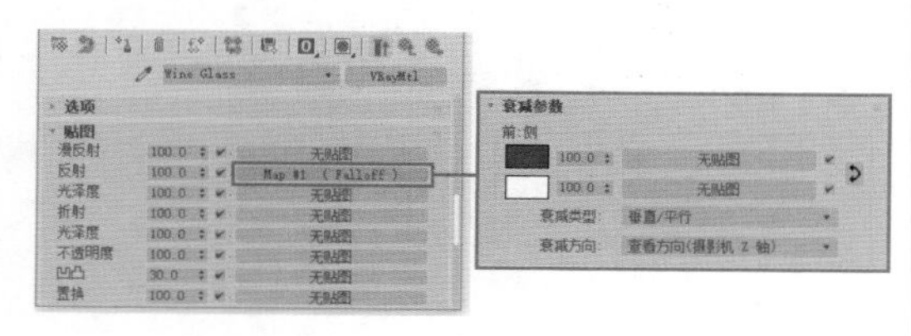

图 6.104　设置反射通道贴图

提示

“观看方向”是一个以摄像机Z轴向作为观看方向的衰减方式。这种衰减方式是不会因为物体本身的改变而改变的，只和观察角度有关系。

Step08 设置玻璃酒杯材质。打开“材质编辑器”，选择一个空白的材质球，选择材质样式为 VRayMtl ，设置“漫反射”颜色为白色，参数如图 6.105 所示。

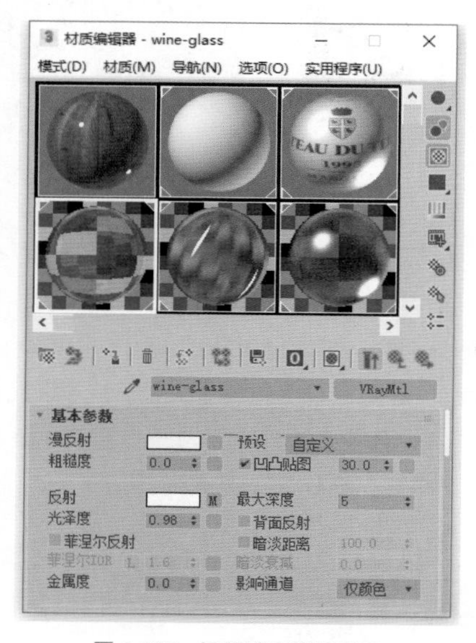

图 6.105　设置玻璃酒杯材质

Step09 设置玻璃酒杯的折射参数和雾色效果如图 6.106 所示。

提示

勾选“影响阴影”复选框，将导致物体投射透明阴影，透明阴影的颜色取决于折射颜色和雾颜色。

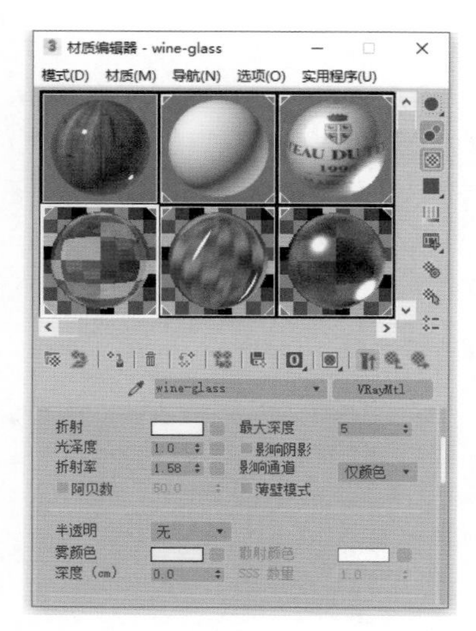

图 6.106　设置折射参数和雾色效果

Step10 打开“贴图”卷展栏，在“反射”通道中添加一个“衰减”贴图，设置“衰减类型”为 Fresnel 方式，参数设置如图 6.107 所示。

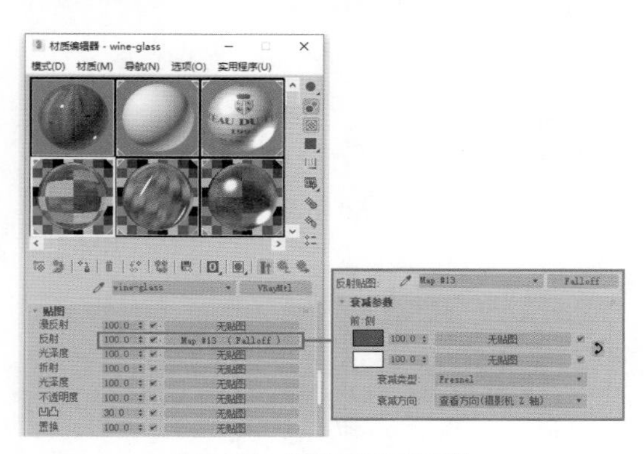

图 6.107　设置反射通道贴图

Step11 设置红酒材质。打开“材质编辑器”，选择一个空白的材质球，选择材质样式为 VRayMtl，设置“漫反射”颜色为红色，勾选“菲涅尔反射”复选框，并设置反射参数如图 6.108 所示。

Step12 设置红酒的折射参数和雾色效果如图 6.109 所示。

Step13 将所设置的材质赋予对应模型，最终材质效果如图 6.110 所示。场景中的其他材质（如花瓶、洗护用品以及照衣镜等），大家可以参考上述相似材质的设置方法进行制作，这里不再赘述。

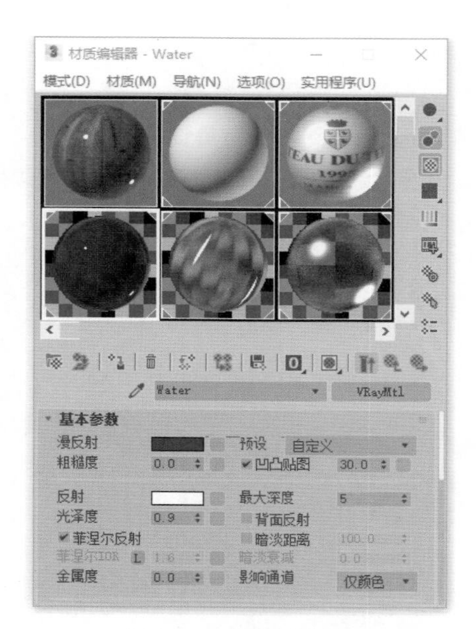

图 6.108　设置红酒材质

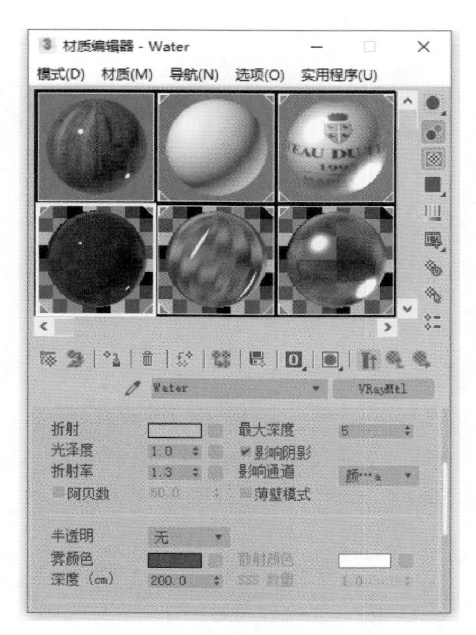

图 6.109　设置折射参数和雾色效果

图 6.110　最终材质效果

6.6 最终渲染设置

下面进行高级别的渲染设置。

Step01 按F10键，打开“渲染设置”对话框，勾选“光泽效果”复选框，如图6.111所示。

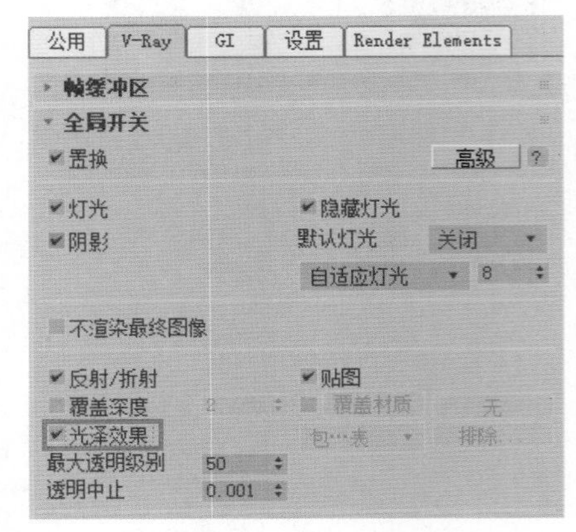

图6.111　设置全局开关卷展栏参数

Step02 进入GI页面，在“发光贴图”卷展栏中，设置“当前预射”级别为“高”，如图6.112所示。

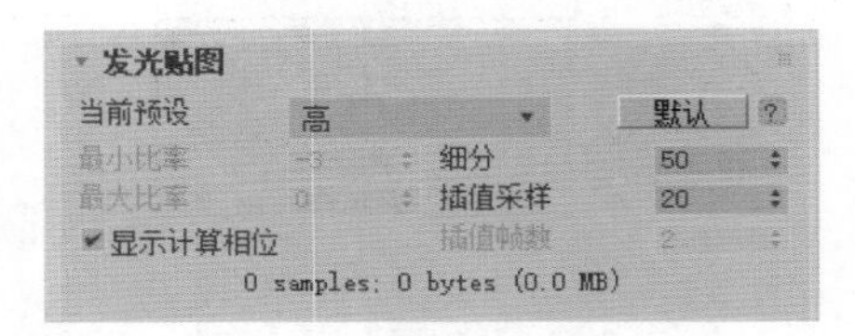

图6.112　设置“发光贴图”卷展栏参数

Step03 单击 默认 按钮，展开高级参数，勾选“细节增强”复选框，在该区域设置参数如图6.113所示。

图6.113　设置“细节增强”区域参数

Step04 在“发光贴图”卷展栏的“模式”区域，选择“单帧”模式，单击“保存”按钮。在弹出的“保存发光贴图”对话框中，输入要保存的01.vrmap文件名，如图6.114所示。

Step05 进入“灯光缓存”卷展栏，设置参数如图6.115所示。

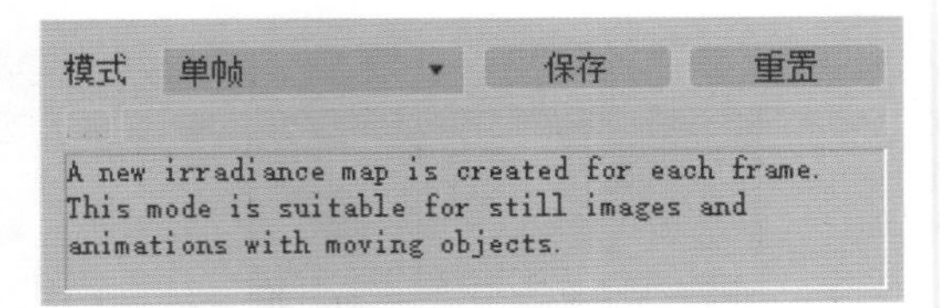

图6.114　设置发光贴图保存路径

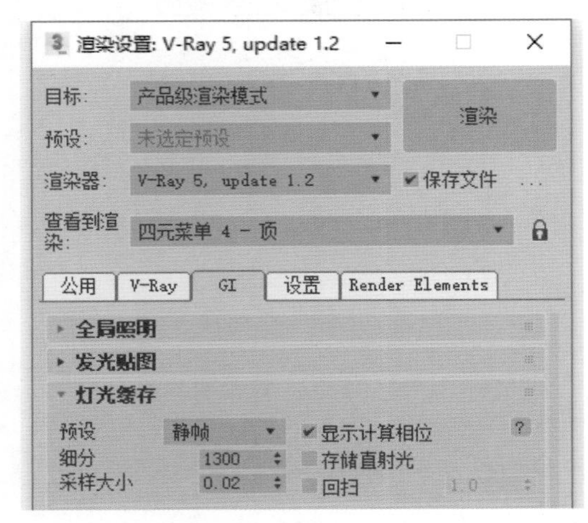

图6.115　设置“灯光缓存”卷展栏参数

Step06 在“模式”区域选择“单帧”模式，单击“保存”按钮。设置保存的发光贴图名称为01.vrlmap，如图6.116所示。

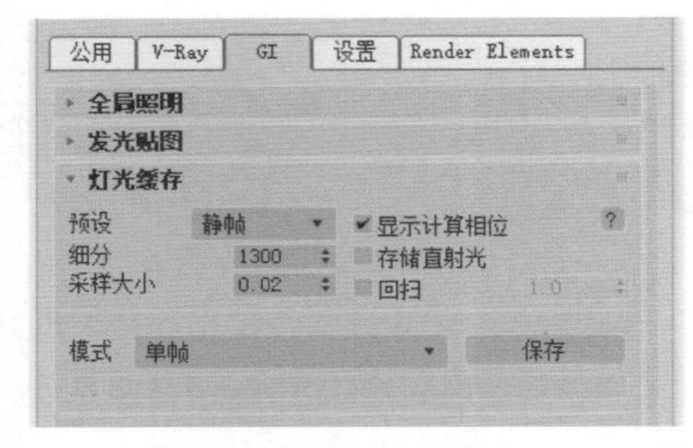

图6.116　设置发光贴图保存路径

Step07 设置渲染尺寸为320像素×240像素，如图6.117所示。

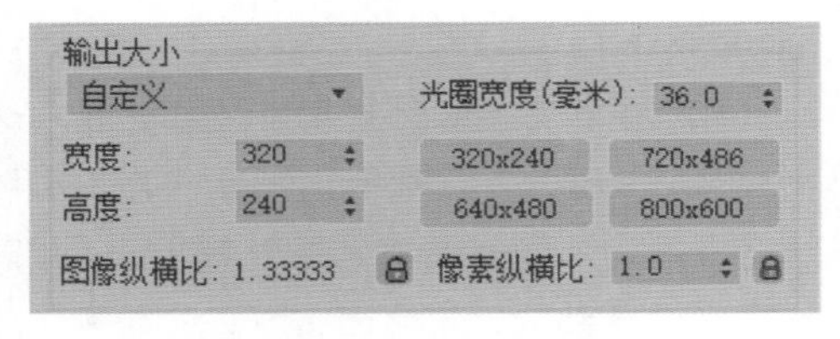

图6.117　设置“输出大小”参数

Step08 单击 渲染 按钮进行渲染。

Step09 渲染完成后，便得到了发光贴图和灯光缓存文件 01.vrmap 和 01.vrlmap。分别设置“发光贴图”和“灯光缓存”的模式为“从文件”，单击 按钮，打开保存的 01.vrmap 和 01.vrlmap，如图 6.118 所示。

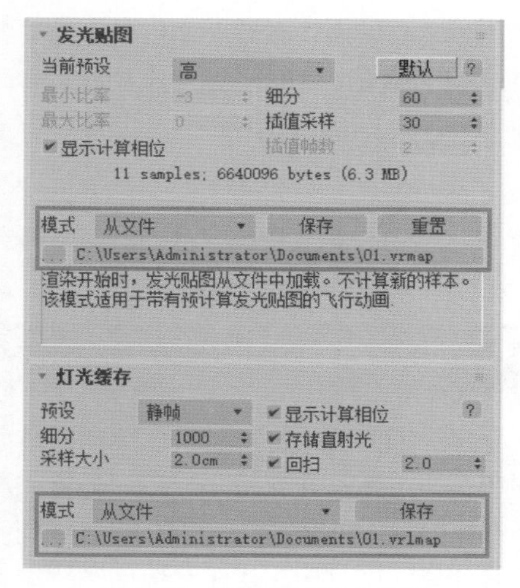

图 6.118　设置“从文件”贴图

Step10 设置较大的最终渲染尺寸，单击 渲染 按钮进行渲染，如图 6.119 所示。

图 6.119　最终渲染效果

第 7 章
通透餐厅渲染

本章制作一幅通透餐厅的效果图，在整体色彩的设置上讲求以暖色调为主，在窗口处夹杂些许冷色调的搭配风格，着力表现出室外寒冷、室内温暖的视觉效果。在灯光的设计上，以面光源配合目标点灯光的方法打造出室内温暖气氛的整体感觉，力争表现出温暖、整洁并且带有些许优雅的室内环境。

本例渲染效果如图 7.1 所示。

图 7.1 通透餐厅效果图

配色应用：

制作要点：

（1）掌握餐厅的规划和设计理念。

（2）学习餐厅场景灯光布置和现代餐厅风格的材质设计。

（3）使用目标点灯光模拟射灯照明。

最终场景：Ch7\Scenes

贴图素材：Ch7\Maps

难易程度：★★★★☆

7.1 餐厅规划

有多少人能够抵御来自餐厅美味的诱惑？在家中享用美味，即使是小户型，小餐厅，时尚又现代的餐厅布置风格，让人更加食欲大开。跳出餐厅以往的功能，居家者还可以在一个风和日丽的下午，手捧一杯咖啡，坐到精致的餐桌前，听着缓缓的音乐，享受美妙时光。

7.1.1 简约风格餐厅

餐厅不仅是享食空间，更是一家人团聚一起交流情感的温情场所。一款好的餐厅设计，需要视觉上的愉悦感，否则不秀色，如何用餐？还需要简洁明快，便于收拾，否则污渍油腻会让主妇头痛至极。更需要的是营造一种温馨柔和的氛围，让身处其中的人感到身心放松。

如图 7.2 所示的餐厅，充满红色调点缀的原桌上放上一瓶绿色植物，预示着温暖中孕育的生命，在春天的季节里茁壮成长。

图 7.2 简约风格餐厅

7.1.2　清新飘窗餐厅

没有多余的空间设计餐厅，有没有想过将飘窗利用起来。其实空间不在于大小，关键是要充分利用。在餐厅的设计上，掌握好整体布局，把有限的空间变身温馨的餐饮角落是容易实现的。

如图 7.3 所示的餐厅，尽管是淡淡的冷色调，却显得很清新。白色的方形餐桌与特色的装饰形成了这个充满活力的早餐角落。

图 7.3　清新飘窗餐厅

7.1.3　厨房里的小餐厅

小户型没有大居室充足的使用面积，因此小空间的设计应更加注重功能齐备和人性化的布局。在餐厅位置的安排上，可以充分利用空间特性进行穿插，比如和厨房结合。而在家具的选择上应遵照“少而精”的原则，那些可以自由组合的家具较适合在小户型中使用。想要把小餐厅打造得更为美观大方，还可以通过色彩及软装等方面的巧妙处理达到放大的效果。

如图 7.4 所示的餐厅，餐厨用品简洁而流畅的线条，使狭小的餐厅有效地利用空间的设计。

图 7.4　厨房里的小餐厅

7.1.4　客厅里的小餐厅

餐厅融入客厅，则多了一份团聚。比如，可以边看电视边吃饭，还可以和沙发上看报纸的家人聊天。如图 7.5 所示，木质结构的餐桌体现自然的风采。

图 7.5　客厅里的小餐厅

7.2　案例分析

本例通过制作一个餐厅、客厅一体化的场景空间来介绍皮革材质、金属材质和木质材质的制作方法。

Step01 打开 Ch7\Scenes\Ch7.max 文件。这是一个餐厅和客厅一体化的场景模型，场景内的模型包括墙体、地板、餐桌餐椅、沙发、壁画、台灯、吊灯、电视以及一些摆设品模型，如图 7.6 所示。

图 7.6　3ds Max 场景文件

Step02 本场景的灯光布局如图 7.7 所示。在灯光的设置上使用 VRay 灯光进行窗口的暖色补光和室内补光以及模拟吊灯照明，使用目标点灯光模拟射灯照明。

图 7.7　场景灯光布局

7.3　测试渲染设置

对采样值和渲染参数进行最低级别的设置，可以达到既能够观察渲染效果又能快速渲染的目的。

Step01 按 F10 键，打开“渲染设置”对话框，首先设置 VRay 为当前渲染器，如图 7.8 所示。

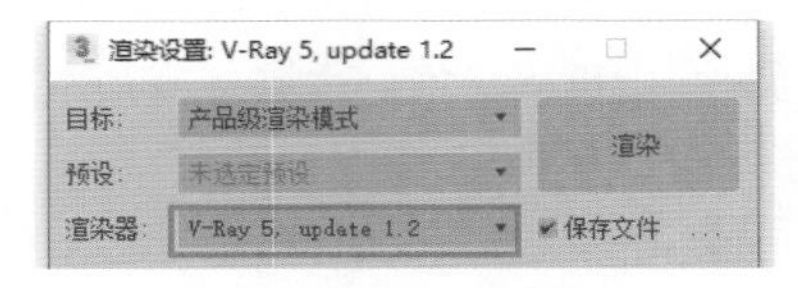

图 7.8　指定渲染器

Step02 打开 VRay 选项卡，在“全局开关”卷展栏中设置总体参数，如图 7.9 所示。因为要调整灯光，这里关闭“默认灯光”。取消勾选“反射 / 折射”和“光泽效果”复选框，这两项都是非常影响渲染速度的。

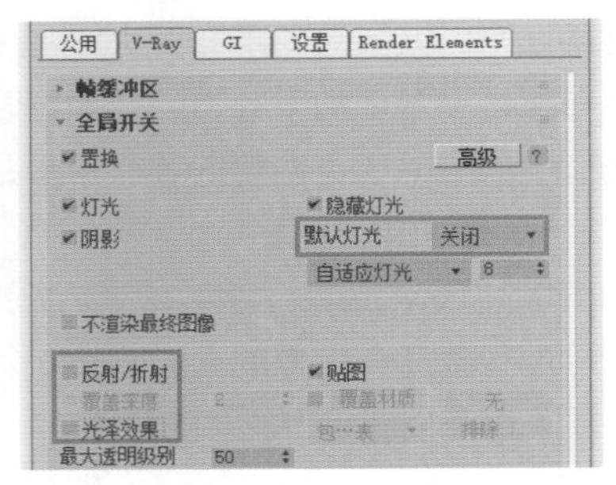

图 7.9　设置“全局开关”卷展栏参数

提示

取消勾选“光泽效果”复选框后，光泽材质将不起作用，因为光泽参数会严重影响渲染速度，所以应该在最终渲染时才将这个选项打开。

Step03 在“图像过滤器”卷展栏中，设置参数如图 7.10 所示，这是抗锯齿采样设置。

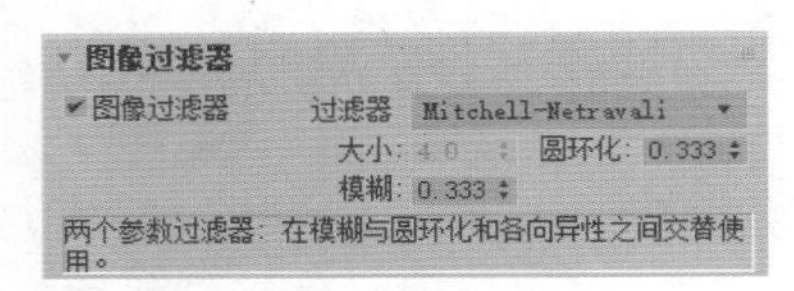

图 7.10　设置“图像过滤器”卷展栏参数

Step04 在“全局照明”卷展栏中，设置参数如图 7.11 所示，这是“全局照明”设置。

图 7.11　设置“全局照明”卷展栏参数

提示

一般情况下，首次反弹不要超过二次反弹，因为本例的场景主要用主光源来进行照明。二次反弹过强会导致阴影处产生黑斑，只能靠较高的采样值来弥补，这样做会影响渲染速度。

Step05 在“发光贴图”卷展栏中，将“当前预置”先设置为“自定义”，然后再调整“最大比率”和“最小比率”的值为 –4，如图 7.12 所示，这是发光贴图参数设置。

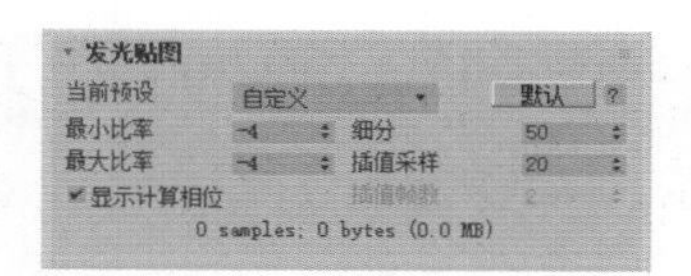

图 7.12　设置“发光贴图”卷展栏参数

Step06 在“灯光缓存”卷展栏中，设置参数如图 7.13 所示。

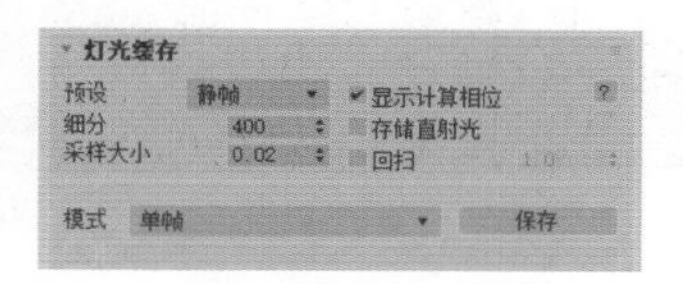

图 7.13　设置“灯光缓存”卷展栏参数

技术链接

“细分”主要设置灯光渲染的渲染质量，数值越大，渲染的效果越好，渲染速度越慢。反之亦然，如图7.14所示。

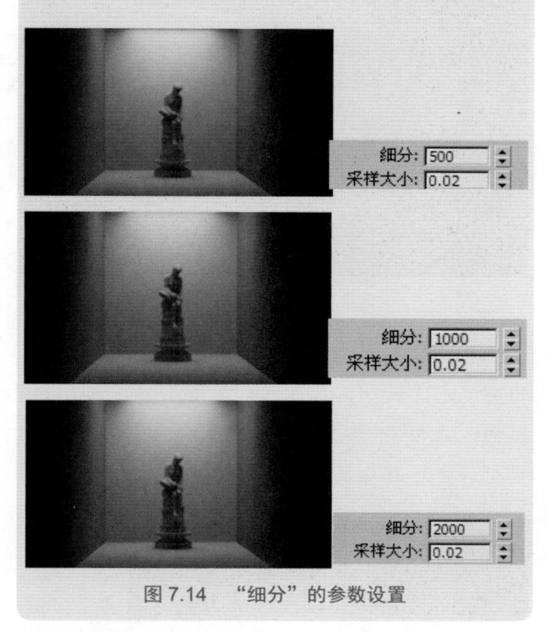

图 7.14　“细分”的参数设置

Step07 在“颜色映射”卷展栏中，设置类型为“莱茵哈德”方式，参数设置如图 7.15 所示。

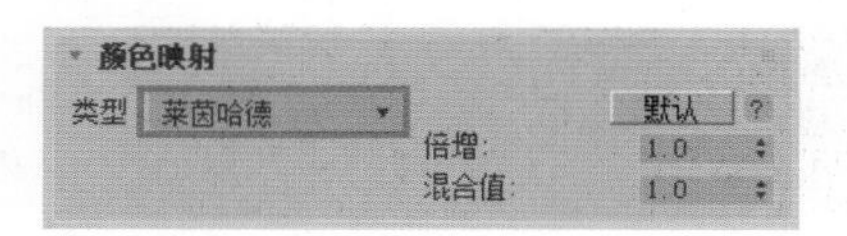

图 7.15　设置“颜色映射”卷展栏参数

注意

“莱茵哈德”这种模式将基于最终图像色彩的亮度来进行简单的倍增，那些太亮的颜色成分（1.0～255）将会被限制。

Step08 按 F8 键，打开“环境和效果”对话框，设置背景颜色为浅蓝色，如图 7.16 所示。

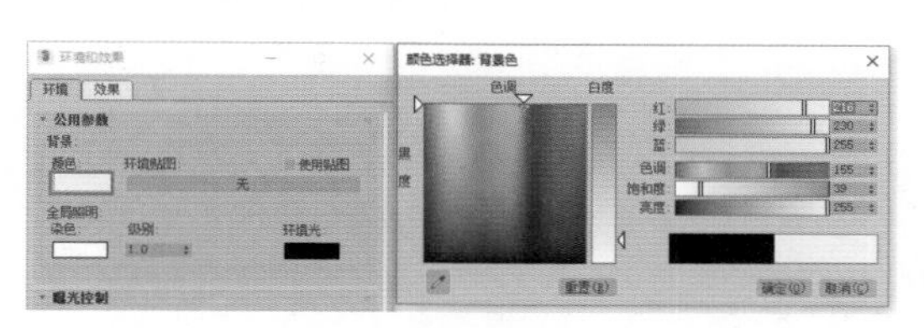

图 7.16　设置背景颜色

7.4　场景灯光设置

目前关闭了默认的灯光，所以需要建立灯光。在灯光的设置上使用 VRay 灯光进行窗口的暖色补光和室内补光以及模拟吊灯照明，使用目标点灯光模拟射灯照明。

Step01 制作一个统一的模型测试材质。按 M 键，打开“材质编辑器”，选择一个空白材质球，选择材质样式为 VRayMtl，如图 7.17 所示。

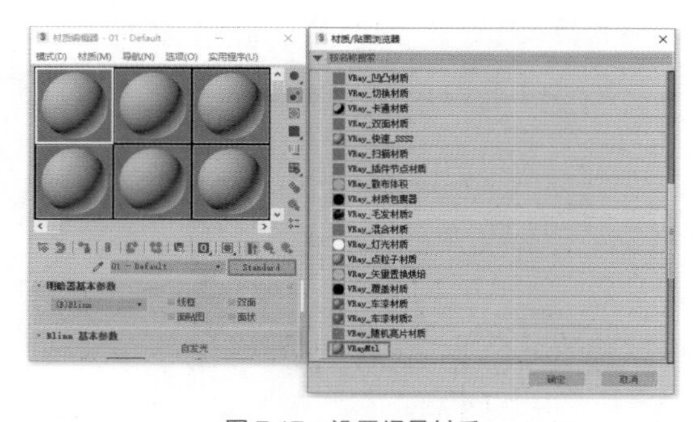

图 7.17　设置场景材质

Step02 在 VRayMtl 材质面板中，设置“漫反射”的颜色为浅灰色，如图 7.18 所示。

Step03 按 F10 键，打开“渲染设置”对话框，勾选“覆盖材质”复选框，将该材质拖动到“无”按钮上，这样就给整体场景设置了一个临时测试用的材质，如图 7.19 所示。

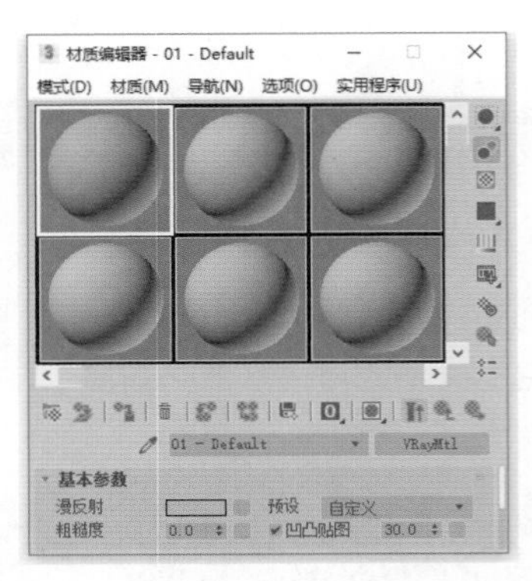

图 7.18 设置“漫反射”颜色

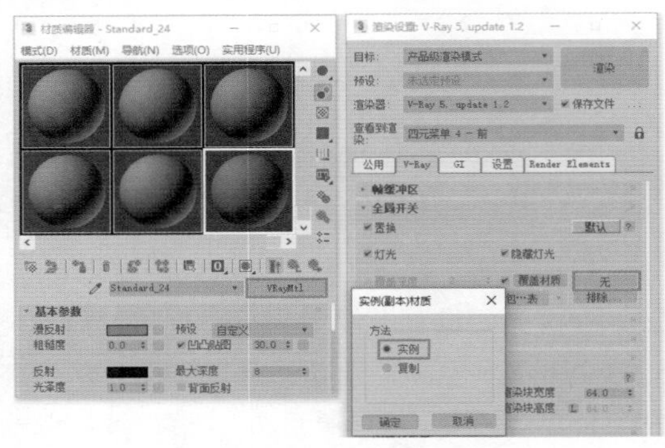

图 7.19 设置覆盖材质

Step04 设置窗口补光。在建立命令面板的灯光区域，选择 VRay 类型，单击 VRay 灯光 按钮，在窗口处建立一盏 VRay 灯光，用来进行窗口的暖色补光，具体的位置如图 7.20 所示。

图 7.20 设置窗口补光

Step05 在修改命令面板中，设置面光源参数，如图 7.21 所示。

—— 注意 ——

“平面”可将VRay灯光设置成四边形。

图 7.21 设置灯光参数

Step06 按 F9 键，对摄像机视图进行渲染，此时的渲染效果如图 7.22 所示。

图 7.22 场景渲染效果

Step07 设置室内补光。在建立命令面板的灯光区域，选择 VRay 类型，单击 VRay 灯光 按钮，在室内建立 2 盏 VRay 灯光，用来模拟室内补光，具体的位置如图 7.23 所示。

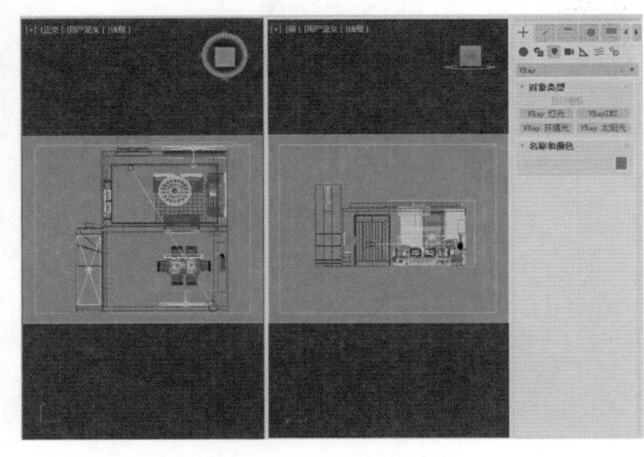

图 7.23 设置室内补光

Step08 在修改命令面板中，设置面光源参数，如图 7.24 所示。

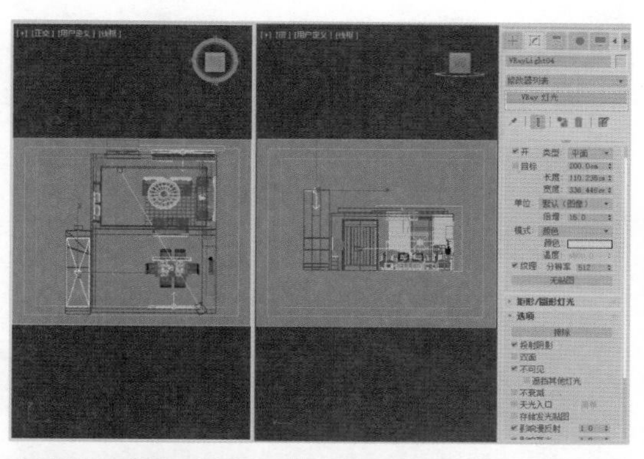

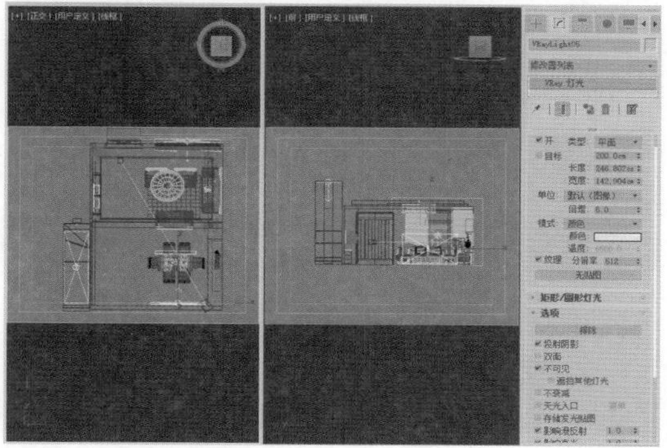

图 7.24 设置面光源参数

提示

“细分”设置灯光信息的细腻程度（确定有多少条来自模拟相机的路径被追踪），一般开始制图时设置为100进行快速渲染测试，正式渲染时设置为1000～1500，速度是很快的。

Step09 按 F9 键，对摄像机视图进行渲染，此时的渲染效果如图 7.25 所示。

图 7.25 场景渲染效果

Step10 设置吊灯和射灯照明。单击 VRay 灯光 按钮，在室内建立 2 盏 VRay 灯光球形面光源，用来模拟吊灯照明；单击 目标聚光灯 按钮，在室内建立 11 盏目标点灯光，用来模拟射灯照明，具体位置如图 7.26 所示。

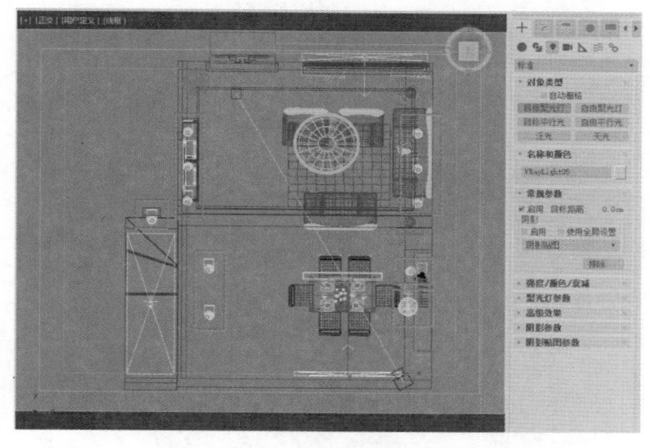

图 7.26 设置吊灯和射灯照明

Step11 在修改命令面板中，设置球形面光源参数，如图 7.27 所示。

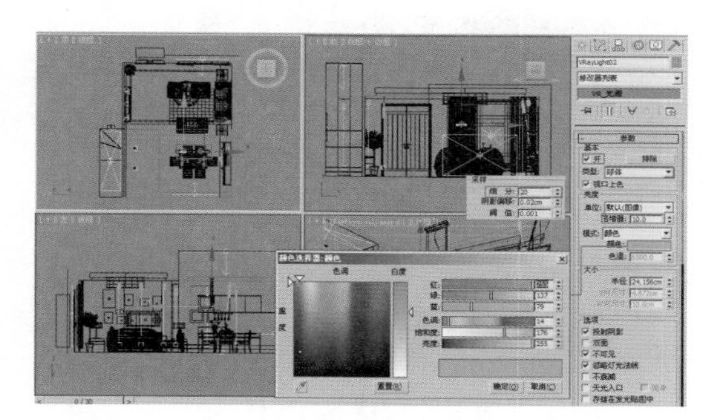

图 7.27 设置球形面光源参数

提示

VRay计算阴影的时候，“球体”将光线作为球体光源进行投射（比如灯泡的光线）。当VRay计算面积阴影的时候，“U向尺寸”表示VRay获得的光源的U向的尺寸（如果光源为球体和柱体则表示半径）。

Step12 在修改命令面板中，设置射灯参数如图 7.28～图 7.33 所示，光域网文件为 Ch7\Maps\SD-044.ies 文件。

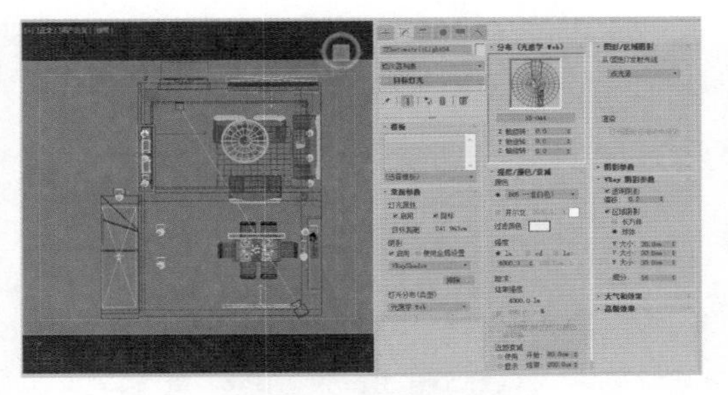

图 7.28　设置射灯参数 1

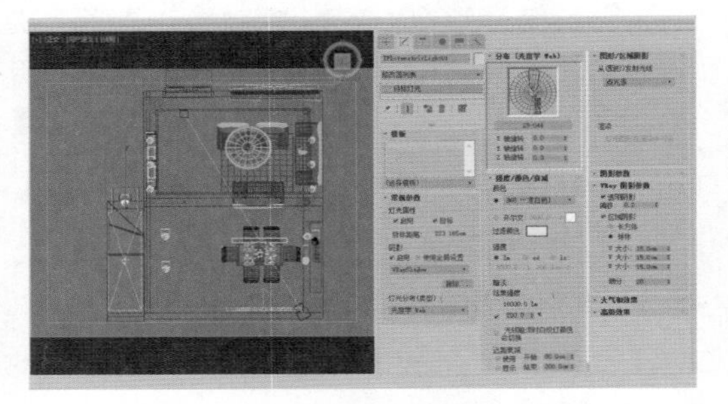

图 7.29　设置射灯参数 2

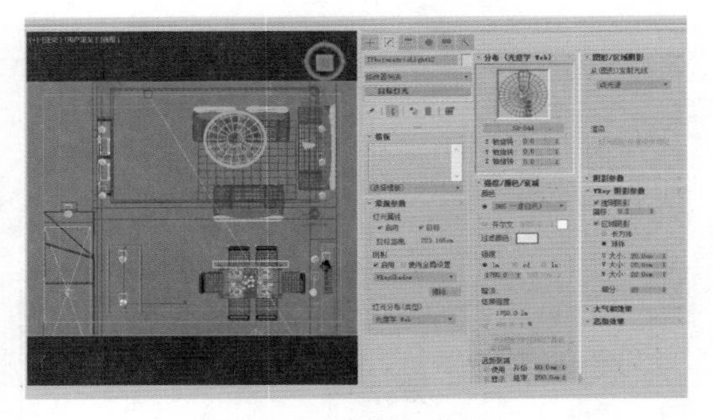

图 7.30　设置射灯参数 3

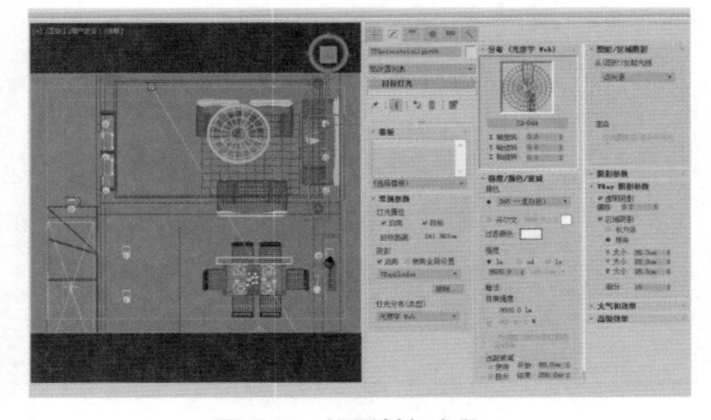

图 7.31　设置射灯参数 4

提示

光域网是灯光分布的三维表示。它将测角图表延伸至三维，以便同时检查垂直和水平角度上的发光强度的依赖性。光域网的中心表示灯光对象的中心。

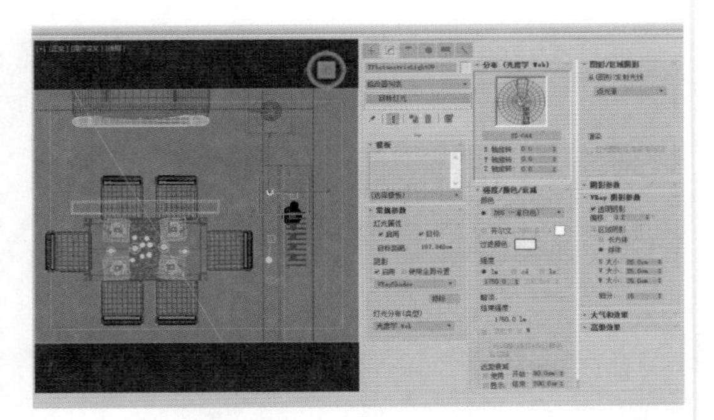

图 7.32　设置射灯参数 5

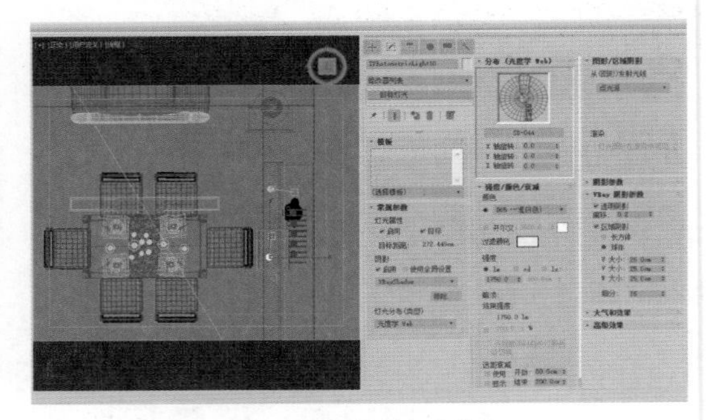

图 7.33　设置射灯参数 6

Step 13 重新对摄像机视图进行渲染，效果如图 7.34 所示。灯光设置完成。

图 7.34　场景渲染效果

7.5　场景材质设置

下面来逐一设置场景的材质，从影响整体效果的材质（如墙面、地面等）开始，到较大的客厅和餐厅用品（如沙发、餐桌餐椅、灯具、电视等），最后到较小的物体（如场景内的摆设品等）。

7.5.1　设置渲染参数

前面介绍了快速渲染的抗锯齿参数，目的是在能够观察到光效的前提下快速出图。本节涉及材质效果，需要更改一种适合观察材质效果的设置。

按 F10 键，打开“渲染设置”对话框，打开 VRay 选项卡。在“全局开关”卷展栏中，勾选“反射 / 折射”复选框，取消勾选“覆盖材质”复选框，将其关闭，如图 7.35 所示。

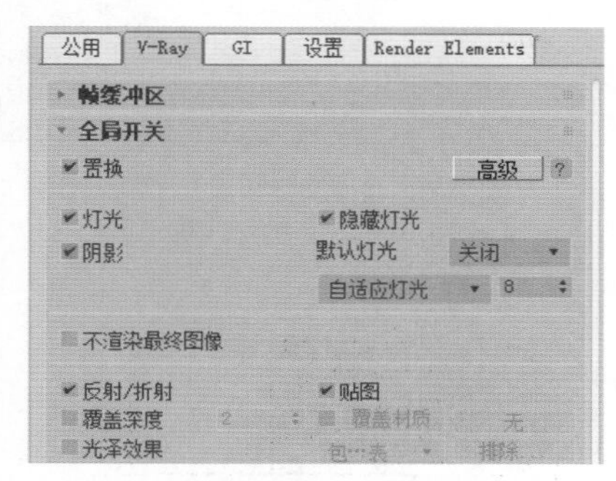

图 7.35　设置“全局开关”卷展栏参数

有了以上这两个设置，我们就可以进行下面的材质设置了。

技术链接

图7.36为勾选和取消勾选“反射/折射”复选框的效果测试。

图 7.36　勾选和取消勾选“反射 / 折射”复选框的效果测试

7.5.2　设置墙体、楼梯和地板材质

墙体材质为白色乳胶漆材质和黄色木质材质；楼梯材质包括白色楼梯面材质和深黄色木质材质；地板材质包括黄色大理石材质和黑色大理石材质。

Step01 设置白色乳胶漆材质。打开“材质编辑器”，选择一个空白的材质球，选择材质样式为 VRayMtl ，设置“漫反射”颜色为白色，设置反射参数如图 7.37 所示。

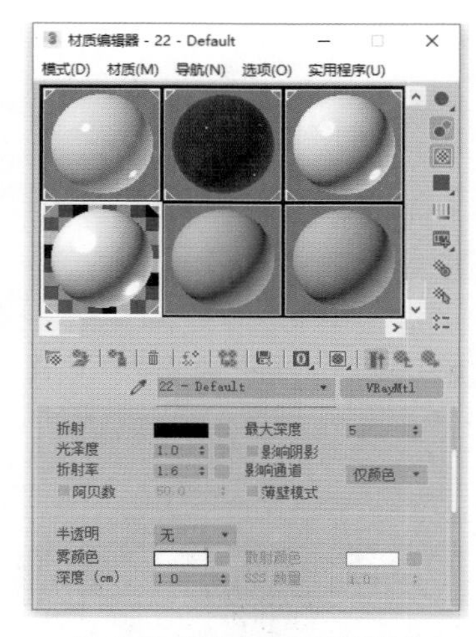

图 7.37　设置白色乳胶漆材质

Step02 设置墙面黄色木质材质。打开“材质编辑器”，选择一个空白的材质球，选择材质样式为 VRayMtl ，设置“漫反射”贴图为 Ch7\Maps\arch39_056.jpg 文件，设置“反射”参数如图 7.38 所示。

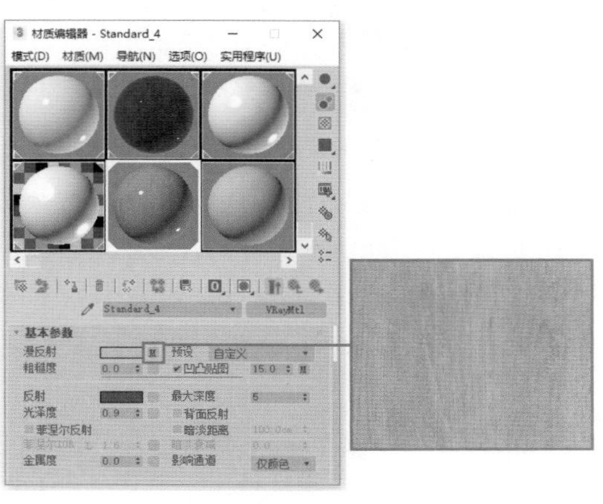

图 7.38　设置黄色木质材质

Step03 打开“贴图”卷展栏，设置“凹凸”贴图为 Ch7\Maps\arch39_056.jpg 文件，设置通道强度为 15，参数设置如图 7.39 所示。

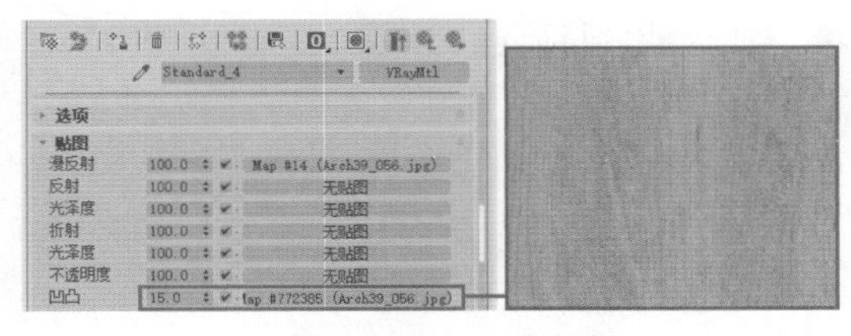

图 7.39　设置凹凸通道贴图

提示

因为木质材质有一定的凹凸效果，所以在凹凸通道为材质添加凹凸贴图，并设置凹凸参数。

Step04 设置白色楼梯面材质。打开“材质编辑器”，选择一个空白的材质球，选择材质样式为 VRayMtl，设置“漫反射”颜色为白色，设置反射参数如图 7.40 所示。

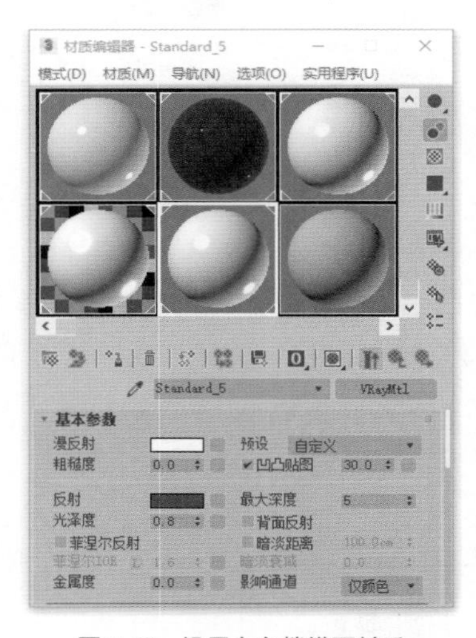

图 7.40　设置白色楼梯面材质

Step05 设置深黄色木质材质。打开“材质编辑器”，选择一个空白的材质球，选择材质样式为 VRayMtl，设置“漫反射”贴图为 Ch7\Maps\arch39_056.jpg 文件，参数设置如图 7.41 所示。

Step06 打开“贴图”卷展栏，在“反射”通道中添加一个“衰减”贴图，设置颜色 1 为黑色，设置颜色 2 为蓝色，设置“衰减类型”为 Fresnel，参数设置如图 7.42 所示。

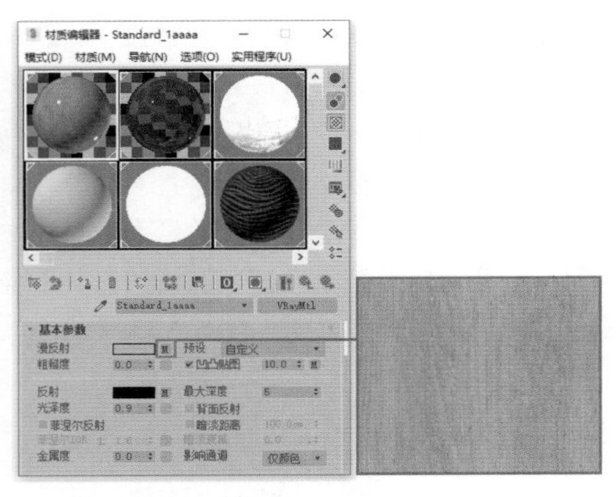

图 7.41　设置深黄色木质材质

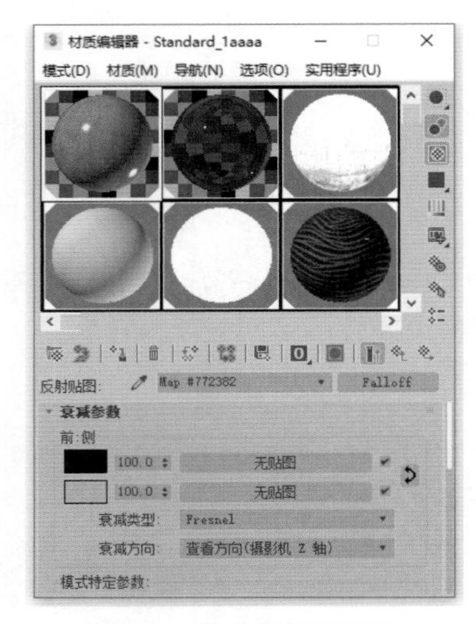

图 7.42　设置反射通道贴图

Step07 单击按钮，返回最上层，设置“凹凸”贴图为 Ch7\Maps\arch39_056.jpg 文件，设置贴图强度为 20，参数设置如图 7.43 所示。

Step08 设置黄色大理石地板材质。打开“材质编辑器”，选择一个空白的材质球，选择材质样式为 VRayMtl，设置“漫反射”贴图为 Ch7\Maps\复件 04(1).jpg 文件，参数设置如图 7.44 所示。

Step09 打开“贴图”卷展栏，在“反射”通道中添加一个“衰减”贴图，设置颜色 1 为黑色，设置颜色 2 为浅蓝色，设置“衰减类型”为 Fresnel，参数设置如图 7.45 所示。

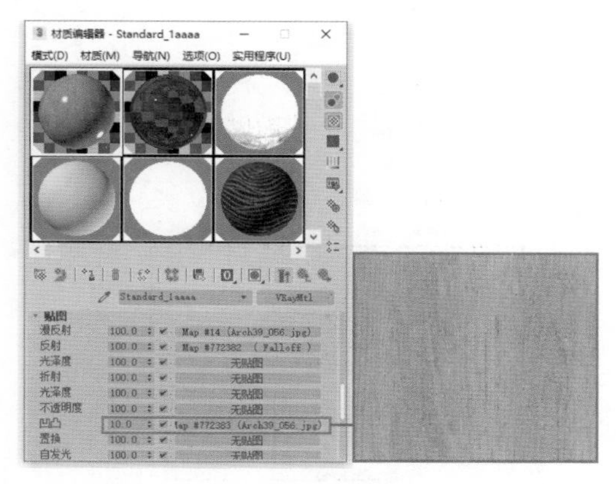

图 7.43　设置凹凸通道贴图

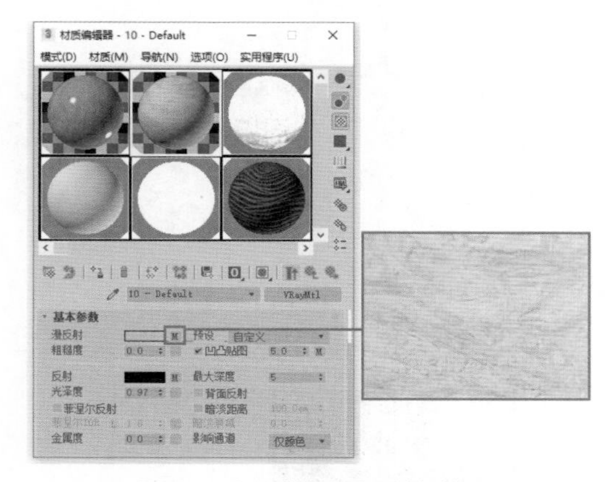

图 7.44　设置黄色大理石地板材质

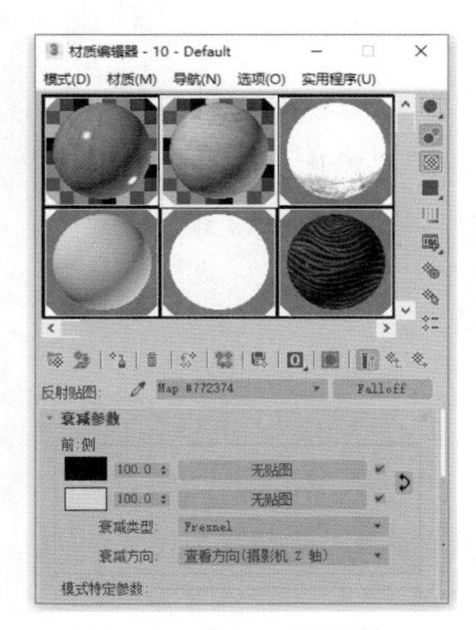

图 7.45　设置反射通道贴图

Step 10 单击按钮，返回最上层，设置“凹凸”贴图为 Ch7\Maps\ 复件 04(1).jpg 文件，设置贴图强度为 5.0，参数设置如图 7.46 所示。

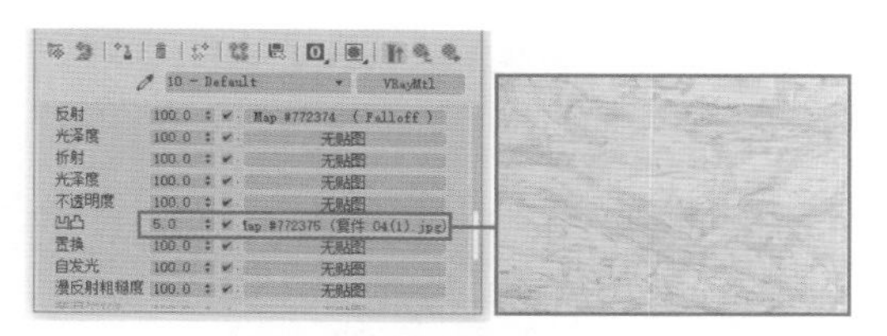

图 7.46　设置凹凸通道贴图

Step 11 设置黑色大理石地板材质。打开“材质编辑器”，选择一个空白的材质球，选择材质样式为 VRayMtl，设置“漫反射”贴图为 Ch7\Maps\sc-106.jpg 文件，参数设置如图 7.47 所示。

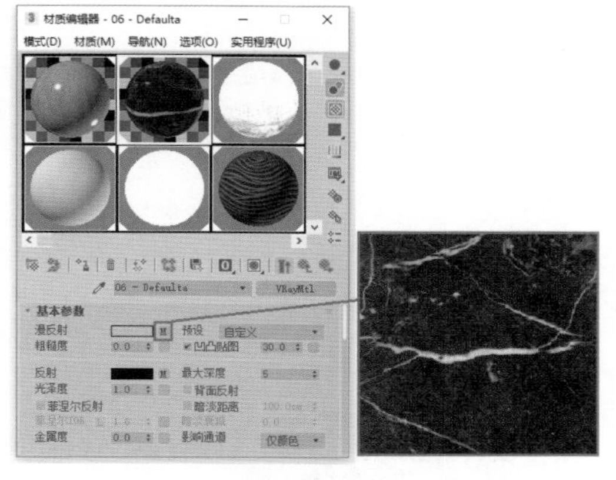

图 7.47　设置黑色大理石地板材质

Step 12 打开“贴图”卷展栏，在“反射”通道中添加一个“衰减”贴图，设置颜色 1 为黑色，设置颜色 2 为浅蓝色，设置“衰减类型”为 Fresnel，参数设置如图 7.48 所示。

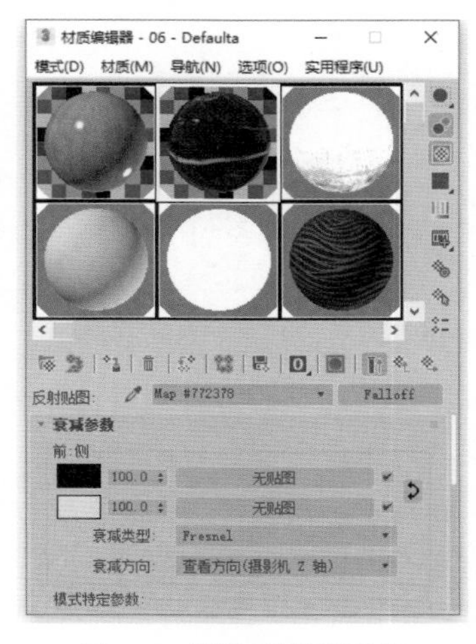

图 7.48　设置反射通道贴图

Step13 将所设置的材质赋予墙体、楼梯和地板模型，渲染效果如图 7.49 所示。

图 7.49　场景渲染效果

7.5.3　设置门、窗户和窗帘材质

门、窗户和窗帘材质包括白色亚光漆材质、不锈钢材质、玻璃材质和半透明窗帘材质。

Step01 设置门窗的白色亚光漆材质。打开“材质编辑器”，选择一个空白的材质球，选择材质样式为 VRayMtl，设置“漫反射”颜色为白色，设置反射参数如图 7.50 所示。

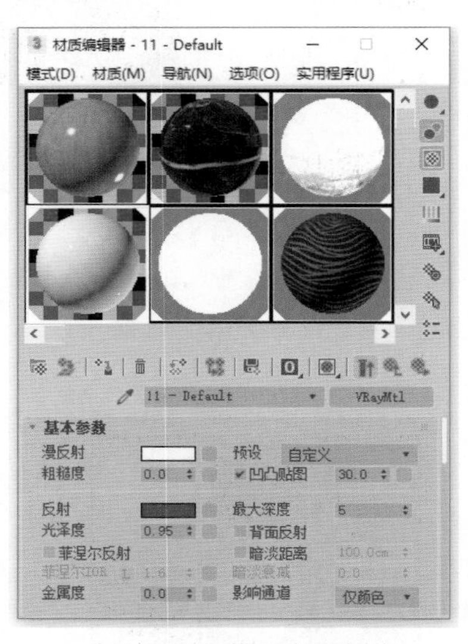

图 7.50　设置门窗白色亚光漆材质

Step02 设置筒灯的不锈钢材质。打开“材质编辑器”，选择一个空白的材质球，选择材质样式为 VRayMtl，设置“漫反射”颜色为灰色，设置反射参数如图 7.51 所示。

Step03 设置蓝色半透明玻璃材质。打开“材质编辑器”，选择一个空白的材质球，选择材质样式为 VRayMtl，设置“漫反射”颜色为浅蓝色，参数设置如图 7.52 所示。

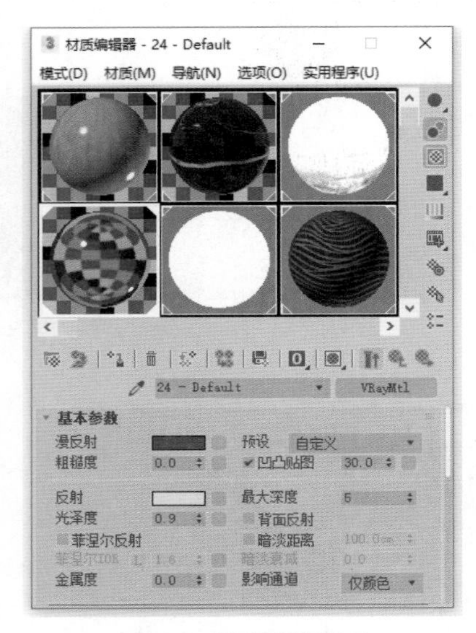

图 7.51　设置不锈钢材质

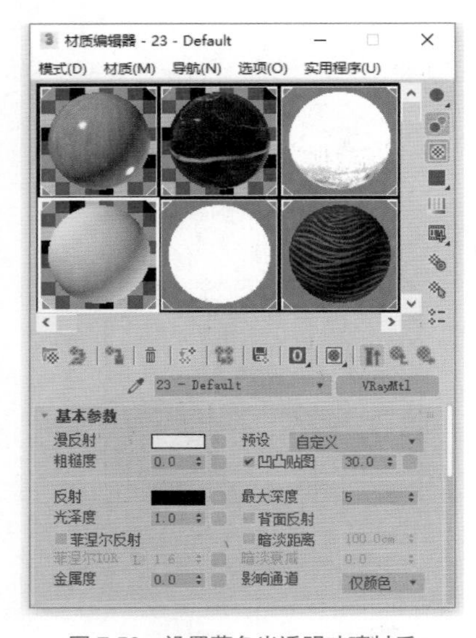

图 7.52　设置蓝色半透明玻璃材质

Step04 设置玻璃的折射参数和雾色效果如图 7.53 所示。

注意

因为设置的玻璃是蓝色半透明玻璃材质，所以，在这里设置“漫反射”颜色为淡蓝色，这里使用了烟雾颜色是为了控制玻璃的透明度。

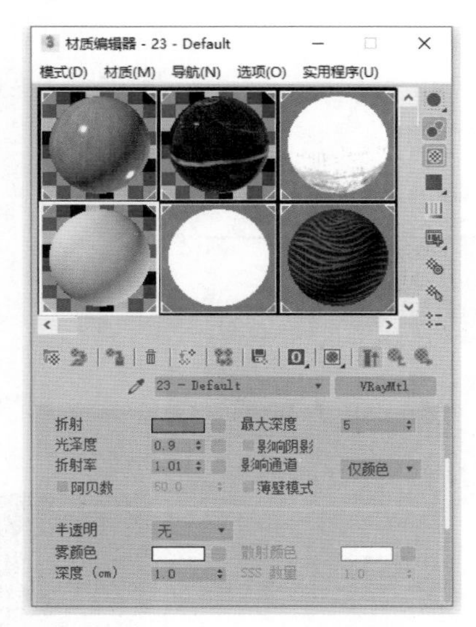

图7.53　设置玻璃的折射参数和雾色效果

Step05 设置窗帘材质。打开“材质编辑器”，选择一个空白的材质球，选择材质样式为 VRay_双面材质，如图7.54所示。

图7.54　设置窗帘材质

提示

“双面材质”类型是VRay专用的材质，用于表现两面不一样的材质贴图效果，可以设置其双面相互渗透的透明度。

Step06 设置正面材质。选择材质样式为 VRayMtl，设置“漫反射”颜色为白色，参数设置如图7.55所示。

Step07 打开“贴图”卷展栏，在“折射”通道中添加一个“衰减”贴图，设置颜色1为黑色，设置颜色2为灰色，并调节混合曲线到如图7.56所示的位置。

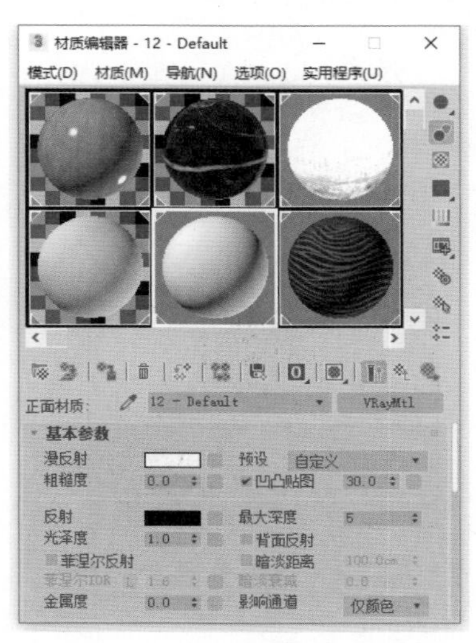

图7.55　设置正面材质

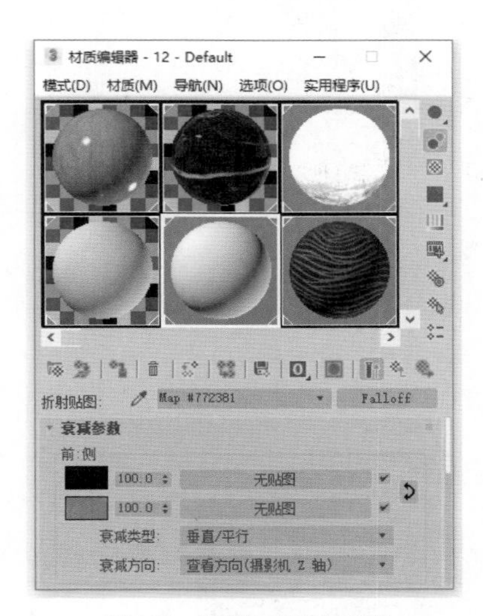

图7.56　设置折射通道贴图

Step08 将所设置的材质赋予门、窗户和窗帘模型，渲染效果如图7.57所示。

图7.57　场景渲染效果

7.5.4 设置沙发和地毯材质

沙发材质为白色皮革材质和不锈钢材质；地毯材质为花纹布料材质。

Step01 设置白色皮革材质。打开“材质编辑器”，选择一个空白材质球，选择材质样式为 VRayMtl，设置“漫反射”颜色为白色，设置反射参数如图 7.58 所示。

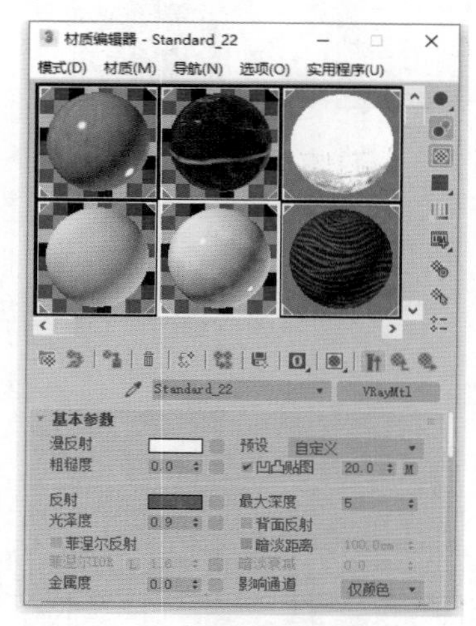

图 7.58 设置白色皮革材质

技术链接

“光泽度”功能可控制VRay材质的高光状态。默认情况下，“光泽度”处于非激活状态，此时保持其他参数不变，减小光泽反射的数值，使得反射产生一点模糊效果，如图7.59所示。

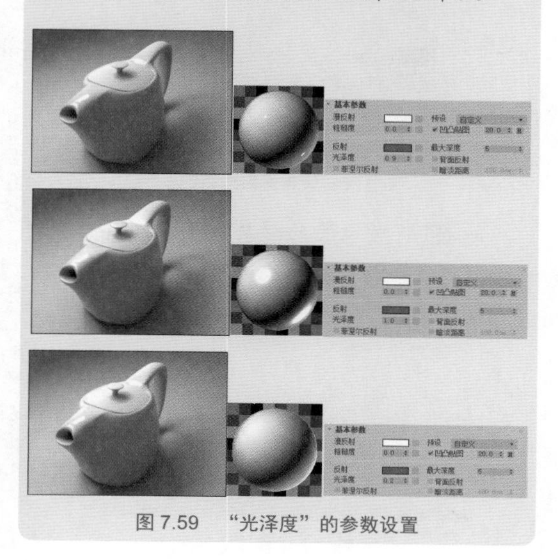

图 7.59 “光泽度”的参数设置

Step02 打开“贴图”卷展栏，设置“凹凸”贴图为 Ch7\Maps\brnleat2.jpg 文件，设置贴图强度为 20，参数设置如图 7.60 所示。

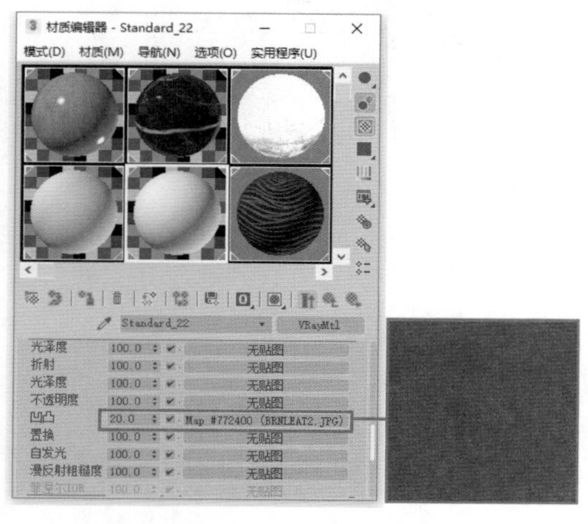

图 7.60 设置“贴图”卷展栏参数

Step03 设置沙发腿不锈钢材质。打开“材质编辑器”，选择一个空白的材质球，选择材质样式为 VRayMtl，设置“漫反射”颜色为灰色，设置反射参数如图 7.61 所示。

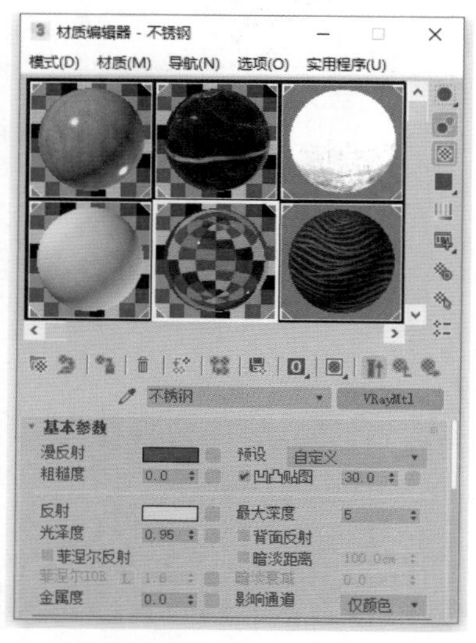

图 7.61 设置沙发腿不锈钢材质

Step04 设置地毯材质。打开“材质编辑器”，选择一个空白的材质球，选择材质样式为 VRayMtl，设置“漫反射”贴图为 Ch7\Maps\ 地毯图案 copy.jpg 文件，参数设置如图 7.62 所示。

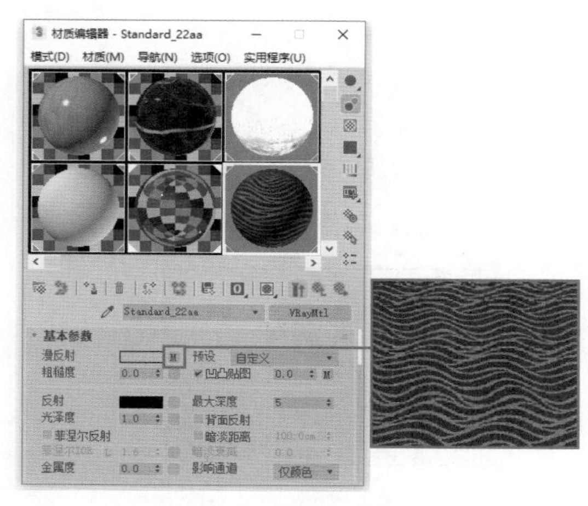

图 7.62　设置地毯材质

Step05 打开“贴图”卷展栏，设置“凹凸”贴图为 Ch7\Maps\grass_ 置换 .jpg 文件，设置通道强度为 10，参数设置如图 7.63 所示。

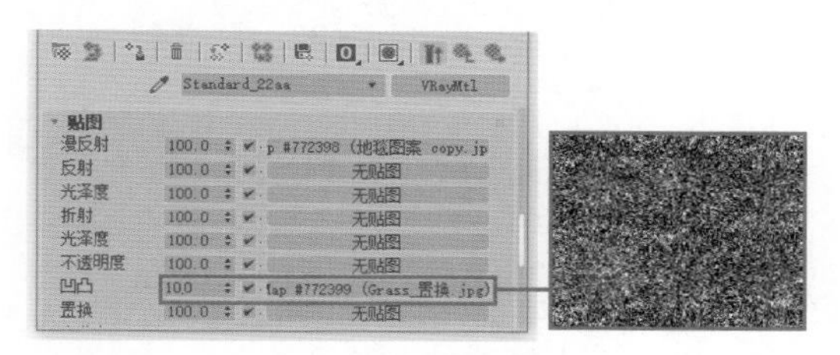

图 7.63　设置凹凸通道贴图

Step06 将所设置的材质赋予沙发和地毯模型，渲染效果如图 7.64 所示。

图 7.64　场景渲染效果

7.5.5　设置餐桌餐椅及其上摆设品材质

餐桌餐椅材质为黄色木质材质和坐垫材质；摆设品材质包括桌布材质、托盘材质、不锈钢材质、蓝色玻璃桌面材质、玻璃酒杯材质、高脚玻璃杯材质、烛台和蜡烛材质。黄色木质材质同墙体的木质材质，这里不再赘述。

Step01 设置坐垫材质。打开“材质编辑器”，选择一个空白的材质球，选择材质样式为 Standard 材质，设置材质类型为 Blinn 方式，设置“漫反射”颜色为灰色，参数设置如图 7.65 所示。

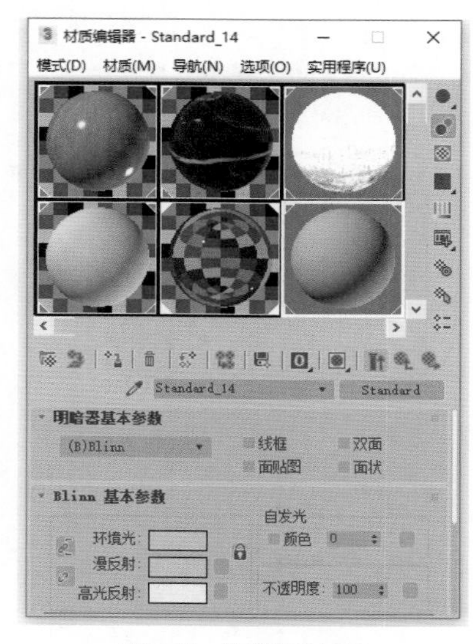

图 7.65　设置坐垫材质

提示

Blinn材质阴影类型是3ds Max中比较古老的材质阴影类型之一，参数简单，主要用来模拟高广比较硬朗的塑料制品。它和Phong的基本参数相同，效果上也十分接近，只是在背光的高光形状上略有不同。

Step02 设置桌布材质。打开“材质编辑器”，选择一个空白的材质球，选择材质样式为 VRayMtl，在“漫反射”通道中添加一个“衰减”贴图，设置颜色 1 和颜色 2 均为浅黄色，设置“衰减类型”为 Fresnel，参数设置如图 7.66 所示。

Step03 设置托盘材质。打开“材质编辑器”，选择一个空白的材质球，选择材质样式为 VRayMtl，设置“漫反射”颜色为深灰色，参数设置如图 7.67 所示。

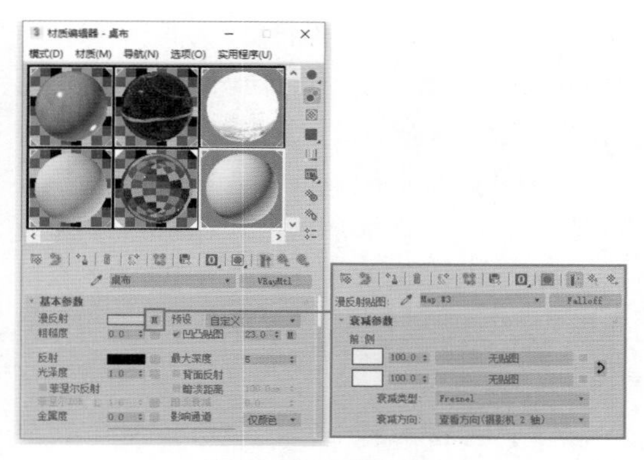

图 7.66　设置桌布材质

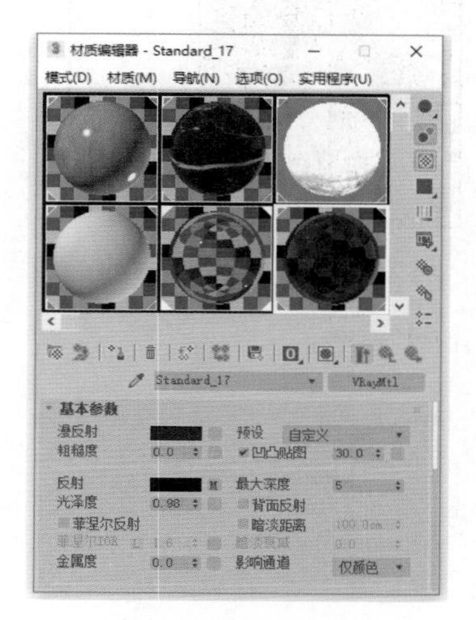

图 7.67　设置托盘材质

Step04 打开“贴图”卷展栏，在“反射”通道中添加一个“衰减”贴图，设置“衰减类型”为 Fresnel，参数设置如图 7.68 所示。

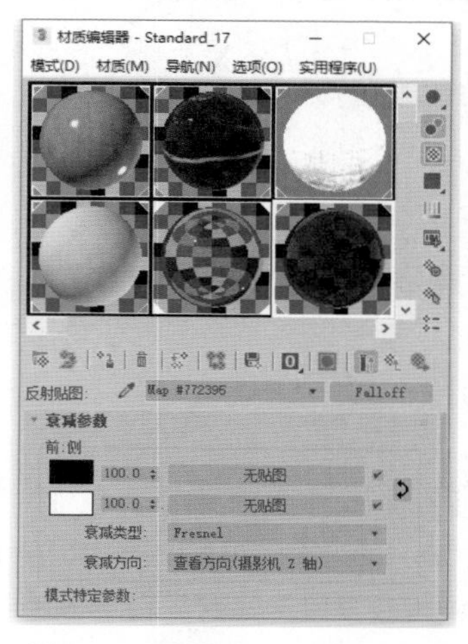

图 7.68　设置“贴图”卷展栏参数

Step05 设置勺子的不锈钢材质。打开“材质编辑器”，选择一个空白的材质球，选择材质样式为 VRayMtl，设置“漫反射”颜色为灰色，设置反射参数如图 7.69 所示。

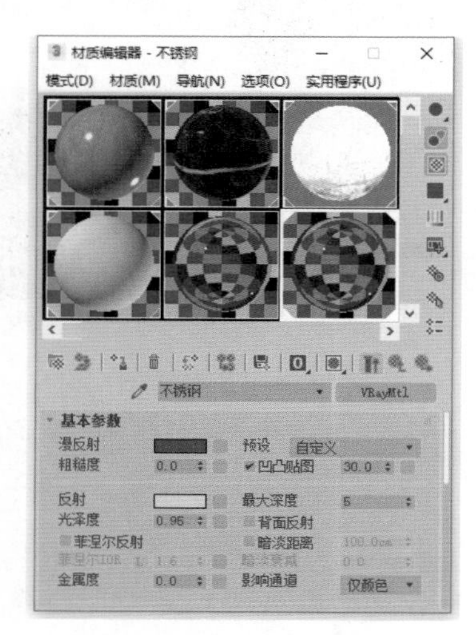

图 7.69　设置勺子的不锈钢材质

Step06 设置蓝色玻璃桌面材质。打开“材质编辑器”，选择一个空白的材质球，选择材质样式为 VRayMtl，设置“漫反射”颜色为蓝色，参数设置如图 7.70 所示。

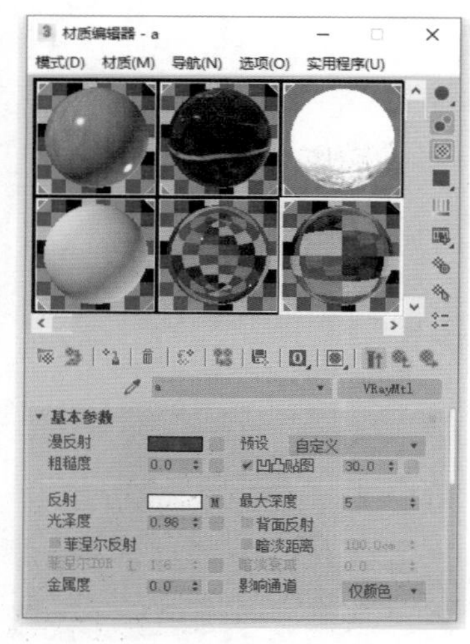

图 7.70　设置蓝色玻璃桌面材质

Step07 设置玻璃的折射参数如图 7.71 所示。

Step08 打开“贴图”卷展栏，在“反射”通道中添加一个“衰减”贴图，设置颜色 1 为灰色，设置颜色 2 为白色，设置“衰减类型”

为 Fresnel，参数设置如图 7.72 所示。

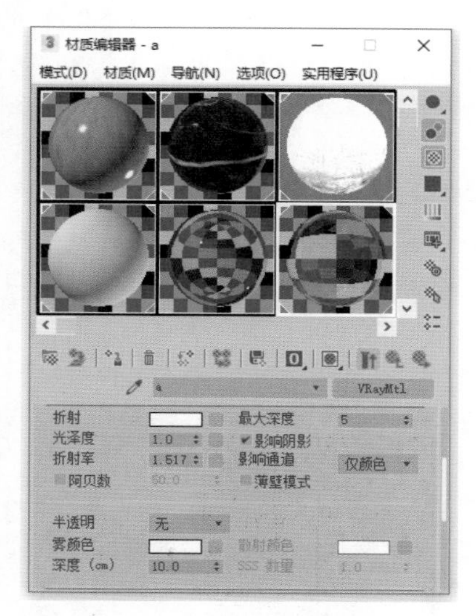

图 7.71　设置玻璃折射材质

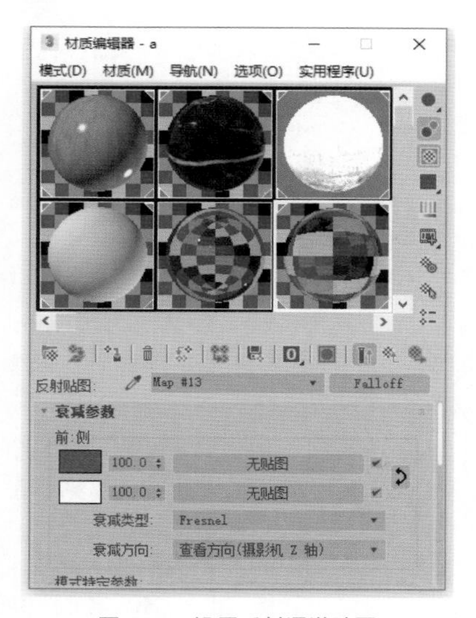

图 7.72　设置反射通道贴图

提示

“衰减类型”用来决定采用什么方式从黑色到白色的过度衰减。共有5种选择方式，垂直/水平、朝向/背离、菲涅耳、阴影/灯光和距离混合方式。

Step09 设置玻璃酒杯材质。打开“材质编辑器”，选择一个空白的材质球，选择材质样式为 VRayMtl，设置“漫反射”颜色为浅蓝色，设置反射参数如图 7.73 所示。

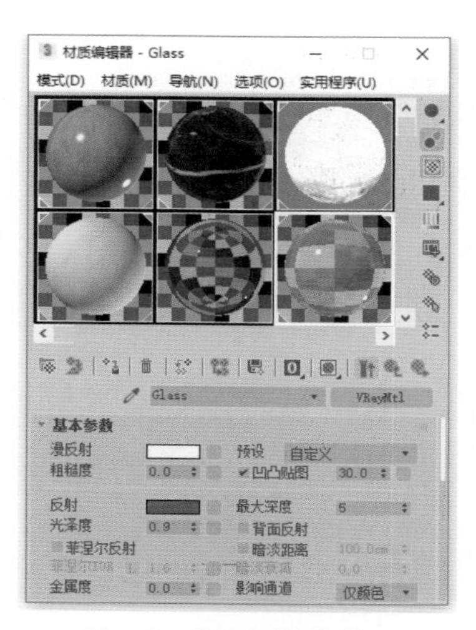

图 7.73　设置玻璃酒杯材质

Step10 设置折射参数和雾色效果如图 7.74 所示。

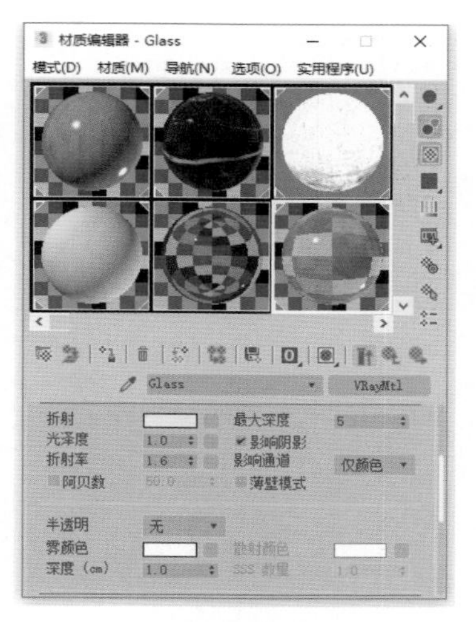

图 7.74　设置折射参数和雾色效果

Step11 设置高脚杯材质。打开“材质编辑器”，选择一个空白的材质球，选择材质样式为 VRayMtl，设置“漫反射”颜色为灰色，勾选“菲涅尔反射”复选框，设置“反射”参数如图 7.75 所示。

提示

勾选“菲涅尔反射”复选框后，反射的强度将取决于物体表面的入射角，自然界中有一些材质（如玻璃）的反射就是这种方式。不过需要注意的是这个效果还取决于材质的折射率。

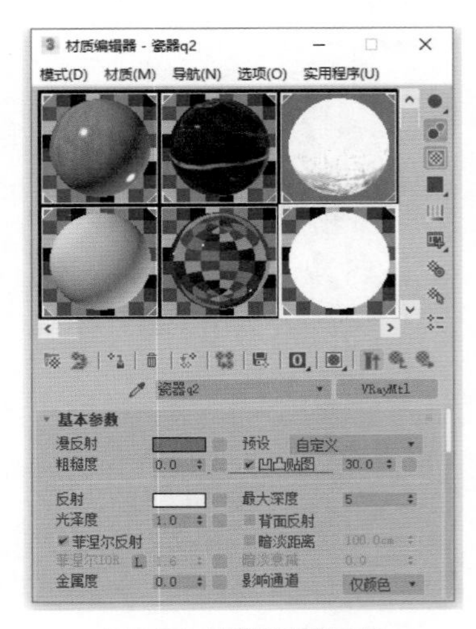

图 7.75　设置高脚杯材质

Step 12 设置折射参数和雾色效果如图 7.76 所示。

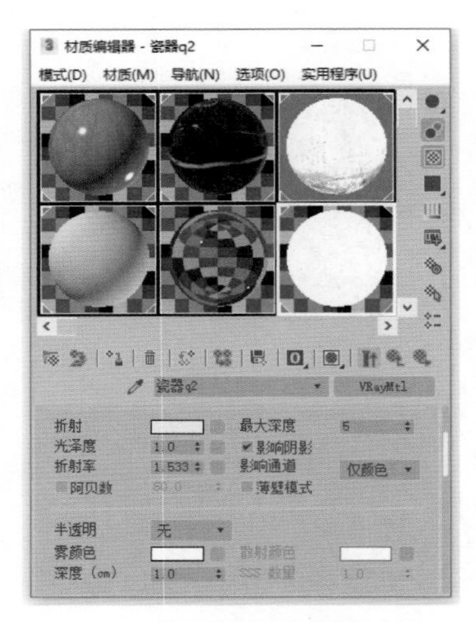

图 7.76　设置折射参数和雾色效果

Step 13 打开“贴图”卷展栏，在“环境”通道中添加一个“输出”贴图，参数设置如图 7.77 所示。

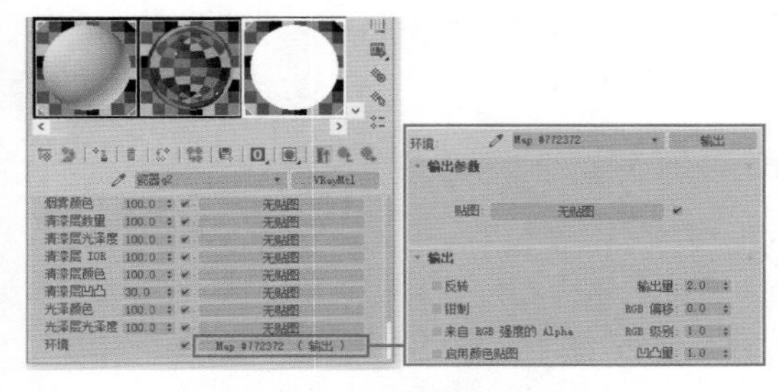

图 7.77　设置环境通道贴图

注意

使用输出贴图，可以将输出设置应用于没有这些设置的程序贴图，如方格或大理石。这里用于增强物体的材质反射强度效果。

Step 14 设置烛台材质。打开“材质编辑器”，选择一个空白的材质球，选择材质样式为 VRayMtl，设置“漫反射”颜色为灰白色，设置反射参数如图 7.78 所示。

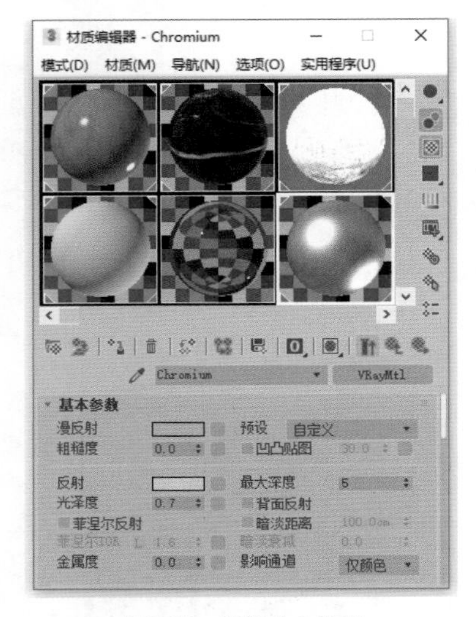

图 7.78　设置烛台材质

Step 15 打开“双向反射分布函数”卷展栏，参数设置如图 7.79 所示。

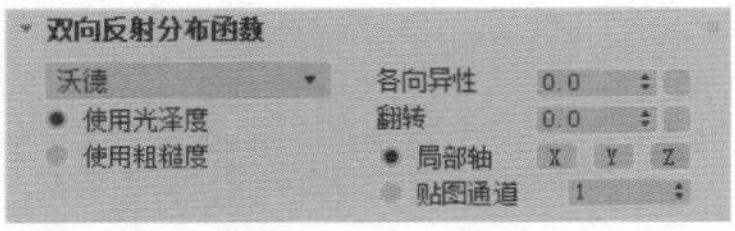

图 7.79　设置“双向反射分布函数”卷展栏参数

Step 16 设置蜡烛材质。打开“材质编辑器”，选择一个空白的材质球，选择材质样式为 VRayMtl，设置“漫反射”颜色为白色，设置反射参数如图 7.80 所示。

Step 17 设置蜡烛的折射参数和雾色效果如图 7.81 所示。

注意

蜡烛材质有非常弱的反射和折射，表面比较光滑，所以细分值较大。

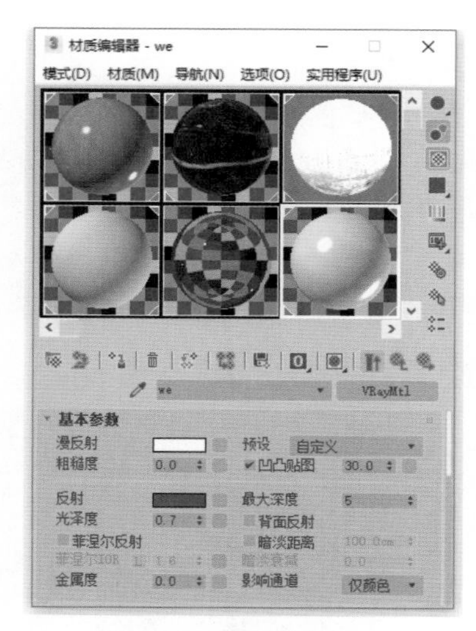

图7.80 设置蜡烛材质

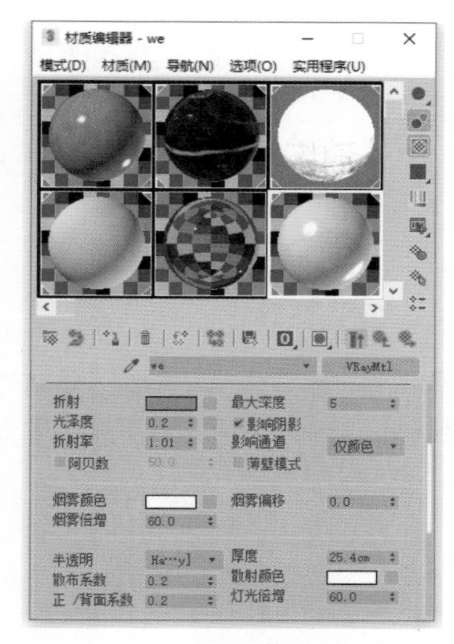

图7.81 设置蜡烛的折射参数和雾色效果

Step18 将所设置的材质赋予对应模型，渲染效果如图7.82所示。

图7.82 场景渲染效果

7.5.6 设置电视材质

电视材质包括灰色外壳材质、白色外壳材质、音箱布材质和屏幕材质。

Step01 设置灰色外壳材质。打开“材质编辑器”，选择一个空白的材质球，选择材质样式为 VRayMtl，设置“漫反射”颜色为灰色，设置反射参数如图7.83所示。

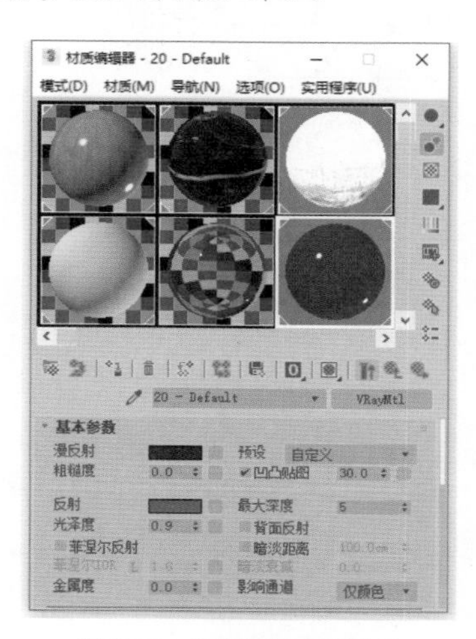

图7.83 设置灰色外壳材质

Step02 设置白色外壳材质。打开“材质编辑器”，选择一个空白的材质球，选择材质样式为 VRayMtl，设置“漫反射”颜色为白色，设置反射参数如图7.84所示。

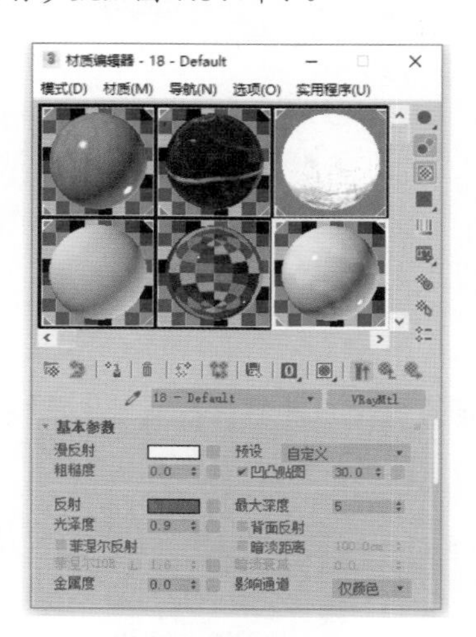

图7.84 设置白色外壳材质

Step03 设置音箱布材质。打开“材质编辑器”，选择一个空白的材质球，选择材质样式为 Standard 材质，设置“明暗器基本参数”类型为 Blinn，设置“漫反射”颜色为黑色，参数设置如图 7.85 所示。

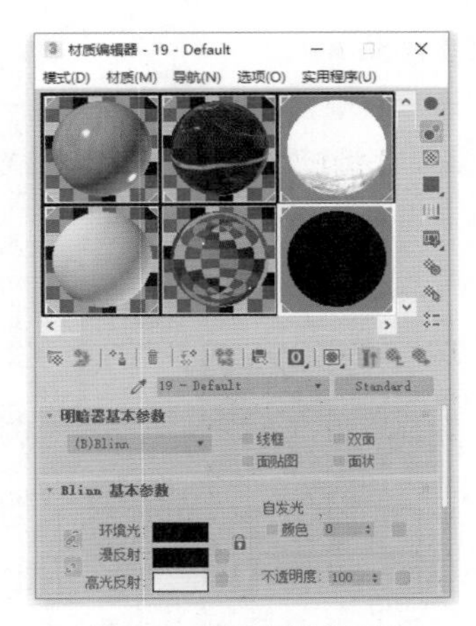

图 7.85　设置音箱布材质

Step04 设置屏幕材质。打开“材质编辑器”，选择一个空白的材质球，选择材质样式为 VRayMtl，设置“漫反射”颜色为深蓝色，设置反射参数如图 7.86 所示。

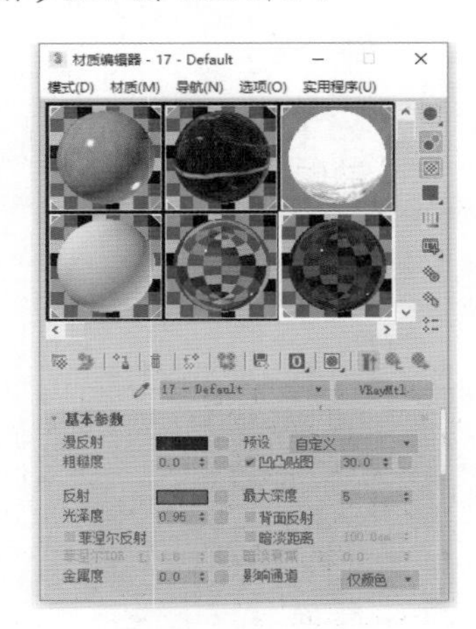

图 7.86　设置屏幕材质

Step05 将所设置的材质赋予电视模型，渲染效果如图 7.87 所示。

图 7.87　场景渲染效果

7.5.7　设置台灯材质

台灯的材质包括金属灯座材质和半透明灯罩材质。

Step01 设置金属灯座材质。打开“材质编辑器”，选择一个空白的材质球，选择材质样式为 VRayMtl，设置“漫反射”颜色为黄红色，设置反射参数如图 7.88 所示。

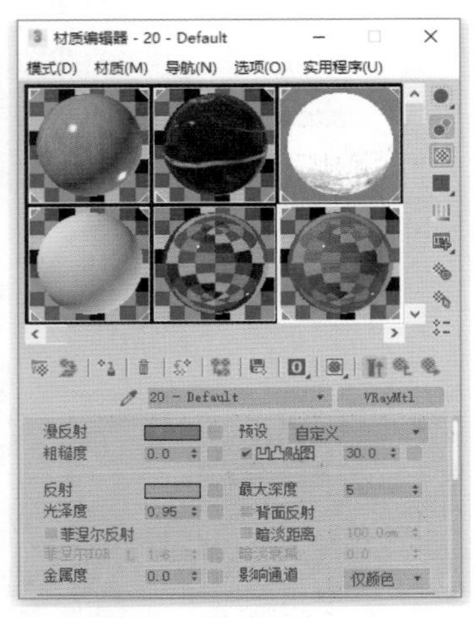

图 7.88　设置金属灯座材质

Step02 设置灯罩材质。打开“材质编辑器”，选择一个空白的材质球，选择材质样式为 VRayMtl，设置“漫反射”颜色为白色，设置反射参数如图 7.89 所示。

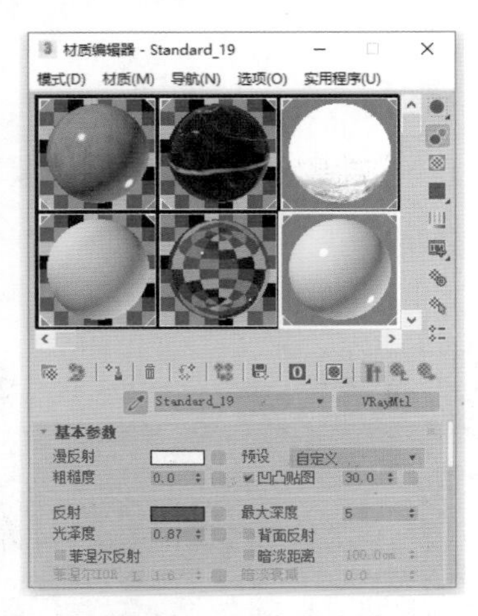

图 7.89　设置灯罩材质

Step03 设置灯罩的折射参数和雾色效果如图 7.90 所示。

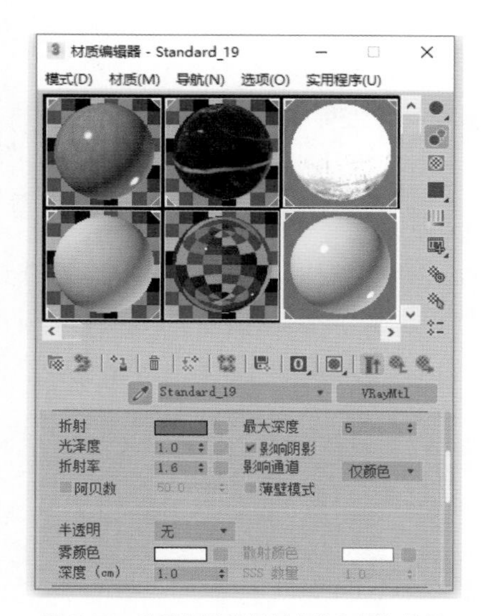

图 7.90　设置灯罩的折射参数和雾色效果

Step04 将所设置的材质赋予台灯模型，渲染效果如图 7.91 所示。

图 7.91　场景渲染效果

7.5.8　设置室外环境

Step01 打开“材质编辑器”，选择一个空白的材质球，选择材质样式为 VR_发光材质，设置贴图为 Ch7\Maps\ 未命名 .jpg 文件，参数设置如图 7.92 所示。

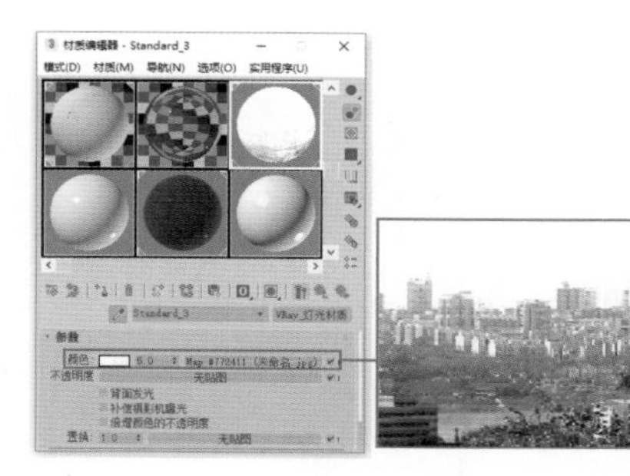

图 7.92　设置材质样式

Step02 将所设置的材质赋予室外面片模型，渲染效果如图 7.93 所示。

图 7.93　场景渲染效果

Step03 场景中的其他材质（如壁画、吊灯、盆景、花瓶以及书籍材质等），大家可以参考上述的设置方法进行制作，这里不再赘述。最终渲染效果如图 7.94 所示。

图 7.94　场景最终渲染效果

第 8 章
复式空间全套渲染

本章以一个冷暖光影效果交叉的小复式全套空间为例，介绍复式空间全套渲染。整个空间的主色调采用黄褐色，这是一种暖色调的颜色，使人没有太强的视觉冲击力，显得温馨且柔和。另外，这样的空间布局，使得小复式空间较为宽敞舒适，暖色调小复式空间搭配上各种灯光的装饰，更能显出小复式全套空间的富丽堂皇。

通过本章学习掌握如何使用 VRay 渲染器表现小复式全套的效果，图 8.1 所示为场景渲染效果。

图 8.1　场景渲染效果

场景灯光布局如图 8.2 所示。面光源 1 进行窗口的暖色补光；其他的面光源用来模拟室内的吊灯以及进行室内的补光；点光源用来模拟室内的壁灯照明。

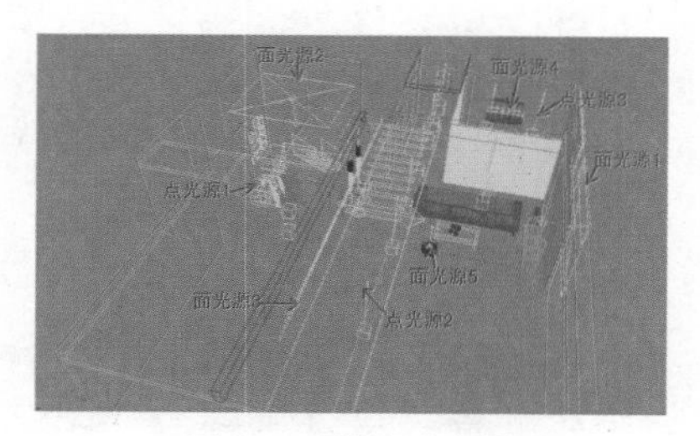

图 8.2　场景灯光布局

配色应用：

制作要点：

（1）了解小复式全套的设计理念和设计方法。

（2）掌握场景材质的制作和色彩搭配。

（3）掌握场景的灯光布局特点、灯光的使用特点以及灯光参数的设置方式和技巧。

最终场景：Ch8\Scenes

贴图素材：Ch8\Maps

难易程度：★★★★★

8.1　复式空间规划

复式房屋在概念上是一层，但层高较普通的房屋（通常是 2.7m）高，可在局部掏出夹层，安排卧室或书房等内容，用楼梯连接上下。其目的是在有限的空间里增加使用面积，提高房屋的空间利用率。这种做法是为适应其空间极其缺乏的情况而产生的。现在的市场中，跃层基本上都以复式结构的形式存在，图 8.3 所示为复式房屋效果展示。

图 8.2　复式房屋效果展示

8.1.1　复式空间的经济性

平面利用系数高，通过夹层复合，可使住宅的使用面积提高 50% ～ 70%。户内的隔层为木结构，将隔断、家具、装饰融为一体，既是墙又是楼板、床、柜，降低了综合造价。上部夹层采用推拉窗及墙身多面窗户，通风采光良好，与一般层高和面积相同的住宅相比，土地利用率可提高 40%。因此复式住宅同时具备了省地、省工、省料的特点，如图 8.4 所示。

图 8.4　经济性小复式展示

8.1.2　复式空间的不足点

复式住宅的面宽大，进深小，如采用内廊式平面组合必然导致一部分户型朝向不佳，自然采光较差。而且层高过低，如厨房只有 2m 高度，长期使用易产生局促憋气的不适感。储存空间较大，但层高只有 1.2m，很难充分利用。由于室内的隔断楼板均采用轻薄的木隔断，木材成本较高，且隔音、防火功能差，房间的私密性、安全性较差。尽管复式住宅有一些缺点，但近年来建筑师通过不断改进、完善、探索，结合我国的国情，设计出更加合理的结构。可以预见，这种精巧的复式住宅，由于经济效益十分明显，价格相对偏低，必然成为住宅市场上的热销产品，如图 8.5 所示。

图 8.5　30 平方米小复式展示

8.1.3　复式空间装修要点

复式楼的墙面要突出设计感来，因为复式楼墙面过高，如果过于简单，会显得墙面太单调，所以对待复式楼，尤其需要有一种设计的美感。复式房更加注重空间的色彩搭配，一般颜色的搭配要尽量简单一些。做法如下：选择一个大的基本色，再选择与其更适合的颜色搭配，最好是更接近的颜色来进行搭配。一般情况下，装修颜色不要超过三种，这样才能显得更加协调。同时，为了让复式房的空间更加充实，光照更充足，灯光的配置也至关重要，不能太亮也不能显得过暗。只要能够满足人们的日常生活需要就可以了。同时，还可以多用一些灯光来进行照明，也能够用灯光来充实整个空间。

8.2　渲染前准备

渲染前的准备工作。主要分为摄像机的设置和场景渲染设置。

8.2.1　创建摄像机

就是给场景放置摄像机，确定摄像机视图。

Step01 打开 Ch8\Scenes\Ch8.max 文件。这是一个复式结构空间的模型，如图 8.6 所示。

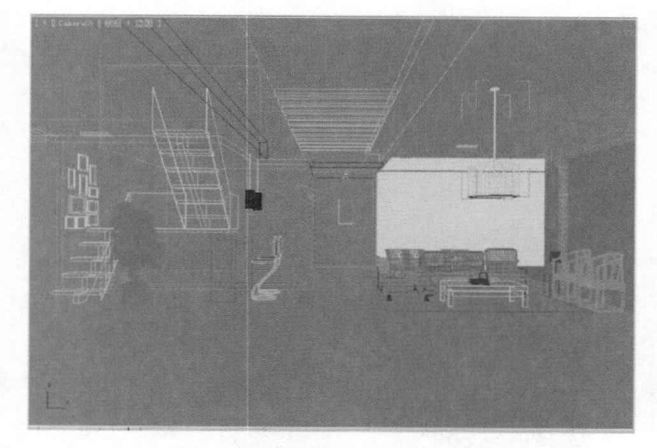

图 8.6　3ds Max 场景文件

Step02 在顶视图中创建一个目标摄像机，放置好摄像机的位置，如图 8.7 所示。

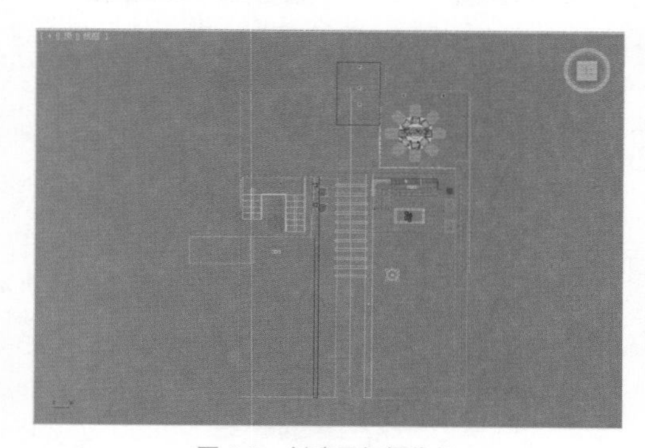

图 8.7　创建目标摄像机

Step03 再切换到左视图，调整摄像机的高度，如图 8.8 所示。

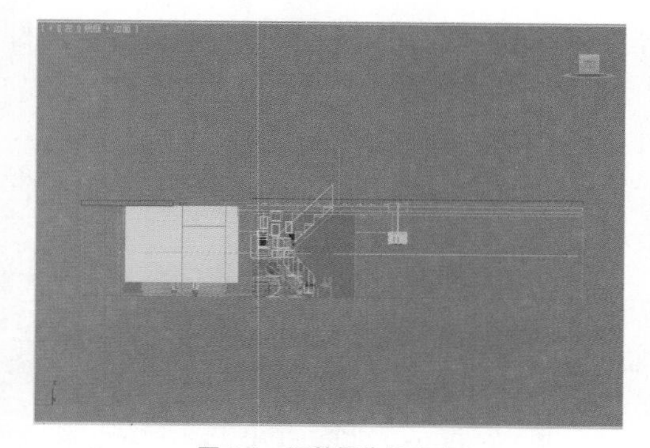

图 8.8　调整摄像机高度

Step04 设置摄像机的参数，如图 8.9 所示。这样摄像机就放置好了，摄像机视图效果如图 8.10 所示。

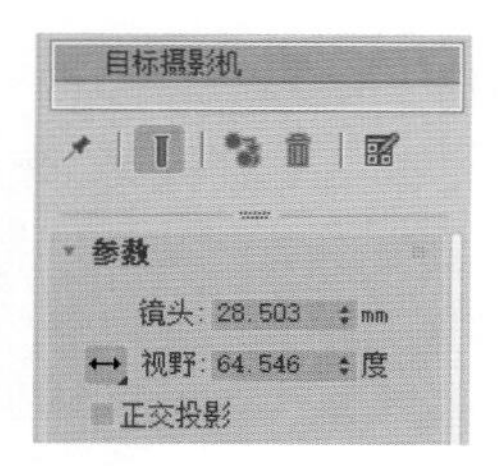

图 8.9　摄像机参数设置

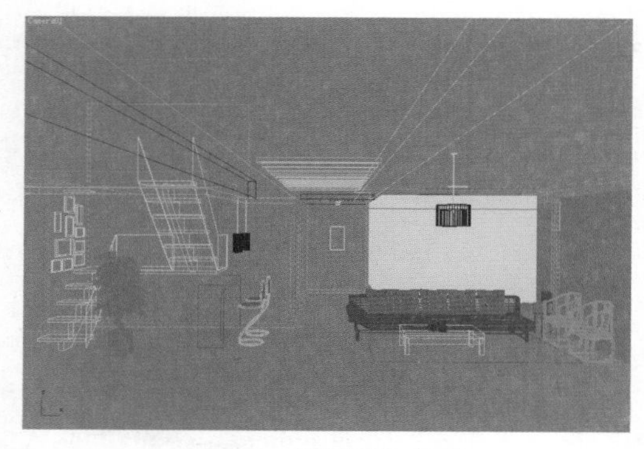

图 8.10　摄像机视图效果

提示

目标摄影机，用于观察目标点附近的场景内容，它包含摄影机和目标点两部分，这两部分可以同时调整也可以单独进行调整。摄影机和摄影机目标点可以分别设置动画，从而产生各种有趣的效果。

8.2.2　测试渲染设置

对采样值和渲染参数进行最低级别的设置，可以达到既能够观察渲染效果又能快速渲染的目的。下面就是用测试渲染的参数设置。

Step01 按 F10 键，打开“渲染设置”对话框，设置 VRay 为当前渲染器类型，如图 8.11 所示。

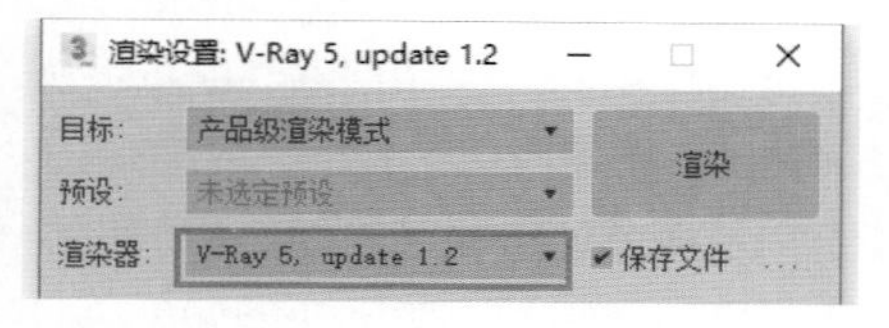

图 8.11　设置渲染器类型

Step02 进入 VRay 选项卡，在“全局开关”卷展栏中设置总体参数，如图 8.12 所示。因为这里要调整灯光，所以需要关闭“默认灯光”。

取消勾选“反射 / 折射”和“光泽效果”复选框，这两项都是非常影响渲染速度的。

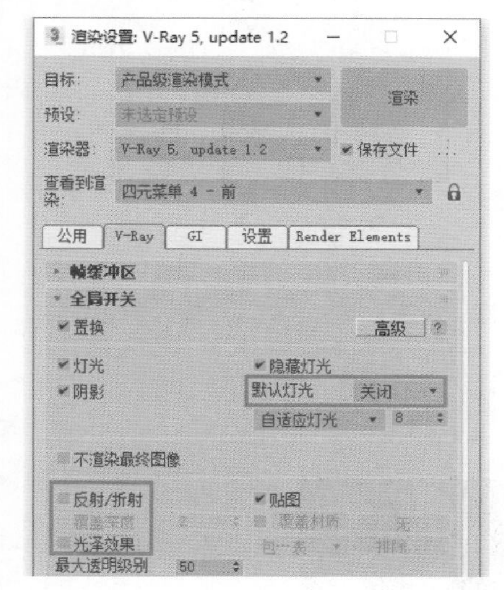

图 8.12　设置全局开关卷展栏参数

技术链接

“贴图”复选框用于控制是否渲染纹理贴图，默认为勾选状态。勾选后可以在材质球中进行编辑贴图操作并在最终渲染图像中表现出来，未勾选则最终渲染不包括材质的纹理贴图。

图 8.13　勾选和未勾选贴图的渲染效果

Step 03　在“图像过滤器”卷展栏中，设置参数如图 8.14 所示，这是抗锯齿采样设置。

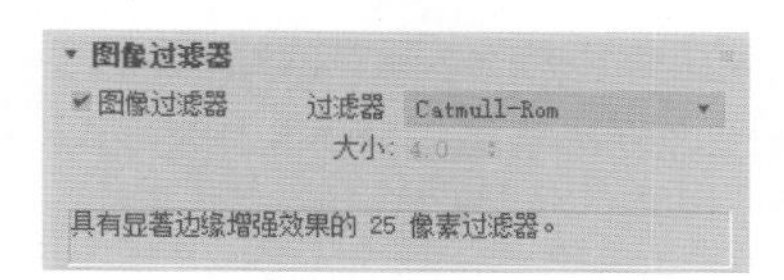

图 8.14　设置“图像过滤器”卷展栏参数

Step 04　在“全局照明”卷展栏中，设置参数如图 8.15 所示，这是全局照明设置。

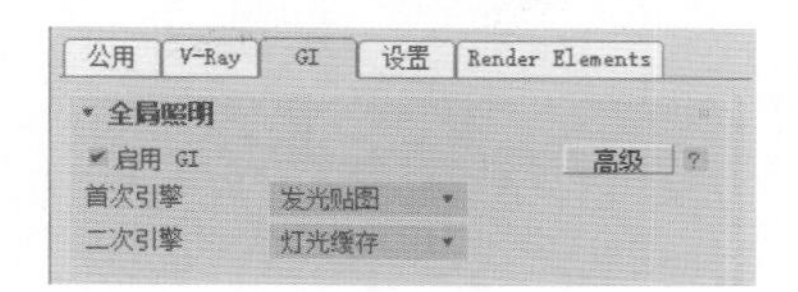

图 8.15　设置“全局照明”卷展栏参数

提示

“全局照明”卷展栏是VRay的核心部分，在这里面可以打开全局光效果。全局照明引擎也是在这里选择，不同的场景材质，对应相应的运算引擎，正确设置可以使全局光计算速度更加合理，使渲染效果更加出色。

Step 05　在“发光贴图”卷展栏中，将“当前预置”先设置为“自定义”，然后再调整“最大比率”和“最小比率”的值为 –4，如图 8.16 所示，这是发光贴图参数设置。

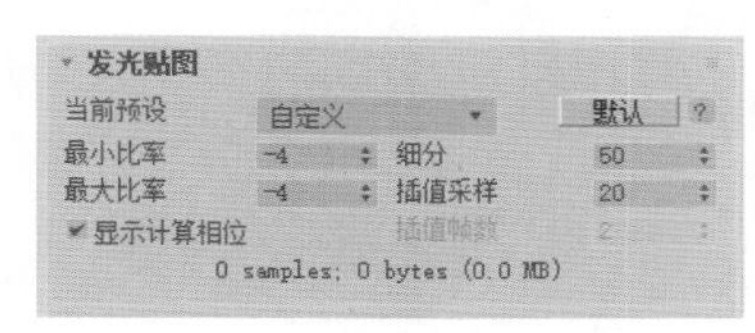

图 8.16　设置“发光贴图”卷展栏参数

注意

在“全局照明”的首次引擎中，选择发光贴图后，可以对其进行设置，并且该贴图只存在于首次反弹引擎中。

Step 06　在“灯光缓存”卷展栏中，设置参数如图 8.17 所示。

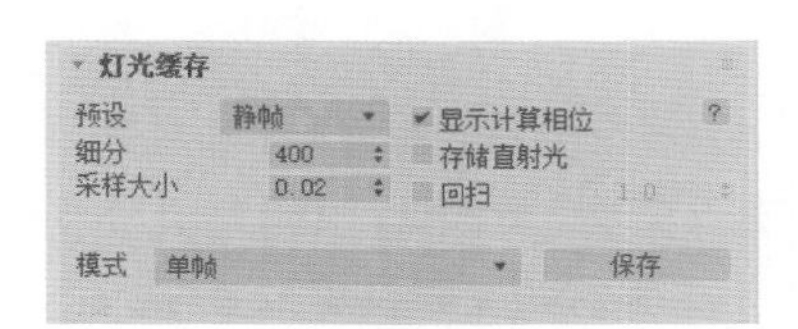

图 8.17　设置“灯光缓存”卷展栏参数

Step07 按8键，打开“环境和效果”对话框，设置背景色为纯黑色，如图8.18所示。

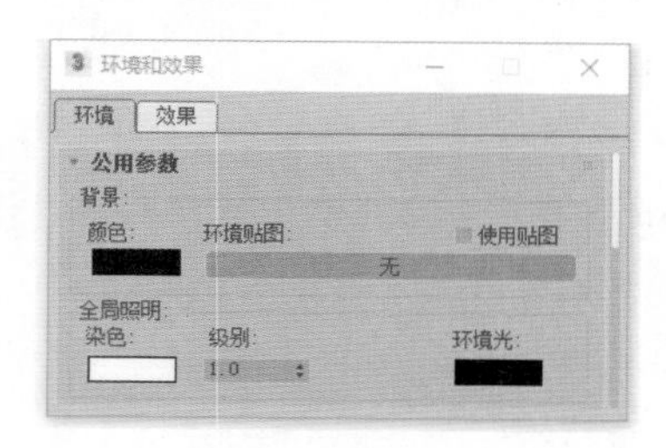

图8.18 设置背景颜色

8.3 场景灯光设置

因为关闭了默认灯光，所以需要建立灯光。本例采用面光源进行窗口补光和室内补光，用点光源和面光源来模拟吊灯和壁灯光源。

Step01 制作一个统一的模型测试材质。按M键，打开“材质编辑器”，选择一个空白材质球，设置“材质”的样式为 VRayMtl ，如图8.19所示。

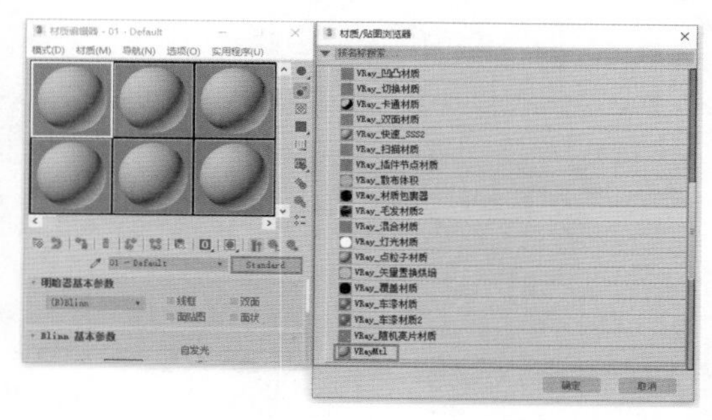

图8.19 设置统一的模型测试材质

Step02 在“材质”面板设置“漫反射”的颜色为浅灰色，如图8.20所示。

提示

“漫反射”颜色是设置物体本身的颜色，将这个材质作为整个场景的测试材质的话，那么，场景中所有物体的颜色都为该材质的漫反射颜色。

Step03 按F10键，打开“渲染设置”对话框，勾选“覆盖材质”复选框，将该材质拖动到“无”按钮上，这样就给整体场景设置了一个临时测试用的材质，如图8.21所示。

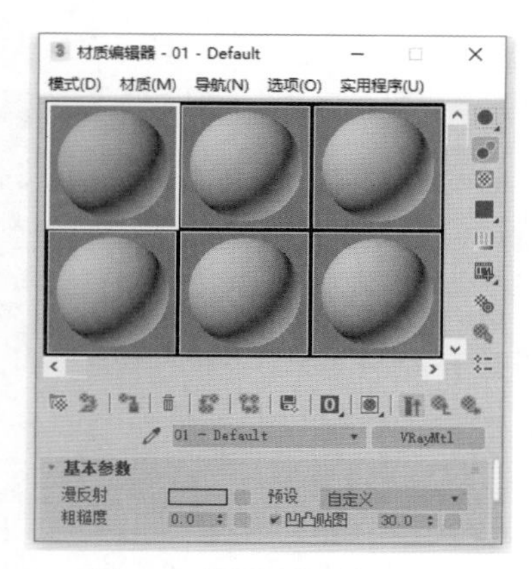

图8.20 设置“漫反射”颜色

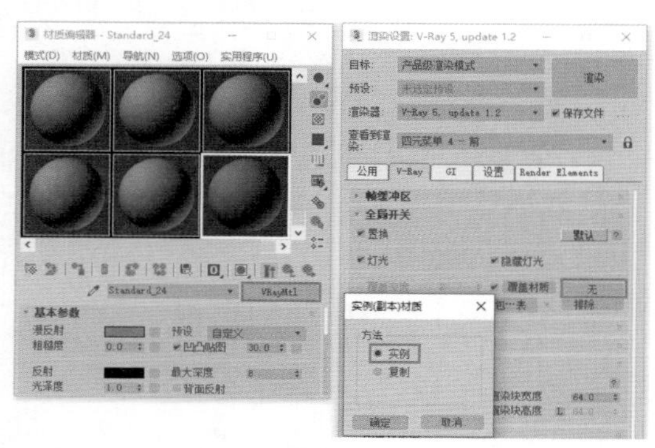

图8.21 设置临时测试用的材质

Step04 在十建立命令面板的灯光区域，选择VRay类型，单击 VRay 灯光 按钮，在窗口处建立一盏VRay灯光，用来进行窗口补光，它们是面光源1，具体的位置如图8.22所示。

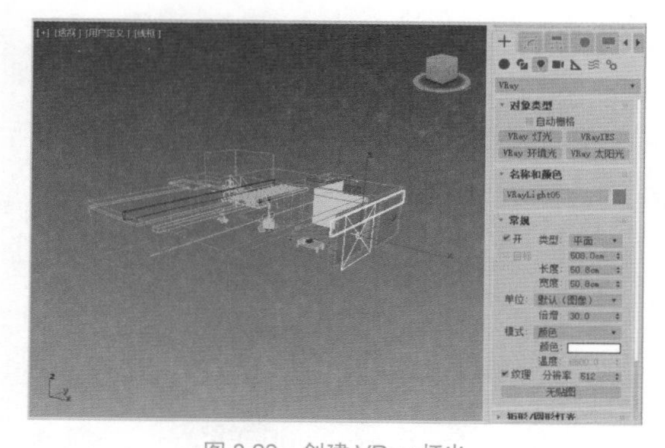

图8.22 创建VRay灯光

Step05 在修改命令面板设置面光源参数，如图8.23所示，注意冷暖关系，这里设置灯光色为天蓝色。

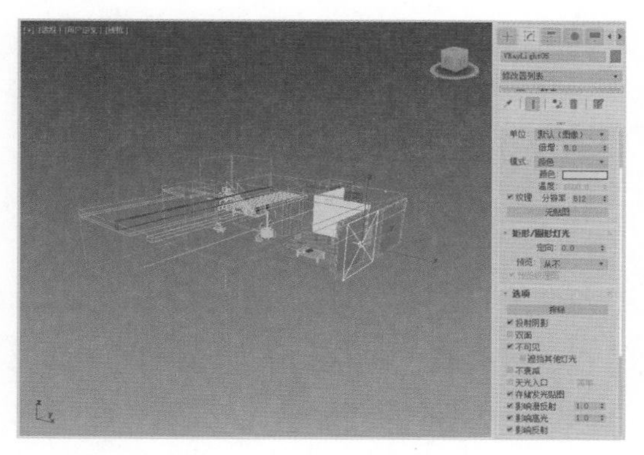

图 8.23　设置面光源参数

Step06 按 F9 键，进行快速渲染，此时效果如图 8.24 所示。

图 8.24　场景渲染效果

Step07 在十建立命令面板单击 VRay 灯光 按钮，在室内建立 4 盏 VRay 灯光，用来模拟吊灯的照明，同时进行室内的补光，具体的位置如图 8.25 所示。

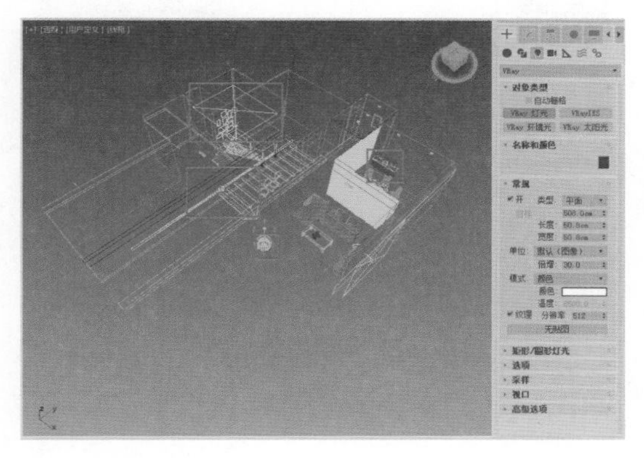

图 8.25　创建 4 盏 VRay 灯光

Step08 在修改命令面板设置 VRay 灯光，参数如图 8.26 ～图 8.29 所示。

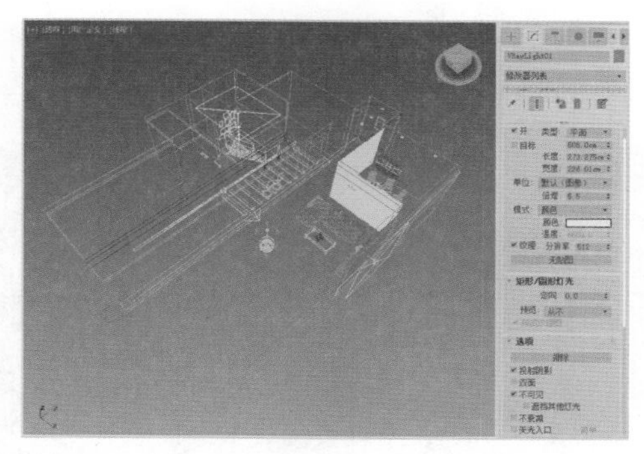

图 8.26　设置 VRay 灯光参数 1

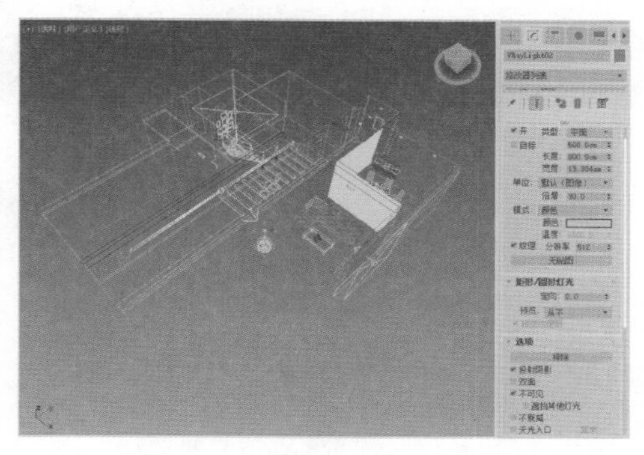

图 8.27　设置 VRay 灯光参数 2

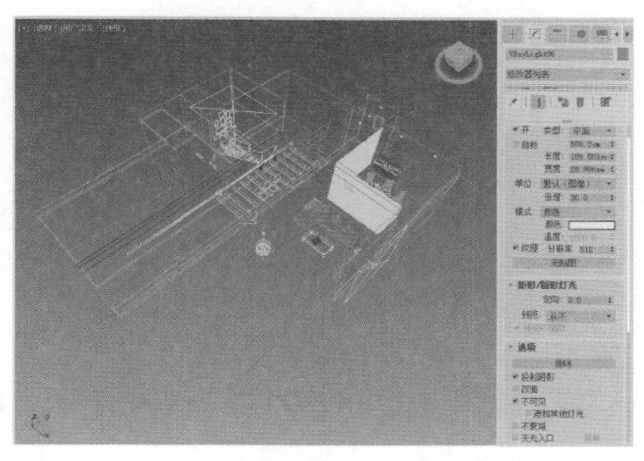

图 8.28　设置 VRay 灯光参数 3

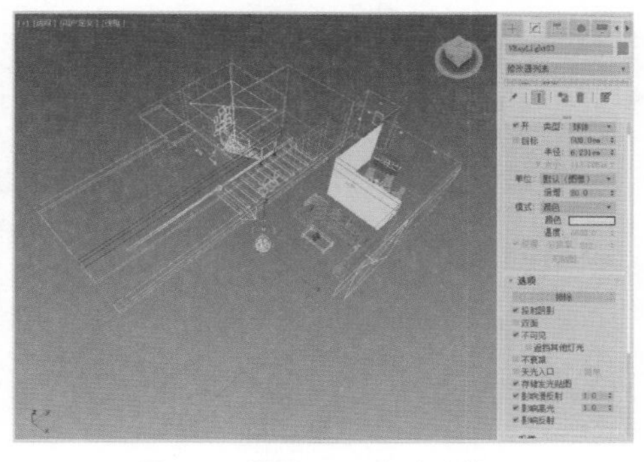

图 8.29　设置 VRay 灯光参数 4

Step09 按 F9 键，进行快速渲染，效果如图 8.30 所示。

图 8.30　场景渲染效果

Step10 在 + 建立命令面板单击 目标灯光 按钮，在视图中建立若干点光源，具体位置如图 8.31 所示。

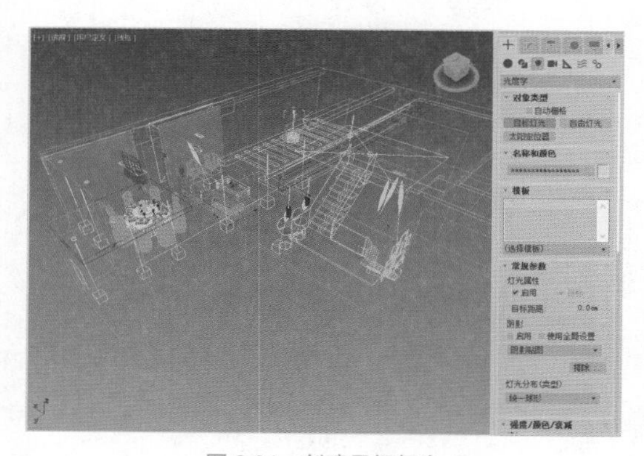

图 8.31　创建目标灯光

Step11 在修改命令面板设置目标点灯光的参数，具体如图 8.32 ～图 8.34 所示。光域网文件为 Ch8\Maps\SD-017.ies 和 SD-012.ies 文件。

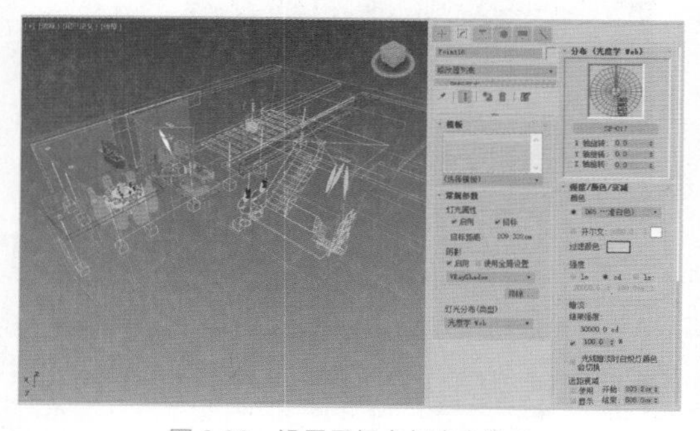

图 8.32　设置目标点灯光参数 1

图 8.33　设置目标点灯光参数 2

图 8.34　设置目标点灯光参数 3

注意

目标灯光和标准的泛光灯很相似，都是从几何体点发射光线，经常用于室内效果制作。

Step12 重新对摄像机视图进行渲染，此时的渲染效果如图 8.35 所示，场景灯光设置完成。

图 8.35　场景灯光渲染效果

8.4　场景材质设置

下面就来逐一设置场景的材质，从影响整

体效果的材质（如墙面、地面等）开始，到较大的家居用品（如沙发、茶几等），最后到较小的物体（如场景内的物品摆设等）。

8.4.1　设置渲染参数

按 F10 键，打开“渲染设置”对话框，进入 VRay 选项卡。在“全局开关”卷展栏中，勾选“反射 / 折射”复选框，取消勾选“覆盖材质”复选框，如图 8.36 所示。

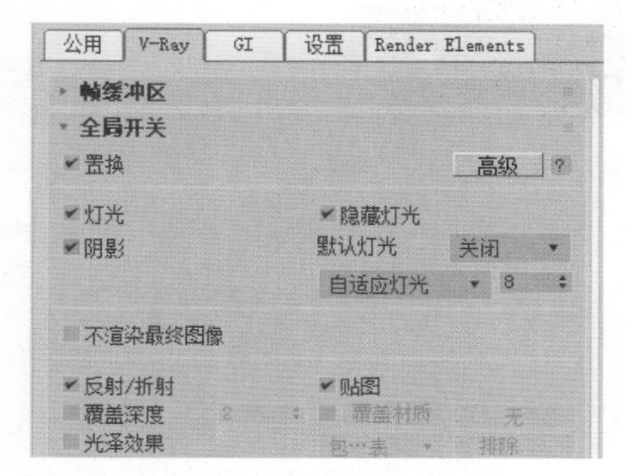

图 8.36　设置“全局开关”卷展栏参数

8.4.2　设置墙体材质

场景中有 4 种墙体：白色乳胶漆材质、浅黄色乳胶漆材质、深黄色乳胶漆材质、木质材质。

Step01 设置白色乳胶漆材质，打开“材质编辑器”，选择一个空白材质球，单击 Standard 按钮，在弹出的“材质 / 贴图浏览器”对话框中选择 VRayMtl，设置“漫反射”颜色为白色，“反射”参数如图 8.37 所示。

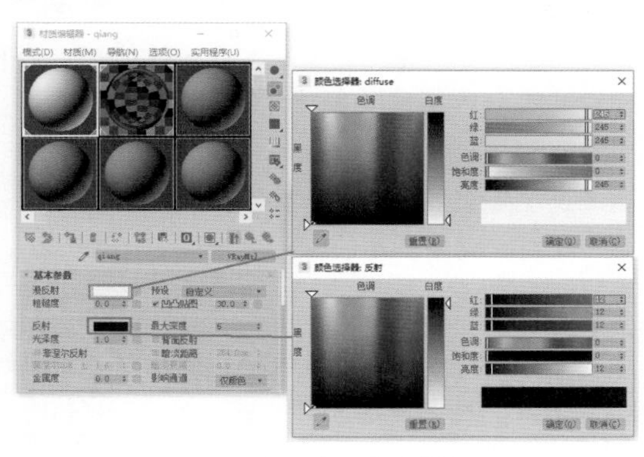

图 8.37　设置白色乳胶漆材质

Step02 设置浅黄色乳胶漆材质，打开“材质编辑器”，选择一个空白材质球，单击 Standard 按钮，在弹出的“材质 / 贴图浏览器”对话框中选择 VRayMtl，设置“漫反射”颜色为土黄色，“反射”参数如图 8.38 所示。

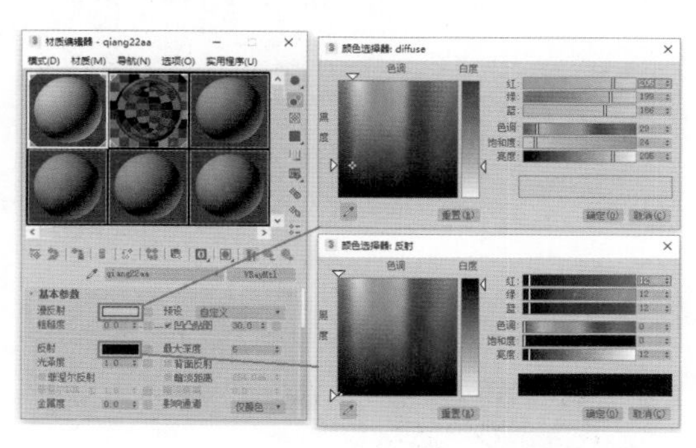

图 8.38　设置浅黄色乳胶漆材质

Step03 设置深黄色乳胶漆材质，打开“材质编辑器”，选择一个空白材质球，单击 Standard 按钮，在弹出的“材质 / 贴图浏览器”对话框中选择 VRayMtl，设置“漫反射”颜色为棕黄色，“反射”参数如图 8.39 所示。

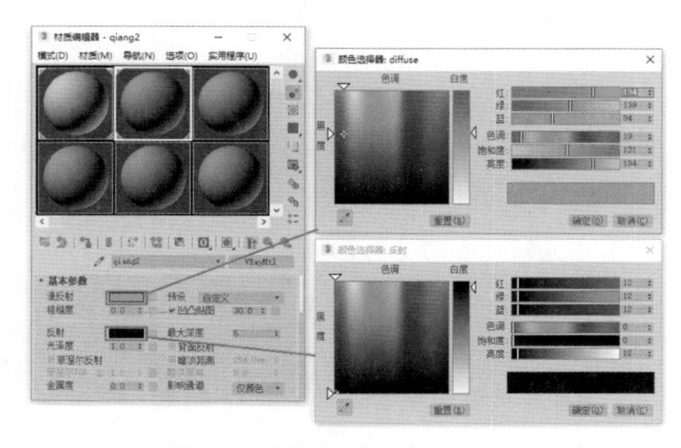

图 8.39　设置深黄色乳胶漆材质

Step04 设置木质材质，打开“材质编辑器”，选择一个空白材质球，单击 Standard 按钮，在弹出的“材质 / 贴图浏览器”对话框中选择 VRayMtl，设置“漫反射”贴图为 Ch8\Maps\a-d-009.jpg 文件，如图 8.40 所示。打开“贴图”卷展栏，在“凹凸”通道中添加贴图为 Ch8\Maps\a-d-009.jpg 文件，设置“凹凸”通道强度为 20。在“反射”通道中添加一个“衰减”贴图，设置参数如图 8.41 所示。

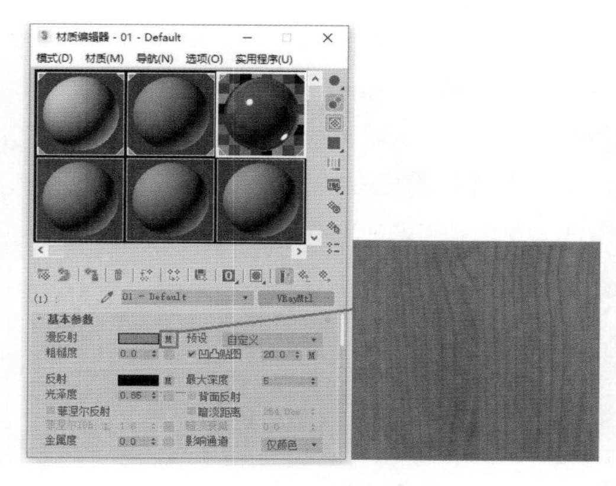

图 8.40　设置木质材质

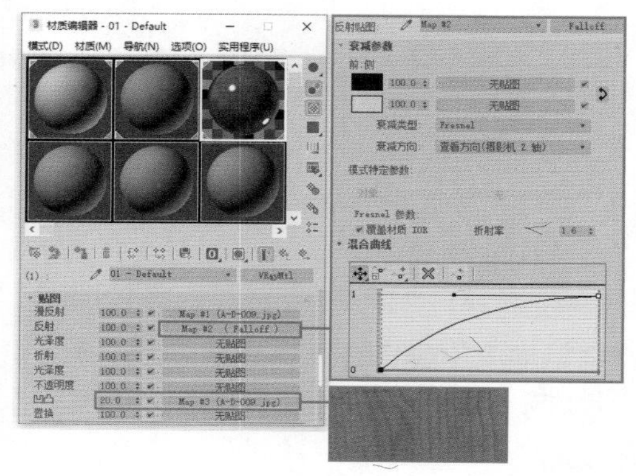

图 8.41　设置“贴图”卷展栏参数

提示

使用“反射”通道可以使对象映射自身和周围环境而产生的反射效果。

技术链接

VRay材质的反射效果在贴图表现上设置为色相灰度值，通过将计算的贴图像素的亮度信息转化为相应的灰度值，从而计算出相对应贴图位置的反射值。优点是可以模拟出更具细节的反射纹理和效果。具体如图8.42所示。

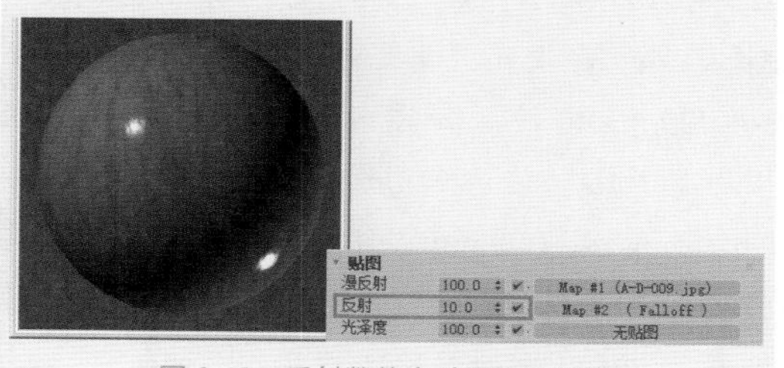

图 8.42　反射数值在贴图上的效果

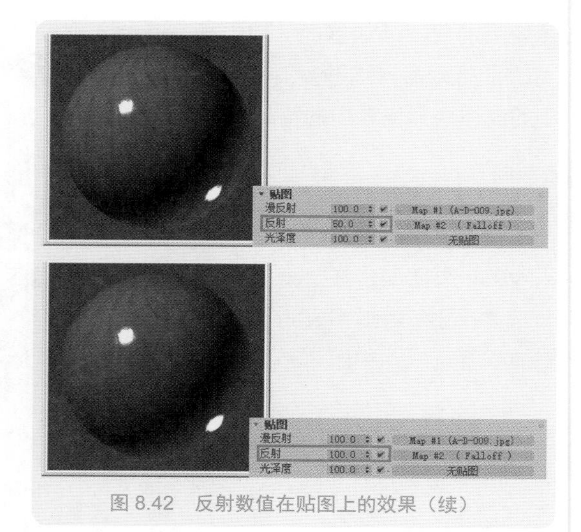

图 8.42　反射数值在贴图上的效果（续）

Step 05 墙体的渲染效果如图 8.43 所示。

图 8.43　墙体渲染效果

8.4.3　设置地板材质

场景地板材质为带有反射效果的大理石。

Step 01 设置地板材质，打开“材质编辑器”，选择一个空白材质球，单击 Standard 按钮，在弹出的“材质 / 贴图浏览器”对话框中选择 VRayMtl 材质，设置“漫反射”贴图为 Ch8\Maps\ 石材 .jpg 文件，如图 8.44 所示。打开“贴图”卷展栏，在“凹凸”通道中添加贴图为 Ch8\Maps\ 石材 .jpg 文件，设置“凹凸”通道强度为 10。在“反射”通道中添加一个“衰减”贴图，设置参数如图 8.45 所示。

注意

地板的贴图主要是要让地板有反射效果和高光效果，还要给地板贴上凹凸贴图，制作地板砖效果。

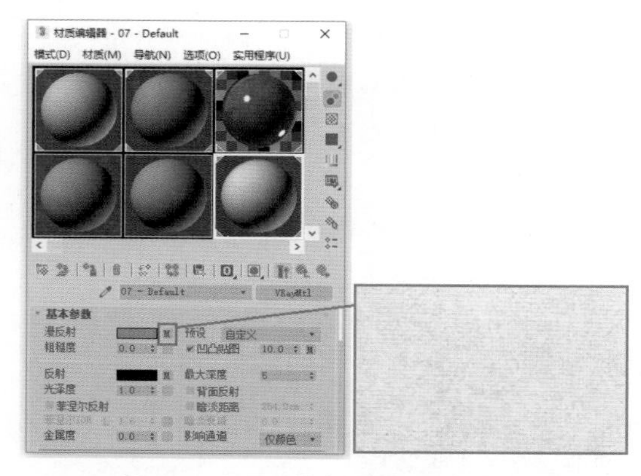

图 8.44　设置“基本参数”卷展栏参数

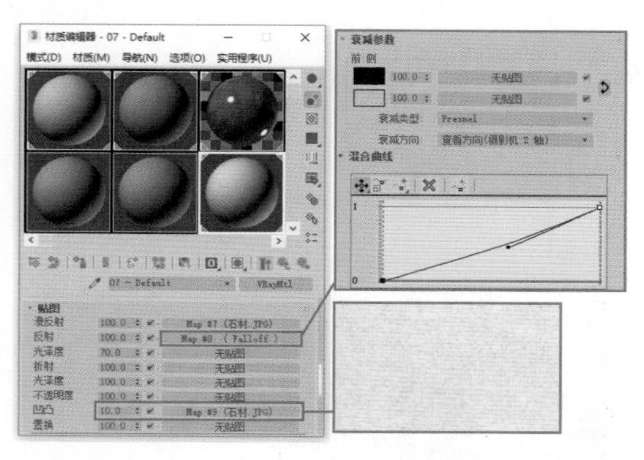

图 8.45　设置“贴图”卷展栏参数

Step02 地板的渲染效果如图 8.46 所示。

图 8.46　地板渲染效果

8.4.4　设置沙发及靠垫材质

沙发的材质包括布料材质和腿部的金属材质，靠垫材质为布质材质。

Step01 设置沙发的布料材质，选择一个空白材质球，单击 Standard 按钮，在弹出的“材质/贴图浏览器”对话框中选择 VRayMtl 材质，设置“漫反射”的贴图为“衰减”贴图，具体参数如图 8.47 所示。打开“贴图”卷展栏，在“凹凸”通道中添加贴图为 Ch8\Maps\bw-001.jpg 文件，设置“凹凸”通道强度为 50，如图 8.48 所示。

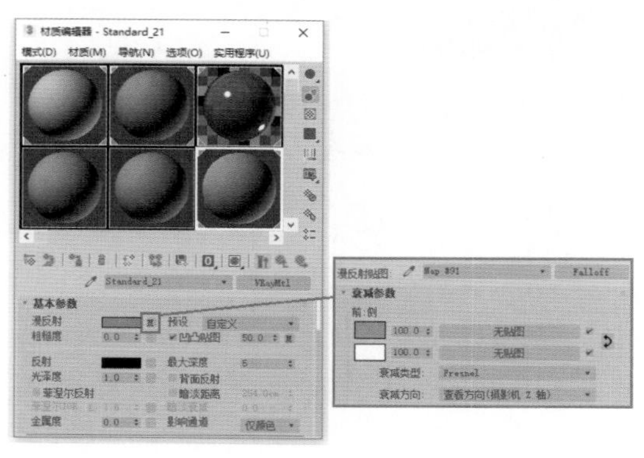

图 8.47　设置沙发布料材质

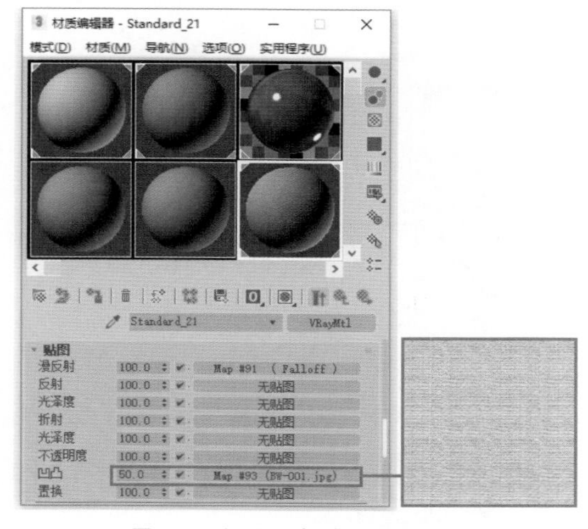

图 8.48　设置“贴图”卷展栏参数

提示

在真实情况下，布料材质有以下几个特征：

（1）布料材质有一定的衰减；

（2）布料材质表面粗糙，有一定的凹凸；

（3）布料材质使用真实的布料材质位图来表现。

Step02 设置金属材质，选择一个空白材质球，单击 Standard 按钮，在弹出的“材质/贴图浏览器”对话框中选择 VRayMtl 材质，设置“漫反射”的颜色为黑色，“反射”的颜色为灰色，如图 8.49 所示。

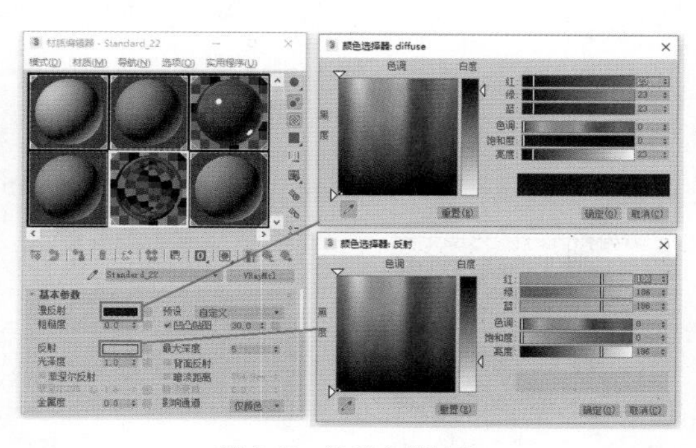

图 8.49　设置金属材质

Step03 设置靠垫材质，选择一个空白材质球，单击 Standard 按钮，在弹出的“材质 / 贴图浏览器”对话框中选择 混合 材质，如图 8.50 所示。

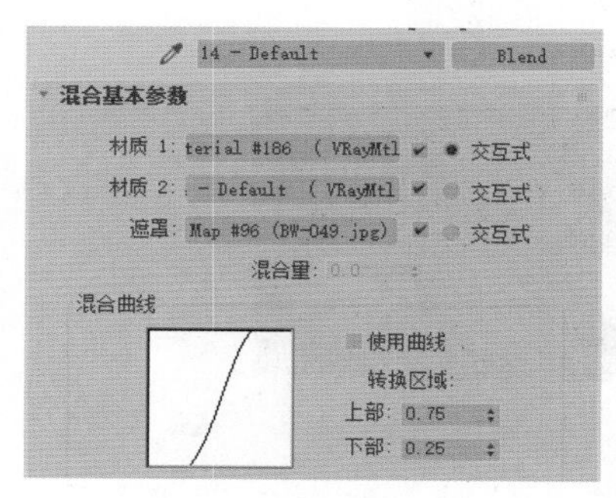

图 8.50　设置靠垫材质

Step04 设置材质 1 为 VRayMtl 材质，设置“漫反射”的贴图为 Ch8\Maps\BW-047s.jpg 文件，如图 8.51 所示。

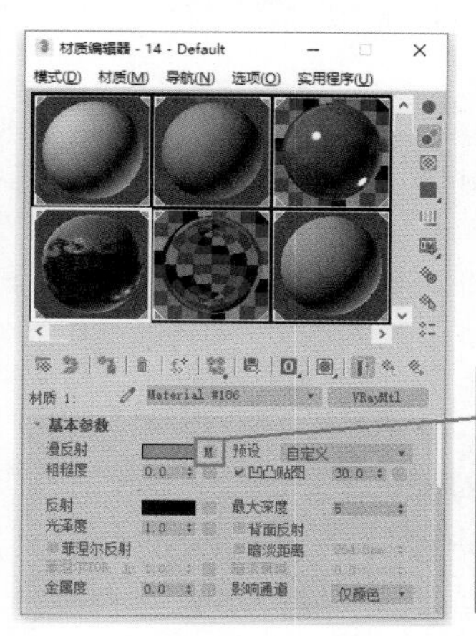

图 8.51　设置“材质 1”材质

Step05 设置材质 2 为 VRayMtl 材质，“漫反射”的贴图为“衰减”贴图，设置参数如图 8.52 所示。打开“贴图”卷展栏，在“凹凸”通道中添加贴图为 Ch8\Maps\BW-001.jpg 文件，设置“凹凸”通道强度为 50，如图 8.53 所示。

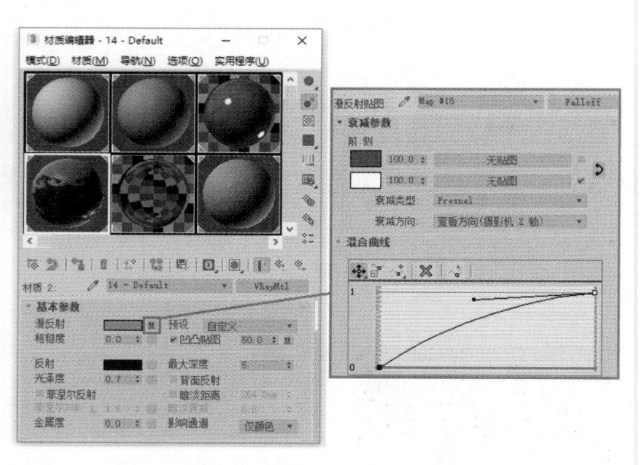

图 8.52　设置“基本参数”卷展栏参数

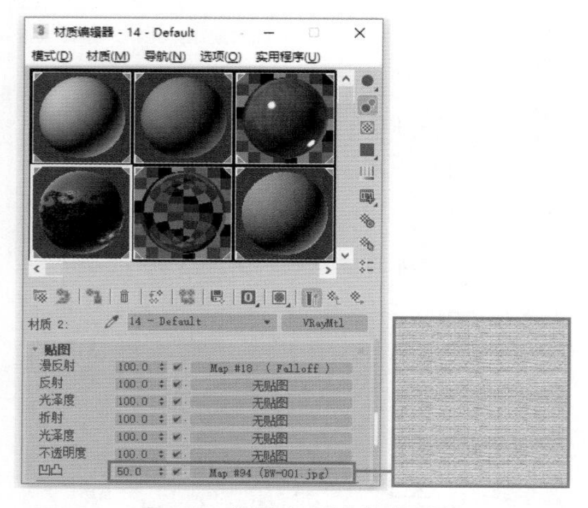

图 8.53　设置“凹凸”通道贴图

注意

在真实的情况下，靠垫材质有以下几个特征：

（1）有一定的衰减和微弱的高光；

（2）设置细分为5，会产生一些杂点效果，这样做的原因是因为靠垫材质本身会有一些杂点。

Step06 在“材质编辑器”中按键回到最上层，在“遮罩”通道中设置贴图为 Ch8\Maps\BW-049.jpg 文件，如图 8.54 所示。

Step07 沙发渲染效果如图 8.55 所示。

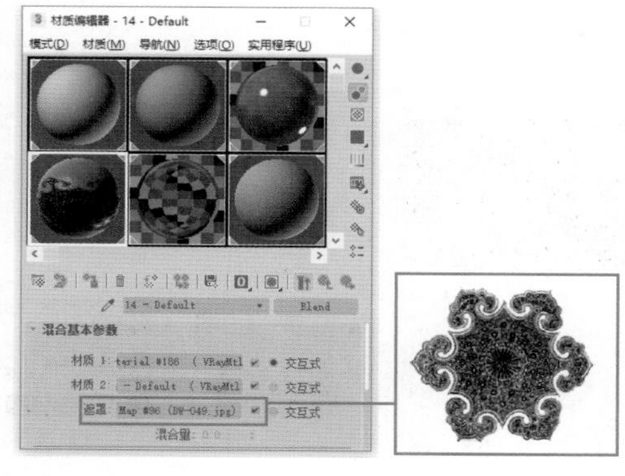

图 8.54　设置“遮罩”通道贴图

图 8.55　沙发渲染效果

8.4.5　设置茶几和地毯材质

茶几为木质材质，地毯为绒毛质地材质。

Step 01 设置茶几材质，选择一个空白材质球，单击 Standard 按钮，在弹出的“材质 / 贴图浏览器”对话框中选择 VRayMtl 材质，设置“漫反射”的贴图为 Ch8\Maps\ww-011.jpg 文件，如图 8.56 所示。打开“贴图”卷展栏，在“反射”通道中添加贴图为“衰减”贴图，在“凹凸”通道中添加贴图为 Ch8\Maps\ww-011.jpg 文件，设置“凹凸”通道强度为 30，如图 8.57 所示。

Step 02 设置地毯的材质，选择一个空白材质球，单击 Standard 按钮，在弹出的“材质 / 贴图浏览器”对话框中选择 VRayMtl 材质，设置“漫反射”的贴图为 Ch8\Maps\18697672.jpg 文件，如图 8.58 所示。打开“贴图”卷展栏，在“置换”通道中添加贴图为 Ch8\Maps\18697672.jpg 文件，设置“置换”通道强度为 10，如图 8.59 所示。

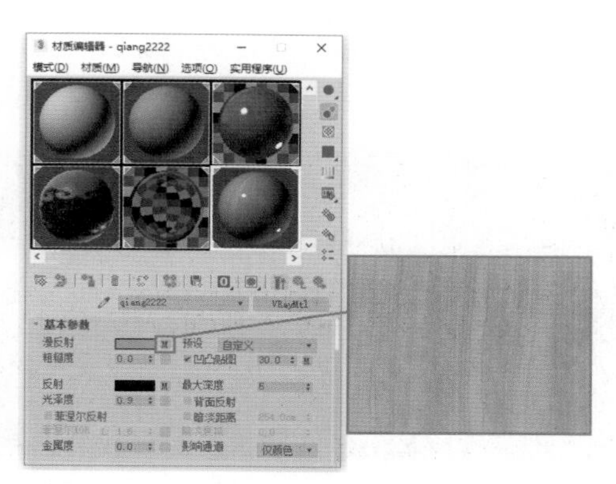

图 8.56　设置茶几材质

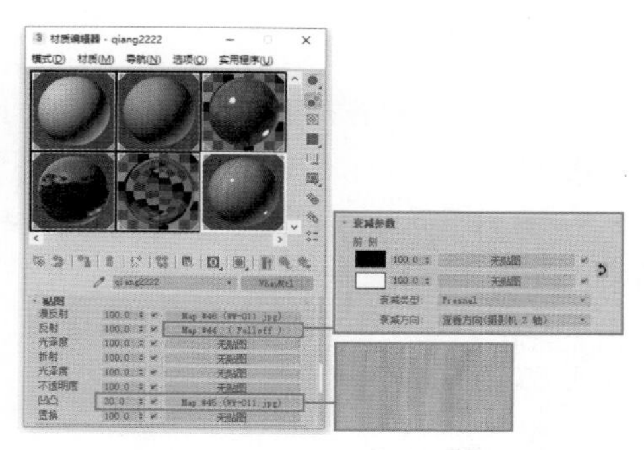

图 8.57　设置“贴图”卷展栏参数

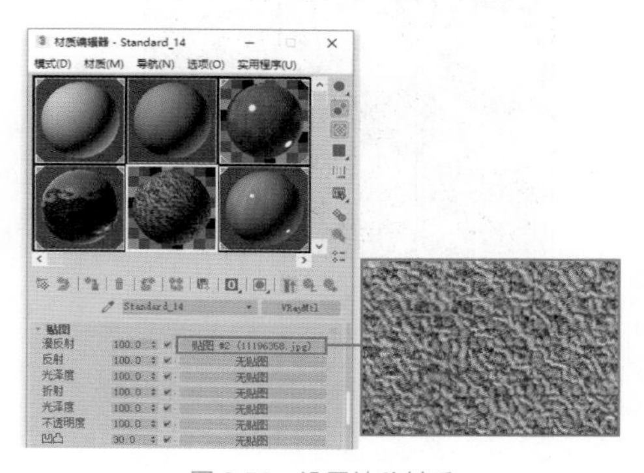

图 8.58　设置地毯材质

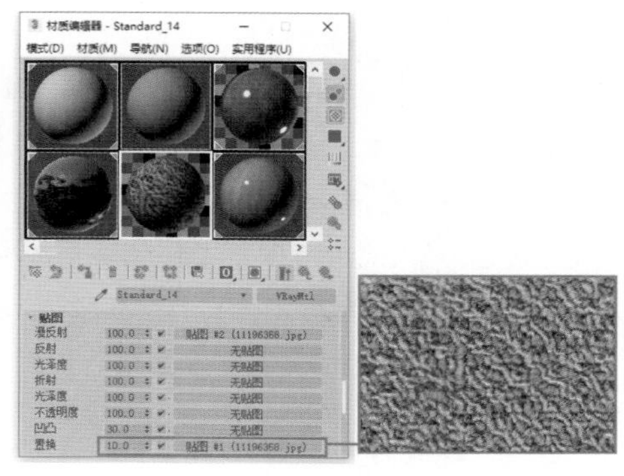

图 8.59　设置“凹凸”通道贴图

Step03 茶几和地毯材质的渲染效果如图8.60所示。

图 8.60 茶几和地毯材质渲染效果

8.4.6 设置吊灯材质

场景中有2种吊灯：一种是浅黄色的；一种是花色的。其中，相同的材质是吊线材质。

Step01 设置吊线的材质，选择一个空白材质球，单击 Standard 按钮，在弹出的“材质/贴图浏览器”对话框中选择 VRayMtl 材质，参数设置如图8.61所示。

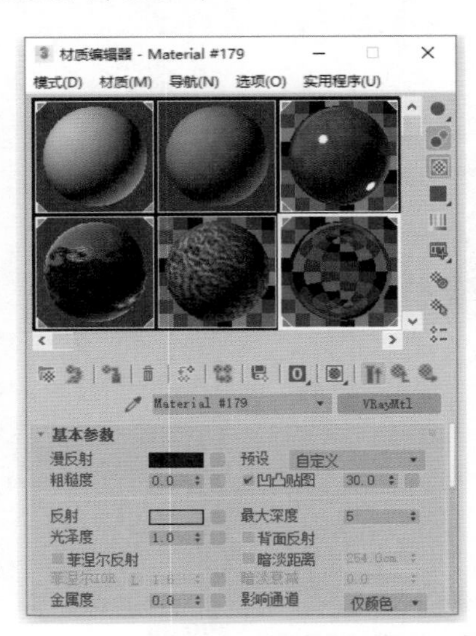

图 8.61 设置吊线材质

Step02 设置浅黄色灯壁的材质，选择一个空白材质球，单击 Standard 按钮，在弹出的“材质/贴图浏览器”对话框中选择 VRayMtl 材质，设置“漫反射”和“反射”颜色如图8.62所示。打开“贴图”卷展栏，在“不透明度”通道中添加贴图为“衰减”贴图，设置“不透明度”通道强度为50，具体参数如图8.63所示。

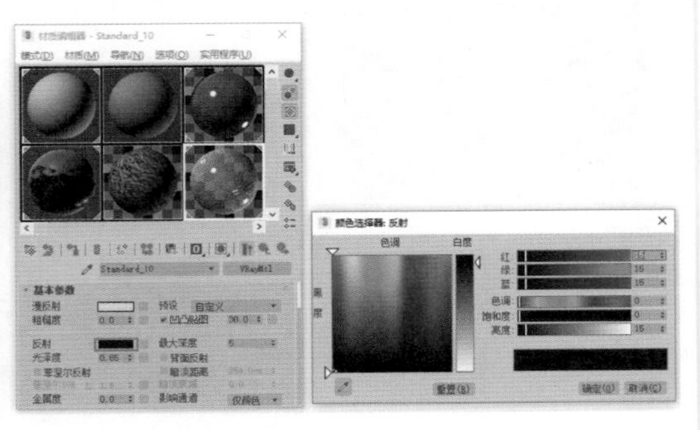

图 8.62 设置浅黄色灯壁材质

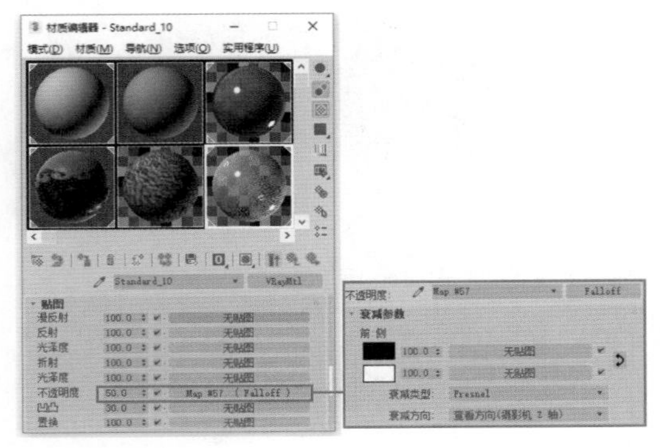

图 8.63 设置“不透明度”通道贴图

Step03 设置花色灯壁的材质，选择一个空白材质球，单击 Standard 按钮，在弹出的“材质/贴图浏览器”对话框中选择 VRayMtl 材质，设置“漫反射”的贴图为复件 6554-6 副本.jpg 文件，设置“反射”颜色为深色，如图8.64所示。打开“贴图”卷展栏，在“凹凸”通道中添加贴图为 Ch8\Maps\ 复件 6554-6 副本.jpg 文件，设置“凹凸”通道强度为30，如图8.65所示。

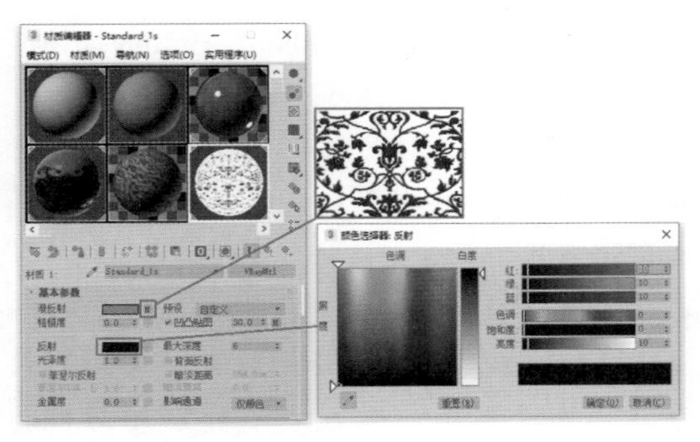

图 8.64 设置花色灯壁材质

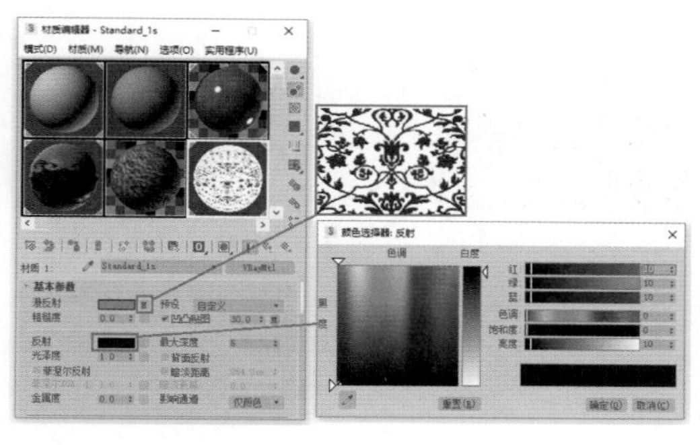
图 8.65　设置“贴图”卷展栏参数

Step04 吊灯渲染效果如图 8.66 所示。

图 8.66　吊灯渲染效果

8.4.7　设置窗帘材质

Step01 设置窗帘材质，选择一个空白材质球，单击 Standard 按钮，在弹出的“材质 / 贴图浏览器”对话框中选择 VRayMtl 材质，设置“漫反射”和“反射”颜色如图 8.67 所示。打开“贴图”卷展栏，在“不透明度”通道中添加贴图为“衰减”贴图，设置“不透明度”通道强度为 70，具体参数如图 8.68 所示。

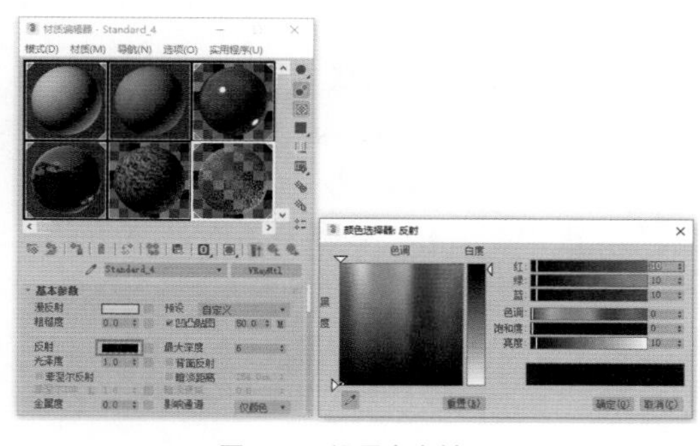
图 8.67　设置窗帘材质

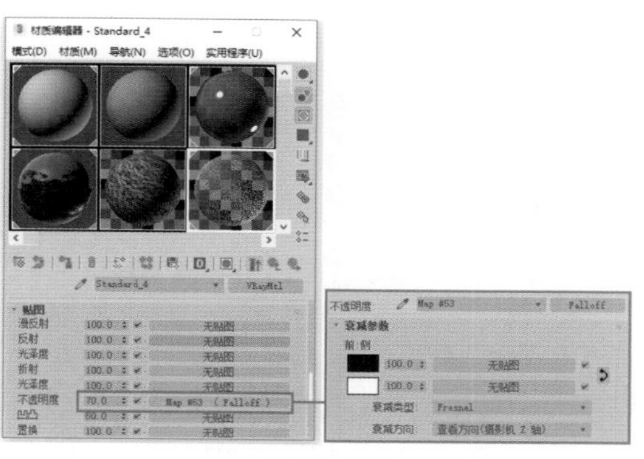
图 8.68　设置“不透明度”通道贴图

技术链接

“不透明度”设置所添加贴图的不透明度，黑色是完全透明，白色是不透明，参数设置如图8.69所示。

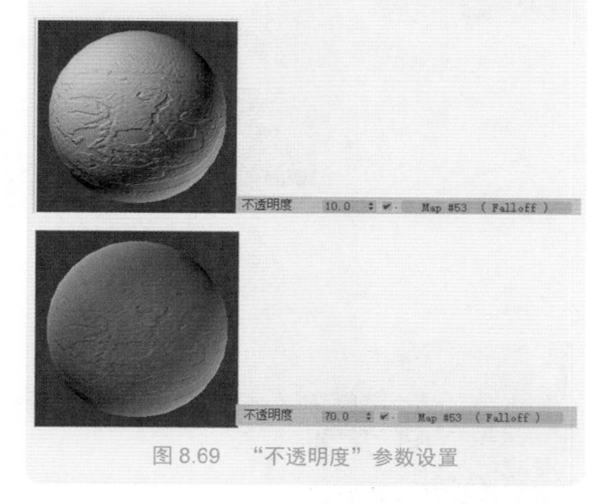

图 8.69　“不透明度”参数设置

Step02 窗帘材质渲染效果如图 8.70 所示。

图 8.70　窗帘材质渲染效果

注意

窗帘是一种半透明材质，调节的时候要注意透明程度、折射率和衰减程度等问题。

8.4.8 设置弯椅材质

弯椅材质由红色布质材质和金属材质组成。

Step 01 设置布质材质，选择一个空白材质球，单击 Standard 按钮，在弹出的“材质/贴图浏览器”对话框中选择 VRayMtl 材质，设置“漫反射”贴图为“衰减”贴图，设置“反射”颜色为深色，如图 8.71 所示。设置“凹凸”贴图为 Ch8\Maps\bw-001.jpg 文件，具体参数如图 8.72 所示。

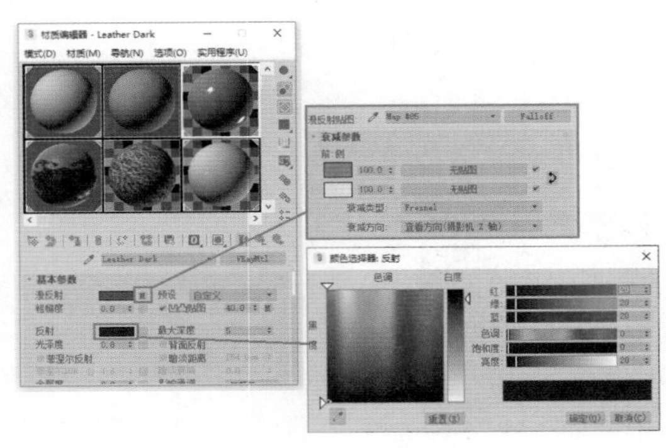

图 8.71 设置布质材质

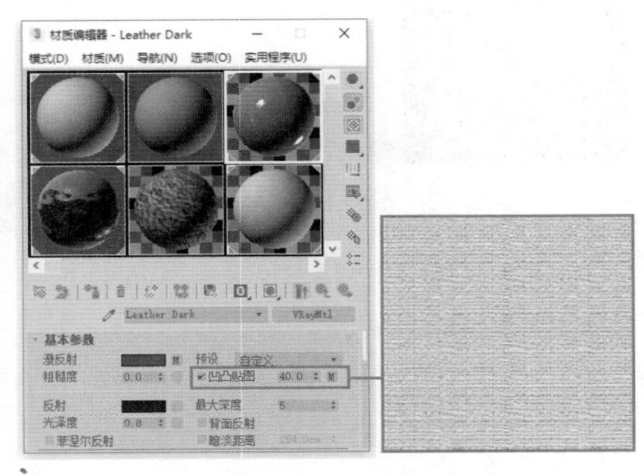

图 8.72 设置凹凸通道贴图

Step 02 设置金属材质，选择一个空白材质球，单击 Standard 按钮，在弹出的“材质/贴图浏览器”对话框中选择 VRayMtl 材质，设置“反射”颜色为深色，如图 8.73 所示。

Step 03 弯椅材质渲染效果如图 8.74 所示。

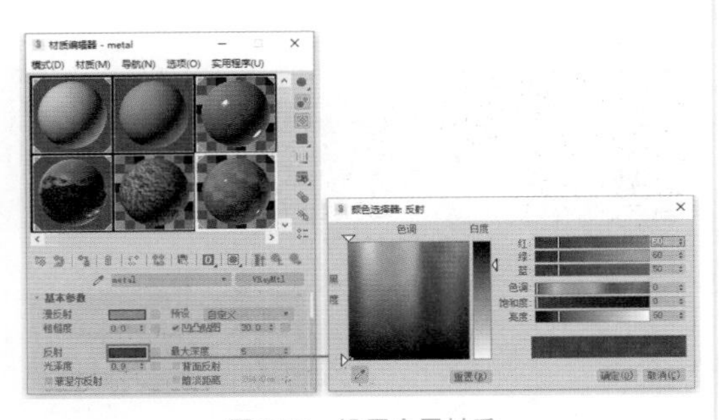

图 8.73 设置金属材质

图 8.74 弯椅材质渲染效果

8.4.9 设置柜台材质

柜台由两种材质组成：一种是木头材质；一种是黑色大理石材质。

Step 01 设置木头材质，选择一个空白材质球，单击 Standard 按钮，在弹出的“材质/贴图浏览器”对话框中选择 VRayMtl 材质，设置“漫反射”和“凹凸”贴图为 Ch8\Maps\a-d-009.jpg 文件，“反射”贴图为“衰减”贴图，如图 8.75 和图 8.76 所示。

Step 02 设置黑色大理石材质，选择一个空白材质球，单击 Standard 按钮，在弹出的“材质/贴图浏览器”对话框中选择 VRayMtl 材质，设置“漫反射”和“凹凸”贴图为 Ch8\Maps\b0000791.jpg 文件，“反射”贴图为“衰减”贴图，如图 8.77 和图 8.78 所示。

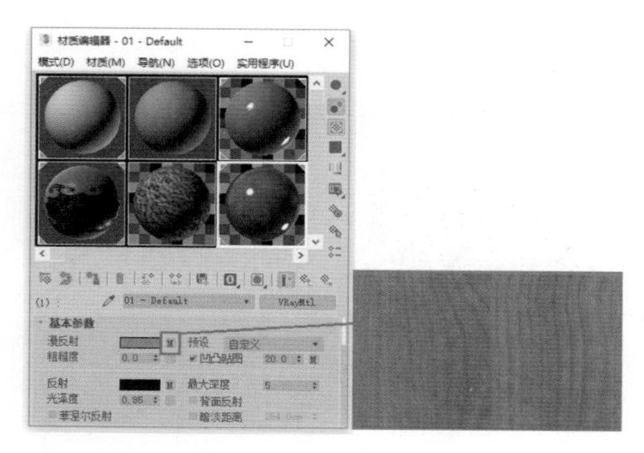
图 8.75　设置木头材质

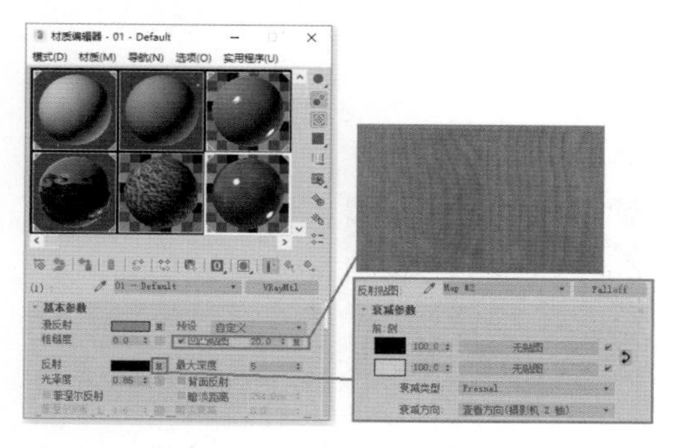
图 8.76　设置“贴图”卷展栏参数

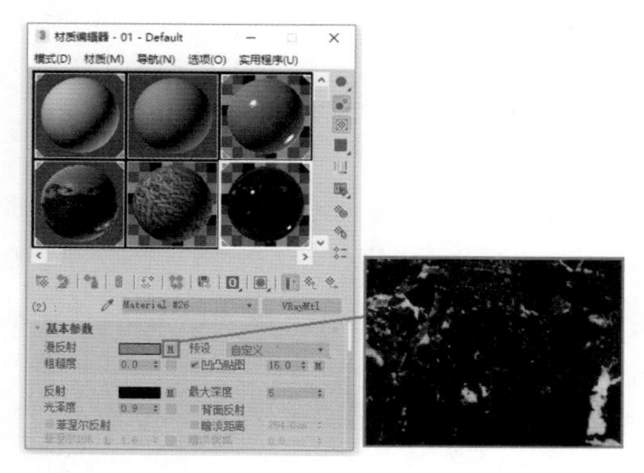
图 8.77　设置黑色大理石材质

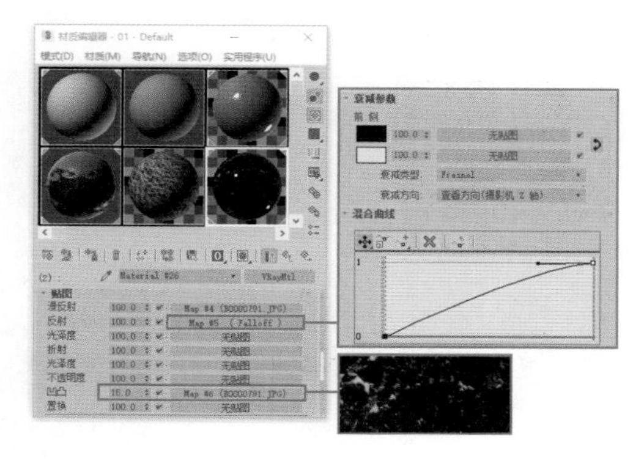
图 8.78　设置“贴图”卷展览参数

提示

菲涅尔反射是指当视线垂直于物体表面的时候，几乎没有发射或很微弱，当视线跟物体表面的夹角越来越小，反射就越来越强烈。

Step 03 柜子渲染效果如图 8.79 所示。

图 8.79　柜子渲染效果

8.4.10　设置盆景材质

室外盆景的材质由花盆、泥土、树干和树叶的材质组成。

Step 01 设置花盆的材质，选择一个空白材质球，单击 Standard 按钮，在弹出的“材质/贴图浏览器”对话框中选择 VRayMtl 材质，设置“漫反射”颜色为浅蓝色，“反射”颜色为灰色。设置“凹凸”贴图为 Ch8\Maps\arch41_010_brushed metal.jpg 文件，具体参数如图 8.80 和图 8.81 所示。

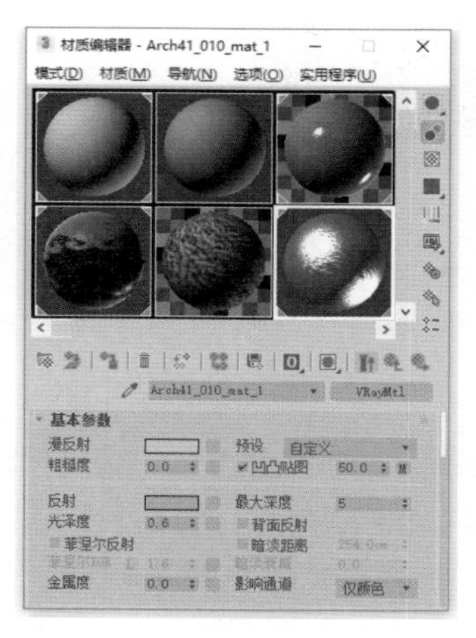
图 8.80　设置花盆材质

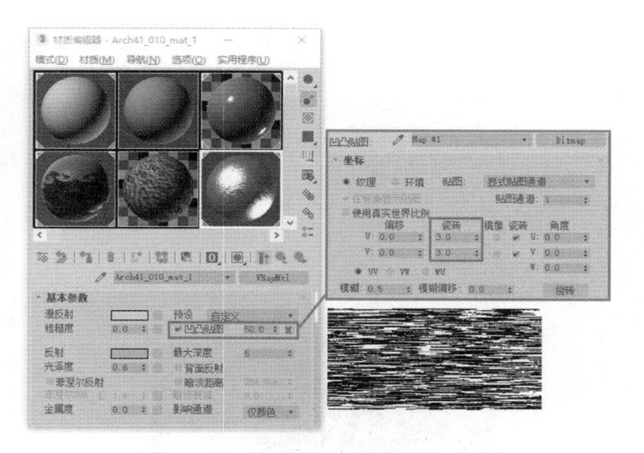

图 8.81　设置“凹凸贴图”参数

Step02 设置泥土的材质，选择一个空白材质球，单击 Standard 按钮，在弹出的“材质/贴图浏览器”对话框中选择 VRayMtl 材质，设置“漫反射”贴图为“衰减”贴图，“凹凸”贴图为“斑点”贴图，具体参数如图 8.82 和图 8.83 所示。

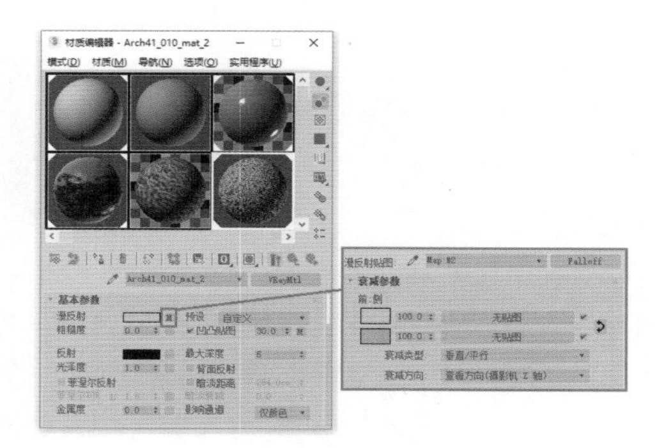

图 8.82　设置泥土材质

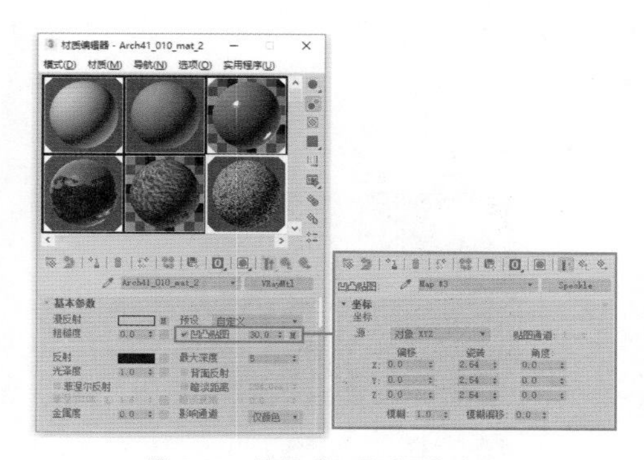

图 8.83　设置“凹凸贴图”参数

Step03 设置树干材质，选择一个空白材质球，单击 Standard 按钮，在弹出的“材质/贴图浏览器”对话框中选择 VRayMtl 材质，设置“漫反射”和“凹凸”贴图为 Ch8\Maps\arch41_010_bark.jpg 和 arch41_010_bark_bump.jpg 文件，具体参数如图 8.84 和图 8.85 所示。

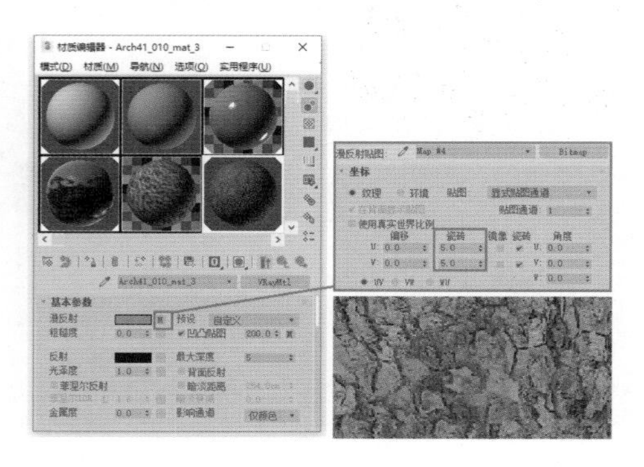

图 8.84　设置树干材质

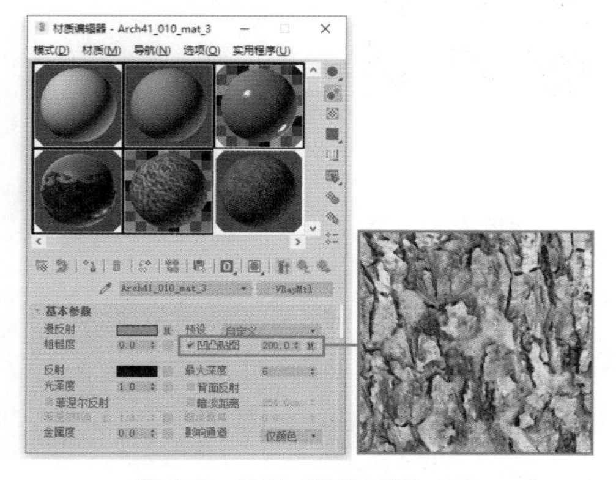

图 8.85　设置“凹凸贴图”参数

Step04 设置树叶材质，选择一个空白材质球，单击 Standard 按钮，在弹出的“材质/贴图浏览器”对话框中选择 VRayMtl 材质，设置“漫反射”贴图为 Ch8\Maps\arch41_010_leaf.jpg 文件，“反射”颜色为深色，“凹凸”贴图为“噪波”贴图，具体参数如图 8.86 和图 8.87 所示。

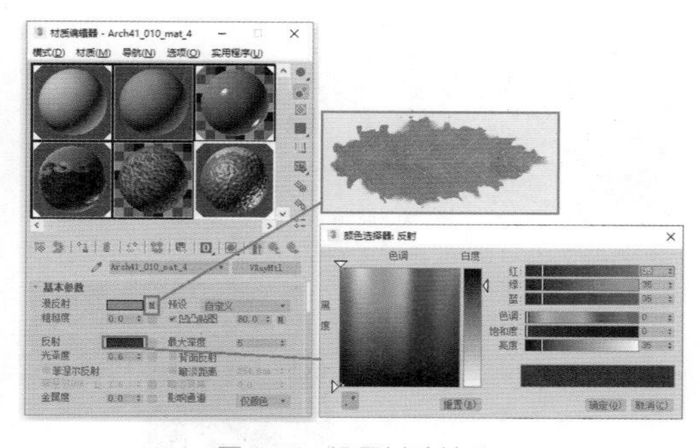

图 8.86　设置树叶材质

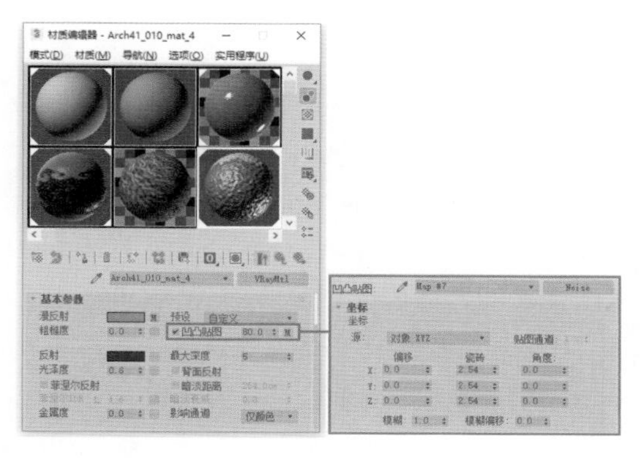

图 8.87　设置“凹凸贴图”参数

注意

除了金属和镜子（镜面反射物体），几乎都有这种反射，就看强烈程度了。通常我们除了金属和镜子，其他的都会用菲涅尔，尤其是木材质、石材、玻璃、水、塑料。

Step05 室外盆景渲染效果如图 8.88 所示。

图 8.88　室外盆景渲染效果

8.4.11　设置壁画材质

壁画材质由木质画框材质和油画材质组成。

Step01 设置木质材质，选择一个空白材质球，单击 Standard 按钮，在弹出的“材质 / 贴图浏览器”对话框中选择 VRayMtl 材质，设置“漫反射”和“凹凸”贴图为 Ch8\Maps\A-D-009.jpg 文件，“反射”贴图为“衰减”贴图，具体参数如图 8.89 和图 8.90 所示。

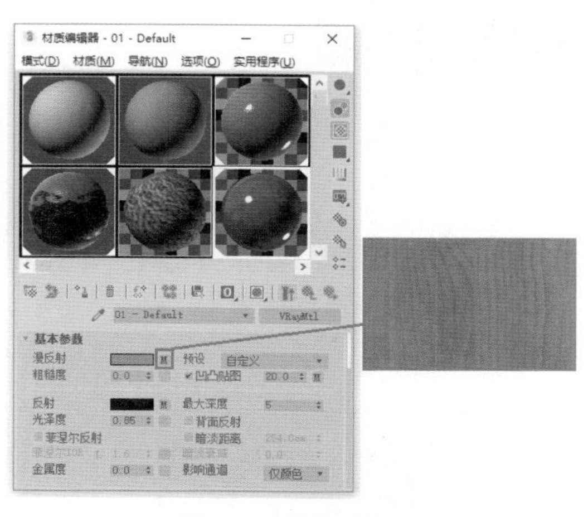

图 8.89　设置木质材质

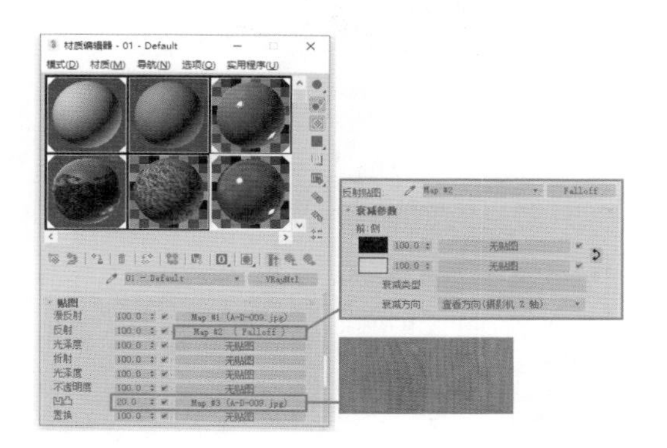

图 8.90　设置“贴图”卷展栏参数

提示

为了使材质突出效果，可以适当调整一下菲涅尔折射率，或在反射通道衰减贴图，勾选“菲涅尔”模式，这样可调的参数会多一些，也可以表现特殊效果。

Step02 设置油画材质，选择一个空白材质球，单击 Standard 按钮，在弹出的“材质 / 贴图浏览器”对话框中选择 VRayMtl 材质，设置“漫反射”贴图为 Ch8\Maps\PPPP4.tif 文件。打开“贴图”卷展栏，将该贴图分别拖动复制到“反射”和“凹凸”通道中，具体参数设置如图 8.91 和 8.92 所示。

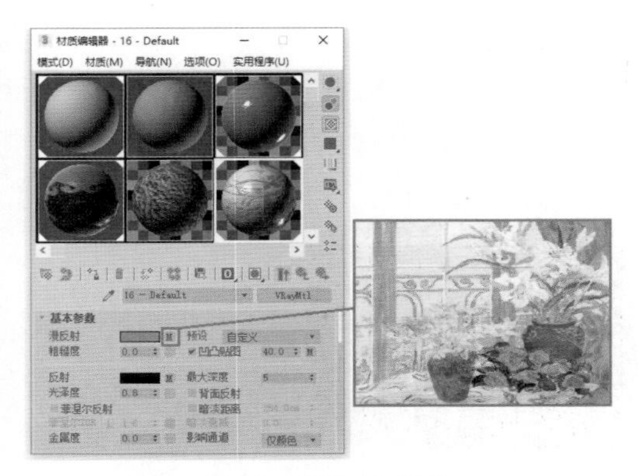

图 8.91 设置油画材质

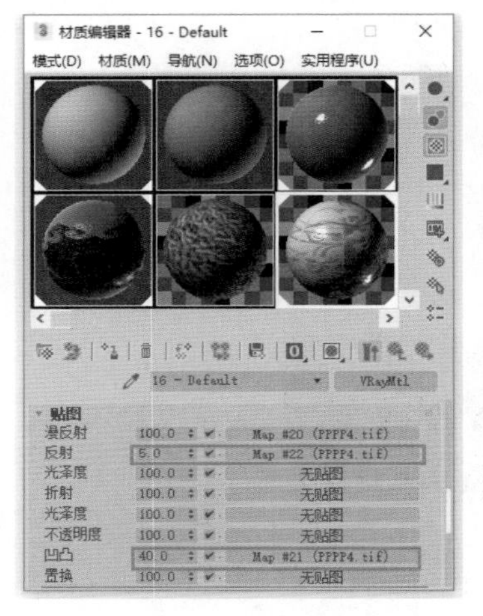

图 8.92 设置“贴图”卷展栏参数

Step 03 壁画渲染效果如图 8.93 所示。

图 8.93 壁画渲染效果

8.4.12 设置楼梯材质

楼梯材质由木质楼道和玻璃扶手材质组成。

Step 01 设置木质材质，选择一个空白材质球，单击 Standard 按钮，在弹出的“材质/贴图浏览器”对话框中选择 VRayMtl 材质，设置“漫反射”贴图为 Ch8\Maps\WW-208.jpg 文件，“反射”贴图为“衰减”贴图，具体参数如图 8.94 和图 8.95 所示。

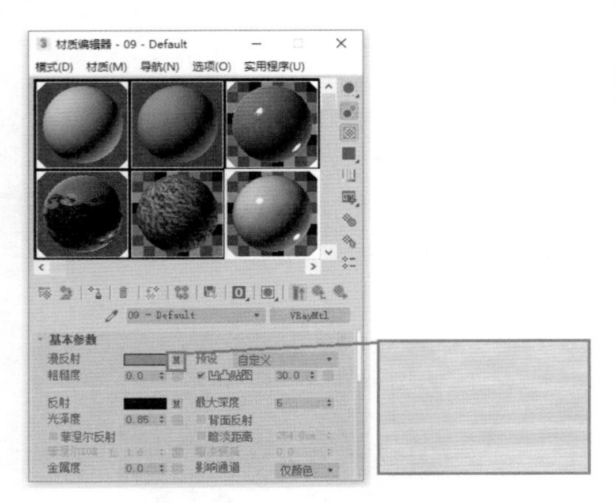

图 8.94 设置木质楼梯材质

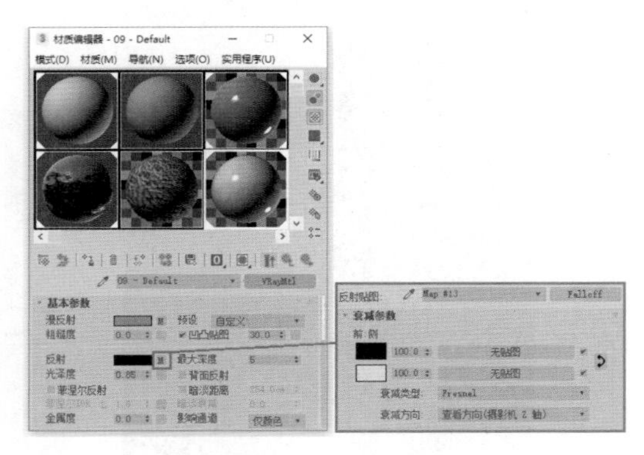

图 8.95 设置“反射”通道贴图

Step 02 设置玻璃材质，选择一个空白材质球，单击 Standard 按钮，在弹出的“材质/贴图浏览器”对话框中选择 VRayMtl 材质，设置“漫反射”的颜色为绿色，“反射”的颜色为暗灰色，“折射”的颜色为浅灰色，具体参数如图 8.96 和图 8.97 所示。

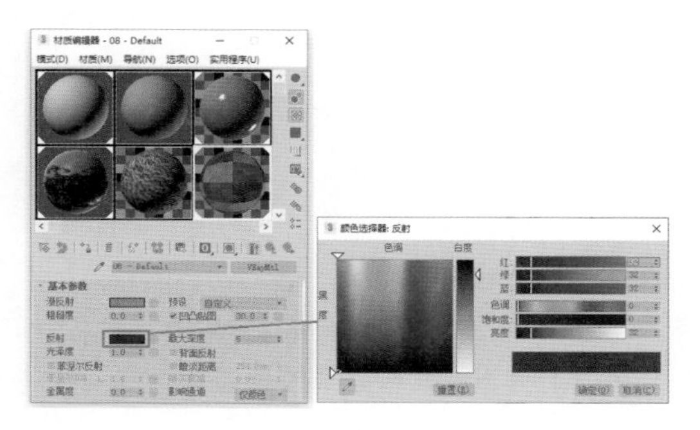

图 8.96　设置玻璃材质

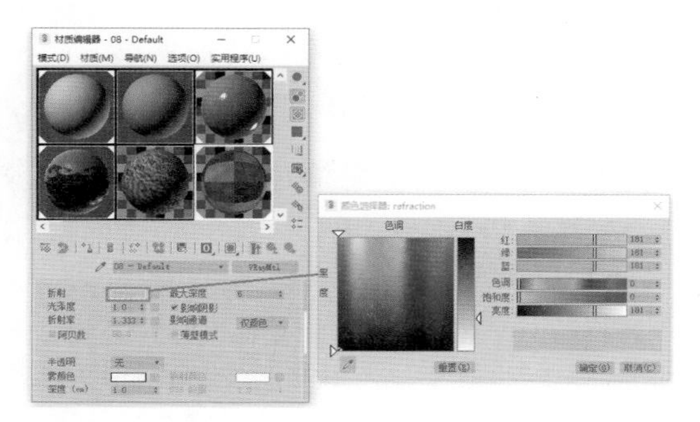

图 8.97　设置玻璃折射区域材质

提示

楼梯材质制作的主要部分是在“反射”贴图通道里添加“衰减”贴图，“衰减方式”勾选“菲涅尔”。而玻璃材质的主要部分是在折射部分，将折射的颜色设置为灰白色，再调节“光泽度”和“细分”值。

Step 03 楼梯材质渲染效果如图 8.98 所示。

图 8.98　楼梯材质渲染效果

Step 04 场景中的其他模型材质，大家可以根据前面所介绍的方法进行设置，最终小复式空间全套渲染效果如图 8.99 所示。

图 8.99　小复式空间场景渲染效果

第 9 章
卧室渲染

在卧室的设计上，设计师一般都会追求功能与形式的完美统一、优雅独特、简洁明快的设计风格。在卧室设计的审美上，设计师会追求时尚而不浮躁、庄重典雅而不乏轻松浪漫的感觉。因此，设计师在卧室的设计上，会更多地运用丰富的表现手法，使卧室看似简单，实则韵味无穷。

下面设计一款具有古香古色风格的卧室环境，效果如图 9.1 所示。本例通过制作一个宽敞的卧室空间来体验 VRay 强大的渲染功能。

图 9.1　场景渲染效果

重新调节摄像机镜头，对卧室空间进行特写操作，效果如图 9.2 所示。

图 9.2　卧室特写渲染效果

配色应用：

制作要点：

（1）掌握卧室颜色以统一、和谐、淡雅的搭配特点。

（2）结合卧室最大限度提高舒适和主卧私密性的特点，布置主卧的材质，突出清爽、隔音、软柔的特点。

（3）分清主次光源，制作混合照明日景卧室效果。

最终场景：Ch9\Scenes

贴图素材：Ch9\Maps

难易程度：★★★★★

9.1　卧室规划

卧室设计要做到风格温馨，日常使用功能齐全。不可因为面积的限制而放弃一些日常生活必要的功能，如大衣柜的选择等。但是可以根据个人的生活习惯，舍弃一些可有可无的日常生活功能，如梳妆台等。同时，还可以在设计或家具的选择中加入一些小技巧以及增加自身的储物功能，如选择带有抽屉柜的床等。小户型卧室虽然小，但掌握了规划技巧就可以轻松摆脱小户型卧室设计困境，如图 9.3 所示。

图 9.3　小户型卧室设计效果

9.1.1　简单卧室

卧室中没有过多的家具，由床头柜与床组成。为了让这份简单不单调，于是在卧室配色上下了功夫，主要由淡蓝色与白色的交融展开，床头背景墙被漆成淡蓝色，白色的条纹图案床头板立刻与之呼应，床上用品也选用了相似色系，如图 9.4 所示。

图 9.4　简单卧室

9.1.2　阁楼卧室

阁楼里的卧室，整张床正好嵌入阁楼最窄小的畸形区域，而在装饰上也并不仓促，体面地打造从软装入手，白色的枕头、绿白相间的条纹靠包为首选，接下来便是用大块浅绿色将墙壁覆盖。墙脚的靠壁桌让小小空间的每一寸都得到了极致利用，如图 9.5 所示。

图 9.5　阁楼卧室

9.1.3　单身卧室

小卧室里可选用射灯照明，使晚上的卧室看起来特别的温馨、舒适。选择单人床，给其他家具扩充空间，靠墙位置摆放了较小的衣柜，可供衣服的放置，这样的卧室十分适合，如图 9.6 所示。

图 9.6　单身卧室

9.1.4　简约卧室

卧室里植入大衣柜，给卧室带来极整洁的衣物收纳空间。床头选用台灯和一款长形射灯，不仅可带来美丽光源，同时也可为床头背景墙增光添彩，如图 9.7 所示。

图 9.7　简约卧室

9.1.5 温馨卧室

卧室墙面上可以悬挂具有个性的装饰画，不让墙壁空洞，床垫旁边可放置梳妆台和摆件，彰显主人的情趣。图 9.8 所示的温馨卧室是一位单身女性的休息空间，靠床的位置放置了温馨的台灯和花瓶。

图 9.8 温馨卧室

9.2 案例分析

本场景灯光布局如图 9.9 所示。在灯光的设计上以天光作为主光源，以 VRay 灯光作为窗口补光，使用目标灯光模拟射灯照明，使用泛光灯模拟台灯照明。

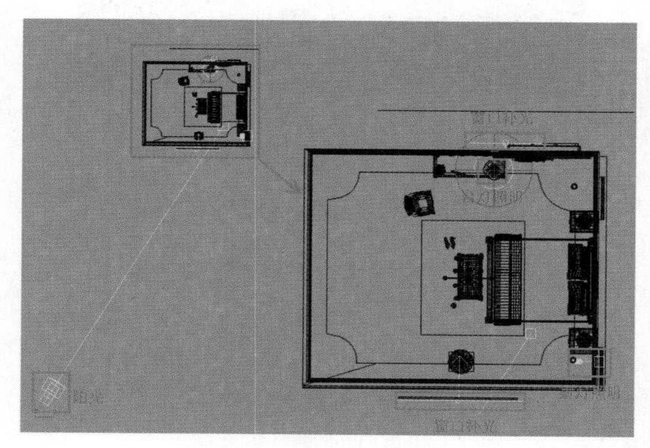

图 9.9 场景灯光布局

打开 Ch9\Scenes\Ch9.max 文件。这是一个通畅的卧室场景空间，场景内家具包括床、床头柜、梳妆柜、吊灯以及卧室内的一些摆设品等，如图 9.10 所示。

图 9.10 3ds Max 场景文件

9.3 创建目标摄像机

为场景创建一台目标摄像机，以确定合适的视图角度。

Step 01 在＋建立命令面板，单击 目标 按钮，在顶视图中创建一个目标摄像机 Camera01，摆放好摄像机的位置，如图 9.11 所示。

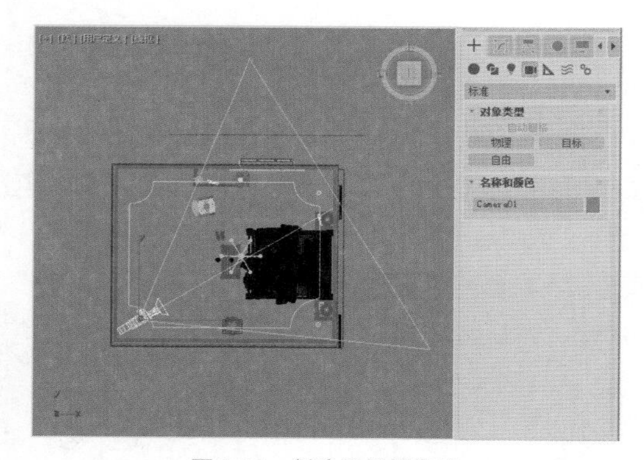

图 9.11 创建目标摄像机

Step 02 切换到左视图，调整摄像机的高度，如图 9.12 所示。

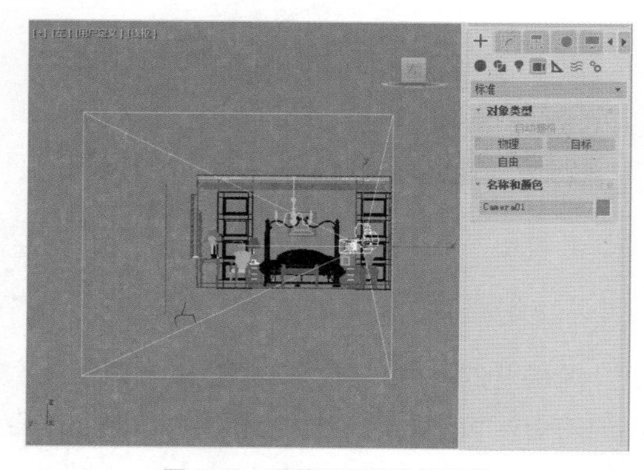

图 9.12 调整目标摄像机高度

提示

如果要设置观察点的动画，可以创建一个摄影机并设置其位置的动画。例如，可能要飞过一个地形或走过一个建筑物。可以设置其他摄影机参数的动画。例如，可以设置摄影机视野的动画以获得场景放大的效果。

Step03 设置摄像机的参数，如图 9.13 所示。这样摄像机就放置好了，摄像机视图效果如图 9.14 所示。

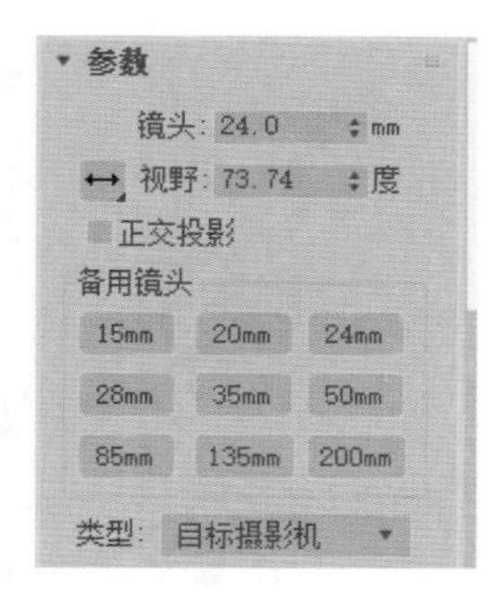

图 9.13 设置摄像机参数

图 9.14 摄像机视图效果

Step04 确定渲染比例。按 F10 键，弹出“渲染设置”面板，为了前期提高渲染速度，这里将渲染尺寸设置为一个较小的尺寸——480 像素 ×360 像素，保证比例固定在 1.33。用鼠标左键点击左上角，在弹出的菜单中勾选 ✔显示安全框（安全框）选项，让视窗正确显示出最终的渲染尺寸，如图 9.15 所示。这样就最终完成了摄像机的创建。

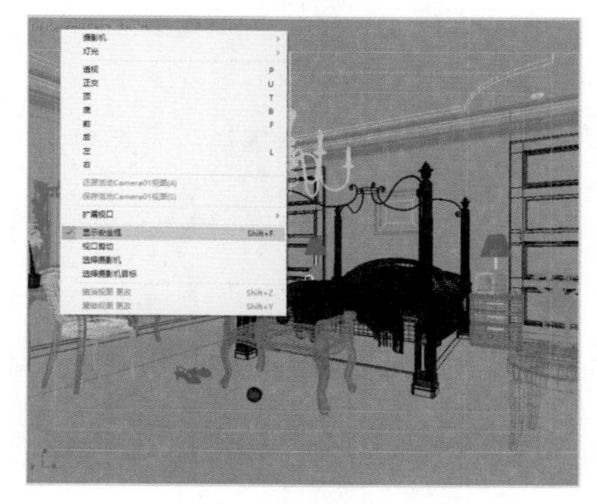

图 9.15 设置渲染尺寸

9.4 设置渲染测试

Step01 按 F10 键，打开“渲染设置”窗口，设置 VRay 为当前渲染器，如图 9.16 所示。

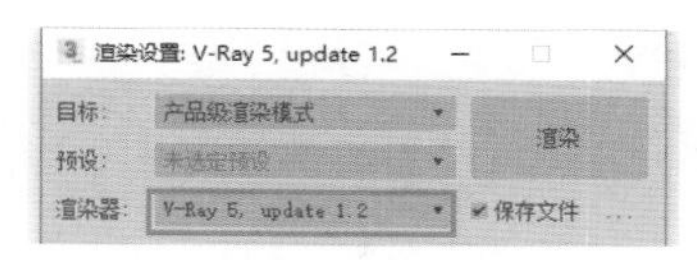

图 9.16 指定渲染器

Step02 打开 VRay 选项卡，在“全局开关”卷展栏中设置总体参数，如图 9.17 所示。因为要调整灯光，所以在这里关闭默认灯光。取消勾选“反射 / 折射”和“光泽效果”复选框，这两项都是非常影响渲染速度的。

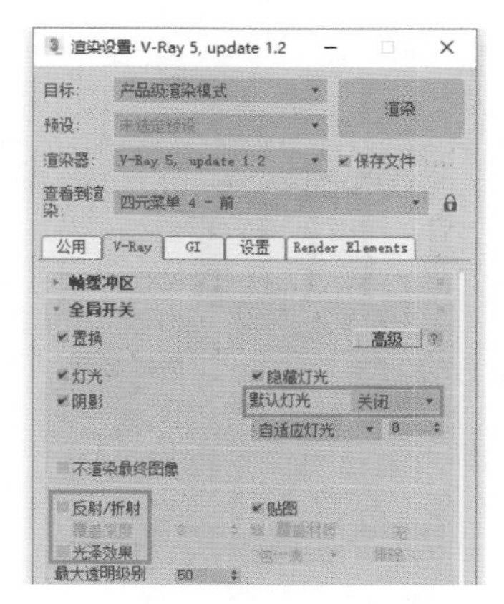

图 9.17 设置“全局开关”卷展栏参数

注意

默认灯光的关闭有两种方法：一是在“全局开关”卷展栏中手动关闭；二是在场景中创建任意一盏灯光，3ds Max自带的默认灯光就会自动关闭。

Step03 在“图像过滤器”卷展栏中，设置参数如图9.18所示，这是抗锯齿采样设置。

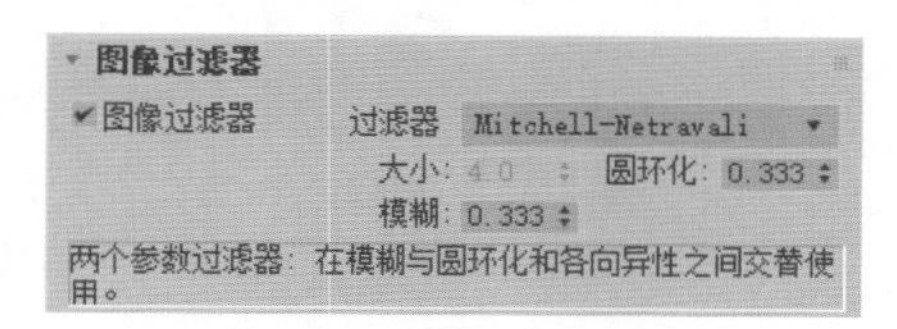

图 9.18 设置“图像过滤器”卷展栏参数

Step04 在“全局照明”卷展栏中，设置参数如图9.19所示，这是全局照明设置。

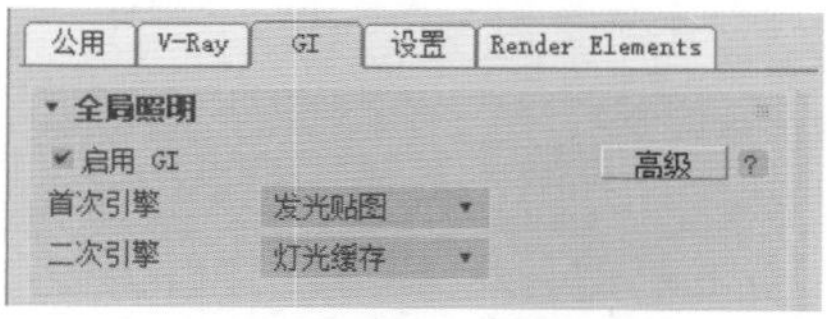

图 9.19 设置“全局照明”卷展栏参数

技术链接

“启用GI”用于是否开启间接照明的计算模式。需要注意的是，这里是VRay渲染器最重要的照明环节。在不勾选的模式下，根本无法发挥出VRay渲染器强大的全局照明优势。图9.20为间接照明开启与关闭的测试。

图 9.20 间接照明开启与关闭的测试

Step05 在“发光贴图”卷展栏中，将“当前预设”先设置为“自定义”，调整“最大比率”和“最小比率”的值为–4，如图9.21所示，这是发光贴图参数设置。

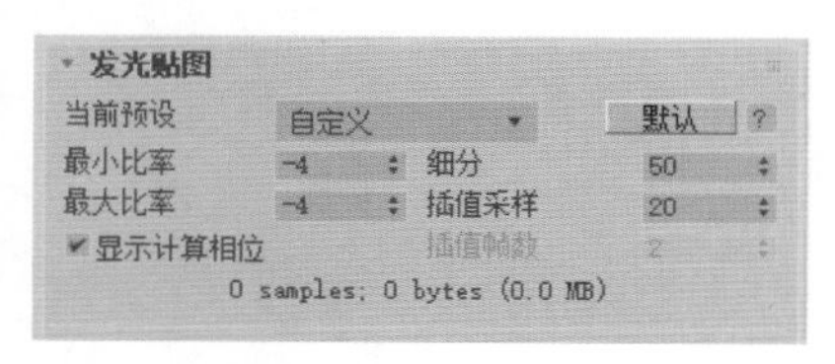

图 9.21 设置“发光贴图”卷展栏参数

提示

“当前预设”有8种预设模式，可以根据自己的需要自行设定，设置的模式越高，渲染出的图像质量越好，渲染速度越慢。

Step06 在“灯光缓存”卷展栏中，设置参数如图9.22所示。

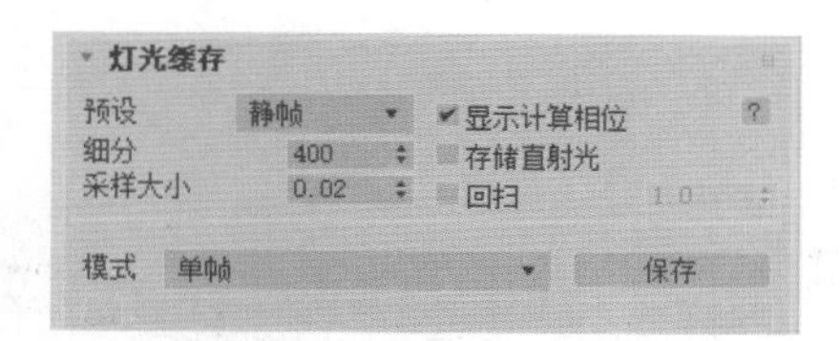

图 9.22 设置“灯光缓存”卷展栏参数

Step07 按8键，打开“环境和效果”窗口，设置背景颜色为白色，如图9.23所示。

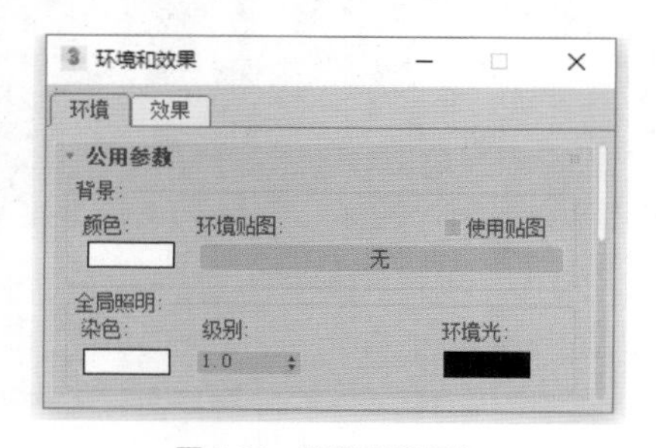

图 9.23 设置背景颜色

9.5 设置场景灯光

本例采用目标平行光作为主光源（阳光），以天光的方式照进窗口，以VRay灯光面光源作为室内补光，使用目标灯光进行射灯照明，使用泛光灯进行台灯照明。

Step01 制作一个统一的模型测试材质。按 M 键，打开“材质编辑器”，选择一个空白材质球，选择材质的样式为 VRayMtl，如图 9.24 所示。

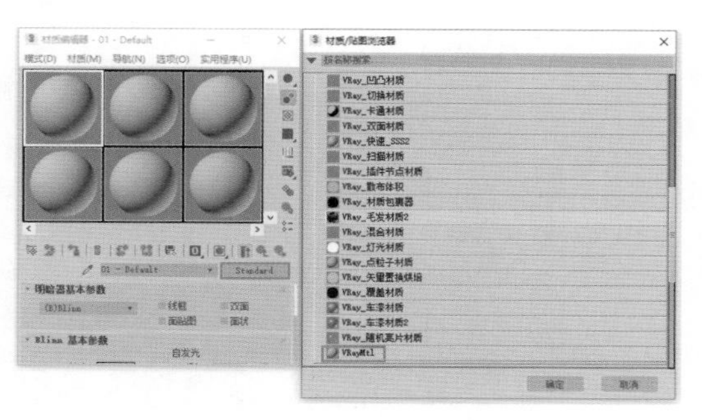

图 9.24 设置材质样式

Step02 在 VRayMtl 材质面板设置“漫反射”的颜色为浅灰色，如图 9.25 所示。

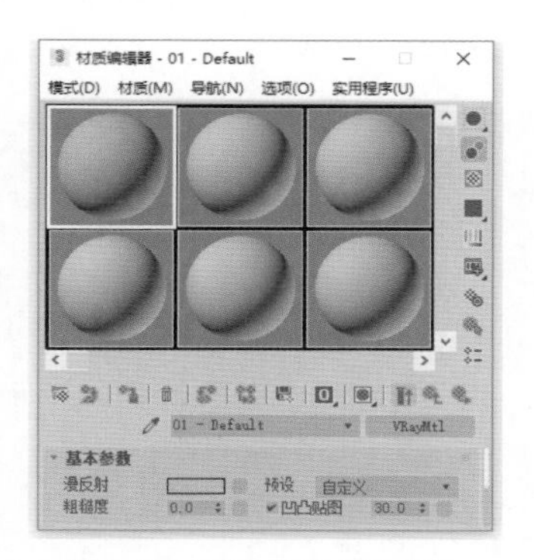

图 9.25 设置“漫反射”颜色

Step03 按 F10 键，打开“渲染设置”窗口，勾选“覆盖材质”复选框，将该材质拖动到“无”按钮上，这样就给整体场景设置了一个临时测试用的材质，如图 9.26 所示。

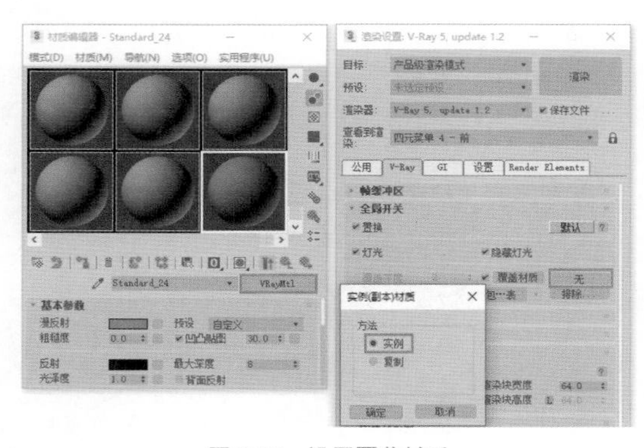

图 9.26 设置覆盖材质

Step04 在 + 建立命令面板单击 目标平行光 按钮，在视图中创建一盏目标平行光，用来模拟阳光照射，具体位置如图 9.27 所示。

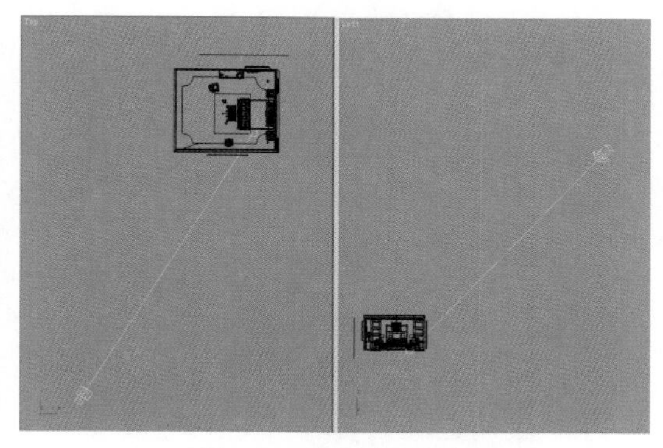

图 9.27 创建目标平行光

Step05 在修改命令面板设置目标灯光，参数如图 9.28 所示。

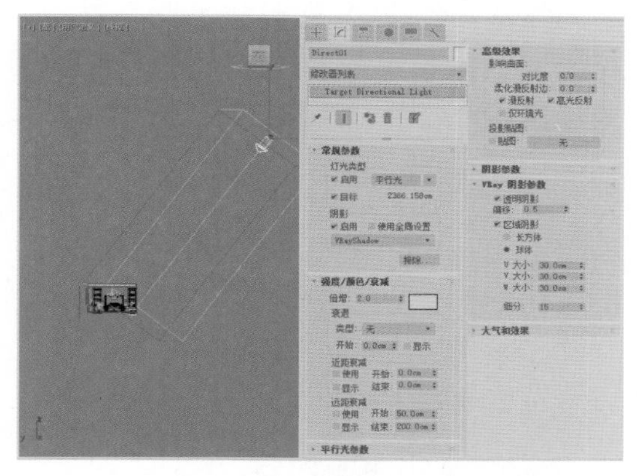

图 9.28 设置目标灯光参数

Step06 按 F9 键，快速渲染，此时的场景效果如图 9.29 所示。

图 9.29 场景渲染效果

可以看到，此时室内光线很黯淡，这是因为只进行了室外的照明，还需要进行窗口补光。

Step07 在十建立命令面板单击 VR_光源 按钮，在窗口处建立两盏 VRay 灯光，用来进行窗口补光，具体的位置如图 9.30 所示。

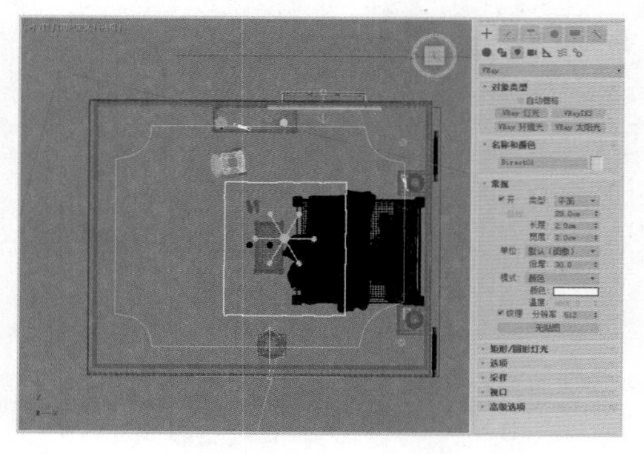

图 9.30 创建窗口补光

Step08 在修改命令面板设置面光源参数，如图 9.31 所示。

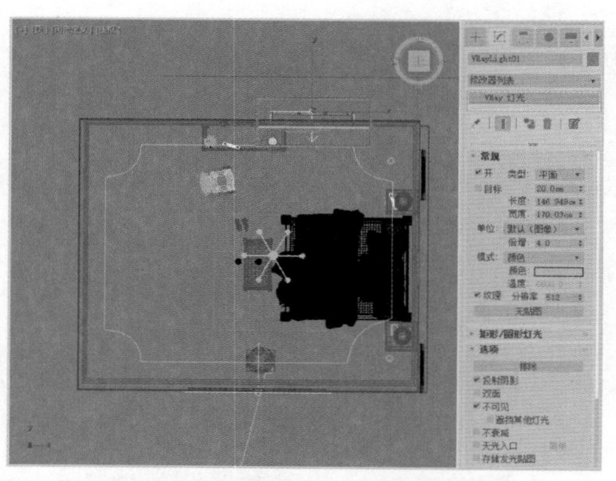

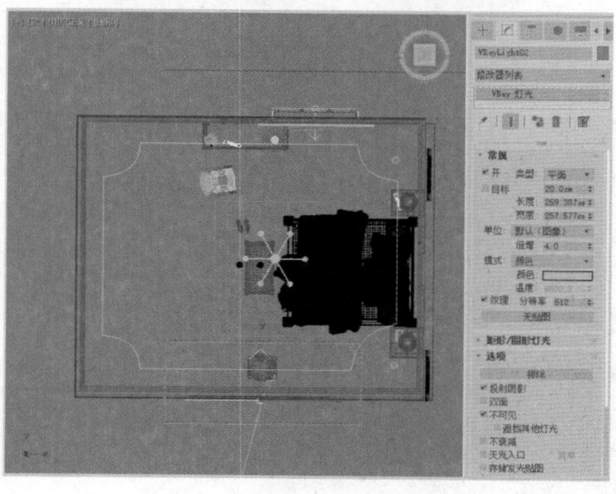

图 9.31 设置面光源参数

—— 注意 ——

“VRay灯光”是VRay渲染器自带的灯光类型，是一种真实的物理灯光，属于高级灯光范畴。

Step09 重新对摄像机视图进行渲染，此时的渲染效果如图 9.32 所示。

图 9.32 场景渲染效果

Step10 设置射灯照明。在十建立命令面板，单击 目标灯光 按钮，在视图中创建一盏目标灯光，用来模拟射灯照明，具体位置如图 9.33 所示。

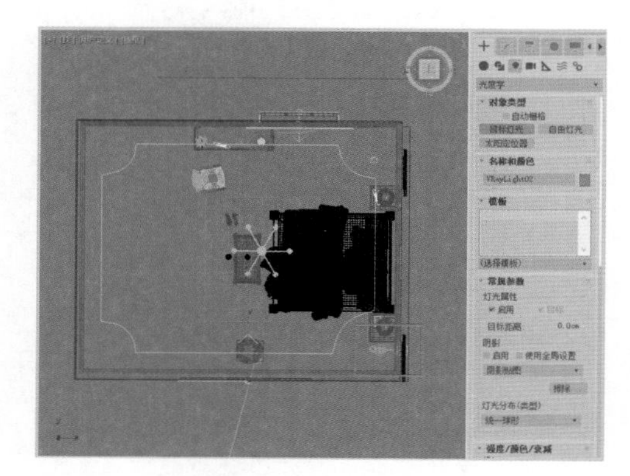

图 9.33 创建目标灯光

Step11 在修改命令面板中，设置目标灯光参数，如图 9.34 所示，光域网见 Ch9\Maps\1.ies 文件。

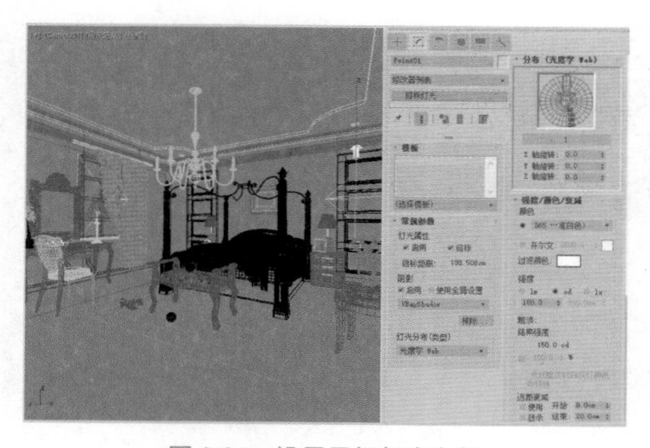

图 9.34 设置目标灯光参数

提示

当添加目标灯光时，3ds Max 会自动为其指定注视控制器，且灯光目标对象指定为注视目标。可以使用“运动”面板上的控制器设置将场景中的任何其他对象指定为注视目标。

Step 12 重新对摄像机视图进行渲染，此时的渲染效果如图 9.35 所示。

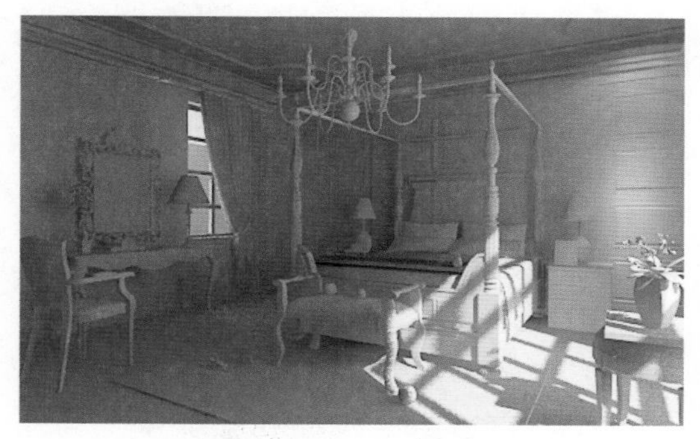

图 9.35　场景渲染效果

Step 13 设置台灯照明。在十建立命令面板，单击 泛光灯 按钮，在视图中创建一盏泛光灯，用来模拟台灯照明，具体位置如图 9.36 所示。

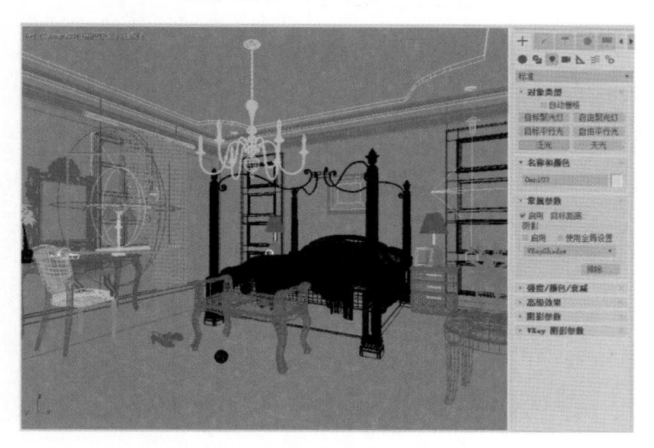

图 9.36　设置泛光灯

提示

“泛灯光”生成光线跟踪阴影的速度比聚光灯要慢。要避免将光线跟踪阴影与反光灯一起使用，除非场景中有这样的要求。

Step 14 在修改命令面板中，设置泛光灯参数，如图 9.37 所示。

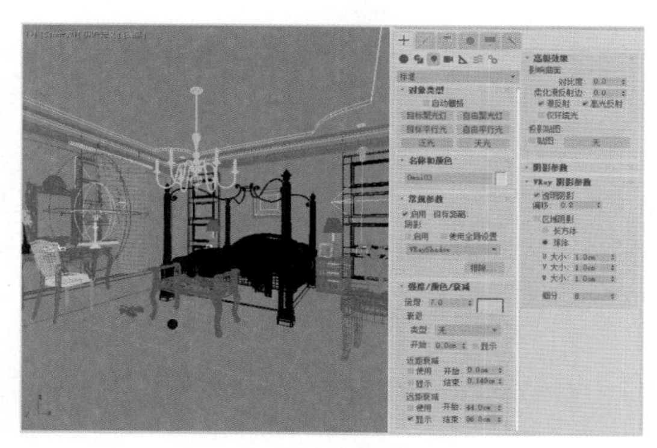

图 9.37　设置泛光灯参数

Step 15 重新对摄像机视图进行渲染，此时的渲染效果如图 9.38 所示。场景灯光设置完成。

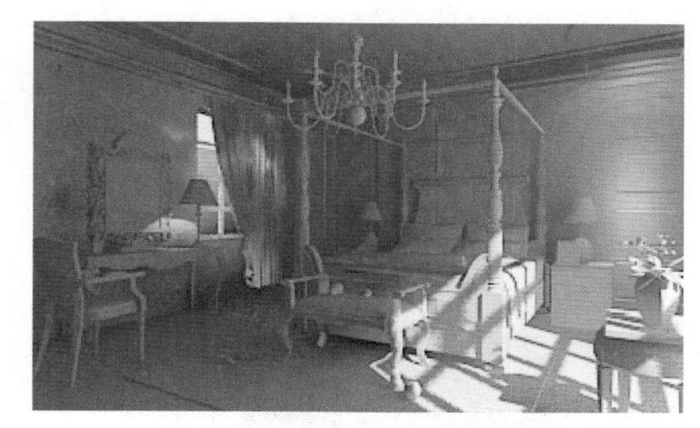

图 9.38　灯光场景渲染效果

9.6　设置场景材质

下面逐一设置场景材质，从影响整体效果的材质（如墙面、地面等）开始，到较大的家居用品（如床、梳妆台等），最后到较小的物体（如场景内的装饰品等）。

9.6.1　设置渲染参数

按 F10 键，打开“渲染设置”窗口，进入 VRay 选项卡。在“全局开关”卷展栏中，勾选“反射 / 折射”复选框，取消勾选“覆盖材质”复选框，如图 9.39 所示。

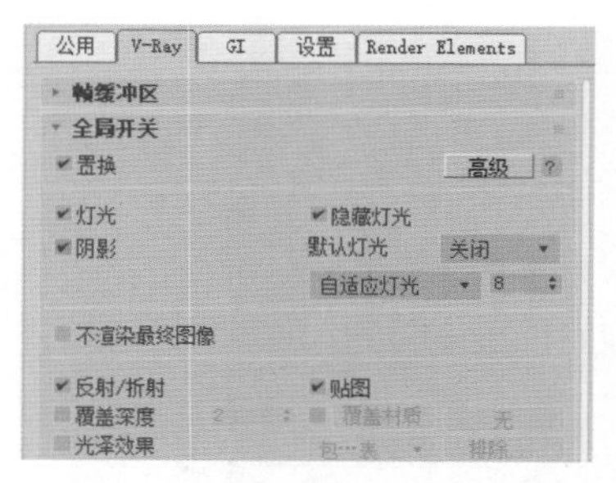

图 9.39　设置“全局开关”卷展栏参数

9.6.2　设置墙体和地面材质

墙体材质包括白色乳胶漆材质、黄色乳胶漆材质和白色亚光漆脚线材质；地面材质包括黄色木质地板材质和白色地毯材质。

Step01 设置白色乳胶漆墙体材质。打开“材质编辑器”，选择一个空白的材质球，选择材质样式为 VRayMtl，设置“漫反射”颜色为白色，参数设置如图 9.40 所示。

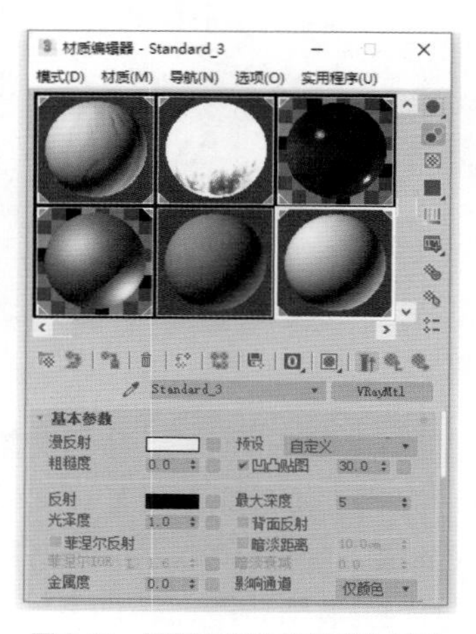

图 9.40　设置白色乳胶漆墙体材质

Step02 设置黄色乳胶漆墙体材质。打开“材质编辑器”，选择一个空白的材质球，选择材质样式为 VRayMtl，设置“漫反射”颜色为黄色，参数设置如图 9.41 所示。

Step03 设置白色亚光漆脚线材质。打开“材质编辑器”，选择一个空白的材质球，选择材质样式为 VRayMtl，设置“漫反射”颜色为白色，参数设置如图 9.42 所示。

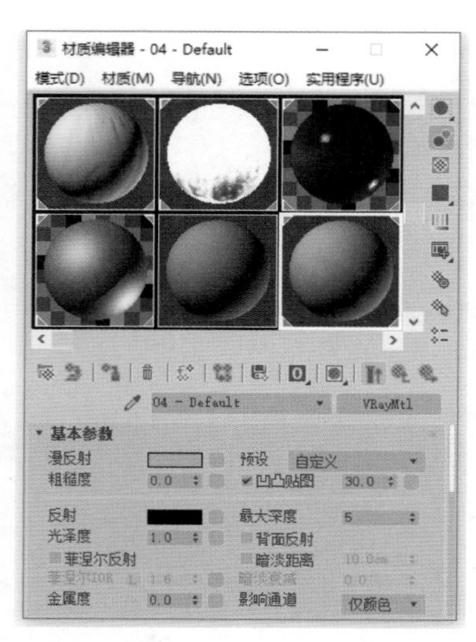

图 9.41　设置黄色乳胶漆墙体材质

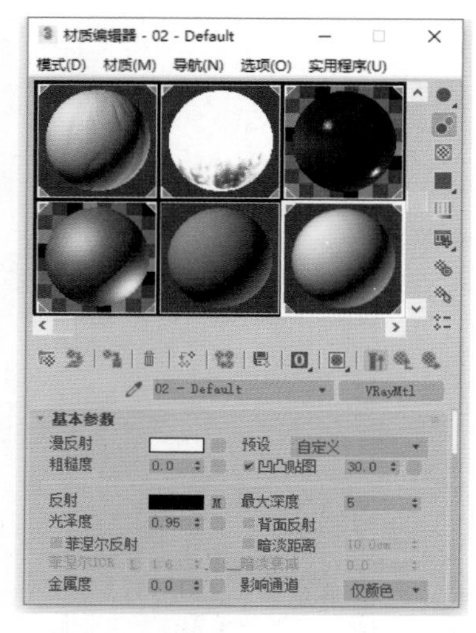

图 9.42　设置白色亚光漆脚线材质

提示

在真实情况下，亚光漆有以下几个特征：

（1）自身的颜色，设置“漫反射”颜色即可；

（2）有较高的高光，设置高光光泽度；

（3）有较强的反射光泽。

Step04 打开“贴图”卷展栏，在“反射”通道中添加一个“衰减”贴图，设置“衰减类型”为 Fresnel，具体参数设置如图 9.43 所示。

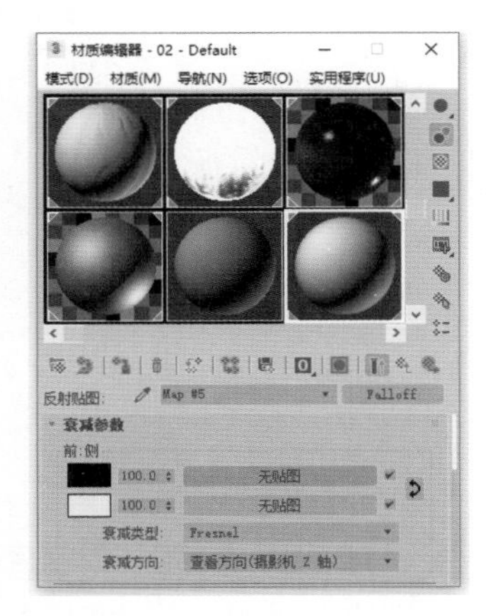

图 9.43 设置反射通道贴图

技术链接

“衰减”贴图提供了更多的不透明度衰减效果。可以将“衰减”贴图指定为不透明度贴图。但是，为了获得特殊效果也可以使用“衰减”，如彩虹色的效果。图9.44为“衰减类型”测试。

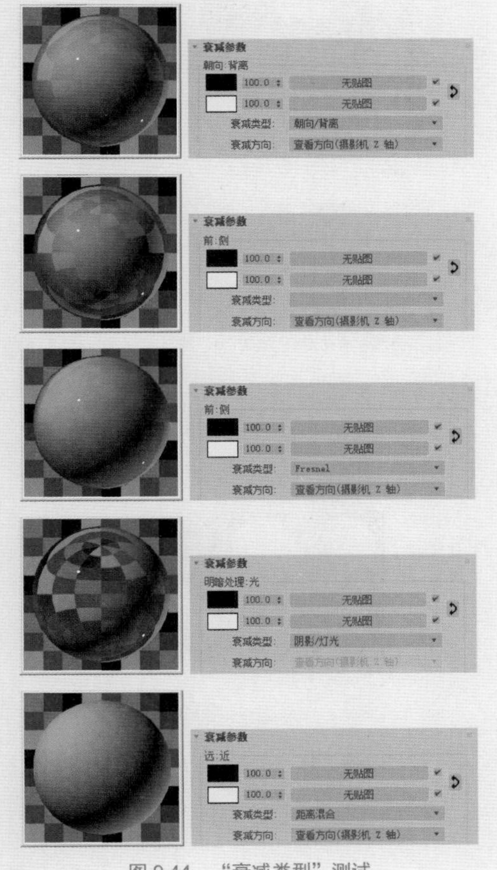

图 9.44 “衰减类型”测试

Step05 设置木质地板材质。打开“材质编辑器”，选择一个空白的材质球，选择材质样式为 VRayMtl，设置“漫反射”贴图为 Ch9\MAps\ww-108.jpg 文件，参数设置如图 9.45 所示。

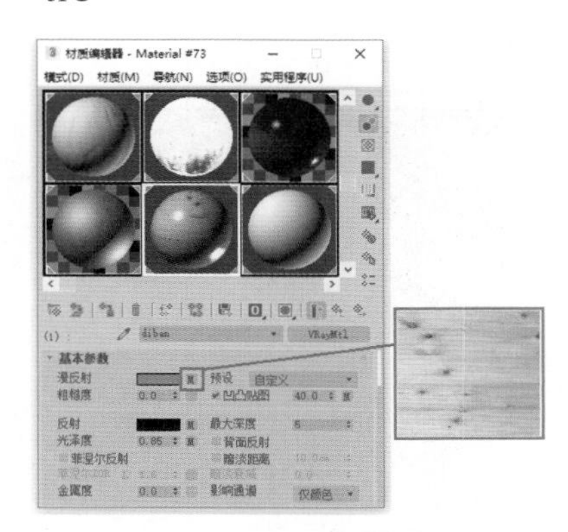

图 9.45 设置木质地板材质

Step06 打开“贴图”卷展栏，在“反射”通道中添加一个“衰减”贴图，设置“衰减类型”为 Fresnel，具体参数设置如图 9.46 所示。

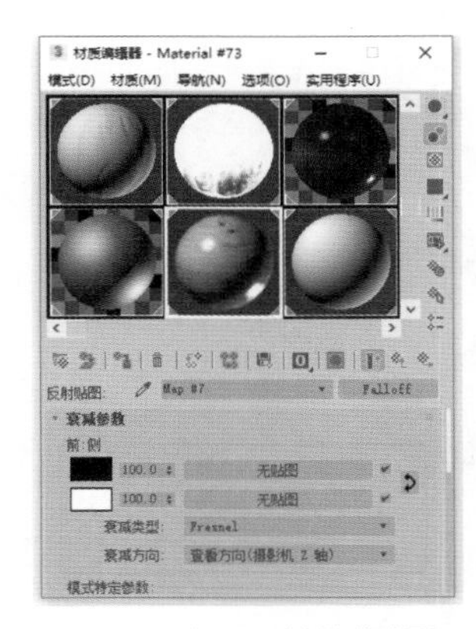

图 9.46 设置反射通道贴图

Step07 在“贴图”卷展栏中，设置“光泽度”和“凹凸”贴图为 Ch9\Maps\ww-108.jpg 文件，设置“凹凸”贴图强度为 40，具体参数设置如图 9.47 所示。

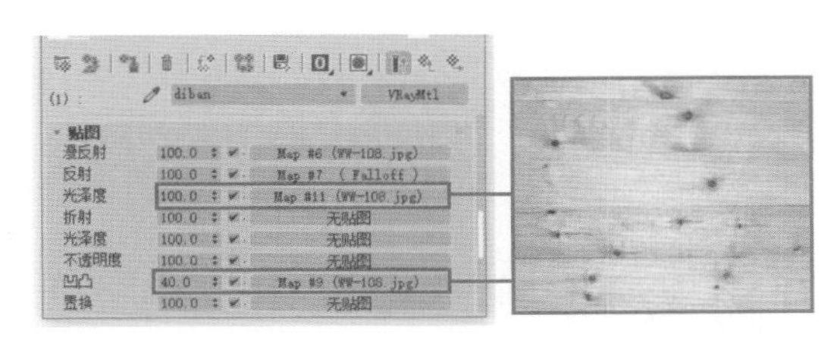

图 9.47 设置凹凸通道贴图

Step08 设置白色地毯材质。打开“材质编辑器”，选择一个空白的材质球，选择材质样式为 VRayMtl，设置“漫反射”颜色为白色，具体参数设置如图 9.48 所示。

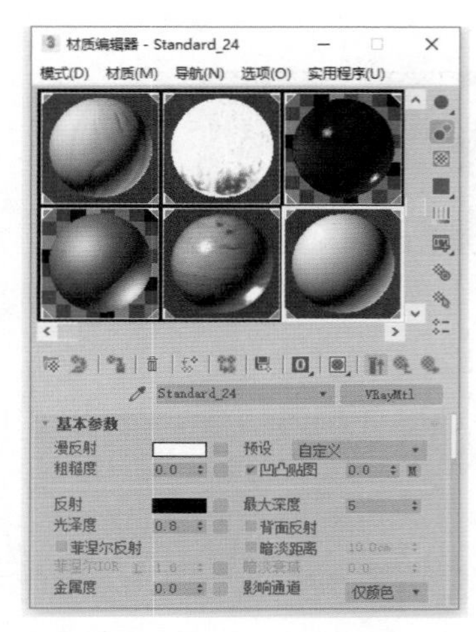

图 9.48　设置白色地毯材质

Step09 打开 Maps 卷展栏，设置“置换”贴图为 Ch9\MAps\ 置换贴图 .jpg 文件，设置贴图强度为 10，具体参数设置如图 9.49 所示。

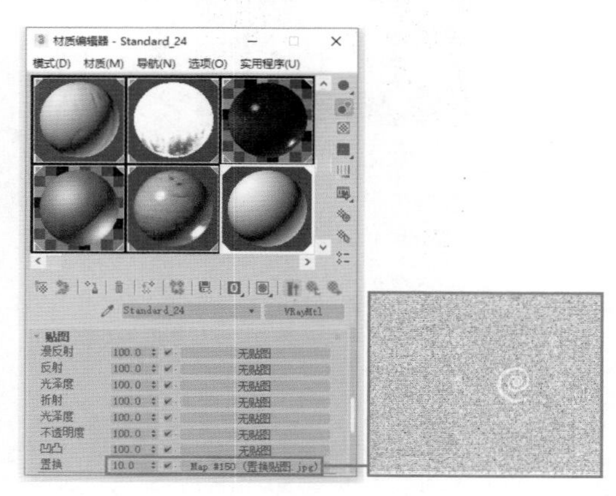

图 9.49　设置置换通道贴图

注意

“置换”是非常出色的材质表现形式。通过置换，可以实现高山、草地、岩石、布料等的立体视觉效果，表现出与Bump截然不同的视觉效果。

Step10 将所设置的材质赋予墙体和地面模型，渲染效果如图 9.50 所示。

图 9.50　场景渲染效果

9.6.3　设置床及床上用品材质

床体材质为红色木质材质，床上用品材质包括白色床垫材质以及白色被子和枕头材质。

Step01 设置床体材质。打开“材质编辑器”，选择一个空白的材质球，选择材质样式为 VRayMtl，设置“漫反射”贴图为 Ch9\Maps\A-D-081.jpg 文件，参数设置如图 9.51 所示。

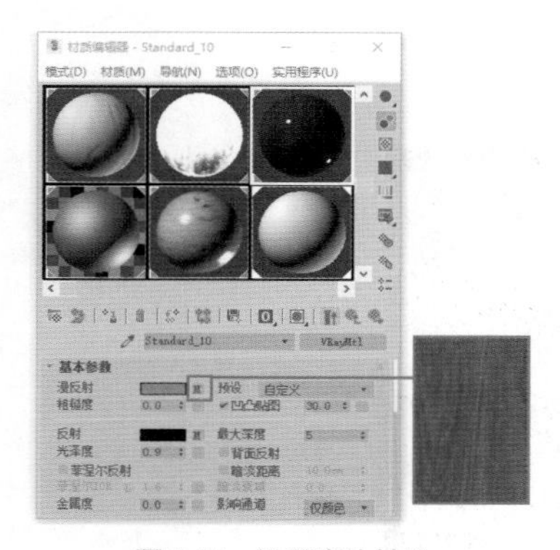

图 9.51　设置床体材质

Step02 打开“贴图”卷展栏，在“反射”通道中添加一个“衰减”贴图，设置“衰减类型”为 Fresnel，具体参数设置如图 9.52 所示。

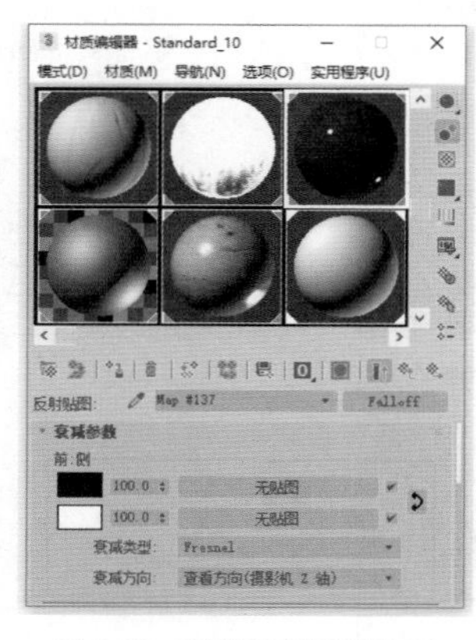

图 9.52　设置反射通道贴图

Step03 在“贴图”卷展栏的“凹凸”通道中，设置贴图为 Ch9\Maps\A-D-081.jpg 文件，设置贴图强度为 15，具体参数设置如图 9.53 所示。

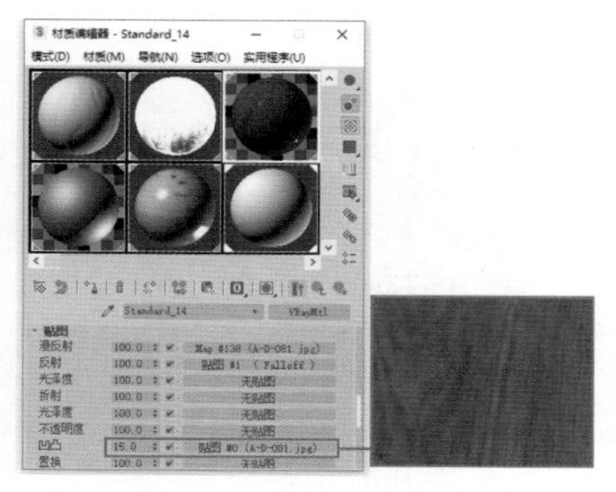

图 9.53 设置凹凸通道贴图

Step04 设置白色床垫材质。打开“材质编辑器”，选择一个空白的材质球，选择材质样式为 VRayMtl，设置“漫反射”颜色为白色，参数设置如图 9.54 所示。

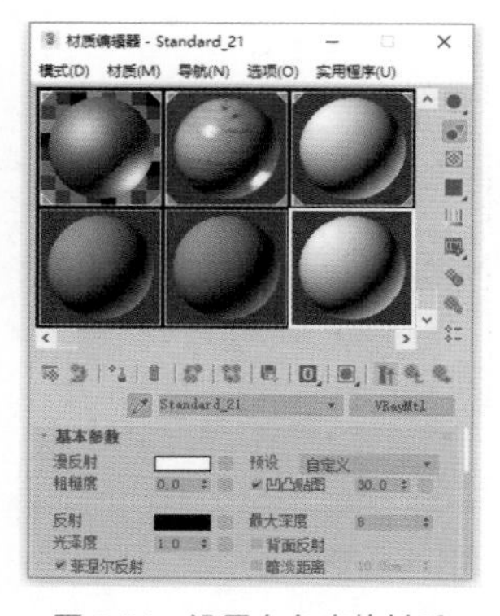

图 9.54 设置白色床垫材质

Step05 打开“贴图”卷展栏，设置“凹凸”贴图为 Ch9\Maps\leather_bump.jpg 文件，设置贴图强度为 30，具体参数设置如图 9.55 所示。

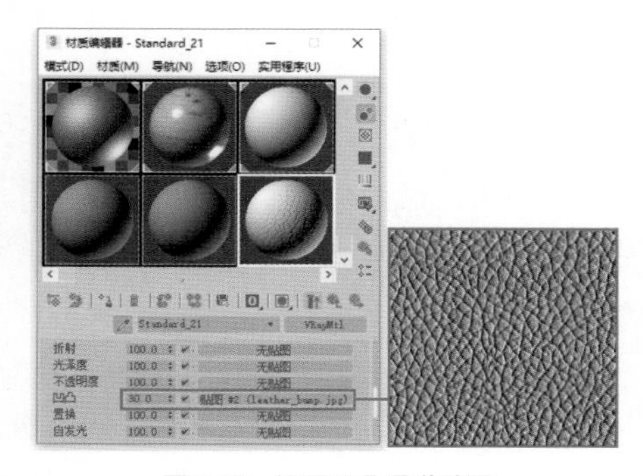

图 9.55 设置凹凸通道贴图

提示

设置凹凸通道贴图和凹凸参数都是为了让材质表面产生凹凸效果，根据凹凸值的大小控制凹凸强度。

Step06 设置被子及枕头材质。打开“材质编辑器”，选择一个空白的材质球，选择材质样式为 VRayMtl，设置“漫反射”颜色为白色，具体参数设置如图 9.56 所示。

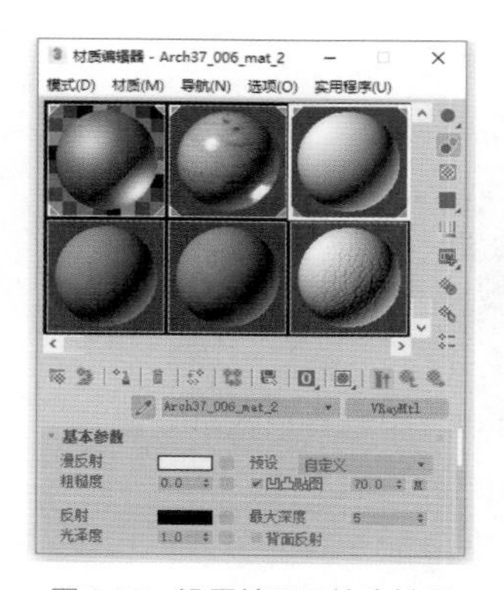

图 9.56 设置被子及枕头材质

Step07 打开“贴图”卷展栏，设置“凹凸”贴图为 Ch9\Maps\bed-zt.jpg 文件，设置贴图强度为 70，参数设置如图 9.57 所示。

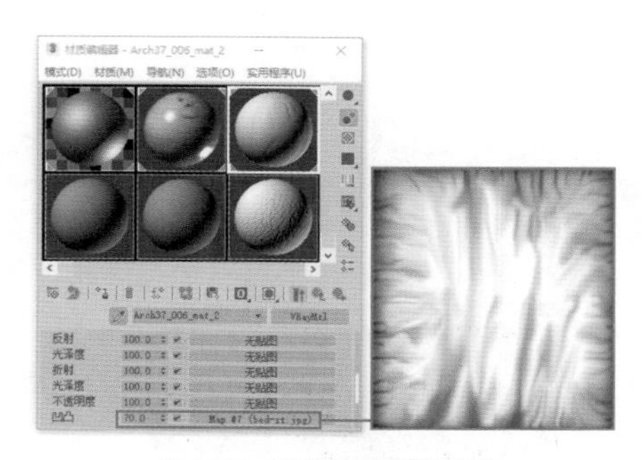

图 9.57 设置凹凸通道贴图

Step08 将所设置的材质赋予对应模型，渲染效果如图 9.58 所示。

图 9.58 场景渲染效果

9.6.4 设置床头柜、床头灯及相框材质

床头柜材质由木质材质和不锈钢把手材质组成；床头灯材质包括半透明灯罩材质、不锈钢材质和白瓷灯座材质；相框材质包括边框材质和相片材质。

Step01 设置床头柜木质材质。打开“材质编辑器”，选择一个空白的材质球，选择材质样式为 VRayMtl，设置“漫反射”贴图为 Ch9\Maps\02(1).jpg 文件，具体参数设置如图 9.59 所示。

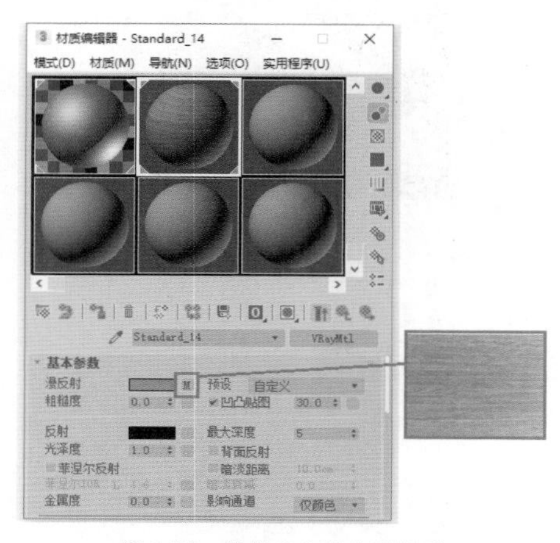

图 9.59 设置床头柜木质材质

Step02 设置床头柜不锈钢把手材质。打开“材质编辑器”，选择一个空白的材质球，选择材质样式为 VRayMtl，设置“漫反射”颜色为黑色，参数设置如图 9.60 所示。

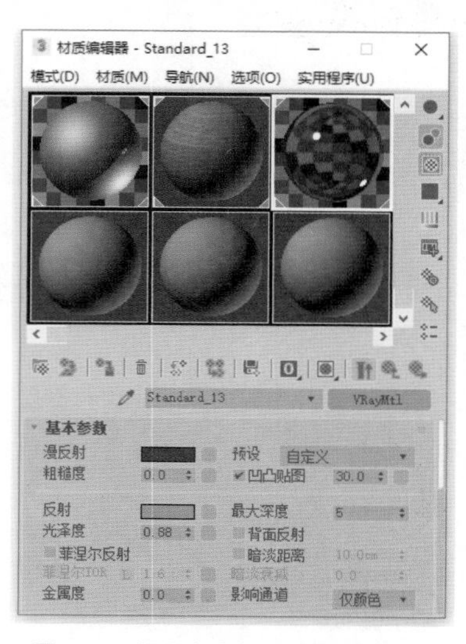

图 9.60 设置床头柜不锈钢把手材质

Step03 设置半透明灯罩材质。打开“材质编辑器”，选择一个空白的材质球，选择材质样式为 VRayMtl，设置“漫反射”颜色为黄色，参数设置如图 9.61 所示。

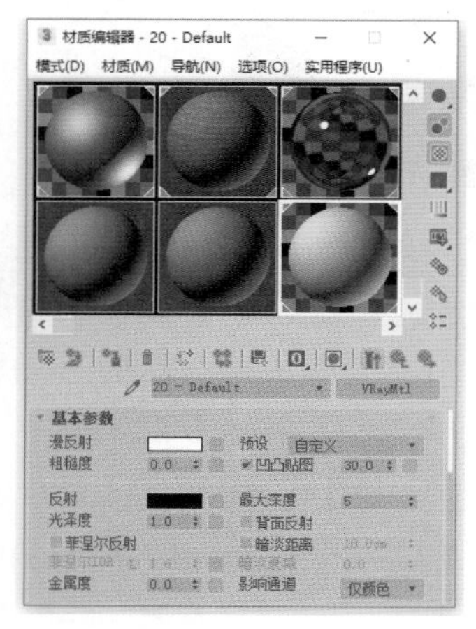

图 9.61 设置半透明灯罩材质

Step04 设置折射参数如图 9.62 所示。

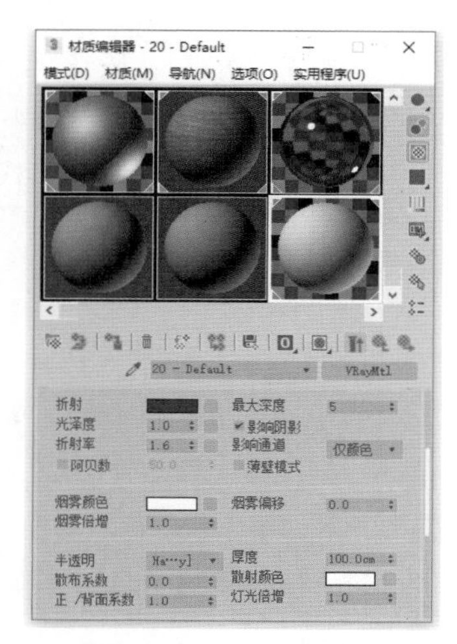

图 9.62 设置折射参数

提示

“最大深度”用于计算光线跟踪，计算折射能力的最大深度范围。参数越大，折射越大，深度计算得越充分，品质越高，但渲染时间会增加。

Step05 设置床头灯不锈钢材质。打开“材质编辑器”，选择一个空白的材质球，选择材质样式为 VRayMtl，设置“漫反射”颜色为黑色，

参数设置如图9.63所示。

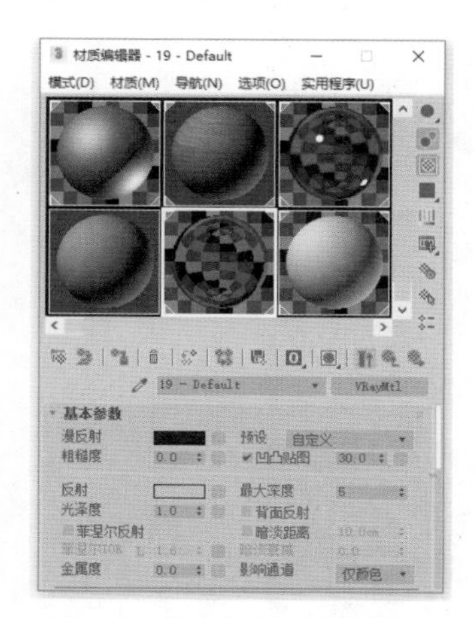

图9.63 设置床头灯不锈钢材质

Step06 设置白瓷灯座材质。打开“材质编辑器”，选择一个空白的材质球，选择材质样式为 VRayMtl，设置“漫反射”颜色为白色，参数设置如图9.64所示。

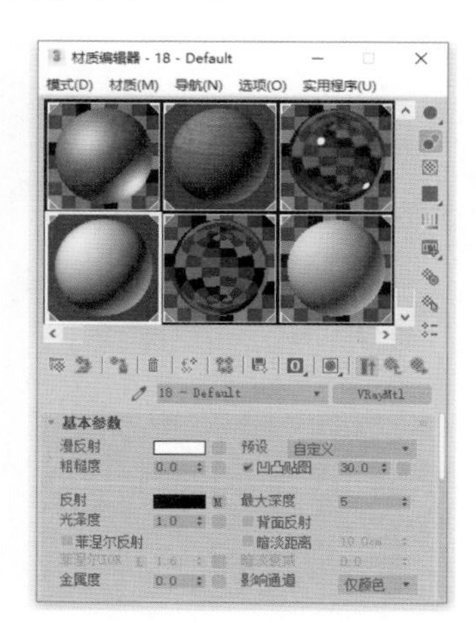

图9.64 设置白瓷灯座材质

Step07 打开“贴图”卷展栏，在“反射”通道中添加一个“衰减”贴图，设置“衰减类型”为Fresnel，具体参数设置如图9.65所示。

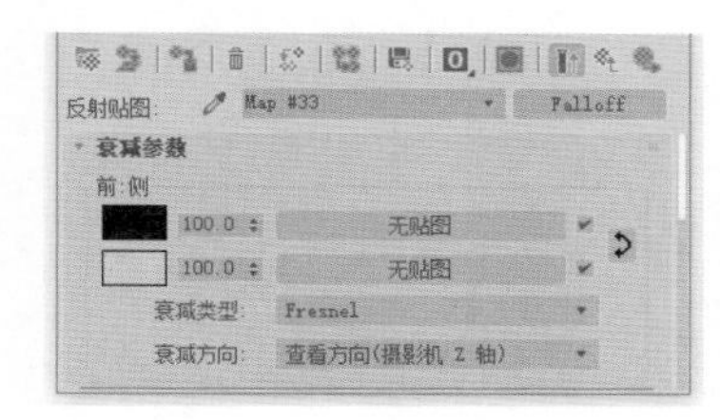

图9.65 设置反射通道贴图

提示

通过反射贴图模拟材质的反射效果，是设计师在制作中经常采用的方法，而且特定材质必须采用此方法。其可以通过贴图来模拟更细节的反射效果，加强材质的表现力和艺术性。

Step08 设置相框边框材质。打开“材质编辑器”，选择一个空白的材质球，选择材质样式为 VRayMtl，设置“漫反射”颜色为深灰色，参数设置如图9.66所示。

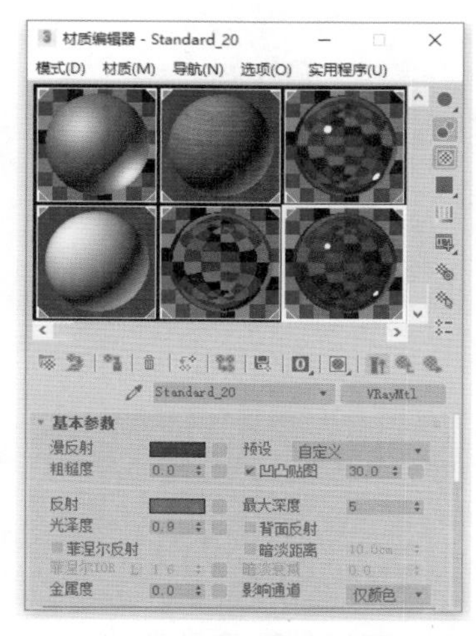

图9.66 设置相框边框材质

Step09 设置相片材质。打开“材质编辑器”，选择一个空白的材质球，选择材质样式为 VRayMtl，设置“漫反射”贴图为Ch9\Maps\QQ.png文件，参数设置如图9.67所示。

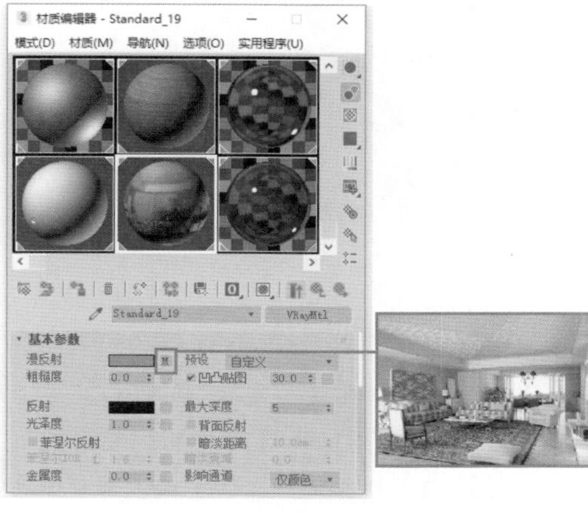

图9.67 设置相片材质

Step10 将所设置的材质赋予对应模型，渲染效果如图 9.68 所示。

图 9.68　场景渲染效果

9.6.5　设置梳妆镜材质

梳妆镜材质包括金色镜框材质和镜面材质。

Step01 设置金色镜框材质。打开“材质编辑器”，选择一个空白的材质球，选择材质样式为 VRayMtl ，设置“漫反射”颜色为黄褐色，参数设置如图 9.69 所示。

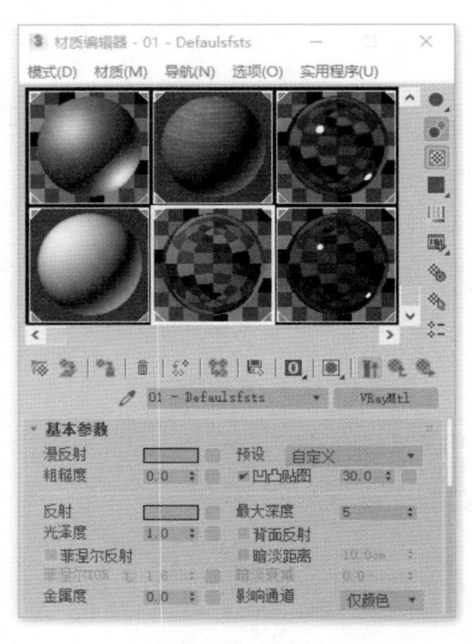

图 9.69　设置金色镜框材质

技术链接

“光泽度”用来控制反射模糊的品质，较高的值可以取得较平滑的效果，而较低的值让模糊区域有颗粒效果，参数越大渲染速度越慢，如图9.70所示。

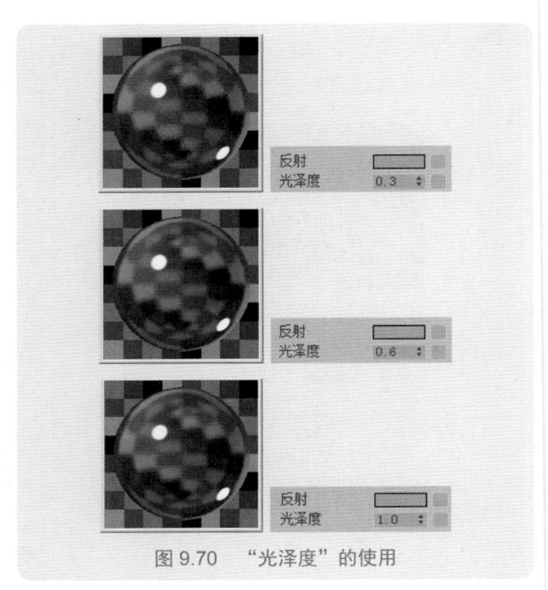

图 9.70　“光泽度”的使用

Step02 设置镜面材质。打开“材质编辑器”，选择一个空白的材质球，选择材质样式为 VRayMtl ，设置“漫反射”颜色为黑色，参数设置如图 9.71 所示。

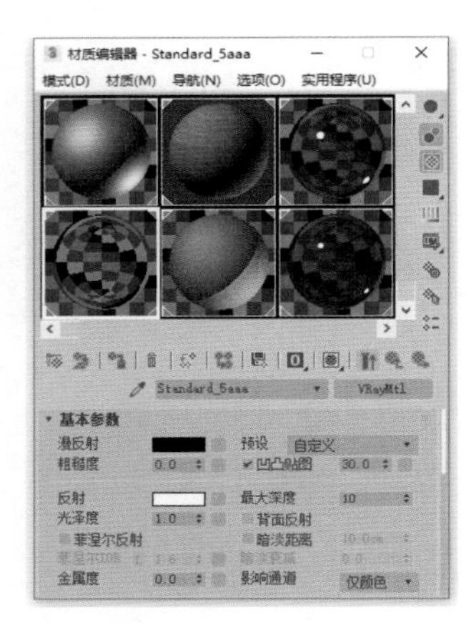

图 9.71　设置镜面材质

Step03 将所设置的材质赋予梳妆镜模型，渲染效果如图 9.72 所示。

图 9.72　场景渲染效果

9.6.6　设置椅子材质

椅子材质包括黑色椅背材质和白色皮革坐垫材质。

Step01 设置黑色椅背材质。打开“材质编辑器”，选择一个空白的材质球，选择材质样式为 VRayMtl，设置“漫反射”颜色为黑色，具体参数设置如图 9.73 所示。

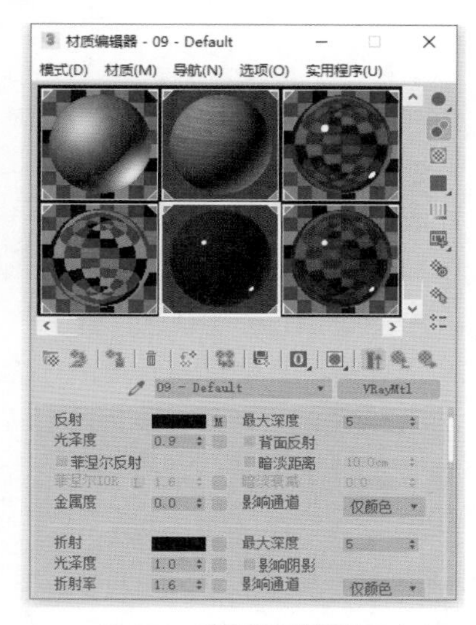

图 9.73　设置黑色椅背材质

Step02 打开“贴图”卷展栏，在“反射”通道中添加一个“衰减”贴图，设置“衰减类型”为 Fresnel，具体参数设置如图 9.74 所示。

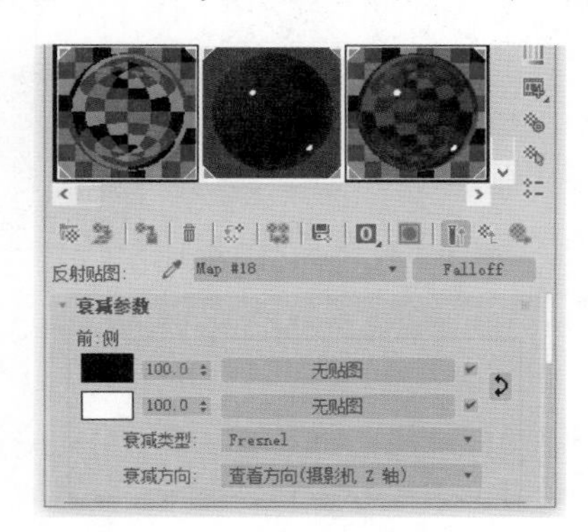

图 9.74　设置反射通道贴图

Step03 设置白色坐垫材质。打开“材质编辑器”，选择一个空白的材质球，选择材质样式为 VRayMtl，设置“漫反射”颜色为白色，具体参数设置如图 9.75 所示。

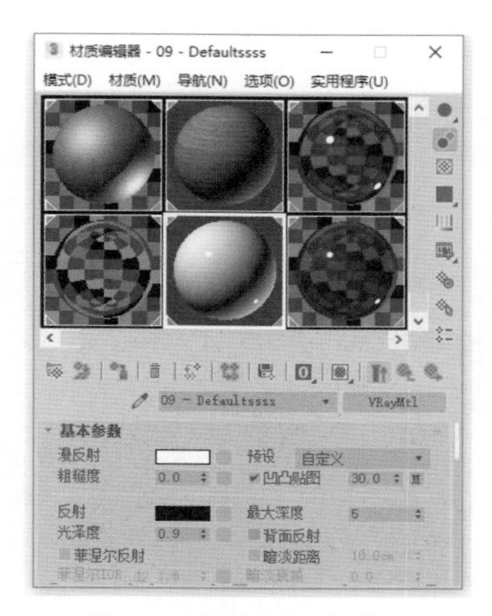

图 9.75　设置白色坐垫材质

Step04 打开“贴图”卷展栏，设置“凹凸”贴图为 Ch9\Maps\leather_bump.jpg，设置贴图强度为 30，具体参数设置如图 9.76 所示。

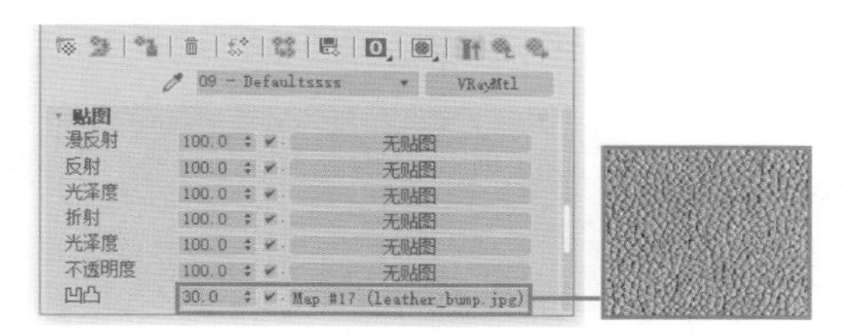

图 9.76　设置凹凸通道贴图

Step05 将所设置的材质赋予椅子模型，渲染效果如图 9.77 所示。

图 9.77　场景渲染效果

9.6.7　设置壁画材质

壁画材质包括白色亚光漆画框材质和画布材质。

Step01 设置画框材质。打开“材质编辑器”，选择一个空白的材质球，选择材质样式为 VRayMtl，设置“漫反射”颜色为白色，具体参数设置如图 9.78 所示。

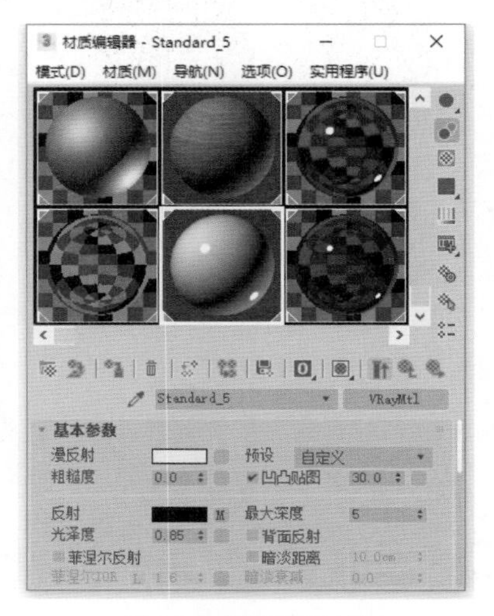

图 9.78 设置画框材质

提示

“有光泽的高光”该功能可控制VRay材质的高光状态。

Step02 打开“贴图”卷展栏，在“反射”通道中添加一个“衰减”贴图，设置“衰减类型”为 Fresnel，具体参数设置如图 9.79 所示。

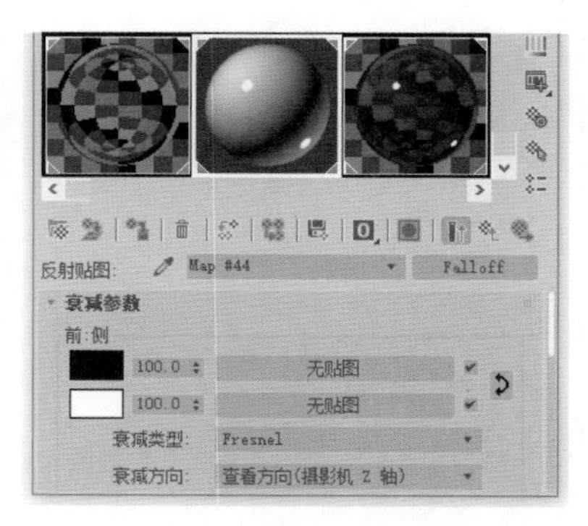

图 9.79 设置反射通道贴图

Step03 设置画布材质。打开“材质编辑器”，选择一个空白的材质球，选择材质样式为 多维/子对象，由两部分组成，分别为 ID1 和 ID2，如图 9.80 所示。

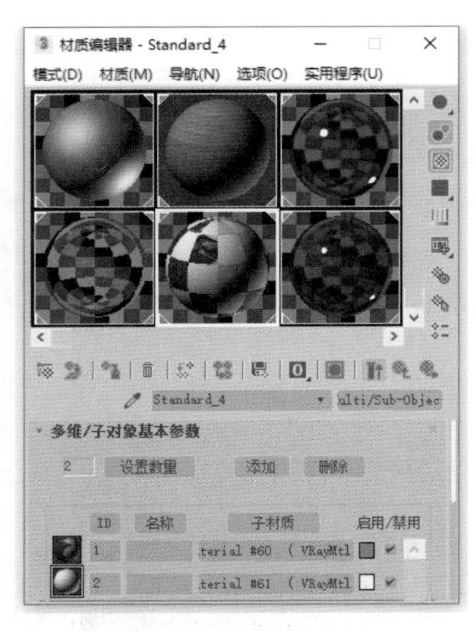

图 9.80 设置画布材质

Step04 设置 ID1 部分材质。打开“材质编辑器”，选择一个空白的材质球，选择材质样式为 VRayMtl，设置“漫反射”贴图为 Ch9\Maps\6814-1.jpg 文件，具体参数设置如图 9.81 所示。

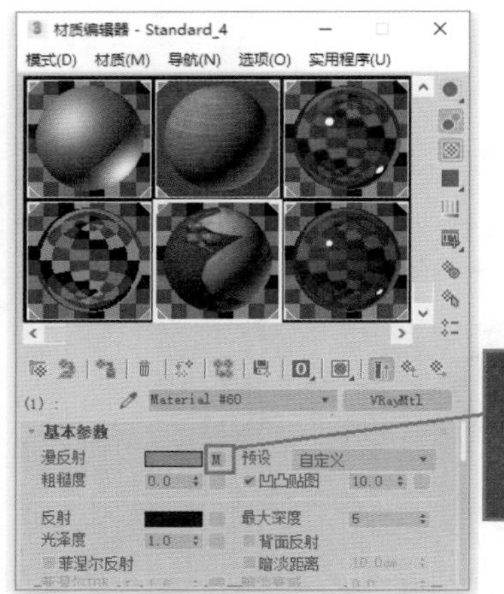

图 9.81 设置 ID1 部分材质

Step05 设置 ID2 部分材质。打开“材质编辑器”，选择一个空白的材质球，选择材质样式为 VRayMtl，设置“漫反射”颜色为白色，具体参数设置如图 9.82 所示。

Step06 将所设置的材质赋予壁画模型，渲染效果如图 9.83 所示。

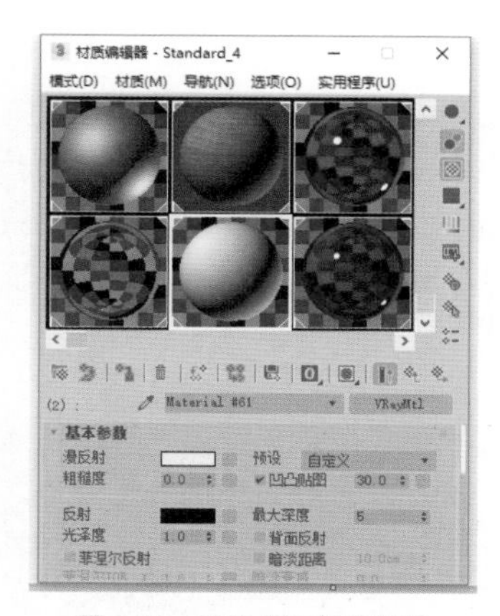

图 9.82　设置 ID2 部分材质

图 9.83　壁画材质渲染效果

9.6.8　设置高跟鞋材质

高跟鞋材质包括红色皮革材质、黄色皮革材质和黑色皮革材质。

Step01 设置高跟鞋材质。打开“材质编辑器”，选择一个空白的材质球，选择材质样式为 多维/子对象 ，由 3 部分组成，分别为 ID1、ID2 和 ID3，如图 9.84 所示。

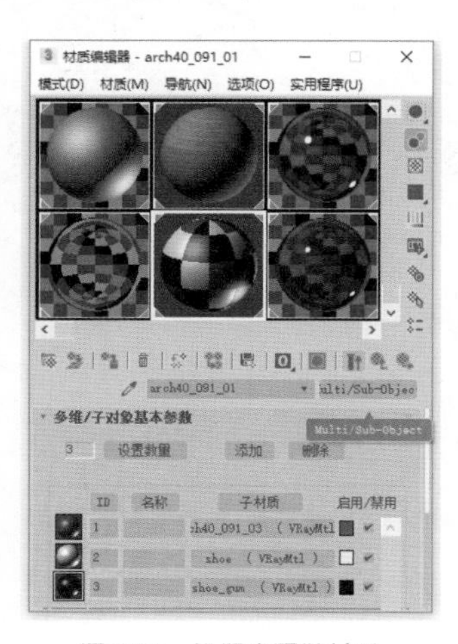

图 9.84　设置高跟鞋材质

提示

使用 多维/子对象 材质可以采用几何体的子对象级别分配不同的材质。

Step02 设置 ID1 部分材质。打开“材质编辑器”，选择一个空白的材质球，选择材质样式为 VRayMtl ，设置“漫反射”颜色为红色，具体参数设置如图 9.85 所示。

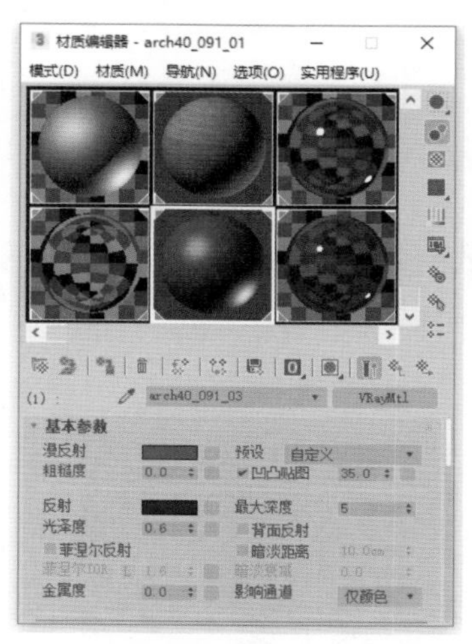

图 9.85　设置 ID1 部分材质

Step03 设置 ID2 部分材质。打开“材质编辑器”，选择一个空白的材质球，选择材质样式为 VRayMtl ，设置“漫反射”颜色为黄色，具体参数设置如图 9.86 所示。

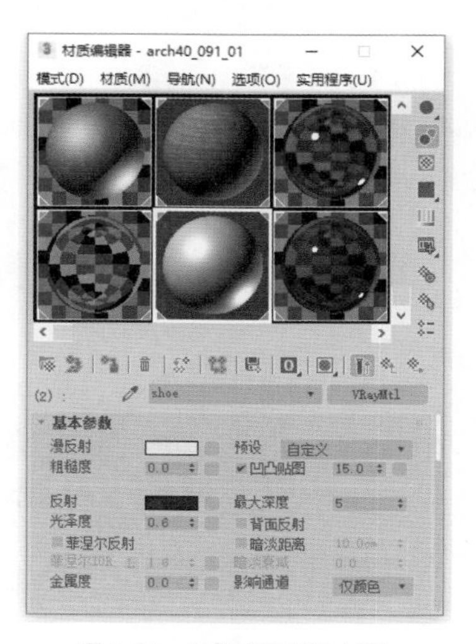

图 9.86　设置 ID2 部分材质

Step04 打开“贴图”卷展栏，设置“凹凸”

贴图为 Ch9\Maps\leather_bump.jpg 文件，设置贴图强度为 15，参数设置如图 9.87 所示。

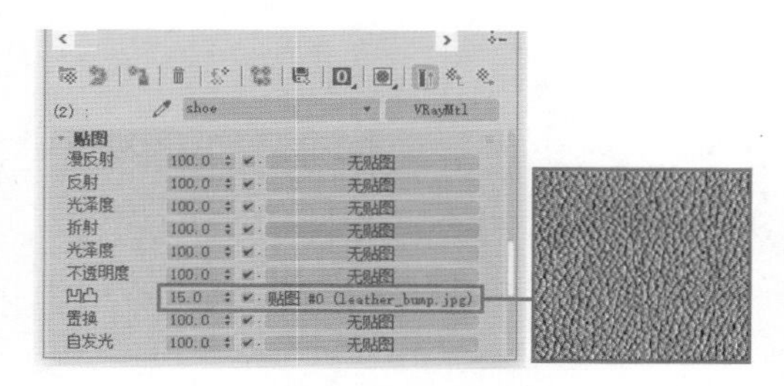

图 9.87　设置凹凸通道贴图

Step05 设置 ID3 部分材质。打开“材质编辑器”，选择一个空白的材质球，选择材质样式为 VRayMtl，设置“漫反射”颜色为黑色，具体参数设置如图 9.88 所示。

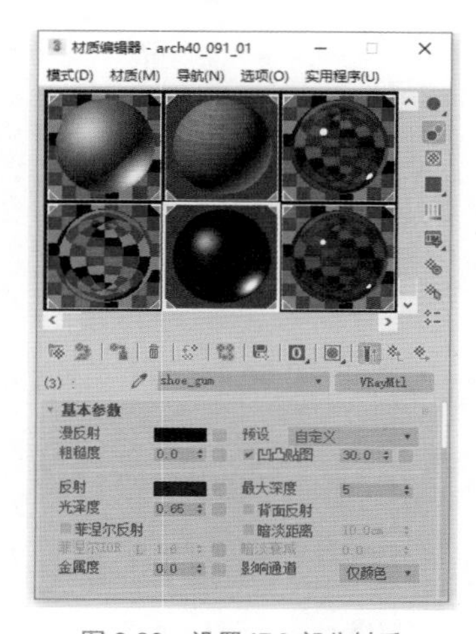

图 9.88　设置 ID3 部分材质

Step06 将所设置的材质赋予高跟鞋模型，渲染效果如图 9.89 所示。

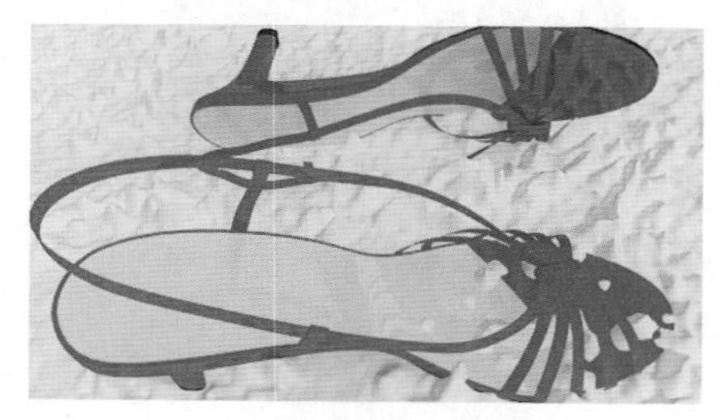

图 9.89　高跟鞋渲染效果

9.6.9　设置吊灯材质

吊灯材质包括深褐色灯架材质和半透明灯罩材质。

Step01 设置灯架材质。打开“材质编辑器”，选择一个空白的材质球，选择材质样式为 VRayMtl，设置“漫反射”颜色为深褐色，具体参数设置如图 9.90 所示。

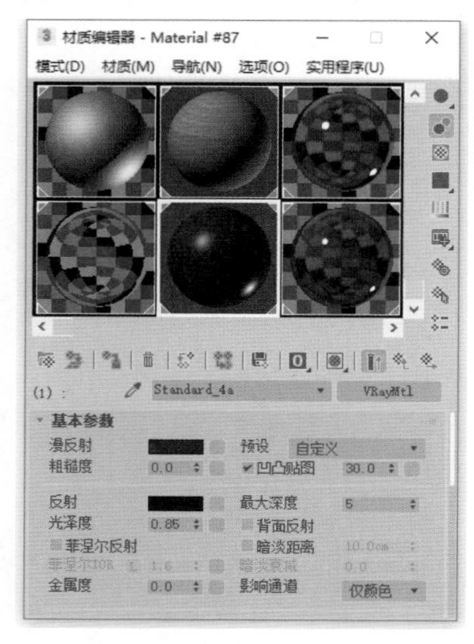

图 9.90　设置灯架材质

Step02 设置半透明灯罩材质。打开“材质编辑器”，选择一个空白的材质球，选择材质样式为 VRayMtl，设置“漫反射”颜色为白色，具体参数设置如图 9.91 所示。

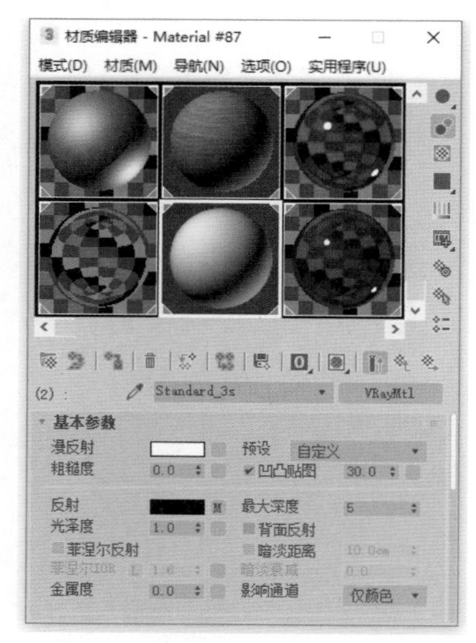

图 9.91　设置半透明灯罩材质

Step03 设置折射参数如图 9.92 所示。

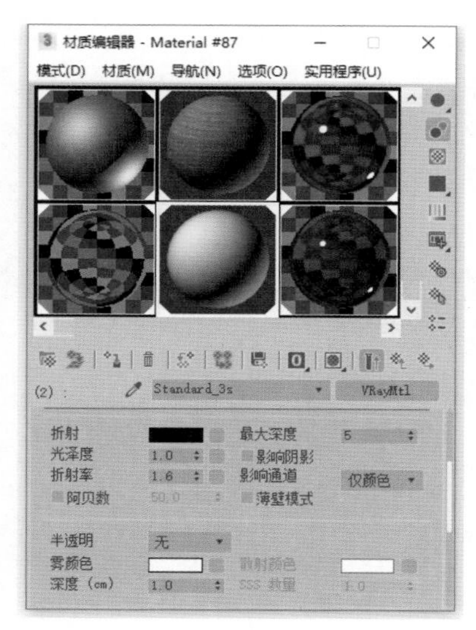

图 9.92　设置折射材质

注意

折射光泽度定义了折射光泽效果的同时，也影响了硬件的计算效果。添加折射模糊效果的材质渲染时间特别长，而且需要加大细分值才能得到出色的品质。

Step04 将所设置的材质赋予吊灯模型，渲染效果如图 9.93 所示。

图 9.93　吊灯渲染效果

9.6.10　设置窗帘材质

窗帘材质由白色窗帘材质和褐色窗帘材质组成。

Step01 设置白色窗帘材质。打开“材质编辑器”，选择一个空白的材质球，选择材质样式为 VRayMtl ，设置“漫反射”颜色为白色，具体参数设置如图 9.94 所示。

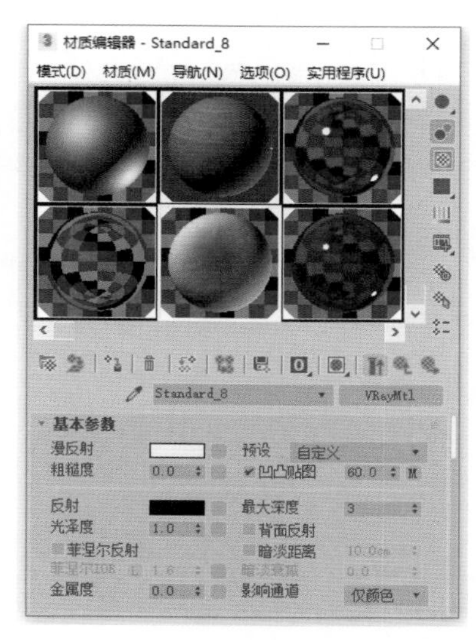

图 9.94　设置白色窗帘材质

Step02 打开“贴图”卷展栏，在“折射”通道中添加一个“衰减”贴图。同时设置“凹凸”贴图为 Ch9\Maps\bed-auto7.jpg 文件，设置贴图强度为 60，具体参数设置如图 9.95 所示。

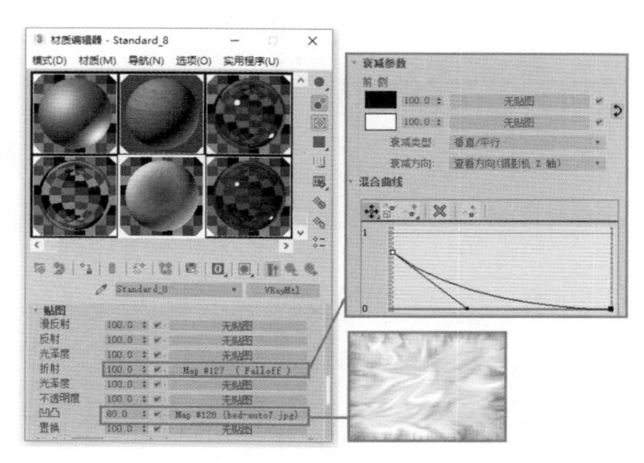

图 9.95　设置“贴图”卷展栏参数

提示

窗帘材质是半透明材质，所以在折射通道添加了“衰减”贴图。窗帘材质有比较大的凹凸，在设置凹凸贴图参数的时候应选择较大参数。设置窗帘颜色应该在漫反射区域设置“漫反射”颜色。

Step03 设置褐色窗帘材质。打开“材质编辑器”，选择一个空白的材质球，选择材质样式为 VRayMtl ，设置“漫反射”颜色为褐色，具体参数设置如图 9.96 所示。

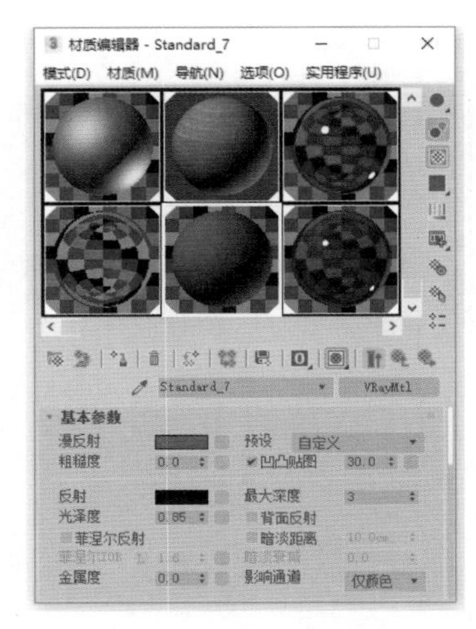

图 9.96 设置褐色窗帘材质

Step04 将所设置的材质赋予窗帘模型，渲染效果如图 9.97 所示。

图 9.97 窗帘渲染效果

9.6.11 设置室外环境

下面设置室外的环境效果。

Step01 在 ＋ 建立命令面板，单击 ◯ 下的 平面 按钮，在窗外建立一个面片物体，使摄像机视角能够看到这个面片，如图 9.98 所示。

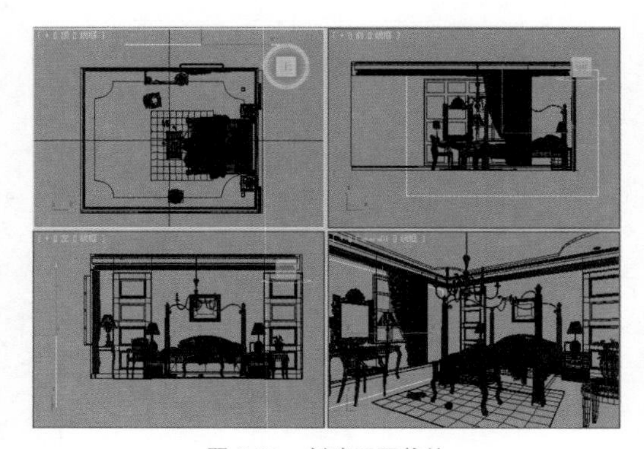

图 9.98 创建平面物体

Step02 设置面片物体的贴图，打开“材质编辑器”，选择一个空白的材质球，选择材质样式为 VR_发光材质 。这是发光材质的设置，如图 9.99 所示。

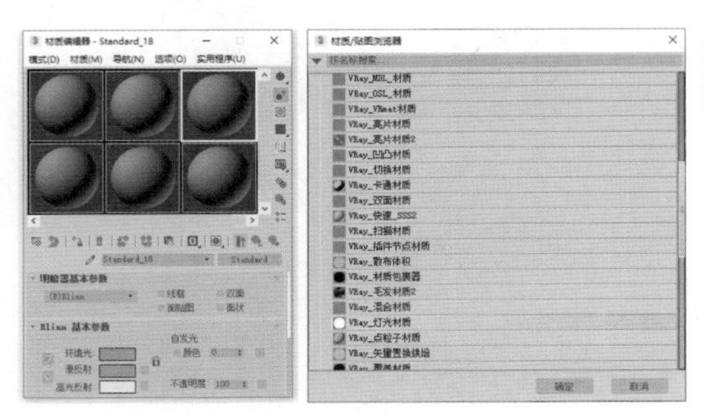

图 9.99 设置发光材质

技术链接

“VRay灯光材质”是VRay渲染器中区别于默认渲染器的特殊材质类型。VRay灯光材质自身可以模拟出类似“天光”的效果，然而本质上却是一种视觉假象，经常被用来制作发光体、建筑外景贴图等。“颜色”可以设置VRay灯光材质的灯光颜色，图9.100所示为颜色测试。

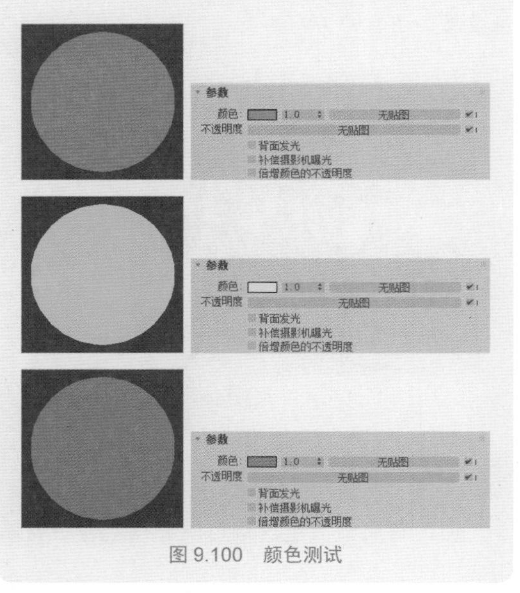

图 9.100 颜色测试

Step03 设置发光贴图为 Ch9\Maps\land02.jpg 文件，如图 9.101 所示。

Step04 将该材质赋予面片物体，此时的渲染效果如图 9.102 所示。

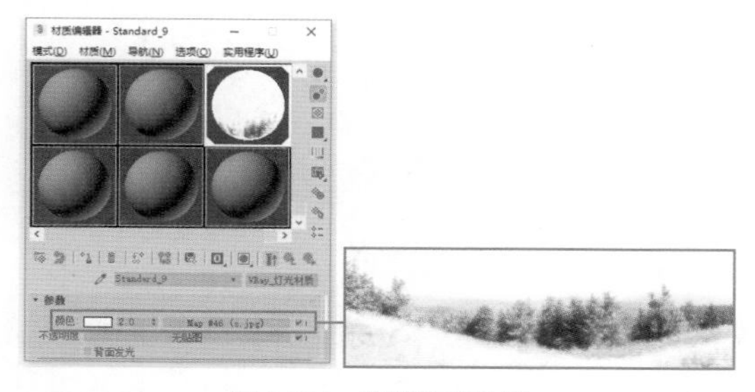

图 9.101　设置发光贴图

图 9.102　室外环境渲染效果

Step05 场景中其他物体（如梳妆台上的钟表、花盆和水果等），大家可以根据前面介绍的材质制作方法进行设置，如图 9.103 所示，这里不再赘述。

图 9.103　效果图渲染

Step06 在“发光贴图”卷展栏中，“模式”区域选择“单帧”，单击“保存”按钮。在弹出的“保存发光贴图”对话框中，输入要保存的 01.vrmap 文件名，如图 9.104 所示。

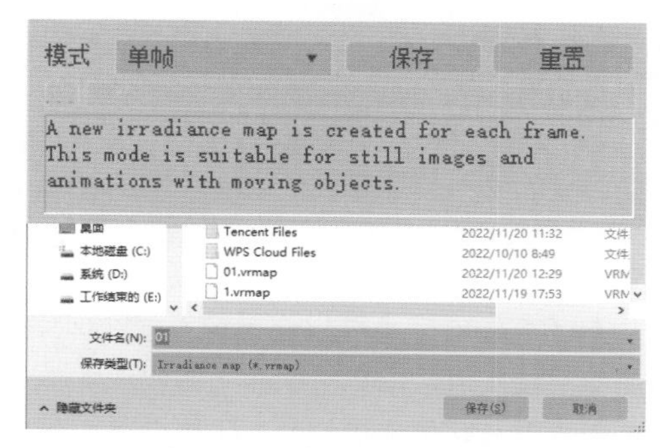

图 9.104　设置光照贴图路径

Step07 打开“灯光缓存”卷展栏，设置参数如图 9.105 所示。

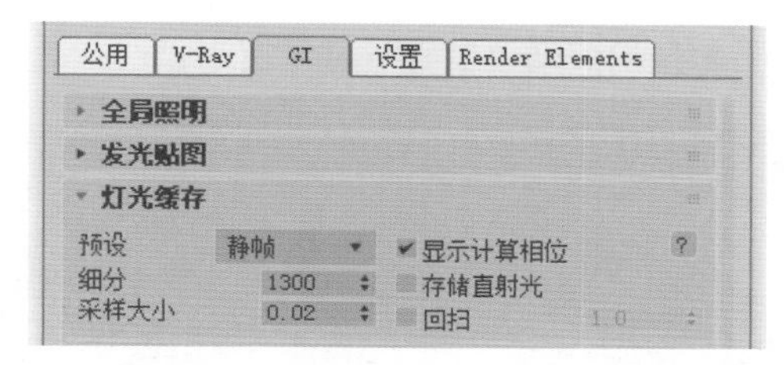

图 9.105　设置“灯光缓存”卷展栏参数

Step08 在 公用 页面，设置较小的渲染尺寸进行渲染。

Step09 由于勾选“切换到已保存的缓存”复选框，所以在渲染结束后，“模式”区域的选项将自动切换到“从文件”类型。进行再次渲染时，VRay 渲染器将直接调用“从文件”类型中指定的发光贴图文件，这样可以节省很多渲染时间。最后使用较大的渲染尺寸进行渲染即可，效果如图 9.106 所示。

图 9.106　场景渲染效果

第 10 章 Loft 整体渲染

本章主要介绍一款 Loft 阁楼大厅的设计方案，采用日光的表现方法，力图设计成一款充满艺术色彩的阁楼空间。Loft 阁楼在色调的设计上采用比较朴素的色彩作为底色，在家具的设计上讲求古朴，却又不失时尚风格，加上场景内壁画和书籍的搭配，给人一种充满艺术的味道。

本例的渲染效果如图 10.1 所示。

图 10.1 Logt 整体渲染效果

配色应用：

制作要点：

（1）掌握纵向构图方法和家具结构特点。

（2）学习以砖块墙体材质、水泥墙体材质以及大理石地板材质为主的材质特点。

（3）分清主次灯光，明确想要制作的灯光效果。

最终场景：Ch10\Scenes

贴图素材：Ch10\Maps

难易程度：★★★★☆

10.1 Loft户型规划

Loft 户型通常是小户型，高举架，面积为 30 ～ 50 平方米，层高为 3.6 ～ 5.2 米。虽然销售时按一层的建筑面积计算，但实际使用面积却可达到销售面积的近 1 倍；高层高空间变化丰富，业主可以根据自己的喜好随意设计。

Loft 户型的定义要素主要包括：高大而开敞的空间，上下双层的复式结构，类似戏剧舞台效果的楼梯和横梁；流动性，户型内无障碍；透明性，减少私密程度；开放性，户型间全方位组合；艺术性，通常是业主自行决定所有风格和格局。

10.1.1 Loft 客厅

Loft 客厅在布局上要求紧凑实用而又兼顾多功能。

挑选一个特别的沙发，沙发上面摆放着可爱的毛公仔和靠垫。屋顶上做一个天窗，这样可以使房间有很好的采光，客厅的全景十分宽敞明亮，餐厅就在客厅的旁边。而沙发墙主要用矩形的婚纱照装饰，十分甜蜜温馨，客厅效果如图 10.2 所示。

图 10.2　Loft 客厅

10.1.2　Loft 餐厅和厨房

Loft 的餐厅和厨房通常会共用一个空间，开放式的空间能让房间看上去又宽敞又实用。如图 10.3 所示，钢琴漆面的餐桌显得十分高档，有气派。餐厅的旁边还有一全身镜，方便出门之前整理仪容仪表。

图 10.3　Loft 餐厅

厨房的面积不用很大，实用就行。紫色的钢琴漆面，时尚靓丽，让厨房变得有韵味，厨房效果如图 10.4 所示。

图 10.4　Loft 厨房

10.1.3　Loft 卧室

Loft 的卧室通常会安排在楼上，由于布局紧凑、格调个性，温馨的气氛会在整个卧室洋溢开来，时尚的移门衣柜为主卧节省了不少空间。主卧的吊灯，全开后非常漂亮，特别是灯光效果和墙纸为主卧增添了温馨的气氛。床是卧室里面的重中之重，挑选的时候需要花点时间与精力。卧室效果如图 10.5 所示。

图 10.5　Loft 卧室

10.1.4　Loft 阁楼

阁楼的地台可以作为休闲的地方，也可以作为孩子的房间，开心的乐园。图 10.6 中的墙面采用原木色的木板来制作，看上去显得比较自然。地台上可爱的坐垫让人很有冲动上前感受。阁楼的灯效，充满着迷幻的感觉，小孩子会陶醉在奇幻的世界里面尽情玩乐。

图 10.6　Loft 阁楼

10.2 案例分析

本场景灯光布局如图 10.7 所示。在灯光的设计上，天光作为主光源，以 VRay 灯光作为窗口补光和室内补光，以及模拟吊灯照明和射灯照明。

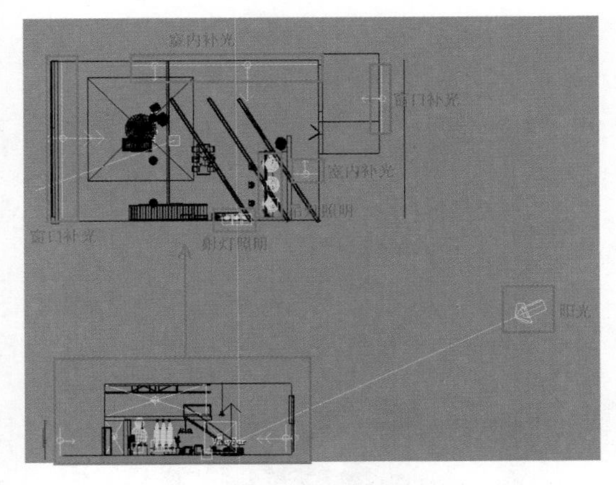

图 10.7　场景灯光布局

打开 Ch10\Scenes\Ch10.max 文件，这是一个宽敞的阁楼大厅模型，场景内的模型包括墙体、地面、沙发、椅子、桌子、灯具及一些其他的摆设品等，如图 10.8 所示。

图 10.8　3ds Max 场景文件

10.3 创建目标摄像机

本节来为场景创建一台目标摄像机，以确定合适的视图角度。

Step01 在建立命令面板的摄像机区域，单击 目标 按钮，在顶视图中创建一个目标摄像机 Camera01，放置好摄像机的位置，如图 10.9 所示。

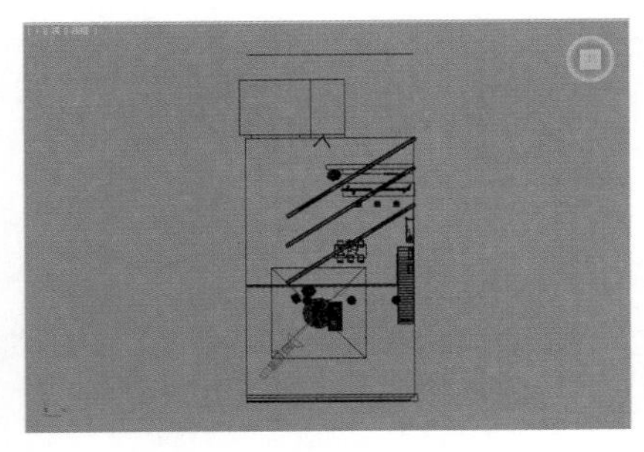

图 10.9　创建目标摄像机

Step02 切换到左视图，调整摄像机的高度，如图 10.10 所示。

图 10.10　调节摄像机高度

提示

摄影机在3ds Max软件中有着举足轻重的地位，无论是室内外效果图制作，或是建筑漫游动画以及路径动画都离不开摄影机，而且摄影机用法简单，只需要在修改命令面板设置，根据场景需求设置参数即可。

Step03 设置摄像机的参数如图 10.11 所示，这样摄像机就放置好了，最后的摄像机视图效果如图 10.12 所示。

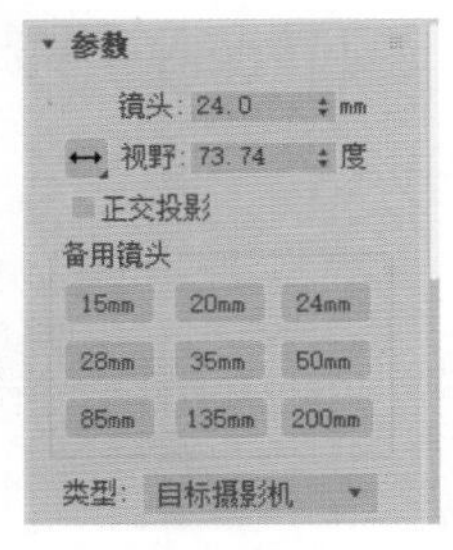

图 10.11　设置摄像机参数

图 10.12　摄像机视图效果

Step04 确定渲染比例。按 F10 键，弹出"渲染设置"对话框，为了前期提高渲染速度，这里将渲染尺寸设置为一个较小的尺寸 480×360，保证比例固定在 1.33。鼠标左键点击左上角，在弹出的菜单中勾选"显示安全框"，让视窗正确显示出最终的渲染尺寸，如图 10.13 所示。这样就最终完成了摄像机的创建。

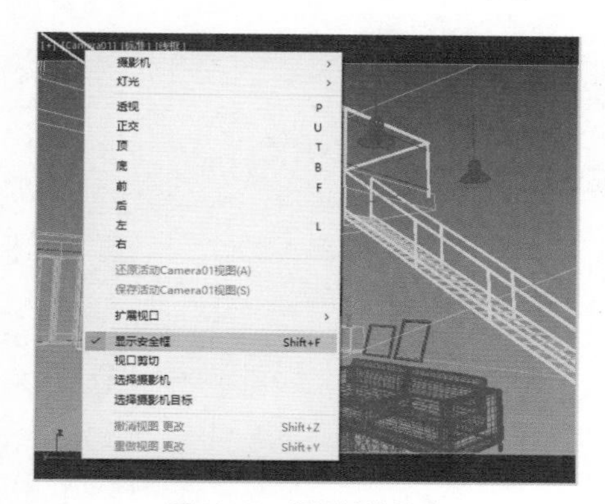

图 10.13　设置渲染尺寸

10.4　测试渲染设置

Step01 按 F10 键，打开"渲染设置"对话框，设置 VRay 为当前渲染器，如图 10.14 所示。

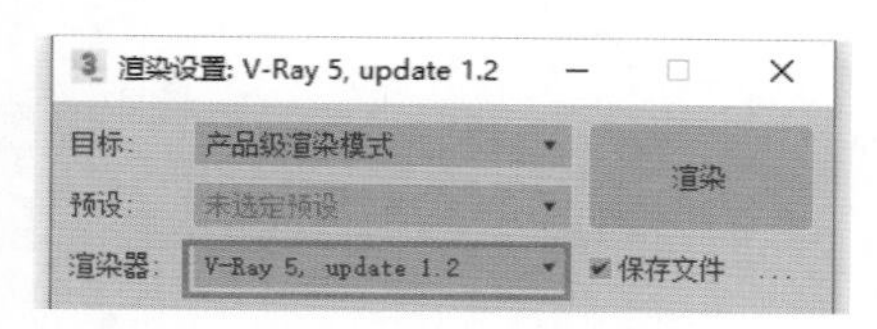

图 10.14　指定渲染器

Step02 进入 VRay 选项卡，在"全局开关"卷展栏中，设置总体参数，如图 10.15 所示。因为要调整灯光，所以在这里关闭"默认灯光"。取消勾选"反射 / 折射"和"光泽效果"复选框，这两项都是非常影响渲染速度的。

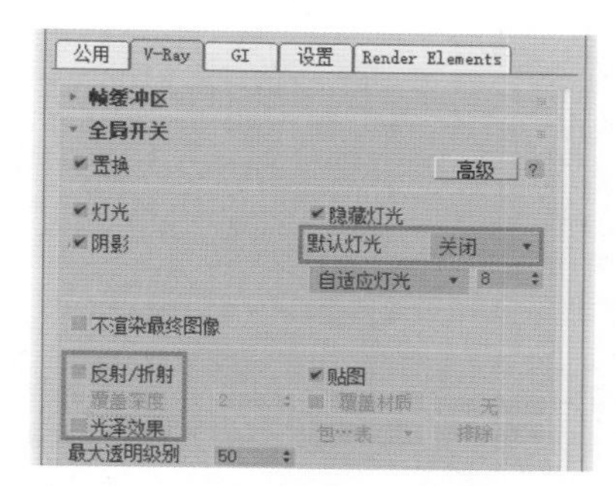

图 10.15　设置"全局开关"卷展栏参数

注意

"默认灯光"是否使用3ds Max的默认灯光。

Step03 在"图像过滤器"卷展栏中，设置参数如图 10.16 所示，这是抗锯齿采样设置。

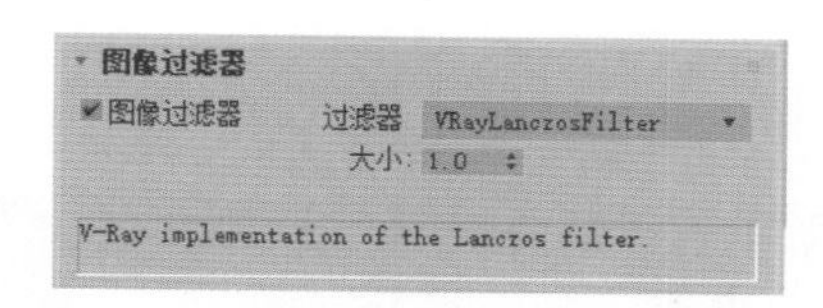

图 10.16　设置"图像过滤器"卷展栏参数

Step04 在"全局照明"卷展栏中，设置参数如图 10.17 所示，这是全局照明设置。

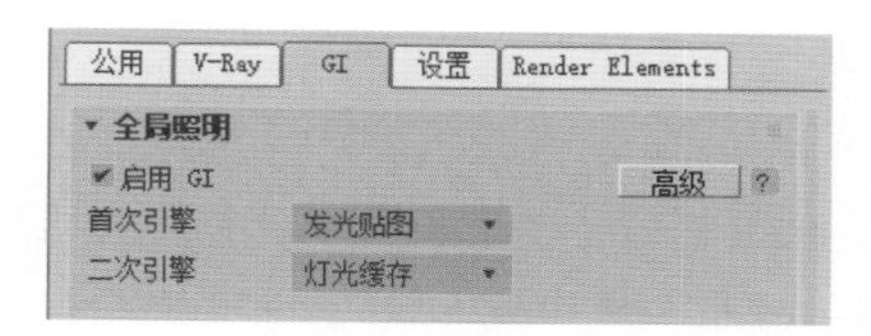

图 10.17　设置"全局照明"卷展栏参数

Step05 在"发光贴图"卷展栏中，将"当前预设"设置为"自定义"，调整"最大比率"和"最小比率"的值为 –4，如图 10.18 所示，这是发光贴图参数设置。

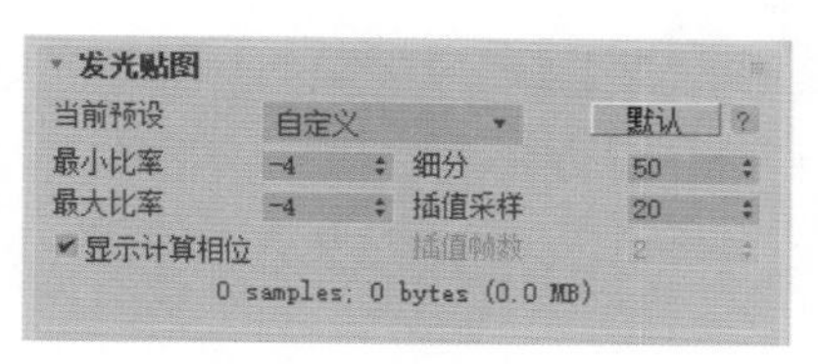

图 10.18　设置"发光贴图"卷展栏参数

Step06 在“灯光缓存”卷展栏中，设置参数如图10.19所示。

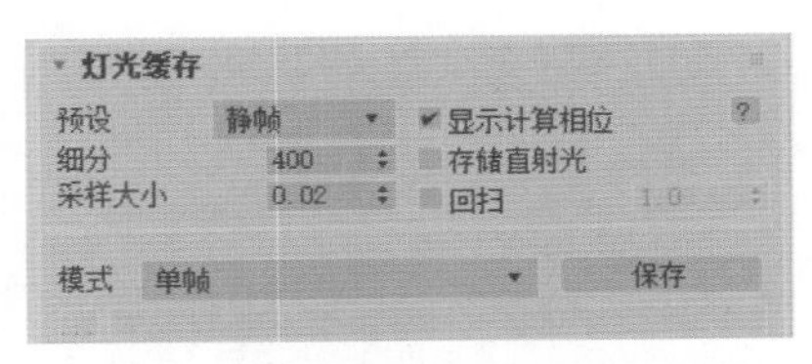

图 10.19　设置“灯光缓存”卷展栏参数

Step07 按8键，打开“环境和效果”对话框，设置背景颜色为天蓝色，如图10.20所示。

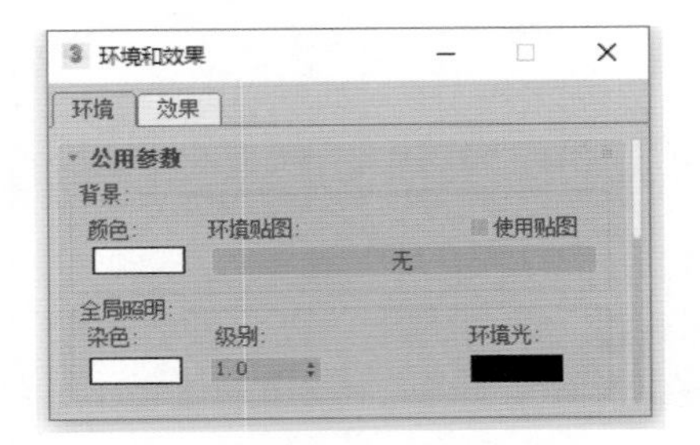

图 10.20　设置背景颜色

10.5　场景灯光设置

目前关闭了默认的灯光，所以需要建立灯光。本例采用目标灯光作为主光源，以天光的方式照进窗口；以VRay灯光作为窗口补光和室内补光，使用“目标灯光”进行吊灯照明和射灯照明。

Step01 制作一个统一的模型测试材质。按M键，打开“材质编辑器”，选择一个空白材质球，选择材质的样式为 VRayMtl ，如图10.21所示。

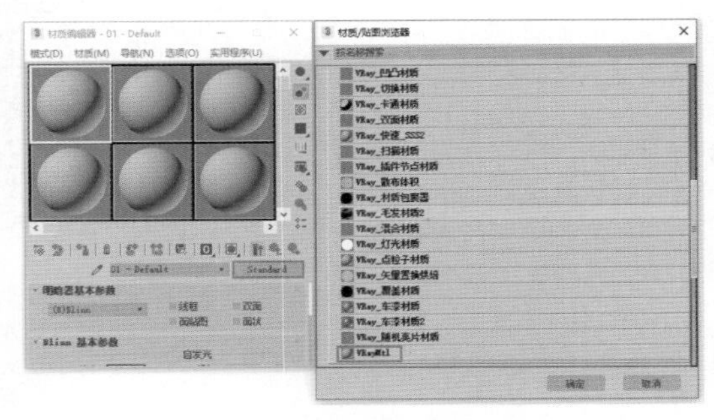

图 10.21　设置模型测试材质

Step02 在材质面板设置“漫反射”的颜色为浅灰色，如图10.22所示。

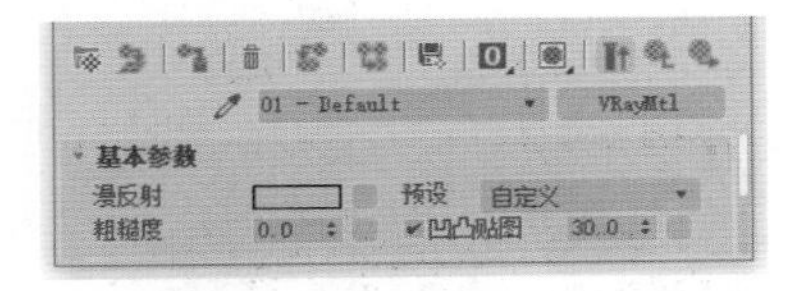

图 10.22　设置“漫反射”颜色

Step03 按F10键，打开“渲染设置”面板，在渲染面板里设置VRay的基本参数。在“全局开关”卷展栏中，把刚才设置的基本测试材质拖到“覆盖材质”右侧的按钮上，这样就给整体场景设置了一个临时测试用的材质，如图10.23所示。

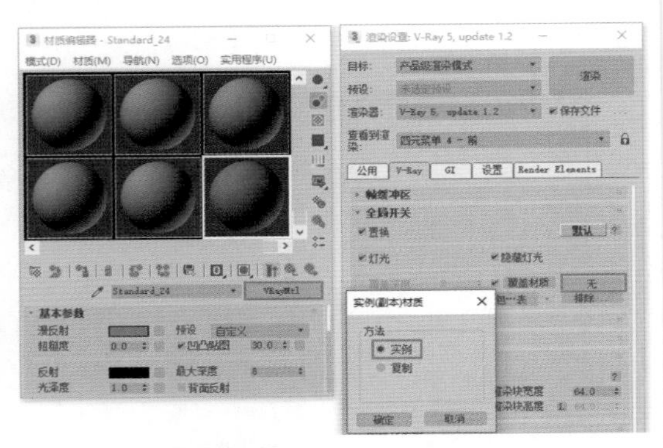

图 10.23　设置覆盖材质

Step04 在 建立命令面板的 灯光区域，单击 目标 按钮，在视图中创建一盏目标灯光，用来模拟阳光照射，具体位置如图10.24所示。

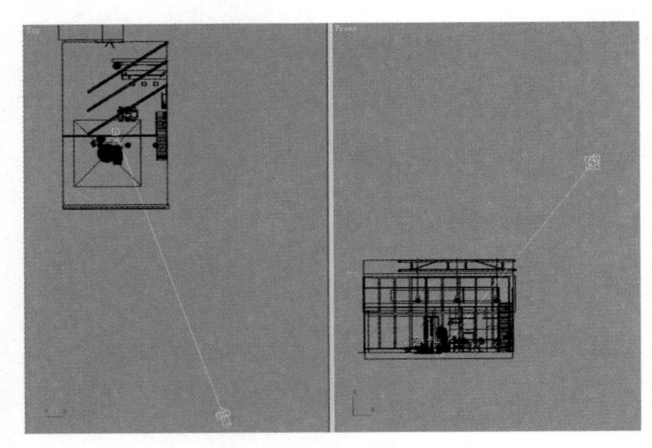

图 10.24　创建目标灯光

Step05 在 修改命令面板设置目标灯光参数，如图10.25所示。

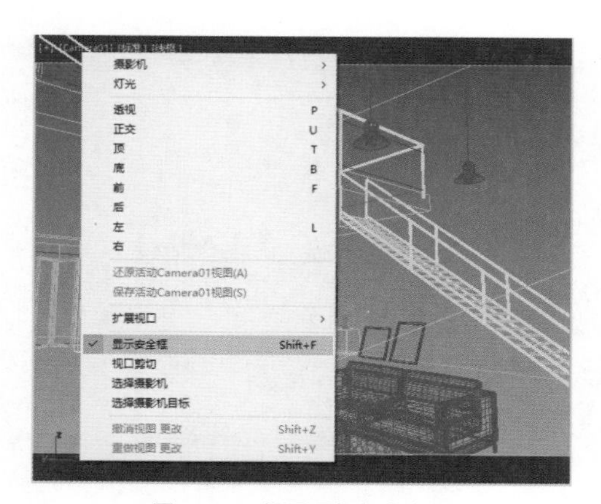

图 10.25 设置目标灯光参数

提示

“目标平行光”产生平行的照射区域，它与目标聚光灯唯一区别就是圆柱状的平行照射区域。主要用途是模拟阳光的照射也可以模拟激光柱等聚光物体。

Step06 按 F9 键，进行快速渲染，此时的效果如图 10.26 所示。

图 10.26 场景渲染效果

可以看到，此时室内光线很黯淡，这是因为只进行了室外的照明，下面需要进行窗口补光。

Step07 在 ＋ 建立命令面板单击 VRay 灯光 按钮，在窗口处建立 3 盏 VRay 灯光，用来进行窗口补光，具体的位置如图 10.27 所示。

Step08 在 修改命令面板设置面光源参数，如图 10.28 和图 10.29 所示。

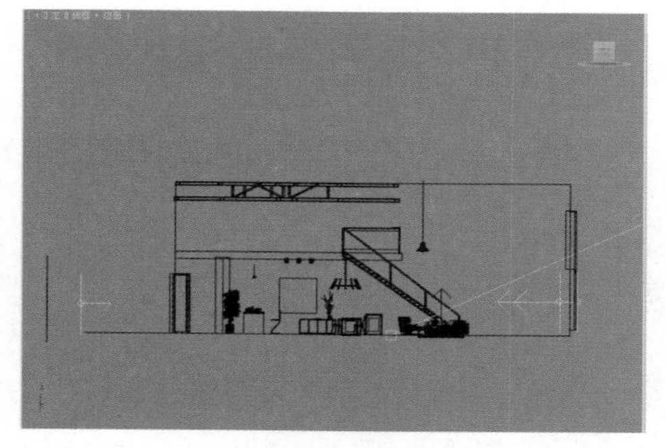

图 10.27 创建窗口补光

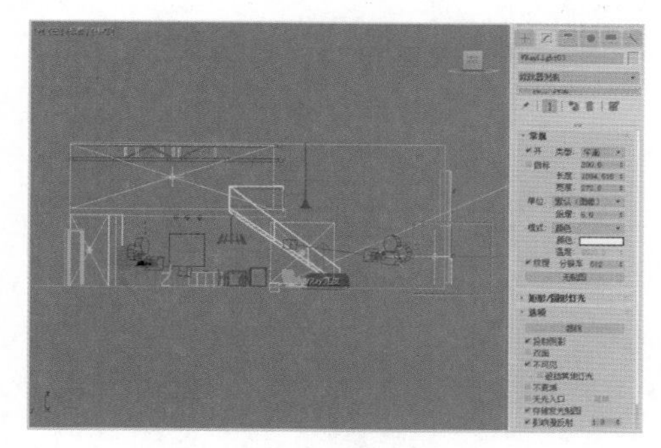

图 10.28 设置面光源参数 1

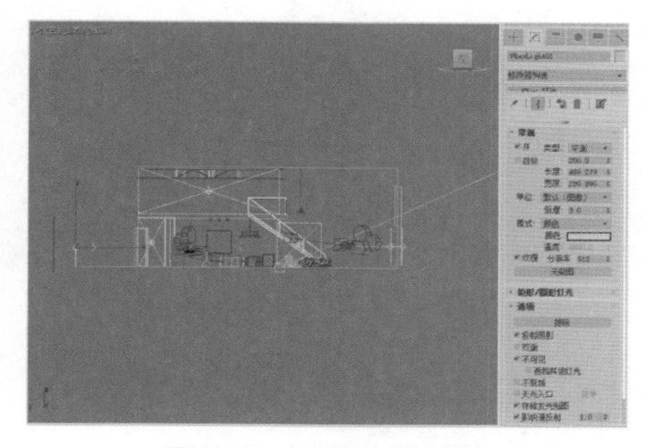

图 10.29 设置面光源参数 2

提示

VRay灯光不仅可以双面发射，在渲染图像上不可见，还可以更加均匀地向四周发散（忽略灯光法线方向，如果不忽略会在法线方向发射更多的光线，平面模式才看得出，许多时候忽略比较接近现实情况），并且可以没有灯光衰减（默认强度为30，不衰减为1，这个衰减是以平方数递减的，虽然现实近乎这样，但一般情况还是不用衰减）。

Step09 重新对摄像机视图进行渲染，此时的渲染效果如图 10.30 所示。

图 10.30　场景渲染效果

Step10 在十建立命令面板单击 VRay 灯光 按钮，在室内建立 2 盏 VRay 光源，用来进行室内补光，具体的位置如图 10.31 所示。

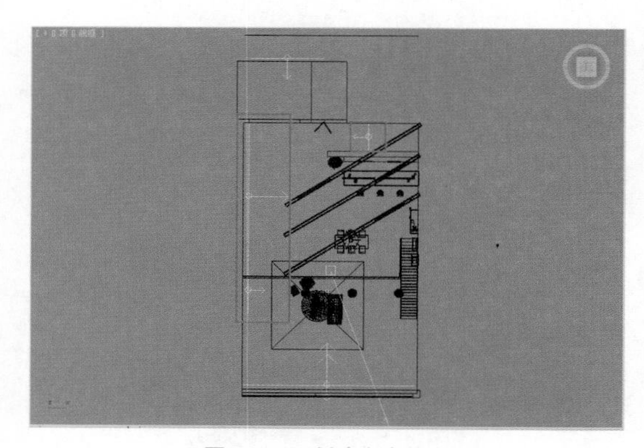

图 10.31　创建室内补光

Step11 在修改命令面板设置面光源参数，如图 10.32 ～图 10.34 所示。

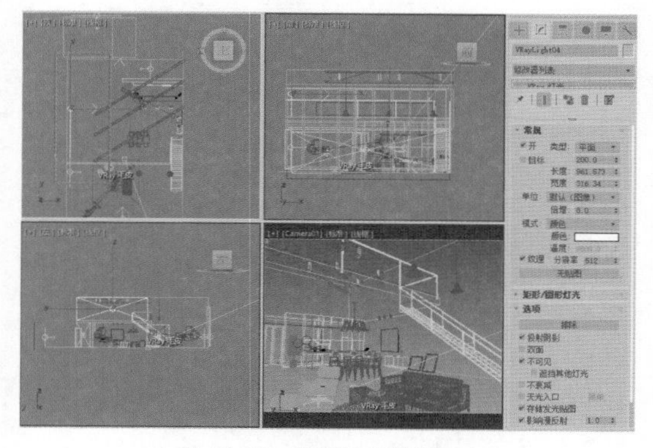

图 10.32　设置面光源参数 1

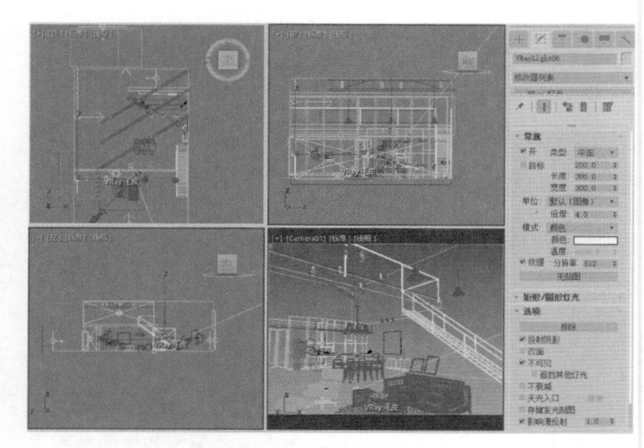

图 10.33　设置面光源参数 2

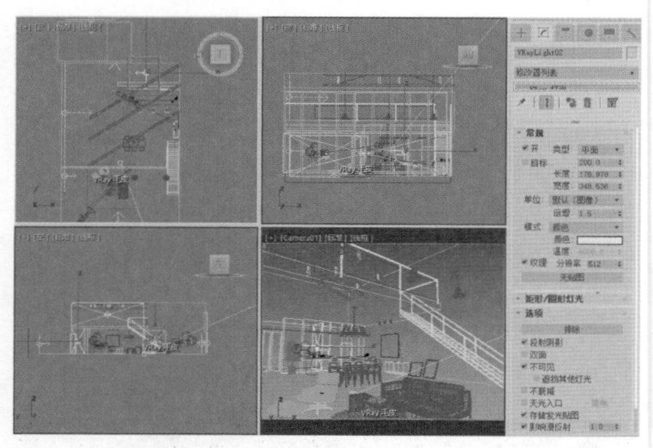

图 10.34　设置面光源参数 3

Step12 按 F9 键，对摄像机进行渲染效果，如图 10.35 所示。

图 10.35　场景渲染效果

Step13 设置吊灯照明和射灯照明。在十建立命令面板 光度学 分类下单击 目标灯光 按钮，在视图中创建 6 盏目标聚光灯，用来模拟吊灯照明和射灯照明，具体位置如图 10.36 所示。

Step14 在修改命令面板中，设置目标灯光参数，如图 10.37 和图 10.38 所示，光域网见 Ch10\Maps\SD-044.ies 和 2.ies 文件。

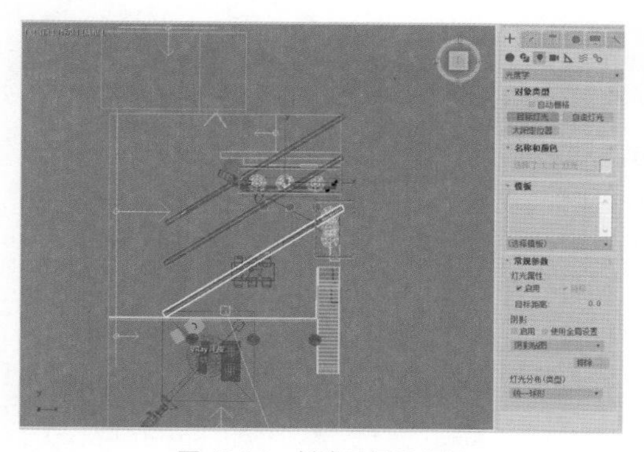

图 10.36　创建目标聚光灯

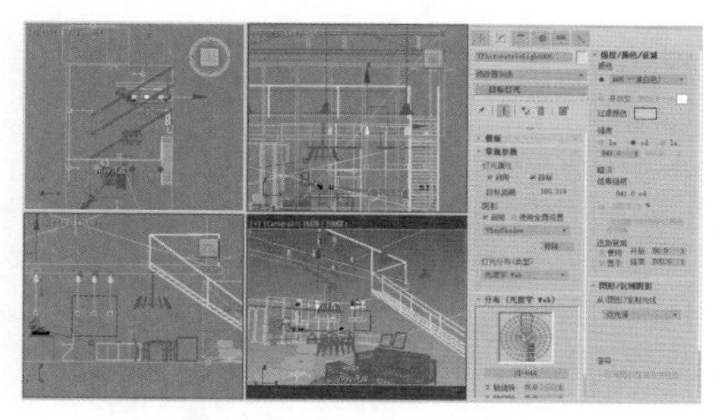

图 10.37　设置目标灯光参数 1

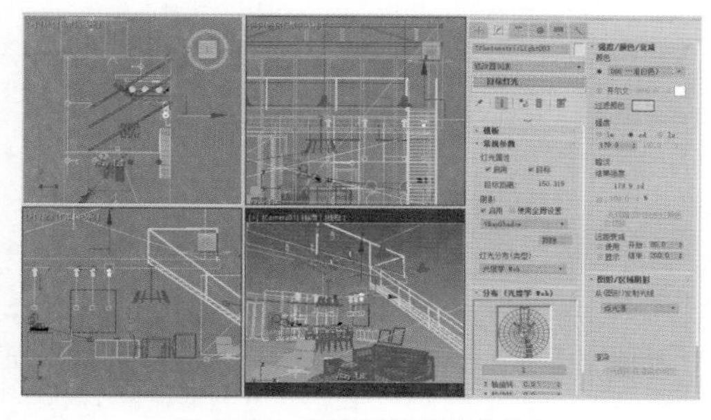

图 10.38　设置目标灯光参数 2

Step15 重新对摄像机视图进行渲染，此时的渲染效果如图 10.39 所示，场景灯光设置完成。

图 10.39　场景渲染效果

10.6　场景材质设置

下面逐一设置场景的材质，从影响整体效果的材质（如墙面、地面等）开始，到较大的家居用品（如沙发、桌椅等），最后到较小的物体（如场景内的装饰品等）。

10.6.1　设置渲染参数

按 F10 键，打开“渲染设置”对话框，进入 VRay 选项卡。在“全局开关”卷展栏中勾选“反射 / 折射”复选框，取消勾选“覆盖材质”复选框，如图 10.40 所示。

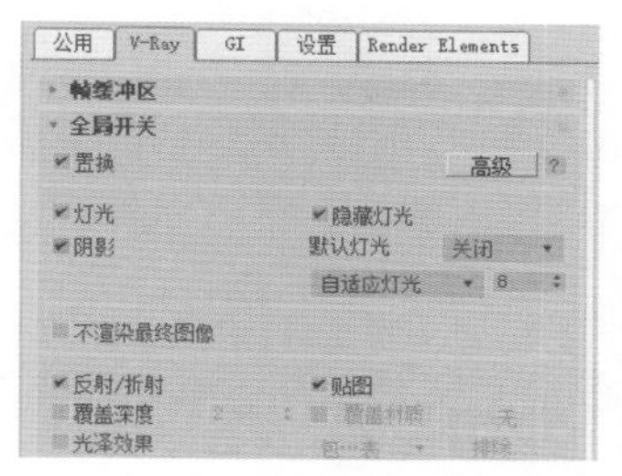

图 10.40　设置“全局开关”卷展栏参数

10.6.2　设置墙体材质

墙体材质包括白色乳胶漆材质、黄色油漆材质、灰色砖块材质、黄色砖块材质和水泥材质。

Step01 设置白色乳胶漆材质。打开“材质编辑器”，选择一个空白的材质球，选择材质样式为 VRayMtl，设置“漫反射”颜色为白色，参数设置如图 10.41 所示。

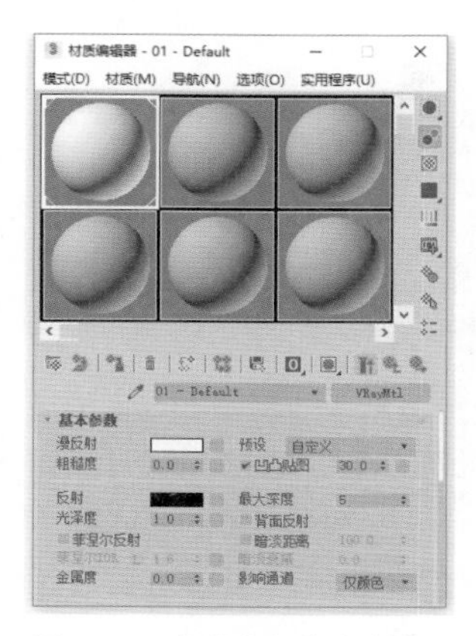

图 10.41　设置白色乳胶漆材质

Step02 设置黄色油漆材质。打开“材质编辑器”，选择一个空白的材质球，选择材质样式为 VRayMtl，设置“漫反射”颜色为黄色，参数设置如图 10.42 所示。

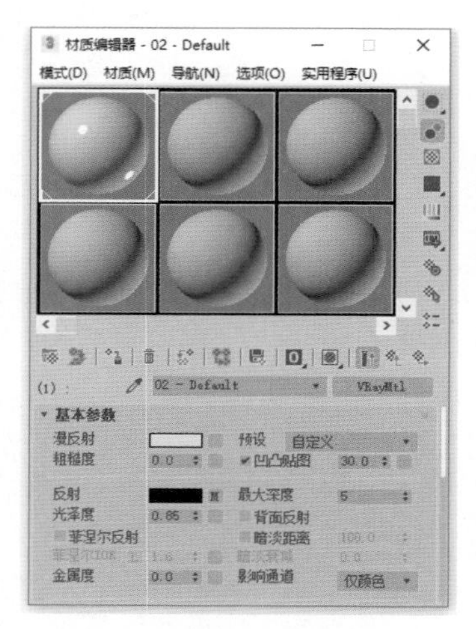

图 10.42　设置黄色油漆材质

Step03 打开“贴图”卷展栏，在“反射”通道中添加一个“衰减”贴图，设置“衰减类型”为 Fresnel，具体参数设置如图 10.43 所示。

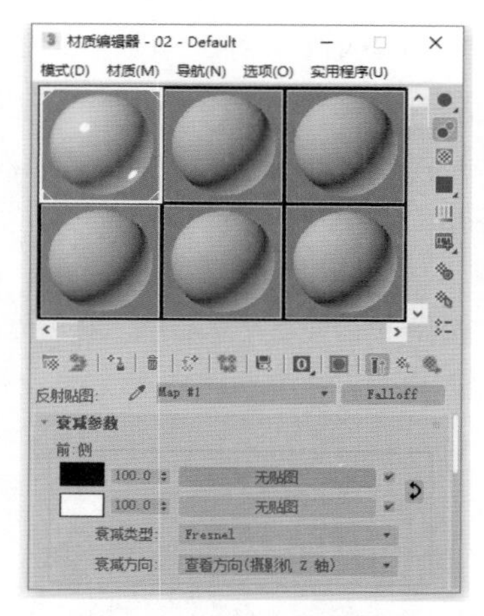

图 10.43　设置反射通道贴图

Step04 设置灰色砖块材质。打开“材质编辑器”，选择一个空白的材质球，选择材质样式为 VRayMtl，设置“漫反射”贴图为 Ch10\Maps\brick12_b_wje8scepxwuu.jpg 文件，具体参数设置如图 10.44 所示。

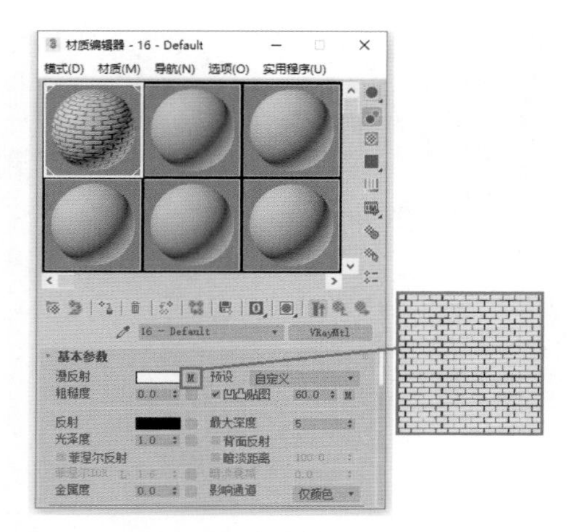

图 10.44　设置灰色砖块材质

Step05 打开“贴图”卷展栏，设置“凹凸”贴图为 Ch10\Maps\brick12_b_wje8scepxwuu.jpg 文件，设置贴图强度为 60，具体参数设置如图 10.45 所示。

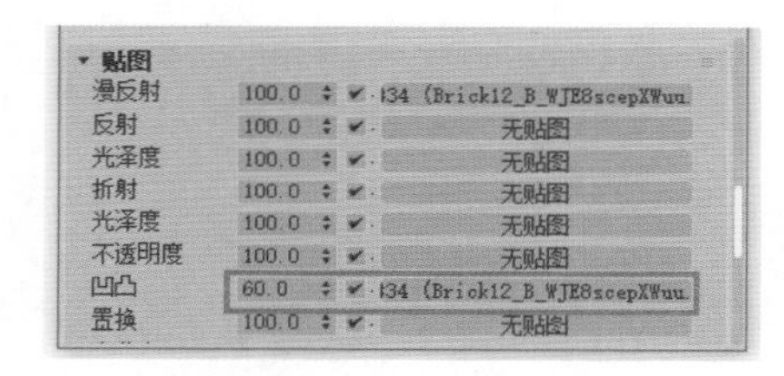

图 10.45　设置凹凸通道贴图

Step06 设置黄色砖块材质。打开“材质编辑器”，选择一个空白的材质球，选择材质样式为 VRayMtl，设置“漫反射”贴图为 Ch10\Maps\brick11_c_gghjnuj23tgf.jpg 文件，具体参数设置如图 10.46 所示。

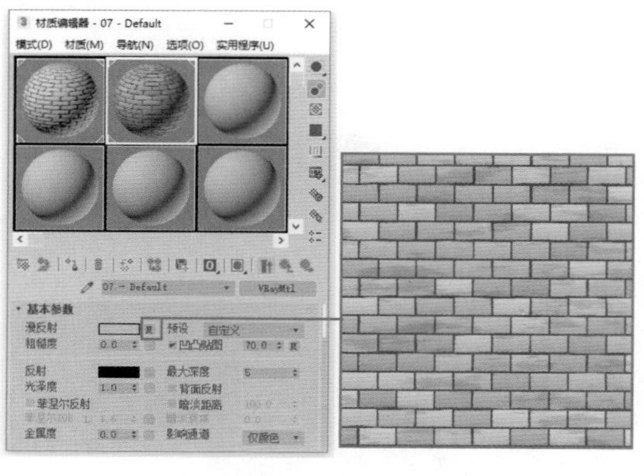

图 10.46　设置黄色砖块材质

Step07 打开“贴图”卷展栏，设置“凹凸”贴图为 Ch10\Maps\brick11_c_gghjnuj23tgf.jpg 文件，设置贴图强度为 70，具体参数设置如图 10.47 所示。

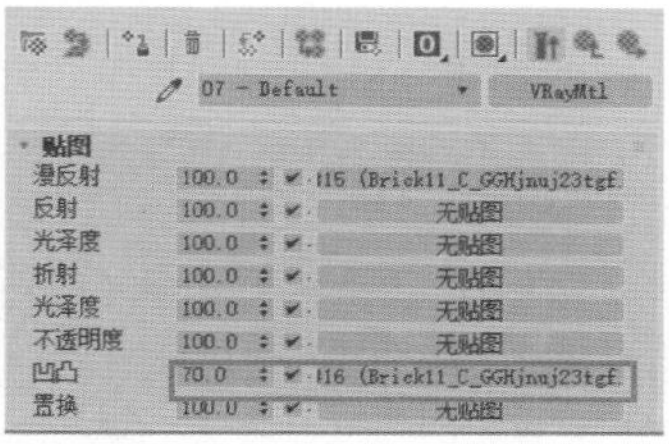

图 10.47 设置凹凸通道贴图

Step08 设置水泥天花板材质。打开“材质编辑器”，选择一个空白的材质球，选择材质样式为 VRayMtl，设置“漫反射”贴图为 Ch10\Maps\concrete.cast-in-place.flat.broom.grey.jpg 文件，具体参数设置如图 10.48 所示。

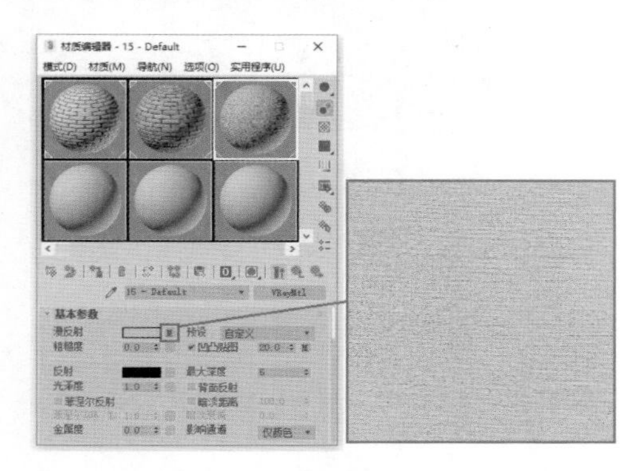

图 10.48 设置水泥天花板材质

Step09 打开“贴图”卷展栏，设置“凹凸”贴图为 Ch10\Maps\concrete.cast-in-place.flat.broom.grey.jpg 文件，设置贴图强度为 20，具体参数设置如图 10.49 所示。

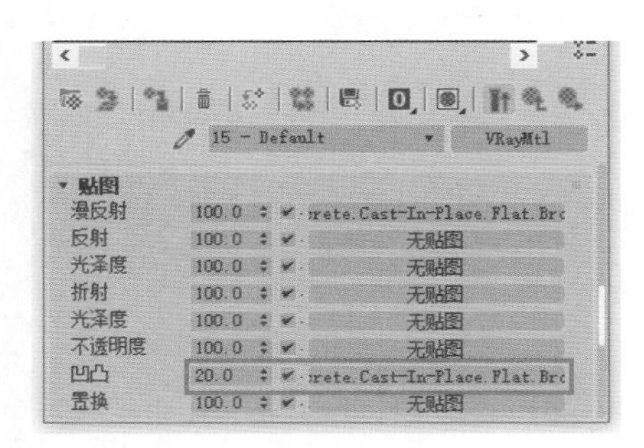

图 10.49 设置凹凸通道贴图

注意

“贴图”是VRay基本材质的设置中非常重要的一个环节。基本参数控制着基本物理效果，但想要实现更多、更高级的效果，贴图是制作中必不可少的环节。

Step10 将所设置的材质赋予墙体模型，渲染效果如图 10.50 所示。

图 10.50 墙体渲染效果

10.6.3 设置地面材质

地面材质包括灰色大理石材质和棕色地毯材质。

Step01 设置灰色大理石地板材质。打开“材质编辑器”，选择一个空白的材质球，选择材质样式为 VRayMtl，设置“漫反射”贴图为 Ch10\Maps\alum_2.jpg 文件，具体参数设置如图 10.51 所示。

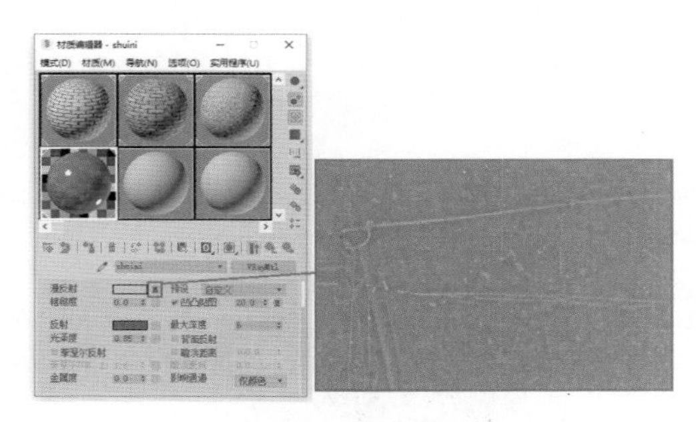

图 10.51 设置灰色大理石地板材质

Step02 打开“贴图”卷展栏，设置“凹凸”贴图为 Ch10\Maps\alum_2.jpg 文件，设置贴图强度为 20，具体参数设置如图 10.52 所示。

Step03 设置地毯材质。打开“材质编辑器”，选择一个空白的材质球，选择材质样式为 VRayMtl，设置“漫反射”贴图为 Ch10\Maps\ 地毯置换 .jpg 文件，具体参数设置如图 10.53 所示。

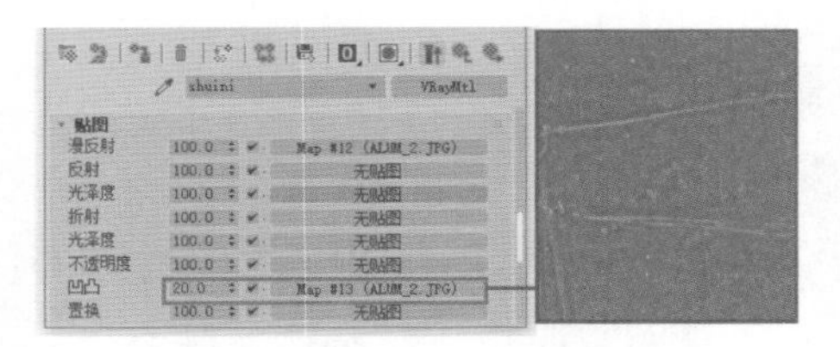

图 10.52　设置凹凸通道贴图

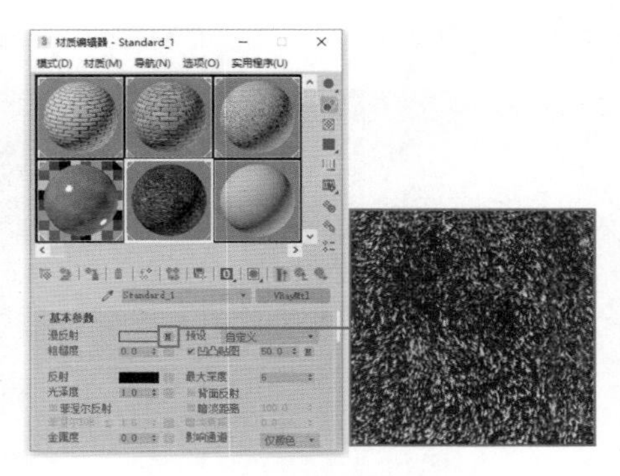

图 10.53　设置地毯材质

Step04 打开“贴图”卷展栏，设置“凹凸”贴图为 Ch10\Maps\ 地毯置换 .jpg 文件，设置贴图强度为 50，具体参数设置如图 10.54 所示。

提示

可以选择一个位图文件或者程序贴图用于凹凸贴图。凹凸贴图使对象的表面看起来凹凸不平或呈现不规则形状。用凹凸贴图材质渲染对象时，贴图较明亮（较白）的区域看上去被提升，而较暗（较黑）的区域看上去被降低。

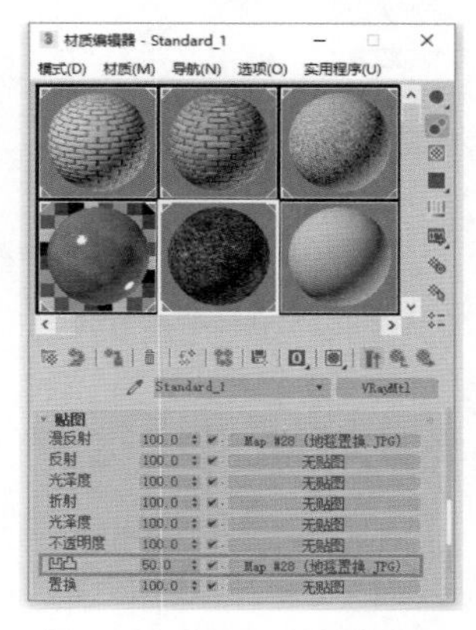

图 10.54　设置凹凸通道贴图

Step05 将所设置的材质赋予地面材质，渲染效果如图 10.55 所示。

图 10.55　地面渲染效果

10.6.4　设置沙发和茶几材质

沙发材质由黑色皮革材质和不锈钢材质组成；茶几材质为蓝色亚光漆材质。

Step01 设置黑色皮革材质。打开“材质编辑器”，选择一个空白的材质球，选择材质样式为 VRayMtl，设置“漫反射”颜色为黑色，参数设置如图 10.56 所示。

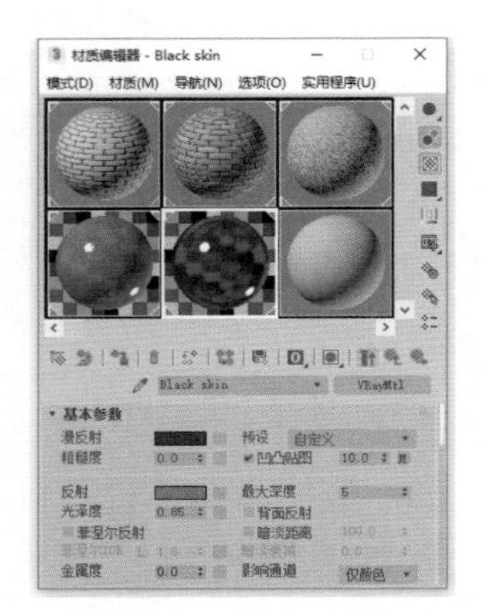

图 10.56　设置黑色皮革材质

Step02 打开“贴图”卷展栏，设置“凹凸”贴图为 Ch10\Maps\leather_ 凹凸 .jpg 文件，设置贴图强度为 10，具体参数设置如图 10.57 所示。

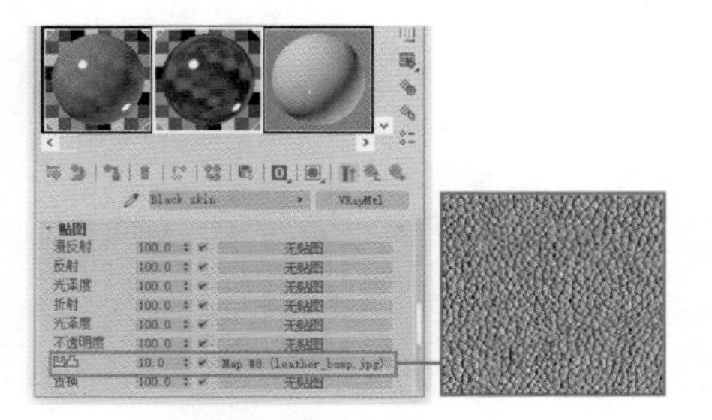

图 10.57　设置凹凸通道贴图

Step03 设置不锈钢材质。打开“材质编辑器”，选择一个空白的材质球，选择材质样式为 VRayMtl ，设置“漫反射”颜色为灰色，参数设置如图 10.58 所示。

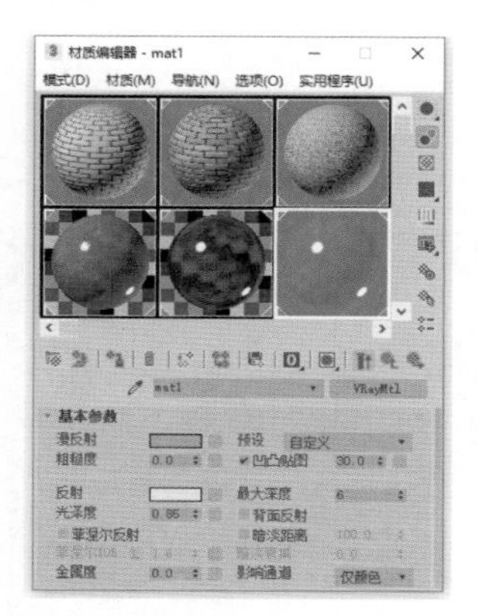

图 10.58 设置不锈钢材质

Step04 设置蓝色亚光漆茶几材质。打开“材质编辑器”，选择一个空白的材质球，选择材质样式为 VR_材质包裹器 ，具体参数设置如图 10.59 所示。

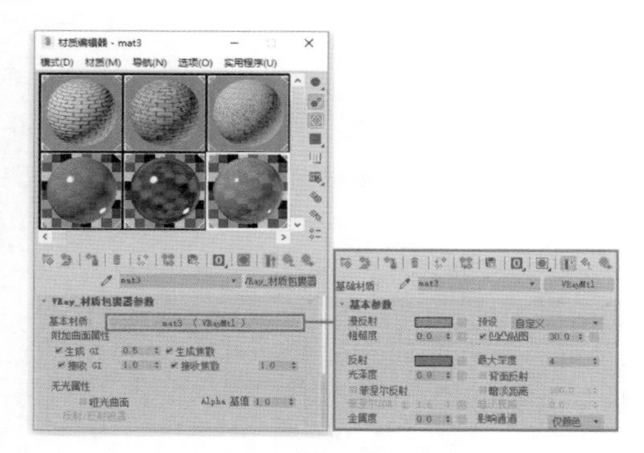

图 10.59 设置茶几材质

Step05 将所设置的材质赋予沙发和茶几模型，渲染效果如图 10.60 所示。

图 10.60 沙发和茶几渲染效果

10.6.5 设置桌椅材质

桌椅材质为白色哑光漆材质。

Step01 设置白色亚光漆桌椅材质。打开“材质编辑器”，选择一个空白的材质球，选择材质样式为 VR_材质包裹器 ，设置“漫反射”颜色为白色，具体参数设置如图 10.61 所示。

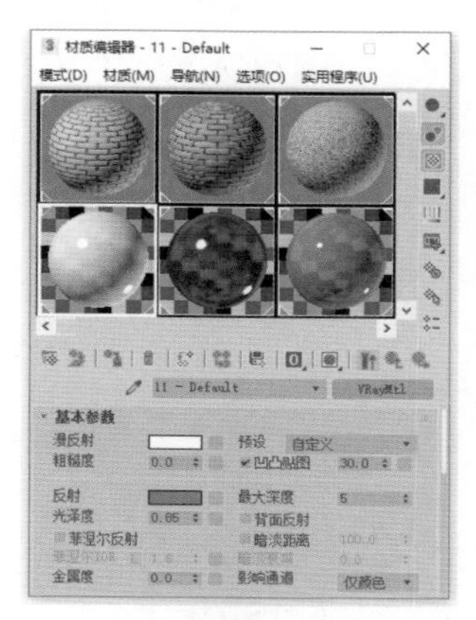

图 10.61 设置白色哑光漆桌椅材质

Step02 将所设置的材质赋予桌椅模型，渲染效果如图 10.62 所示。

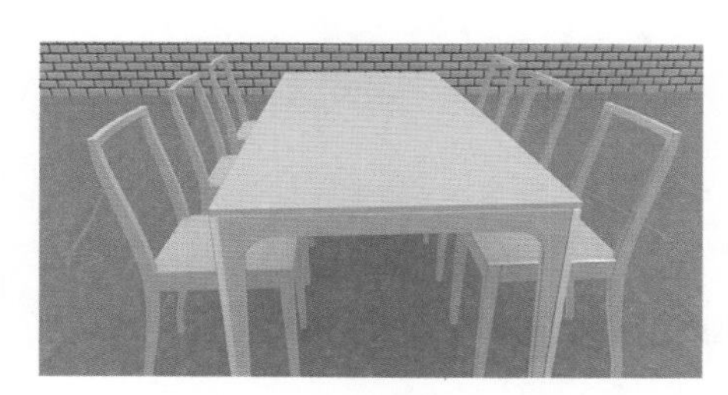

图 10.62 桌椅渲染效果

10.6.6 设置单腿椅材质

单腿椅材质包括黑色椅垫材质和不锈钢椅腿材质。

Step01 设置黑色椅垫材质。打开“材质编辑器”，选择一个空白的材质球，选择材质样式为 VRayMtl ，设置“漫反射”颜色为黑色，参数设置如图 10.63 所示。

Step02 设置不锈钢材质。打开“材质编辑器”，选择一个空白的材质球，选择材质样式为 VRayMtl ，设置“漫反射”颜色为灰色，参数设置如图 10.64 所示。

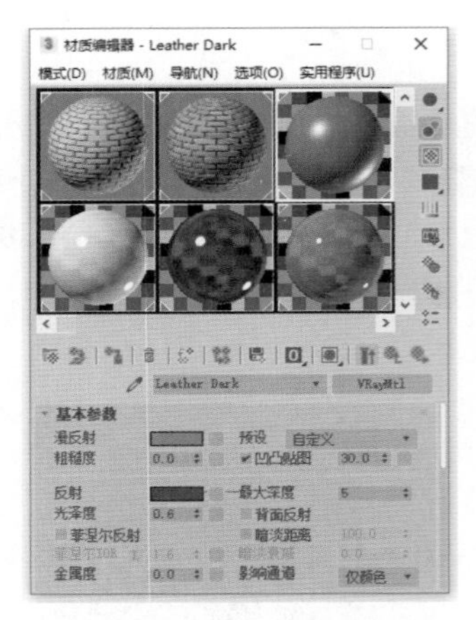

图 10.63　设置黑色椅垫材质

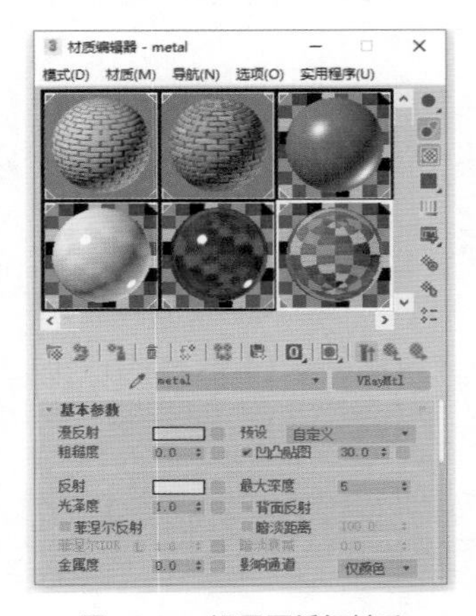

图 10.64　设置不锈钢材质

Step03 将所设置的材质赋予椅子模型，渲染效果如图 10.65 所示。

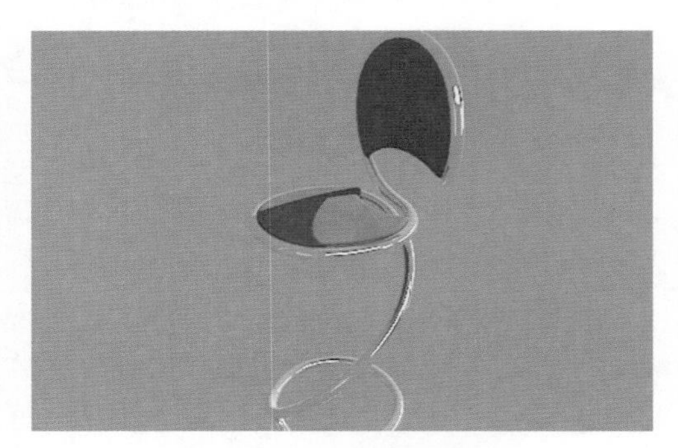

图 10.65　单腿椅渲染效果

10.6.7　设置柜台材质

柜台材质包括白色哑光漆材质和大理石柜面材质。

Step01 设置白色哑光漆材质。打开“材质编辑器”，选择一个空白的材质球，选择材质样式为 VRayMtl ，设置“漫反射”颜色为白色，参数设置如图 10.66 所示。

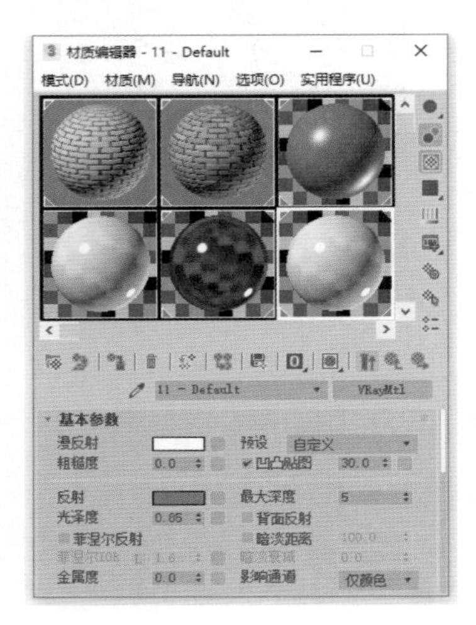

图 10.66　设置白色哑光漆材质

Step02 设置大理石柜面材质。打开“材质编辑器”，选择一个空白的材质球，选择材质样式为 VRayMtl ，设置“漫反射”贴图为 Ch10\Maps\b0000755.jpg 文件，参数设置如图 10.67 所示。

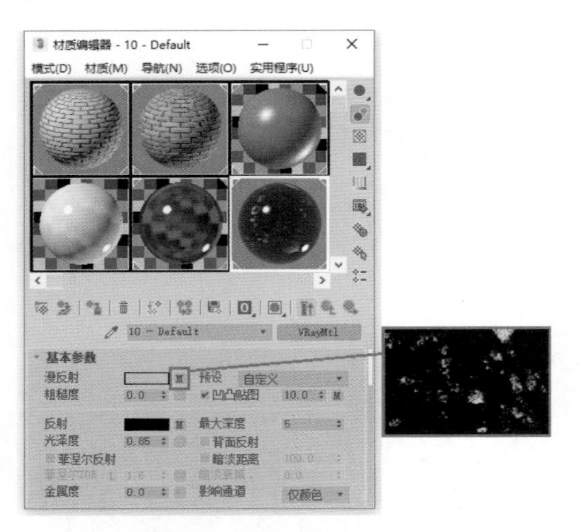

图 10.67　设置大理石柜面材质

Step03 打开“贴图”卷展栏，在“反射”通道中添加一个“衰减”贴图，设置“衰减类型”为 Fresnel，具体参数设置如图 10.68 所示。

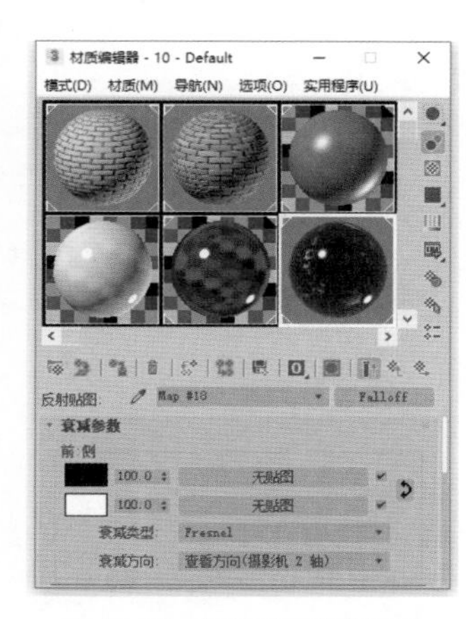
图 10.68　设置反射通道贴图

提示

衰减贴图类型是一个看起来简单但是有着神奇作用的贴图类型。它的功能是一个颜色到另外一个颜色的过渡，但是如果运用好了，甚至可以用它来做出国画材质一样的复杂效果。

Step04 在“贴图”卷展栏中，在“凹凸”通道中设置贴图为 Ch10\Maps\b0000755.jpg 文件，设置贴图强度为 10，参数设置如图 10.69 所示。

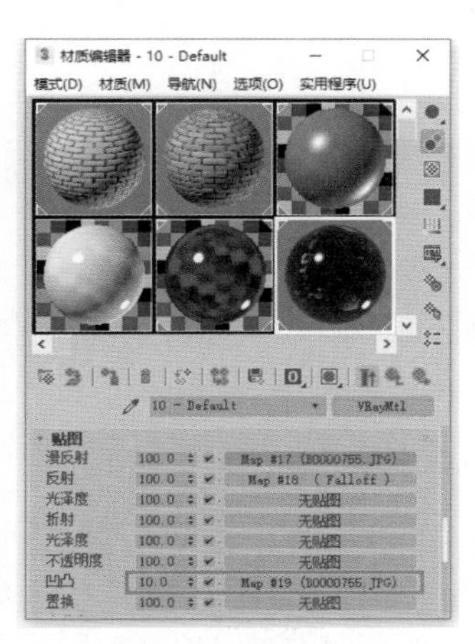
图 10.69　设置凹凸通道贴图

Step05 将所设置的材质赋予柜台材质，渲染效果如图 10.70 所示。

图 10.70　柜台渲染效果

10.6.8　设置壁画材质

壁画材质包括黑色画框材质和画布材质。

Step01 设置黑色画框材质。打开“材质编辑器”，选择一个空白的材质球，选择材质样式为 VRayMtl，设置“漫反射”颜色为黑色，参数设置如图 10.71 所示。

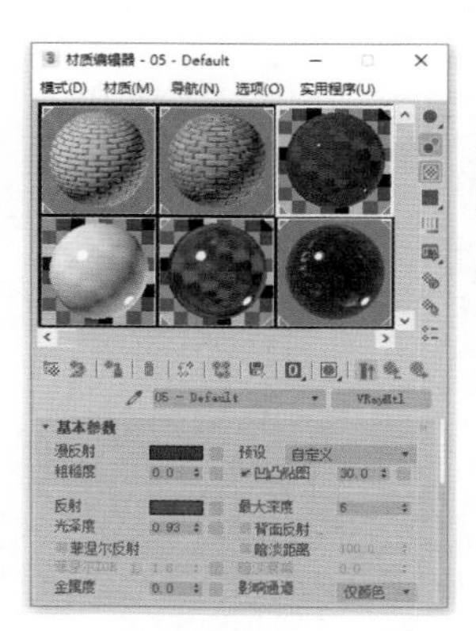
图 10.71　设置黑色画框材质

Step02 设置画布材质。打开“材质编辑器”，选择一个空白的材质球，选择材质样式为 VRayMtl，设置“漫反射”贴图为 Ch10\Maps\zt4-307.jpg 文件，参数设置如图 10.72 所示。

图 10.72　设置画布材质

Step03 将所设置的材质赋予壁画模型，渲染效果如图 10.73 所示。

图 10.73　壁画渲染效果

10.6.9 设置花瓶材质

花瓶材质包括黑瓷质瓶体材质和干花材质。

Step01 设置花瓶瓶体材质。打开“材质编辑器”，选择一个空白的材质球，选择材质样式为 VRayMtl，设置“漫反射”颜色为黑色，具体参数设置如图 10.74 所示。

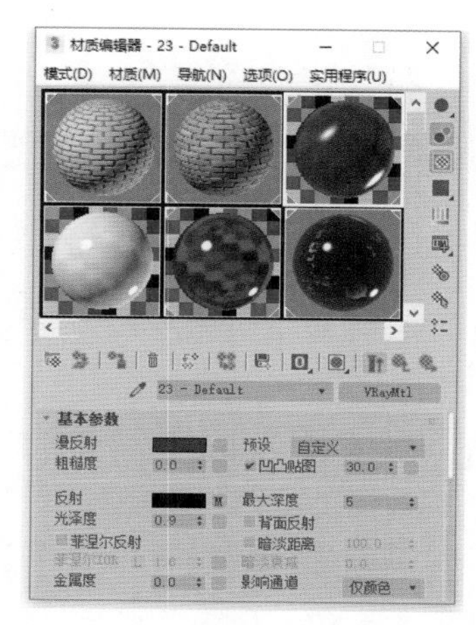

图 10.74 设置花瓶瓶体材质

Step02 打开“贴图”卷展栏，在“反射”通道中添加一个“衰减”贴图，设置“衰减类型”为 Fresnel，具体参数设置如图 10.75 所示。

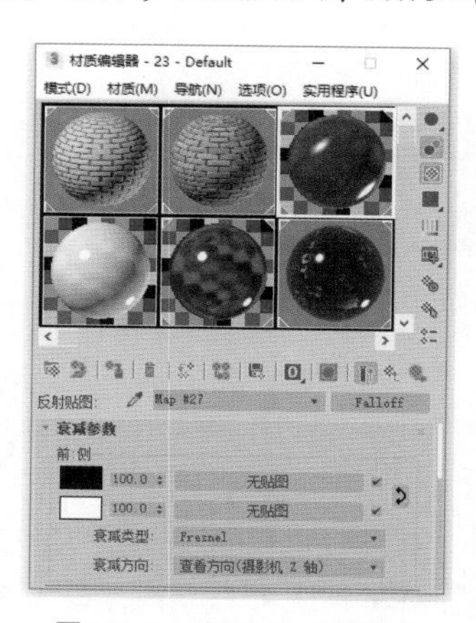

图 10.75 设置反射通道贴图

Step03 设置干花材质。打开“材质编辑器”，选择一个空白的材质球，选择材质样式为 标准，设置“漫反射”颜色为黄绿色，具体参数设置如图 10.76 所示。

Step04 将所设置的材质赋予花瓶模型，渲染效果如图 10.77 所示。

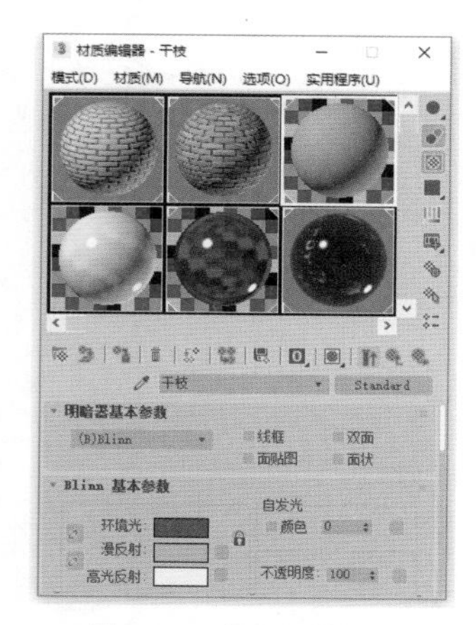

图 10.76 设置干花材质

图 10.77 花瓶渲染效果

10.6.10 设置吊灯材质

吊灯材质包括金属灯罩材质和灯泡材质。

Step01 设置金属灯罩材质。打开“材质编辑器”，选择一个空白的材质球，选择材质样式为 VRayMtl，设置“漫反射”颜色为灰色，具体参数设置如图 10.78 所示。

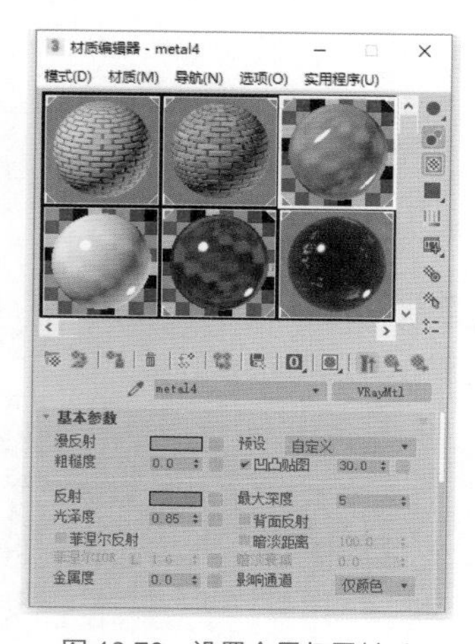

图 10.78 设置金属灯罩材质

提示

反射主要用于定义具有反射效果的物体表面。通过反射颜色、光泽度的设置，可以实现不同的反射效果。

Step02 设置灯泡材质。打开“材质编辑器”，选择一个空白的材质球，选择材质样式为 VRayMtl，设置“漫反射”颜色为白色，具体参数设置如图 10.79 所示。

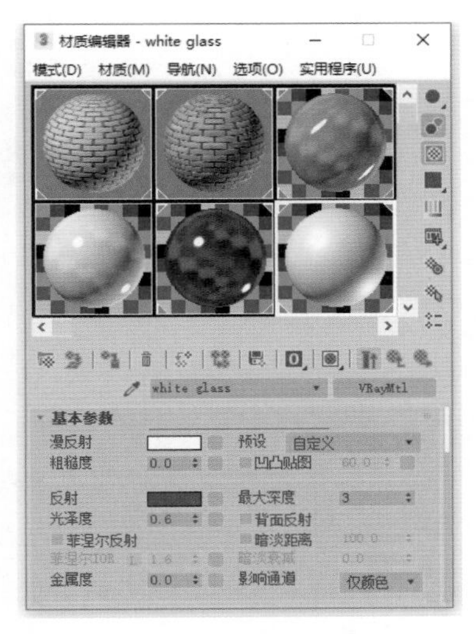

图 10.79　设置灯泡材质

Step03 设置折射参数如图 10.80 所示。

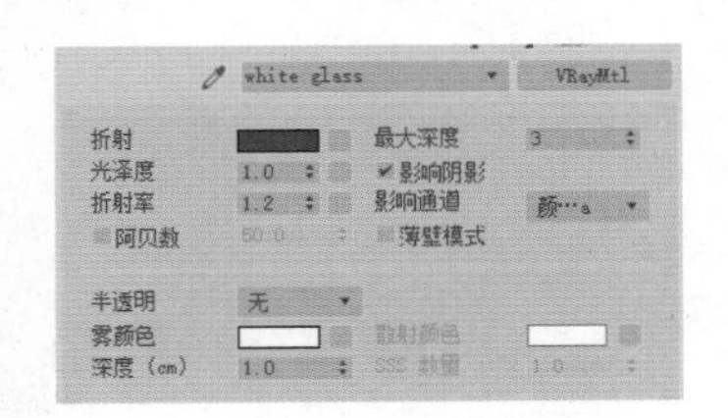

图 10.80　设置折射参数

Step04 将所设置的材质赋予吊灯模型，渲染效果如图 10.81 所示。

图 10.81　吊灯渲染效果

10.6.11　设置陶瓷碟子材质

碟子材质为浅绿色和深绿色陶瓷材质。

Step01 设置浅绿色陶瓷材质。打开“材质编辑器”，选择一个空白的材质球，选择材质样式为 VRayMtl，设置“漫反射”颜色为浅绿色，具体参数设置如图 10.82 所示。

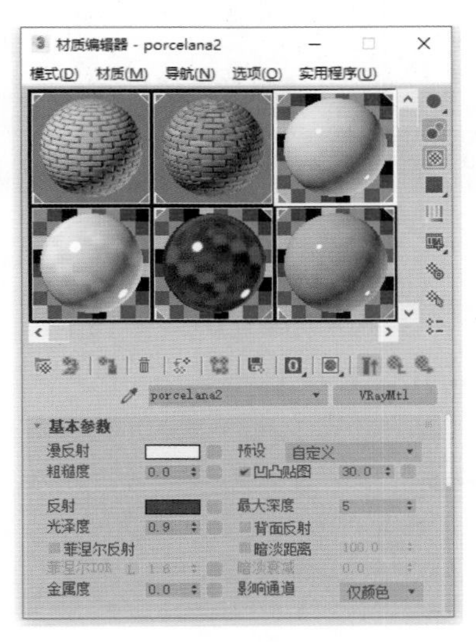

图 10.82　设置浅绿色陶瓷材质

Step02 设置深绿色陶瓷材质。打开“材质编辑器”，选择一个空白的材质球，选择材质样式为 VRayMtl，设置“漫反射”颜色为深绿色，具体参数设置如图 10.83 所示。

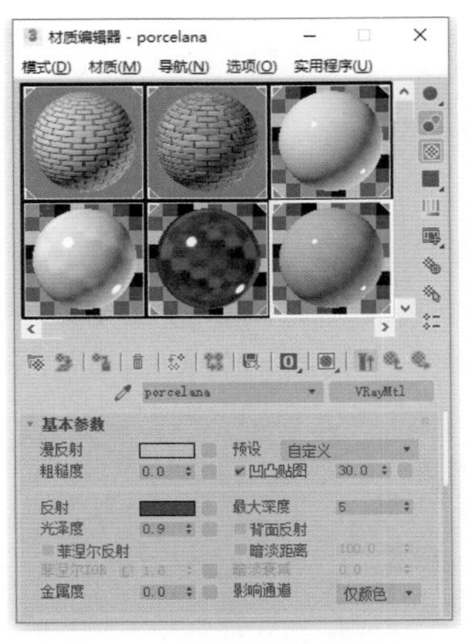

图 10.83　设置深绿色陶瓷材质

Step03 将所设置的材质赋予陶瓷碟子材质，渲染效果如图 10.84 所示。

图 10.84　陶瓷碟子渲染效果

10.6.12　设置柚子材质

Step01 设置柚子材质。打开“材质编辑器”，选择一个空白的材质球，选择材质样式为 VRayMtl ，在“漫反射”通道中添加一个衰减贴图，设置“衰减类型”为 Fresnel，具体参数设置如图 10.85 所示。

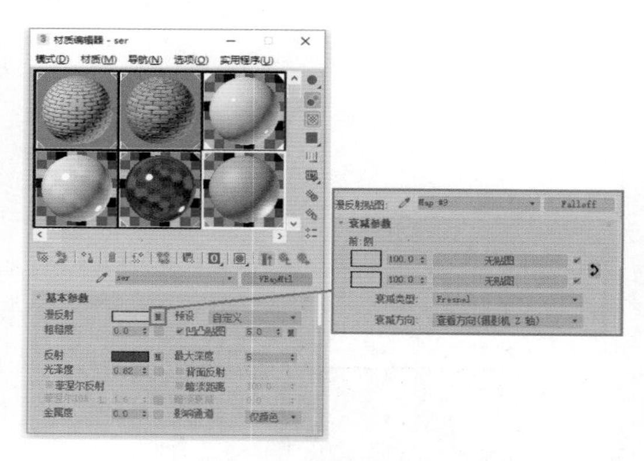

图 10.85　设置柚子材质

Step02 打开“贴图”卷展栏，在“反射”通道中添加一个“衰减”贴图，设置“衰减类型”为 Fresnel，参数设置如图 10.86 所示。

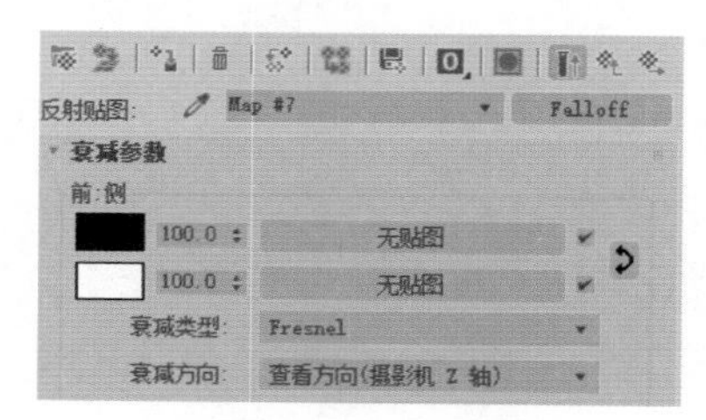

图 10.86　设置反射通道贴图

Step03 在“贴图”卷展栏的“凹凸”通道中添加一个“烟雾贴图”，设置贴图强度为 5.0，具体参数设置如图 10.87 所示。

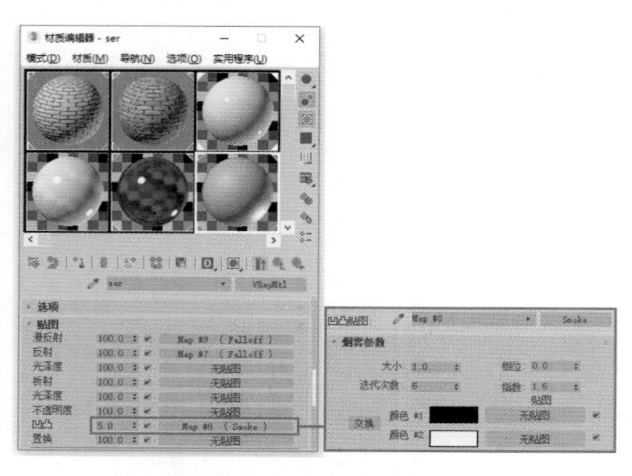

图 10.87　设置凹凸通道贴图

提示

“烟雾贴图”是生成无序、基于分形的湍流图案的3D贴图。其主要用于设置动画的不透明贴图，以模拟一束光线中的烟雾效果或其他云状流动贴图效果。

Step04 将所设置的材质赋予柚子模型，渲染效果如图 10.88 所示。

图 10.88　柚子渲染效果

10.6.13　设置室外环境

Step01 设置面片物体贴图，打开“材质编辑器”，选择材质样式为 VR_发光材质 ，这是发光材质，如图 10.89 所示。

Step02 设置发光贴图为 Ch10\Maps\zt4-0716.jpg 文件，如图 10.90 所示。

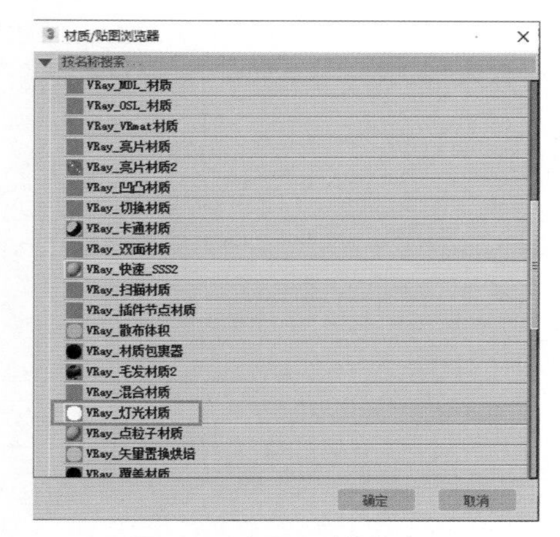

图 10.89　设置面片物体贴图

图 10.90　设置发光贴图参数

提示

“颜色”当通道没有设置贴图时，该拾色器对材质的光线起到决定性作用。反之，将由贴图决定发光的色调。

Step03 将该材质赋予室外环境模型。此时的渲染效果如图 10.91 所示。

图 10.91　室外环境渲染效果

Step04 场景中其他物体（如楼梯、刀叉以及盆景材质等），大家可以根据前面介绍的材质制作方法进行设置，如图 10.92 所示。最后使用前面章节介绍的高级渲染参数进行设置即可，这里不再赘述。

图 10.92　场景最终渲染效果